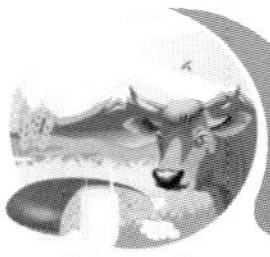

高职高专食品类专业规划教材

分析化学

FEN XI HUA XUE

主　编　孙素群
副主编　梁　多　李淑红
参　编　周　薇　陈　蕤

武汉理工大学出版社
WUTP Wuhan University of Technology Press

内 容 提 要

本书共分为10章，内容主要包括：绪论、基本实验技能、定量分析的误差及数据处理、滴定分析法概述、酸碱滴定法、配位滴定法、氧化还原滴定法、沉淀滴定法、重量分析法、定量分析法的一般步骤。为满足高职教育强调实验操作训练的要求，本书加大了实验部分的内容，包括实验基础知识、常用基本仪器及操作和实验项目。

本书可作为高职高专生物类、食品类等专业的教学用书，也可作为相关专业人员、教师、学生的参考用书。

图书在版编目（CIP）数据

分析化学/孙素群主编．—武汉：武汉理工大学出版社，2017.7（2024.1重印）
ISBN 978-7-5629-5520-7

Ⅰ.①分…　Ⅱ.①孙…　Ⅲ.①分析化学-高等职业教育-教材　Ⅳ.①O65

中国版本图书馆CIP数据核字（2017）第190422号

项目负责人：崔庆喜（027-87523138）　　**责任编辑**：雷　蕾
责任校对：余士龙　　**封面设计**：芳华时代
出版发行：武汉理工大学出版社
社　　址：武汉市洪山区珞狮路122号
邮　　编：430070
网　　址：http://www.wutp.com.cn
经　　销：各地新华书店
印　　刷：武汉市籍缘印刷厂
开　　本：787×1092　1/16
印　　张：19
插　　页：1
字　　数：489千
版　　次：2017年7月第1版
印　　次：2024年1月第5次印刷
定　　价：38.00元

凡使用本教材的教师，可通过E-mail索取教学参考资料。
E-mail：wutpcqx@163.com
本社购书热线电话：027-87785758　87515778　87515848　87165708（传真）

出版说明

食品工业的发展直接关系到国计民生，也是衡量一个国家、一个民族经济发展水平和人民生活质量的重要标志。经过改革开放30多年的快速发展，我国食品工业呈现出快速发展的势头，已成为国民经济发展中增长最快、最具活力的产业之一，对提高城乡居民生活水平、推动相关产业发展、扩大就业、带动农民增收等具有重要作用。而食品工业的发展离不开优秀专业人才的支撑，这些人才既需要具备现代的专业知识、理念和素质，熟悉食品行业的生产技术、管理方法和手段，又要具备较强的实践操作能力和创新能力。

为了响应教育部关于"推出一批特色鲜明的高质量的高职高专教育教材，形成一纲多本、优化配套的高职高专教育教材体系"的目标，满足我国高速发展的食品工业对优秀高职人才的迫切需求，武汉理工大学出版社在广泛、细致、深入调研的基础上，经申报立项，组织编写了这套"高职高专食品类专业规划教材"。本套教材将分期、分批出版。

本套教材的编写具有以下特色：

◆ **定位准确。**根据高职食品类专业人才培养目标与定位，本套教材的编写紧紧围绕"为高等职业教育服务"这一宗旨，依据企业对食品类专业人才的知识、能力、素质要求，突出职业能力培养，精选高职高专学生终身发展所需的基础知识和基本技能，遵循"必需""够用""管用"的原则，突出"能力本位"和"就业导向"等高职教育特色，以实现社会需要、学科特点和学生发展三者的有机统一。

◆ **内容全面。**本套教材以高职高专食品类专业基本课程建设为依据，内容覆盖面广，知识含量多，为学生提供丰富、多层次、跨学科的全面的专业知识。同时，将职业工作任务引领的工作过程知识、基本理论、技能、程序、步骤融入教材，反映专业新知识、新技术，体现与时俱进原则；引入企业实例、项目和管理案例，适于自主学习，培养创新人才；在适当介绍理论知识的基础上，突出强调实践环节的设计，在选材上紧扣食品行业的生产实践，以满足用人单位对人才的知识和技能要求。

◆ **体例新颖。**本套教材中多数专业课教材的编写体例以学习情境和学习项目代替以往的章节，将以往的理论知识放在实验原理部分讲授，理论知识以实用为主，其内容选取紧紧围绕工作任务完成的需要来进行，同时又充分考虑了高等职业教育对理论知识学习的需要，并融合了相关职业资格考试对知识、技能和素质的要求。通过训练学习和职业技能鉴定，以工作任务为中心，将不同类型的知识综合起来，实现理论与实践的一体化，有利于培养学生综合应用知识的技能。针对高职高专的教学特点，几乎每本教材均设置了"知识目标""技能目标""小结""关键概念""课堂讨论""复习思考题""实验"或"实训"等栏目，讲练结合，体例新颖，可读性强，以期通过寓教于乐的方式加深学生对相关知识的理解与掌握。

为确保教材的编写质量，我们对教材编写人员做了比较严格的把关，参加本套教材编写的人员多数来自教学和生产一线，有丰富的教学经验和科研成果，又得到了行业专家的指导和积极参与，从而保证了教材的编写质量。相信本套教材的出版不仅能较好地满足高职高专食品类专业的教学需求，而且对促进高职高专的课程建设与改革、提高教学质量也将起到积极的推动作用。

为方便教师组织教学，我们精心制作了与教材配套的教学课件，以提高教学时效，丰富课堂教学内容。

本套教材主要适用于高等职业技术学院、普通高等专科学校、本科院校的二级学院和成人高校的食品加工技术、食品营养与检测、食品生物技术、农产品质量检测等专业以及其他相关专业的教学，也可作为专业技能考试和国家相关职业证书考试的教学培训和参考用书，还可作为从事食品类生产的技术人员的参考用书。

高职高专食品类专业规划教材编审委员会

2011 年 1 月

高职高专食品类专业规划教材
参 编 单 位
（排名不分先后）

黑龙江生物科技职业学院
武汉职业技术学院
黑龙江农业职业技术学院
南充职业技术学院
辽宁经济职业技术学院
黑龙江职业学院
漯河医学高等专科学校
河北农业大学
黑龙江省农垦科学院
山东商务职业学院
广东轻工职业技术学院
芜湖职业技术学院
佳木斯市药品检验所
黑龙江生态工程职业学院
清远职业技术学院
河北工程大学
华南理工大学
黑龙江省完达山乳业股份有限公司
黑龙江旅游职业学院
湖州师范学院
哈尔滨米旗食品公司
湖南农业大学
内蒙古兴安职业技术学院
新疆石河子职业技术学院
鹤壁职业技术学院
广东科贸职业学院
湖南生物机电职业技术学院
邯郸职业技术学院
湖南食品药品职业技术学院
黑龙江农垦科技职业学院
武汉软件工程职业学院
威海职业学院
广东食品药品职业学院
湖南环境生物职业技术学院
黑龙江民族职业学院
邯郸市疾病预防控制中心
河南农业职业学院
常熟理工学院
黑龙江农垦职业学院
重庆教育学院
哈尔滨啤酒有限公司
华中农业大学
湖南科技职业技术学院
黑龙江达仁堂医药有限公司
揭阳职业技术学院
佳木斯大学
江苏食品药品职业技术学院
黑龙江省家畜繁育指导站

前　言

本教材是在总结多年教学经验的基础上，根据高职学生的学习特点，以及食品药品行业质量检验岗位对从业人员的能力需求，由富有专业教学经验的一线教师编写而成。

首先，本教材确定了分析化学这门课程要达到的教学要求。分析化学是一门技术性、实践性非常强的课程，因此，学生们应当掌握分析化学的基本原理、基本知识和基本操作技能，在以“量”为主线的学习过程中，养成严谨的科学态度，并初步具备分析问题、解决问题的能力。

其次，本教材在内容编排上突出对实践技能的培养，理论以“必需”“够用”为度，紧紧围绕培养目标进行编排与阐述。

1. 对于“基本实验技能”，单独列为一章，突出本课程对实操技能的重视。

2. 教材的每章分别对应一个主要的学习任务，学生们应掌握该项分析技能。对应每个主要的学习任务，都设计有相应的实验，实验根据需求灵活安排在章节中间或者后面，方便学生们对照要掌握的分析技能来促进相应理论的学习。而理论阐述则以讲清概念、强化应用为重点。

3. 在“滴定分析法概述”一章特意添加“滴定分析的技能要求”一节，让学生们在本课程接下来的众多实验中，对照“工业分析检验”竞赛规程中的化学分析评分表来规范锻炼自己的实操技能。该评分表也有助于教师“有法可依”地指导学生们平时和比赛前的实操训练，便于教师组织本课程的实操考核。

最后，本教材特别重视对学生计算能力的培养。高职学生的计算能力往往比较弱。学生们除了掌握必要的分析原理与操作技能外，还必须能正确处理实验数据，这中间就包含必要的计算。因此，本教材在“滴定分析法概述”一章重点阐述了溶液浓度的表示方法及其计算；而本教材的所有例题，对计算过程均阐述得较为详细，旨在引导学生们一步步地跟着学会计算并避免差错。在每章后面还列有相应的复习思考题和习题，有助于学生们练习和检验自己的数据处理和计算能力。此外，本教材后面附上常用的数学用表，也方便和鼓励学生们在学习和计算过程中查阅相关表格，真正学会计算。

本教材由广东科贸职业学院的教师集体编写而成。其中，孙素群担任主编，并编写了第一、十章和前言、附录；梁多担任第一副主编，并编写了第四、五章；李淑红担任第二副主编，并编写了第六、八、九章；周薇编写了第二、三章；陈蕤编写了第七章。全书由孙素群修改并统稿。本教材在编写过程中得到了广东科贸职业学院相关领导和老师的关心和帮助，也得到了武汉理工大学出版社多位领导和编辑的真诚帮助，在此深表谢意。同时，本教材也参考了大量公开发行的教材和文献，在此向所有有关作者和出版社表示深切的谢意。

本教材适合于高职食品药品类专业的学生使用，也可作为其他相关专业的教学参考书或质量检验类岗位职工的培训材料。

由于编者水平有限，加上时间较紧，不当与错误之处还请各位读者批评指正，同时希望各位读者和同行提出宝贵意见。

编　者

2017 年 4 月于广州

目　　录

第一章 绪　论

学习目标

1. 理解分析化学的任务和作用。
2. 理解分析方法的分类。
3. 了解分析化学的发展。
4. 理解分析化学的学习方法。

第一节　分析化学的任务和作用

1. 分析化学的定义

分析化学是化学学科的重要分支之一。化学是研究物质的组成、结构、性质及其相互变化的一门基础学科，而分析化学是发展和应用各种方法、仪器以及策略来确定物质的化学组成，测量各组成成分的含量，表征物质的化学结构、形态、能态并在时空范畴跟踪其变化的一门学科。

分析化学的定义包含两层含义：首先，分析化学是一种方法学，研究测定的方法、技术及其理论；其次，分析化学应用这些方法与理论对物质的组成与结构进行分析，并表征物质作用过程的动态行为，即对物质进行定性分析、结构分析和定量分析，尽可能提供更多、更全面的信息，用以解决生产和科研中的各种实际问题。

2. 分析化学的任务、作用

分析化学在国民经济中的应用十分广泛，具有重要的地位和作用。分析化学被誉为各学科的“眼睛”，各个行业的生产、质量控制和研究都离不开分析化学为其提供“可视化”的指征和依据。

在工业生产中，从原料的选择、工艺流程的确定、生产过程中的“中控”到成品的质量检验，以及工业三废（废气、废水、废渣）的处理和综合利用等；在新产品、新工艺、新技术的开发研究和推广等方面，都离不开分析化学。

在农业生产方面，土壤的普查，化肥、饲料、农药以及农副产品品质的评定，作物生长过程中的营养、病毒的控制与研究，以及家禽、家畜的临床诊断等都要用到分析化学的方法和技术。在生物、医学、化学等领域，只要涉及检测和分析，都需用到分析化学的方法、仪器以及策略。

其他如国防公安部门中的武器装备研究、刑侦破案，考古中的文物鉴定与保护，国际贸易中进出口商品的检验，体育竞技中兴奋剂的检测，都离不开分析化学为之提供重要的依据。

图 1-1 列举了若干密切依赖分析化学的重要学科。正如 1991 年国际纯粹与应用化学联合会(IUPAC)国际分析科学会议主席 E. NIKI 教授所说，21 世纪是光明还是黑暗取决于人类在能源与资源科学、信息科学、生命科学和环境科学四大领域的进步，而解决这些领域进步的关键问题主要依赖于分析科学。分析化学在方法、仪器以及策略等方面的发展将最大限度地推动这些学科的发展。

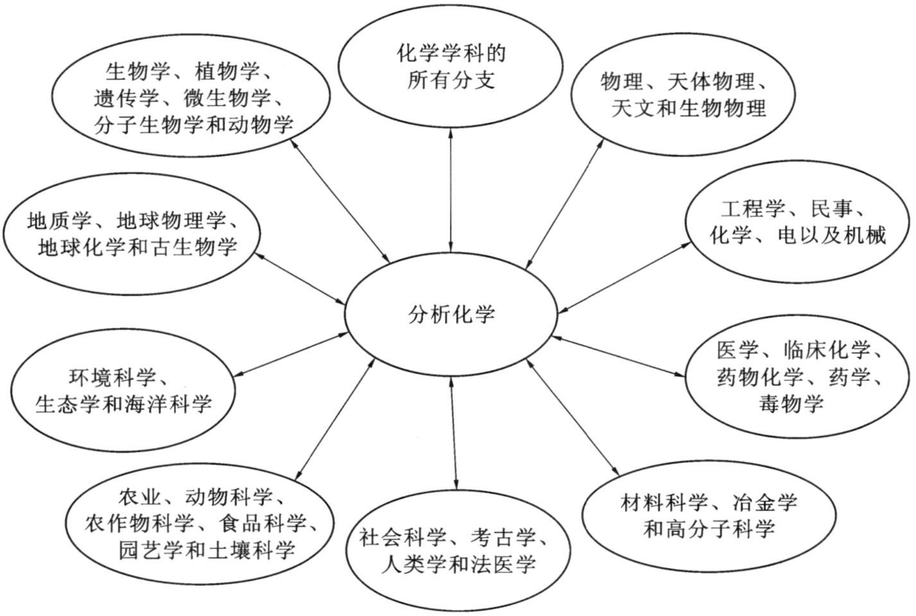

图 1-1　密切依赖分析化学的若干重要学科

第二节　分析方法的分类

分析方法多种多样，可从多个角度进行多种分类。常见的有以下几种分类方法：

1. 定性分析、定量分析和结构分析

根据分析的目的、任务不同，分析方法可分为定性分析、定量分析和结构分析。

定性分析的任务是鉴定物质中所含的组分，解决物质是什么的问题。定量分析的任务是测定物质中有关组分的含量，解决物质有多少的问题。结构分析的任务是确定物质的化学结构，如分子结构、晶体结构等，解决元素、原子团、官能团是怎样组成的问题。

2. 无机分析和有机分析

根据分析对象的不同，分析方法可分为无机分析和有机分析。

在无机物的分析中，由于组成无机物的元素多种多样，通常要求鉴定试样由哪些元素、离子、原子团或化合物组成，各成分的含量是多少；有时也要求测定它们的存在形式(物相分析)。有机物的分析由于元素不多，结构很繁杂，因此不仅要求鉴定组成元素，更重要的是进行官能团和结构分析。

3. 化学分析和仪器分析

根据测定原理的不同，分析方法可分为化学分析和仪器分析。

化学分析是以物质的化学反应为基础的分析方法，分为滴定分析法（或称为容量分析法）和重量分析法两大类（图 1-2）。

- 化学分析法
  - 滴定分析法
    - 酸碱滴定法
    - 络合滴定法
    - 氧化还原滴定法
    - 沉淀滴定法
  - 重量分析法
    - 沉淀法
    - 挥发法

图 1-2 化学分析法的分类

仪器分析是以物质的物理和物理化学性质为基础的分析方法。根据所依据的物理化学性质不同，仪器分析又可分为光学分析方法、电化学分析法、色谱法和其他仪器方法，如图 1-3 所示。

- 仪器分析法
  - 光学分析法
    - 吸光光度法
    - 红外吸收光谱法
    - 紫外吸收光谱法
    - 发射光谱法
    - 原子吸收光谱法
    - 荧光分析法
  - 电化学分析法
    - 电重量分析法
    - 电容量分析法
    - 电位分析法
    - 极谱分析法
  - 色谱法
  - 质谱法
  - 电子探针和离子探针微区分析法
  - 核磁共振波谱法等等

图 1-3 仪器分析法的分类

4. 常量分析、半微量分析、微量分析和超微量分析

根据所用用量及操作规模，分析方法又可分为常量分析、半微量分析、微量分析和超微量分析，如表 1-1 所示。

表 1-1 根据所用用量及操作规模分类

方法	试样重量	试液体积
常量分析	＞0.1g	＞10mL
半微量分析	0.01～0.1g	1～10mL
微量分析	0.1～10mg	0.01～1mL
超微量分析	＜0.1mg	＜0.01mL

5. 例行分析、快速分析和仲裁分析

例行分析是指一般化验室对日常生产中的原材料或产品的分析，又称常规分析。

快速分析是例行分析的一种，主要用于生产过程的控制。例如炼钢厂的炉前快速分析，要求在尽量短的时间内报出结果，分析误差一般允许较大。

仲裁分析，就是找一个能出具具有法律效益的检测证明的检测机构，按照一定的国家标准对提供样品进行检测认证，出具权威的分析报告。一般仲裁分析用于不同单位对分析结果有争议时，要求权威部门对原分析结果是否正确进行裁判，因此也称裁判分析。仲裁分析要求有较高的准确度。

第三节　分析化学的发展与趋势

1.分析化学的发展历史

分析化学的历史悠久。20 世纪以来，分析化学的发展经历了 3 次重大变革。

第一个重要阶段是 20 世纪初的 20～30 年间，分析化学发展成为一门独立的学科。这期间由于物理化学溶液理论的发展，推动了化学分析的快速发展。如用物理化学中的溶液平衡理论、动力学等研究分析化学中的基本理论问题：沉淀的形成和共沉淀、指示剂变色原理、滴定曲线和终点误差、缓冲原理及催化和诱导反应等，并由此建立了溶液中的四大平衡理论。

第二个重要阶段是 20 世纪 40 年代开始，仪器分析开始迅猛发展。这是分析化学与物理学及电子学结合的时代。此阶段由于原子能和半导体技术的兴起和发展，产生了许多新的研究要求，如要测定 99.99999％的超纯材料的杂质，原有的化学分析方法无法解决，由此促进了仪器分析和各种分离方法的发展。

第三个重要阶段是 20 世纪 70 年代以来，分析化学发展到分析科学阶段。此阶段由于生命科学、环境科学、新材料科学发展的要求，以及生物学、信息科学、计算机技术的引入，使分析化学进入一个崭新的境界。

现代分析化学已经成为一门多学科性的综合科学，从采用的手段看，是在综合光、电、热、声和磁等现象的基础上进一步采用数学、计算机科学及生物学等学科新成就对物质进行纵深分析的科学；从解决的任务看，现代分析化学已发展成为获取形形色色物质尽可能全面的信息、进一步认识自然、改造自然的科学。现代分析化学的任务已不只限于测定物质的组成及含量，而是要对物质的形态（氧化-还原态、络合态、结晶态）、结构（空间分布）、微区、薄层及化学和生物活性等作出瞬时追踪、无损和在线监测等分析及过程控制。

2.分析化学的发展趋势

分析化学发展到今天，在方法和实验技术方面都发生了深刻的变化，特别是新的仪器分析方法不断出现，自动、快速、简便、准确的仪器分析技术相继问世且应用日益广泛，从而使仪器分析在分析化学中所占的比重不断增长。

各种分析仪器的智能化是分析化学发展的一个明显趋势。比如，基于微电子技术和计算机技术的应用，实现仪器分析的自动化；通过计算机控制器和数字模型进行数据采集、运算、统计、处理，提高分析仪器数据处理能力和扩大数字图像处理功能；此外，还有仪器分析的联用技术向测试速度超高速化、分析试样超微量化、仪器分析超小型化的方向发展等。

总之，为了满足各个学科的发展对分析化学提出的新要求，现代分析化学正朝着以下目标发展：①更高的灵敏度或更低的检测限；②更好的选择性或更少的基体干扰；③更高的准确度或更好的精密度；④更完善的多元素（分析物）同时检测能力；⑤更高的分析速度；⑥更高的自动化程度；⑦更完善可信的形态分析；⑧更小的样品量要求，实现微损或无损分析；⑨原位、活体内、实时分析；⑩更大的应用范围，如遥测或特殊环境中的分析等。

第四节 本课程的学习要求

本课程的主要内容是化学分析法，主要学习各种定量分析方法，包括酸碱滴定法、配位滴定法、氧化还原滴定法、沉淀滴定法和重量分析法，以及定量分析的一般步骤和定量分析中的误差及数据处理等。

随着科技的迅速发展，分析化学正经历着深刻的变化。许多仪器分析都离不开化学处理和溶液平衡理论的应用，化学分析仍然是分析化学的基础，本课程也仍然是众多专业不可缺少的重要基础课。

通过本课程的学习，要求同学们掌握各种化学分析方法的基本原理和使用方法，熟练掌握基本的实验技能，并能出具准确而完整的报告。此外，还要求同学们养成严谨的工作作风和科学态度，建立准确的量的概念，训练科学研究的素质。

第二章　基本实验技能

学习目标

1. 了解化学实验用水的制备方法。
2. 掌握滴定管、容量瓶、移液管的操作方法。
3. 了解电子天平的称量原理和结构。
4. 熟练掌握电子天平的称量方法。
5. 了解滴定管的体积校准、滴定液的温度校准和滴定的空白校准。

第一节　分析化学实验室基础知识

一、化学实验用水

在分析实验中，玻璃仪器的洗涤、溶液的配制等经常要用到水。水可分为自来水和纯水两种，洗涤玻璃仪器时，可先用自来水冲洗，然后再用纯水涮洗内壁2～3次方可使用。溶液的配制、稀释等必须使用纯水。分析任务和要求不同，对水质的要求也不同，一般情况下，可用一次蒸馏水或去离子水；超纯分析中，需用水质更高的二次蒸馏水、三次蒸馏水等。

(一)纯水的等级

根据国家标准《分析实验室用水规格和试验方法》(GB/T 6682—2008)的规定，分析实验室用水分为三个等级：一级水、二级水和三级水。

一级水用于有严格要求的分析实验，包括对悬浮颗粒有要求的实验，如高压液相色谱分析。一级水可用二级水经过石英设备蒸馏或离子交换混合床处理后，再经0.2μm微孔滤膜过滤来制取。

二级水用于无机痕量分析等实验，如原子吸收光谱分析。二级水可用多次蒸馏或离子交换等方法制取。

三级水用于一般化学分析实验，可用蒸馏或离子交换等方法制取。

纯水的技术指标参见表2-1。

表2-1　纯水的技术指标

技术指标	一级	二级	三级
pH值(25℃)	—	—	5.2～7.5
电导率(R)(25℃)(μS/cm)	≤0.1	≤1.0	≤5.0

对于一般的分析工作，采用蒸馏水或去离子水（三级水）即可；而对于超纯物质的分析，则要求纯度更高的二级水或者一级水。

由于空气中的 CO_2 可溶于水，故纯水的 pH 值常小于 7.0，一般为 5.0～6.0。制备纯水的方法不同，纯水中所含的杂质也不同。用铜蒸馏器制备的纯水含有少量的 Cu^{2+}，用玻璃蒸馏器制备的纯水则含有少量的 Na^{+}、SiO_3^{2-}，用离子交换法和电渗析法制备的纯水常含有少量微生物和某些有机物。

各级用水制得后，均使用密闭、专用聚乙烯容器盛装。三级水也可使用密闭的、专用玻璃容器盛装。新容器在使用前需用 20%盐酸溶液浸泡 2～3d，再用化验用水反复冲洗数次。

各级用水在贮存期间，其沾污的主要来源是容器可溶成分的溶解，吸收空气中二氧化碳、灰尘和其他杂质，以及由于微生物作用而变质。因此，一级水不可贮存，临使用前制备。二级水、三级水可适量制备，分别贮存于预先经同级水清洗过的相应容器中。离子交换水长期贮存后会有异味，出现絮状微生物霉菌菌株。无论是用玻璃容器还是塑料容器长期贮存二级水、三级水，容器壁释放出的杂质污染都是不可忽视的问题。

（二）纯水的制备方法

制备纯水的原料水应当是饮用水或比较干净的水，如有污染，必须进行预处理。

1. 蒸馏法

蒸馏法使用的蒸馏器由玻璃、铜、石英等材料制成。该法设备成本低，操作简单，但能量消耗大，只能除去水中非挥发性杂质，不能除去溶解在水中的气体。根据蒸馏的次数不同，蒸馏水分单蒸水、双蒸水、三蒸水等多个等级。单蒸水相当于三级水，双蒸水、三蒸水属于二级水。蒸馏水的制备装置如图 2-1 所示。

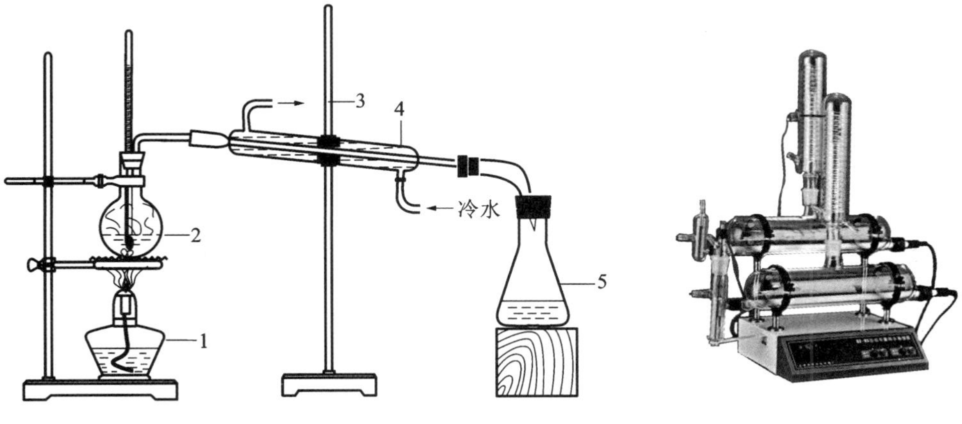

图 2-1 蒸馏水的制备装置

1—酒精灯；2—烧瓶；3—铁架台；4—冷凝管；5—接收瓶

2. 离子交换法

离子交换法是用离子交换树脂分离出水中杂质离子的方法。用这种方法制得的水称为去离子水。此法易制大量水，成本低，但操作复杂，不能除去非电解质（如有机物），而且会有微量离子交换树脂溶于水中。离子交换法制水的设备原理如图 2-2 所示。

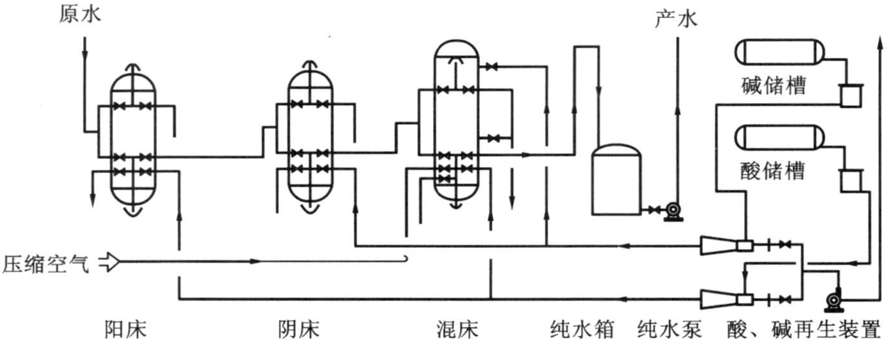

图 2-2 离子交换法制水的设备原理图

3.电渗析法

这是在离子交换技术基础上发展起来的一种方法，是利用离子交换膜制备纯水的方法。此法制备的水纯度很高，但成本也高。电渗析法制备纯水的原理如图 2-3 所示。

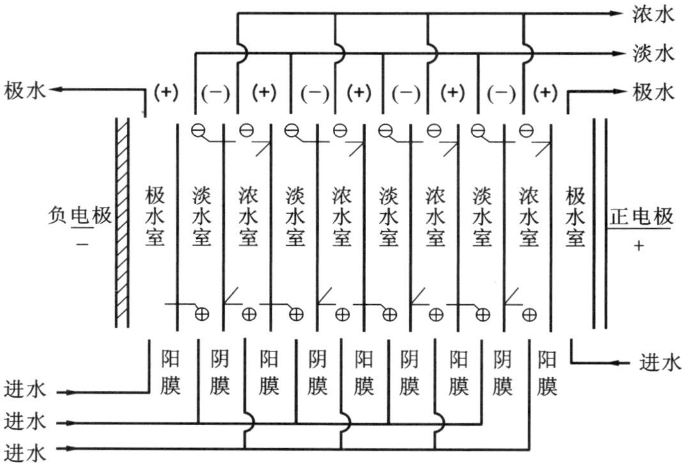

图 2-3 电渗析法制备纯水的原理图

电渗析法需要用到离子交换膜，离子交换膜分为阴离子交换膜（阴膜）和阳离子交换膜（阳膜）。阳膜只允许阳离子通过，阴膜只允许阴离子通过，这就是离子交换膜的选择透过性。在外加电场的作用下，水溶液中的阴、阳离子会分别向阳极和阴极移动，如果中间再加上一种交换膜，就可能达到分离浓缩的目的。

4 反渗透法

反渗水的纯度高，在制药、医学行业的应用非常广泛。

反渗透就是逆着自然渗透作用逆向流动。反渗透的基本工作原理是：运用特制的高压水泵，使原水在压力的作用下渗透过孔径只有 0.1nm 的反渗透膜。只有体积小于 0.0001μm的水分子和矿物质（离子）通过反渗透膜成为纯水，而化学离子和细菌、真菌、病毒体等不能通过，随废水排出。反渗透膜的质量对水的质量影响很大。渗透与反渗透的原理如图 2-4 所示。

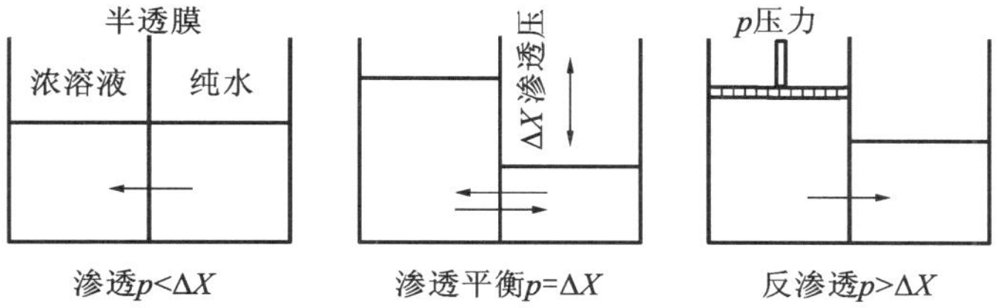

图 2-4 渗透与反渗透的原理图

(三)纯水的检验

1. 电导率

电导率是指水的导电能力，其数值越小，表明杂质越少，水的纯度越高。一般分析用水的电导率不大于 5.0μS/cm，高纯水的电导率不大于 1.0μS/cm。

2. pH 值

一般纯水的 pH 值为 6.0 左右，可用酸度计测定。

3. 硅酸盐

取 30mL 水于小烧杯中，加入 4mol/L HNO_3 5mL、5%钼酸铵 5mL，室温放置 5min，加入 10% Na_2SO_3 5mL，观察，若出现蓝色，则不合格。

4. 氯离子

取 20mL 水于试管中，用 4mol/L HNO_3 酸化，加入 0.1mol/L $AgNO_3$ 溶液 1～2 滴，摇匀，如有白色乳状物(衬黑色背景观察)，则不合格。

5. 阳离子(Fe^{3+}、Zn^{2+}、Pb^{2+}、Ca^{2+}、Mg^{2+} 等)

取水 25mL，加入铬黑 T 指示剂 1 滴、氨缓冲溶液 5mL，如为蓝色，说明阳离子含量很小，水质合格；若出现紫红色，则不合格。

根据用水的目的，有时还要做一些其他专项检验。

二、化学试剂

化学试剂等级标志的对照见表 2-2。

表 2-2 化学试剂等级标志的对照

质量次序	1	2	3	4
级别	一级品	二级品	三级品	
中文标志	优级纯	分析纯	化学纯	生化试剂
符号	GR	AR	CP	BR、CR
标签颜色	绿	红	蓝	黄色等

化学试剂中指示剂的纯度往往不明确，凡是级别不明的，只可作为“化学纯”使用。生物化学中使用的特殊试剂纯度含义与一般的化学试剂不同，如蛋白质类、酶等，纯度是以活度来表示的。此外，还有一些特殊用途的试剂，如“色谱纯”试剂是光谱分析使用的，不能认为是化学分析基准试剂；“MOS”试剂是“金属-氧化物-半导体”试剂的简称，是电子工业专用的化学试剂。

一般分析工作中通常使用分析纯(AR)试剂。分析工作者必须对化学试剂的标准有明确认识,既不超规格使用,造成浪费,又不随意降低标准,影响分析结果的准确性。

三、实验室安全

分析化学实验中经常用到具有腐蚀性、有毒有害或易燃易爆的试剂,以及易损的玻璃仪器、精密仪器、电器等。为保证实验安全,避免人身伤害事故的发生,必须严格遵守以下实验室规则。

(1)学生应接受教师指导,按照教材上规定的内容进行实验,并严格按照实验规范操作,应用性实验的方案必须经教师审定后才能进行操作。

(2)在实验开始前,要根据实验方案所列的仪器和试剂进行检查、核对,如发现缺少和破损,应立即报告教师补领。如自己损坏了仪器,应及时说明情况,进行登记。要小心使用和爱护实验室里的一切设备。

(3)做实验时要保持安静,动作要轻,不要忙乱和急躁,严禁大声喧哗、推搡打闹。

(4)必须保持试剂纯净和仪器干净,移取试剂后,瓶盖要立即盖好,不要错盖。

(5)取用试剂时,应该用多少取多少!如果试剂用量没有明确规定,应取少量:液体一般取 1～2mL,固体以刚能盖住试管底部为宜。用剩的试剂应交还实验室管理员,不要随便抛弃或倒回原瓶。

(6)实验时要注意安全,严格遵守实验规则。不要乱动实验室里的电器设备、煤气阀和消防器材。

(7)谨慎处理腐蚀性药品和易燃物品,不得乱抛。有毒物品要按规定使用。严禁在实验室中饮食。

(8)实验完毕后要拆开实验装置,把仪器里的剩余物品都倒入指定的容器中,再用水冲洗干净,然后把实验台整理干净。最后拔掉电源插头并关闭水龙头,不得私自带走任何实验用品和产物。

(9)如实做好实验记录,按时认真地完成实验报告。

第二节　滴定分析的一般仪器

一、滴定仪器的分类和使用

(一)滴定管

1.滴定管的类型

滴定管是带有精密刻度的细长玻璃管,下端连有控制液体流量的开关,在滴定时用来测定管内流出液体的体积。滴定管的零刻度在最上面,数值自上而下读取。

滴定管的控制开关有活塞[图 2-5(a)、图 2-5(b)]和橡胶管玻璃球阀[图 2-5(c)]两种,滴定管的活塞材质有聚四氟乙烯[如图 2-5(a)]和玻璃[图 2-5(b)]两种。

滴定管根据可盛放溶液的不同分为酸式滴定管和碱式滴定管两种。

(1)酸式滴定管是一种下端带有玻璃活塞的滴定管。玻璃活塞会因碱性液的腐蚀而卡住,所以用来存放酸性、氧化性及盐类溶液,不能存放碱性溶液。

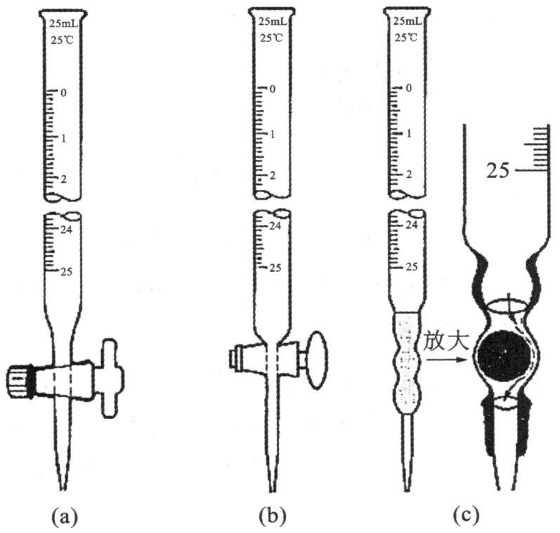

图 2-5 滴定管

(a)聚四氟乙烯滴定管;(b)酸式滴定管;(c)碱式滴定管

(2)碱式滴定管是一种下端连有一根橡胶管,橡胶管中装有一个玻璃球,挤压玻璃球来控制溶液流速的滴定管。碱式滴定管用来存放碱性溶液,不能装入酸性和强氧化性溶液,以免腐蚀橡皮管。

另外还有聚四氟乙烯活塞的滴定管,习惯上又称为聚四氟塞滴定管,既耐酸又耐碱,可以盛放任何滴定液。

2. 滴定管的规格

常用的滴定管有 10mL、25mL、50mL,最小刻度为 0.1mL,可估读至 0.01mL,一般有±0.01mL的读数误差,所以每次滴定所用溶液体积最好在 20mL 以上。若滴定所用体积过小,则相对误差偏大。如消耗体积大于或等于 20mL,则相对误差小于或等于 0.1%(0.02/20×100%);如果所用滴定液少于 20mL,则相对误差大于 0.1%,不符合滴定分析的要求。

滴定管的颜色有无色、棕色两种,棕色的滴定管可以存放需避光的滴定液,如硝酸银、高锰酸钾、硫代硫酸钠、碘和亚硝酸钠等。

3. 滴定管的操作方法

(1)涂凡士林。酸式滴定管的活塞要转动灵活,且密不漏液。新的滴定管或已经使用但发现漏液以及活塞转动不灵活的滴定管,都需将活塞取下重新装配。方法是:把滴定管平放在桌上,拔出活塞,裹上滤纸,塞进活塞套内旋转以擦净污渍和水分,然后在活塞粗端、活塞套细端涂上少许凡士林,如图 2-6 所示。把活塞插入活塞套内,沿同一方向转动,直到两者接触部位呈透明为止。最后在活塞尾部套上橡皮圈和橡皮筋,以防活塞脱落。如果发现旋转不灵活或出现纹路,表示凡士林涂得不够;如果有凡士林从活塞隙缝溢出或被挤入活塞孔堵塞通道或管尖等,表示凡士林涂得太多,可在热水中浸泡并用力下抖或重新装配,再检查活塞是否漏液。

聚四氟塞滴定管一般不需要涂凡士林,活塞的松紧程度由活塞细端的螺母来控制,使用前直接检查活塞是否漏水即可。

(2)检漏。对活塞滴定管进行检漏,首先应用吸水纸将滴定管尖端、活塞外围的水吸干。

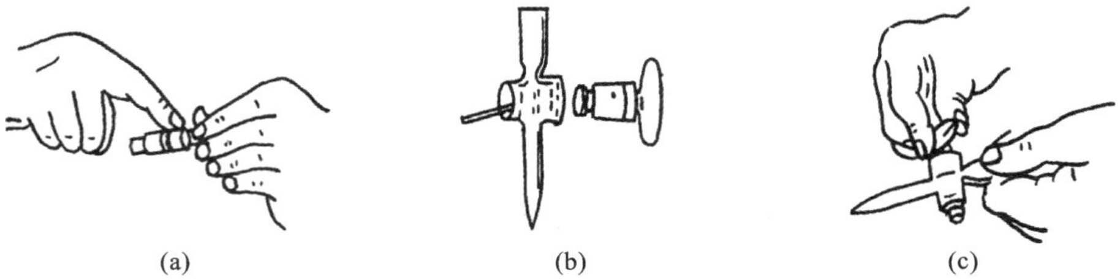

图 2-6　酸式滴定管活塞涂凡士林

(a)活塞涂凡士林;(b)安装活塞;(c)转动活塞

然后将滴定管灌满水,调整至某一刻度后关闭活塞,直立 2min 以上,用滤纸在活塞周围检查有无水渗出,观察滴定管尖端是否漏水、管内液面是否下降。最后将活塞旋转 180°,再次观察。如均不漏水,滴定管即可使用。

碱式滴定管的试漏步骤基本相同。如碱式滴定管漏水,可将橡皮管中的玻璃珠向上或向下移动,也可把玻璃珠的较长轴横着放,如果仍然漏水,可更换玻璃珠或更换橡皮管。

(3)洗涤。

判断滴定管洁净的标准是:将管内的水放出后,滴定管的内壁应仅留下一层水膜,不挂水珠,否则应重新清洗。如果无明显油污,可用自来水冲洗。如仍不能洗净,则需用铬酸洗液润洗,在滴定管的内壁沾满洗液后,停留数分钟,将洗液放回原洗液瓶中,然后再用自来水冲洗内壁 3 次以上,最后用少量纯化水润洗 3 次。

碱式滴定管用铬酸洗液洗涤时,应先取下橡胶管,再按上法洗涤。

(4)装液。为了避免滴定管中残留的水分稀释滴定液,必须先用滴定液润洗滴定管,每次用量为滴定管量程的 1/5 左右。润洗时两手平端滴定管,慢慢转动,使溶液流遍全管,打开滴定管的活塞,让部分溶液从管口下端流出,倒转滴定管,使溶液从上口倒净。如此润洗 3 次后,开始装入溶液。装液时必须(从原瓶中)直接注入,不能使用漏斗或其他器皿辅助,以免污染滴定液或改变滴定液浓度。

(5)排气泡。装入滴定液后,应检查滴定管下端是否有气泡。对于活塞滴定管,可将滴定管倾斜 30°左右,迅速打开活塞,使气泡随溶液流出。若是碱式滴定管,则可将橡皮管向上弯曲,用两指挤压玻璃珠,形成缝隙,让气泡随溶液从尖嘴口喷出,如图 2-7 所示。对于酸式滴定管,则可直接冲出一段滴定剂,排出尖端可能存在的气泡。

(6)滴定。滴定就是将滴定液由滴定管滴加到被测溶液中的操作过程。滴定可在锥形瓶、碘量瓶或烧杯中进行。正式滴定前,应将滴定液调至“0”刻度稍下处,停留 1min,以使附着在管壁上的溶液流下。每次滴定最好从 0.00 开始,滴出量不得低于 0.05mL。

滴定前,用洁净的锥形瓶内壁碰掉悬挂在滴定管尖的液滴,滴定管的高度应以其下端伸入瓶口内约 1cm 为宜。使用酸式(活塞)滴定管时,如图 2-8(a),左手拇指在前,食指和中指在后,手指轻轻向里扣住,手心不要顶住活塞的小头。转动活塞时,只要将拇指稍稍下按,食指和中指夹住活塞轻轻上提,就能控制活塞的角度。使用碱式滴定管时,如图 2-8(b)。左手拇指和食指挤玻璃珠稍上侧部位的橡胶管,使弹性的橡胶管与玻璃珠形成一条缝隙,让溶液流出。注意不要捏玻璃珠下部的橡皮管,以免空气进入而形成气泡,影响读数。

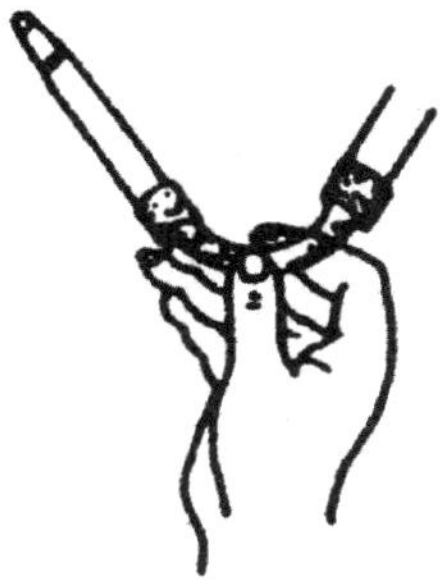

图 2-7 碱式滴定管排气泡

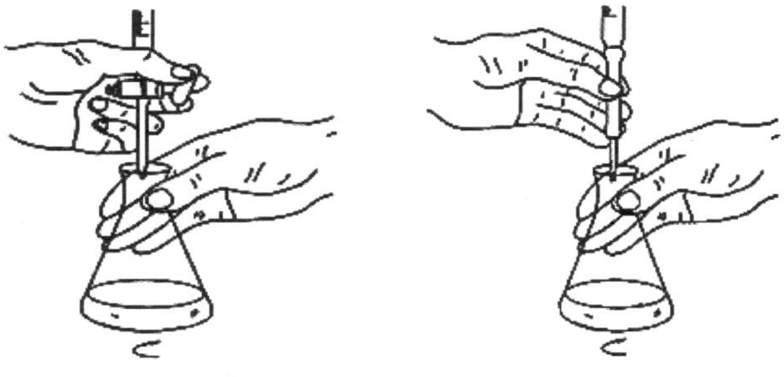

(a) (b)

图 2-8 滴定管的使用

(a)酸式滴定管;(b)碱式滴定管

滴定的原则是:成滴不成串。开始时的滴定速度可稍快些,流速为每秒 4 滴左右,右手握锥形瓶颈,用手腕的力量向一个方向旋摇,左手控制活塞,边滴边摇,眼睛注视溶液颜色的变化。为方便观察,可在锥形瓶下方放一张白纸。接近滴定终点时,速度应减慢,要逐滴加入,每加一滴后都把溶液摇匀,以防过量,甚至控制成半滴加入。可用洗瓶冲洗锥形瓶内壁,将溅起的溶液淋下,使之反应完全。半滴加入的具体做法是:控制液滴悬而不落,用锥形瓶内壁把液滴靠下来,用少量纯化水冲洗液滴至溶液中,使之反应。如此重复,直到终点出现(至指定颜色且 30s 不变色),读数并记录。

(7)读数。读数时,滴定管应保持垂直,通常用大拇指和食指夹持在滴定管液面上方,让滴定管自然垂下,视线与弯月面下沿(最低处)在同一水平线上(图 2-9),读取弯月面下沿与刻度的相切点。对于深色溶液,由于弯月面不明显,可读弯月面上沿,即两侧最高点的刻度。正确的读数方法是:眼睛视线应与管中液面的弯月面上沿(或下沿)处于同一水平面上[图 2-9(a)]。"蓝带"滴定管中溶液的读数与以上方法不同,无色溶液有两个弯月面相交于滴定管蓝线的某一点,读数时视线应与此点在一条直线上[图 2-9(b)];有色溶液应使视线与液面两侧的最高点相切;另外还可用黑色读数卡协助读数[图 2-9(c)]。

读数时应估读到 0.01mL。每次滴定完毕,须等 1min 后读数。每次滴定的初读数和终点读数必须由一人读取,以减小读数误差。滴定最好都从 0.00 刻度开始。每次读数都要及时记录。实验完毕,应将滴定管内剩余的溶液倒入废液缸,滴定管用水冲洗后倒立夹在滴定管架上。

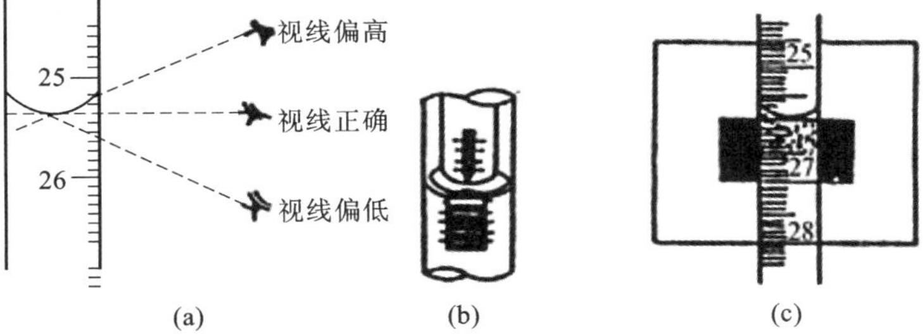

(a) (b) (c)

图 2-9 读数

4. 滴定的校准

滴定分析实验的要求比较高,滴定时的实验条件和环境都会对测定结果有影响。因此,有时要进行滴定的空白校准，以减小溶剂、指示剂和纯化水等对测定结果的影响。对于要求特别高的滴定实验，还要进行滴定管的体积校准和滴定液的温度补准，以减小滴定管的仪器误差和滴定液因温度引起的体积误差。由于这些误差很小，因此，一般的实验不需要做滴定管的体积校准和滴定液的温度补准。

(1)滴定的空白校准。滴定的空白校准，就是用纯化水代替被测液，在相同的条件下所进行的滴定。空白校准一般在测定被测物之前进行，一方面滴定液用量少，容易掌握终点；另一方面，空白校准的终点颜色可以作为实验的参考。滴定的结果应扣除空白校准值 $V_{空}$。

(2)滴定管的体积校准。滴定管的体积校准由各地计量检定部门依据国家计量检定规程进行，它有极为严格的环境要求和检测条件。目前许多滴定管生产企业销售带有校准值的滴定管，这种滴定管都有编号，其价格比较昂贵。滴定管体积校准的方法是：准确称量滴定管放出至校准点体积蒸馏水的质量，再根据水的密度计算出蒸馏水的实际容积 $V_{实}$，实际容积 $V_{实}$ 与滴定管读数 $V_{读}$ 之差即为校准值，$\Delta V_{校准}=V_{实}-V_{读}$。25mL 和 50mL 滴定管的校准点都是 5 点，25mL 滴定管的校准点为 0～5mL、0～10mL、0～15mL、0～20mL、0～25mL；50mL 滴定管的校准点为 0～10mL、0～20mL、0～30mL、0～40mL、0～50mL。活塞滴定管的检定周期为三年。

例如，某学校委托该市计量检定测试所对编号为 128 的 50mL 滴定管进行校准，滴定管的体积校准结果如表 2-3 所示。

表 2-3　滴定管体积校准结果

滴定管编号 128　测定温度 20 ℃　相对湿度 60%RH　技术依据 JJG196

校准点(mL)	0～10	0～20	0～30	0～40	0～50
实际容量(mL)	10.021	20.002	30.030	39.979	50.029
校准值(mL)	+0.021	+0.002	+0.030	−0.021	+0.029

校准结果作 $\Delta V_{校准}$-$V_{读}$ 曲线图(图 2-10)。对于 128 号滴定管滴定后的数据，可查找相应的校准值 $\Delta V_{校准}$，对读取的体积进行校准 $V_{实}=\Delta V_{校准}+V_{读}$，以减小误差。

例如，用 128 号滴定管滴定，用去滴定液 27.26mL，从曲线图上查得 $\Delta V_{校准}$ 为 0.02mL，实际体积 $V_{实}=27.26+0.02=27.28$(mL)。

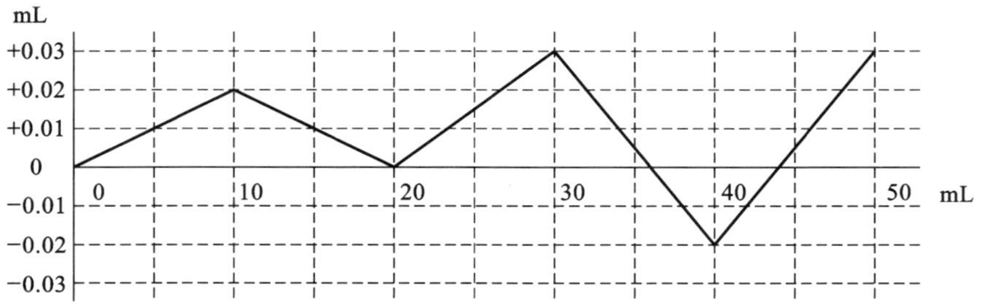

图 2-10　滴定管体积校准曲线

(3)滴定液的温度补准。溶液的密度与温度有关。因此对于要求比较高的滴定分析，对消耗的滴定液还须进行温度补准。根据滴定液的温度，查找不同标准溶液浓度的温度补准值表，可以对温度为 5～36℃的滴定液进行计算，得到温度校准值。限于篇幅，这里仅列出了 15～30℃的不同标准溶液浓度的温度补准值(单位:mL/L),如表 2-4 所示。

例如,24℃时用去 0.1mol/L 盐酸溶液 40.00mL,查表 2-4 可知,由 24℃换算为 20℃时的体积补准值为－0.9mL,故 0.1mol/L 盐酸溶液 40.00mL 换算为 20℃时的体积为:

$$V_{20}=40.00-0.9/1000\times40.00=39.96(\text{mL})。$$

一般的滴定分析,滴定管的体积校准和滴定液温度补准的数值很小,对结果的影响可以忽略不计。

经过校准,分析结果的准确度会更高,但精密度没有变化。

表 2-4 不同标准溶液浓度的温度补准值(单位:mL/L)

温度(℃)	0～0.05mol/L 的各种水溶液	0.1～0.2mol/L 的各种水溶液	盐酸溶液 $c=0.5$mol/L	$c(1/2H_2SO_4)=0.5$mol/L $c(NaOH)=0.5$mol/L
15	+0.77	+0.9	+0.9	+1.1
16	+0.64	+0.7	+0.8	+0.9
17	+0.50	+0.6	+0.6	+0.7
18	+0.34	+0.4	+0.4	+0.5
19	+0.18	+0.2	+0.2	+0.2
20	0.00	0.00	0.00	0.00
21	－0.18	－0.2	－0.2	－0.2
22	－0.38	－0.4	－0.4	－0.5
23	－0.58	－0.6	－0.7	－0.8
24	－0.80	－0.9	－0.9	－1.0
25	－1.03	－1.1	－1.1	－1.3
26	－1.26	－1.4	－1.4	－1.5
27	－1.51	－1.7	－1.7	－1.8
28	－1.76	－2.0	－2.0	－2.1
29	－2.01	－2.3	－2.3	－2.4
30	－2.30	－2.5	－2.5	－2.8

注:1. 本表数值是以 20℃为标准温度以实测法测出。室温低于 20℃的补正值均为"+",高于 20℃的补正值均为"－"。

2. 本表的用法:如 1L 0.5mol/L 的 NaOH 溶液由 26℃换算为 20℃时,其体积补正值为－1.5mL,故 26℃时 40.00mL 0.5mol/L 的 NaOH 溶液换算为 20℃时的体积为 $V_{20}=40.00-1.5/1000\times40.00=39.94(\text{mL})$。

(二)容量瓶

1. 容量瓶的类型与规格

容量瓶是一种具有准确体积的细颈梨形平底的容量器。其带有磨口塞,颈上有标线,表示液体在所指温度下达到标线时恰好与瓶上所注明的容积相等。常用的容量瓶有 50mL、100mL、250mL、500mL、1000mL 等多种规格。容量瓶有无色和棕色两种,见光易变质的物质应选用棕色瓶。容量瓶主要用于直接法配制标准溶液和准确稀释溶液。

2. 容量瓶的操作方法

(1)检漏。容量瓶的检漏操作如图 2-11 所示。在容量瓶中装水至近刻度处，塞紧瓶塞，擦干外壁，用手指顶住瓶塞，另一只手的手指托住瓶底，使其倒立 1min 以上，观察是否漏水。如果不漏，把塞子旋转 180°，再次倒立观察。经检查不漏水的容量瓶才能使用。容量瓶的瓶塞用绳系在瓶颈上，以防丢失、搞混或沾污。

(2)洗涤。将容量瓶用肥皂水或铬酸洗液洗涤，然后用自来水洗，最后用纯化水润洗 3 遍，洗净的容量瓶内壁不得挂水珠。

(3)定量转移溶液。把准确称量好的固体物质放在烧杯中溶解，用玻璃棒引流转移入容量瓶中，如图 2-12 所示。引流时玻璃棒的下端靠在容量瓶颈内壁上，溶液倒完后要用纯化水洗涤烧杯和玻璃棒，洗涤液都要沿玻璃棒转移入容量瓶中。洗涤烧杯和玻璃棒 3 次后，直接加纯化水至容积的 2/3 时，将容量瓶平摇 10 周以上(勿加塞，勿倒转)，使溶液大体混匀。继续加纯化水至距标线 1cm 左右时，改用洁净滴管小心滴加，至凹液面实线的最低处与标线相切。一旦液面超过标线，必须倒掉，洗净容量瓶后，重新进行配制。

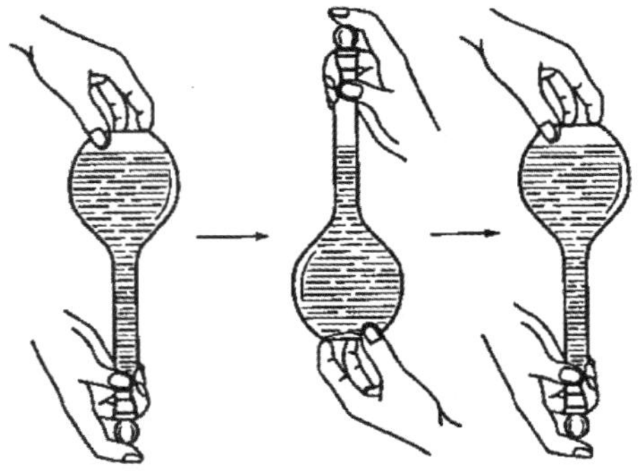

图 2-11　容量瓶的检漏和摇匀

图 2-12　溶液转入容量瓶

(4)摇匀。盖紧瓶塞，用食指顶住瓶塞，另一只手的手指尖托住瓶底，如图 2-11 所示。注意不要用掌心，以免体温影响体积。对于容积小于 100mL 的容量瓶，不必托住瓶底。随后将容量瓶倒转，使气泡上升到顶，再倒转过来，仍使气泡上升到顶，倒转数次后要提一次瓶塞，使夹在瓶塞边上的溶液也得到混匀。如此反复倒转 15 次以上，确保溶液混匀。静置后如果液面降低了，不应再加水，可能是在瓶颈处湿润消耗，不影响所配制溶液的浓度。

使用容量瓶的注意事项如下：

(1)固体试剂一般不能直接在容量瓶里进行溶解，而是在烧杯中溶解后沿玻璃棒转入容量瓶。

(2)容量瓶不能加热。如果在溶解或稀释时出现吸热或放热，要待溶液放置至室温后再进行转移，因为温度变化使瓶体也发生变化，导致所量体积不准。

(3)容量瓶只能用于配制溶液，不能长期储存溶液。配制好的溶液应倒入试剂瓶中保存，试剂瓶应烘干或用待装的溶液润洗 3 次后，才可装溶液。

(三)移液管

1. 移液管的类型与规格

移液管是用来准确移取一定体积溶液的量器。移液管通常有两种类型，如图 2-13 所示：一种是中间有一膨大部分的细长玻璃管，下端的管颈拉尖，上端管颈刻有一环状标线，是所移取液体准确体积的标志。这种移液管又称为腹式吸管，或胖肚移液管，常用的有

10mL、25mL、50mL 等规格，它只能量取某一规格的体积，因只有一个标线又被称为单标线移液管。还有一种是具有刻度的直形玻璃管，又称为吸量管，常用的有 1mL、2mL、5mL、10mL 等规格，它可以量取在刻度范围内的任意体积。移液管所移取的液体体积通常可准确到 0.01mL。

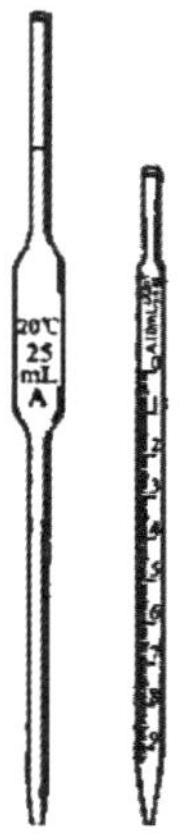

图 2-13　移液管

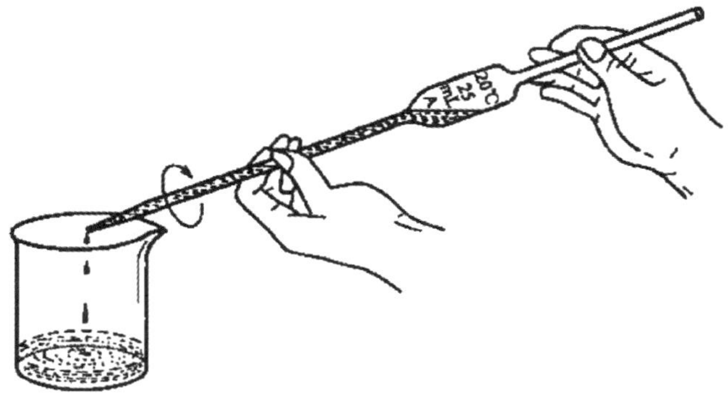

图 2-14　移液管的润洗

2. 移液管的操作方法

(1)检查。检查移液管口和尖嘴有无破损，若有破损则不能使用。

(2)润洗。使用时先将移液管洗净，并用待量取的溶液润洗 3 遍，洗净的移液管内壁不得挂水珠。操作如下(图 2-14)：配制好溶液后，将小烧杯用少量的待吸溶液润洗 3 遍，然后往小烧杯中加入适量的待吸溶液。用右手拿移液管，其食指靠近管上口、中指和拇指握住移液管，左手取滤纸条吸干移液管尖端外部的溶液后，将移液管插入小烧杯的溶液中，弃滤纸。左手拿吸耳球，排出球内空气后插入或紧靠在移液管上口，慢慢地将溶液吸入管内。当吸至移液管容量的约 1/3 时，右手食指按住管口，取出移液管，横持并转动移液管，使溶液流遍全管内壁，将溶液从下端尖口处排入废液杯内，如此操作润洗 3 遍后即可吸取溶液。如果移液管内壁挂水珠，要先用铬酸洗液润洗，再用自来水冲洗干净、纯化水润洗，最后用待量取的溶液润洗 3 遍。移液管不应在烘箱中烘干，不能移取太热或太冷的溶液。

(3)移液。用滤纸条吸干移液管尖端外部的溶液后，将移液管插入待吸溶液的瓶内，如图 2-15(a)所示，插入待吸液面下 2cm 处，用吸耳球吸取溶液(注意移液管插入溶液不能太深，并要边吸边往下插入)。当管内液面上升至标线以上约 2cm 时，迅速用右手食指堵住管口，取出移液管，用滤纸条吸干移液管下端黏附的溶液后，左手拿洁净小烧杯，如图 2-15(b)所示，将移液管管尖紧靠小烧杯内壁成 30°夹角，使移液管保持垂直，刻度线和视线保持水平，稍稍松开食指，使管内液面慢慢下降。当液面接近预定的刻度标线时，立即用食指压紧管口，停顿片刻，待管壁上溶液全流下后，再轻动食指微调液面高度，直至溶液的弯月面最下端与标线相切为止。压紧管口，带管离开。

(4)放液。左手移走小烧杯，换上接收器，如图 2-11(c)所示，移液管直立，下端紧靠接收器内壁约成 30°夹角，松开食指，让溶液沿内壁流下，管内溶液流完后需停留 15s，右手中指和拇指轻轻捻转移液管两下后移走。如果是吸量管，每次都应从零刻度处为起始点，放出所需体积的溶液，余下的溶液倒入废液缸，不可倒回原溶液中。如溶液不是全部流出，在所需体积刻度处

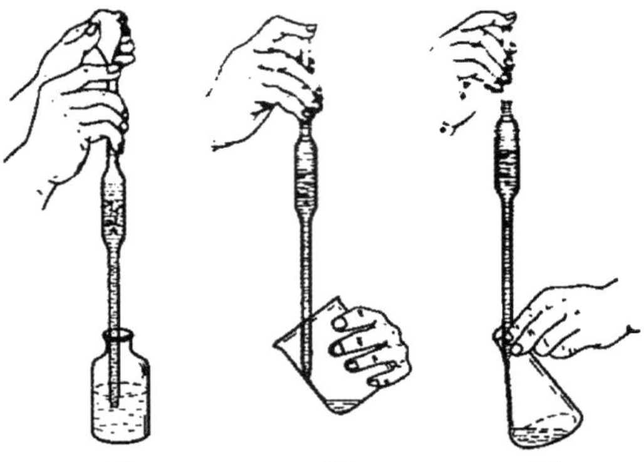

图 2-15　移液管操作

停留的时间与零刻度处停留的时间相仿即可。如果溶液全部流出，停留的时间与上述的腹式吸管相同。实验结束，则用纯化水洗净，将移液管放置在移液管架上。

（四）移液管与容量瓶的相对校准

移液管与容量瓶常常是配合使用的，因此，重要的不是所用容量瓶的绝对容积，而是移液管与容量瓶的容积是否配合，如100mL 容量瓶的容积是否为 25mL 移液管所放出的液体体积的 4 倍。一般只需要做移液管与容量瓶的相对校准即可。

二、滴定仪器的洗涤

化学实验使用的滴定仪器常粘有可溶性化学物质、不溶性化学物质、灰尘及油污等。为了得到准确的实验结果，实验前必须将仪器洗涤干净。

仪器是否洗净可通过器壁是否挂有水珠来检查。将洗净后的仪器倒置，如果器壁透明，内壁被水均匀地润湿，不挂水珠则说明已洗净；如器壁有不透明处或附着水珠或有油斑，则未洗净，应予重洗。洗净后的仪器，不可用布或纸擦拭，而应用晾干或烘烤的方法使之干燥。

1. 冲洗

在滴定仪器内注入约占总体积 1/3 的自来水，用力振荡片刻，倒掉，照此连洗数次，可洗去黏附的易溶物和部分灰尘。

2. 刷洗

用水冲洗不能清洗干净时，可用毛刷由外到内刷洗。刷洗时需选用合适的毛刷。毛刷可按所洗涤仪器的类型、规格（口径）大小来选择。洗涤试管和烧瓶时，不可使用端头无直立竖毛的秃头毛刷。刷洗后，再用水连续振荡数次，每次用水量不要太多。刷洗数次后，检查是否干净。若不干净，将少量去污粉撒入玻璃仪器内，再用毛刷进行刷洗，然后用水冲去去污粉，直到洗净为止。

3. 药剂洗涤

对准确度较高的量器或更难洗去的污物或因仪器口径较小、管细长等不便刷洗的仪器，可用铬酸洗液洗涤，也可针对污物的化学性质选用其他适当的试剂洗涤。用铬酸洗液洗涤时，先往仪器内注入少量洗液，使仪器倾斜并缓慢转动，让仪器内壁全部被洗液湿润。再转动仪器，使洗液在内壁流动，经转动几圈后，把洗液倒回原瓶。对沾污严重的仪器，可用洗液浸泡一段时间，或者用热洗液洗涤。

用洗液洗涤时，决不允许将毛刷放入洗液中。倾出洗液后，应停留适当时间，再用自来水冲洗或刷洗。

用自来水冲洗或刷洗干净的仪器，应用蒸馏水再淋洗 3 次。在洗涤过程中，应遵循“少量多次”的原则，一般冲洗 3 次，每次用水 5～10mL。

铬酸洗液的配制方法：称取 10g 工业级重铬酸钾固体放入烧杯中，加入 20mL 热水溶解，冷却后在不断搅拌下慢慢加入 200mL 浓硫酸，即得暗红色铬酸洗液。将之储存于细口玻璃瓶中备用。取用后，要立即盖紧瓶塞。

三、滴定仪器的校准

滴定仪器都具有刻度和标称容量，出厂时都允许有一定的容量误差。若分析测定时要求的准确度较高，则需要对所使用的量器进行校正。校正量器的方法有称量法和相对法。

1. 称量法

称量法是用分析天平称量容量仪器量入或量出的纯水的质量，再根据纯水的密度计算出容量仪器的实际体积。

由于热胀冷缩，在不同的温度下，量器的容积并不相同。因此，规定使用玻璃量器的标准温度为 20℃。各种量器的规格均表示在标准温度 20℃时标出的容量，称为标称容量。

在实际校准工作中，容器中水的质量是在室温下和空气中称量的，因此仍然会存在一定的误差，这主要是因为：①空气浮力使物体的称重比在真空中轻；②水的密度随着温度的变化而变化；③玻璃容器的容积随温度的变化而变化。考虑这些因素的影响，可得出 20℃容量为 1L 的玻璃容器，在不同温度时所盛水的质量，见表 2-5。如某支 25mL 移液管在 25℃放出的纯水质量为 24.921g，密度为 0.99617g/mL，则该移液管在 20℃时的实际容积为

$$V_{20}=\frac{24.921\text{g}}{0.99617\text{g/mL}}=25.02(\text{mL})$$

则这支移液管的校正值为 25.02－25.00＝＋0.02(mL)。

在实际操作时，其校准次数不应少于两次，且两次校准数据的偏差应不超过该量器容量允许的 1/4，并取其平均值作为校准值。

表 2-5 在不同温度下用蒸馏水充满 20℃ 1L 玻璃容器的水重

温度(℃)	水重(g)	温度(℃)	水重(g)	温度(℃)	水重(g)
10	998.39	19	997.34	28	995.44
11	998.33	20	997.18	29	995.18
12	998.24	21	997.00	30	994.91
13	998.15	22	996.80	31	994.64
14	998.04	23	996.60	32	994.34
15	997.92	24	996.38	33	994.06
16	997.78	25	996.17	34	993.75
17	997.64	26	995.93	35	993.45
18	997.51	27	995.69		

2. 相对法

在定量分析时，若只要求两种容器之间有一定的比例关系，而无需知道它们各自的准确

体积，这时可用容量相对法。经常配套使用的容量仪器，采用相对法尤为重要。例如，用25mL移液管移取4次蒸馏水于一干净且干燥的100mL容量瓶中，观察瓶颈处水的弯月面是否刚好与容量瓶的刻度线相切。若不相切，则用胶布在瓶颈上重新作一记号为标线，以后此移液管与该容量瓶配套使用时就用校准的标线。容量仪器的详细校准方法可参考《常用玻璃量器检定规程》(JJG 196—2006)。

实验1　常用仪器的洗涤和干燥

一、实验目的

1. 熟悉实验室内的水、电、气的排布和开关。
2. 了解、熟悉常用分析仪器的主要用途及使用方法。
3. 掌握常用玻璃仪器的洗涤、干燥方法。
4. 了解实验室“三废”的处理方法，树立环保意识。

二、仪器与试剂

仪器：常用分析仪器(表2-6)以及毛刷、洗瓶、酒精灯等。

表2-6　常用分析仪器参考清单

仪器名称	规格	数量	仪器名称	规格	数量
吸量管	2mL 5mL 10mL	1 1 1	烧杯	100mL 250mL 500mL	1 1 1
移液管	25mL	1	试管		12
玻璃棒	6mm	1	白瓷板	6孔	1
胶头滴管	15cm	1	量筒	50mL	1
容量瓶	100mL	1	漏斗		1
	250mL	1	试剂瓶	500mL	2
锥形瓶	100mL	3	酸碱两用滴定管	25mL	1
碘量瓶	250mL	3	洗耳球		1

试剂：铬酸洗液、去污粉、乙醇(AR)。

三、实验步骤

1. 检查仪器

对照表2-6，根据自己实验台面上的常用仪器清单，逐一检查、认识，核对仪器清单，包括名称、规格和数量等。

2. 洗涤练习

(1)用自来水洗刷全部玻璃仪器。

(2)用去污粉洗刷一个表面皿、100mL 的烧杯，用自来水冲洗干净，检查是否符合要求。最后用装有纯水的洗瓶冲洗三次。

(3)用铬酸洗液洗两个称量瓶和两支试管（洗液用后倒回洗液瓶），用自来水冲洗，然后用洗瓶冲洗三次。

3. 仪器的干燥

(1)将前面洗干净的 100mL 烧杯放在石棉网上用酒精灯烤干。

(2)将洗净的两支试管中的水倾出，用少量酒精润湿试管，倒出酒精，晾干或吹干。

(3)将洗净的称量瓶和瓶盖倒置于一个干净的表面皿上，放入柜内备用。

四、思考题

1. 如何判断玻璃器皿是否洁净？
2. 铬酸洗液何以能去污？怎样使用？如何判断失效？
3. 能否用去污粉刷洗吸量管？

实验 2　容量仪器的校准

一、实验目的

1. 掌握滴定管、移液管、容量瓶的使用方法。
2. 学习滴定管、移液管、容量瓶的校准方法。
3. 了解容量器皿校准的意义。

二、实验原理

滴定分析法使用的主要量器有三种：滴定管、移液管和容量瓶。由于温度的变化、试剂的侵蚀等原因，其容积与它原标示的体积并非完全一致，甚至误差可能超过分析所允许的误差范围。因此，在准确性要求较高的分析工作中，使用量器前必须进行校准。

由于玻璃有热胀冷缩的特性，在不同的温度下，容量器皿的容积也有所不同，因此，校准玻璃容量器皿时，必须规定一个固定的温度值，这一规定温度值被称为标准温度，国际上规定玻璃容量器皿的标准温度为 20℃。在校准时，都将玻璃容量器皿的容积校准到 20℃时的实际容积。容量器皿常采用以下两种校准方法。

1. 相对法

在定量分析时，若只要求两种容器体积之间有一定的比例关系时，常采用相对法。例如，25mL 移液管量取液体的体积应等于 250mL 容量瓶量取体积的 1/10。

2. 称量法

用分析天平称得容量器皿容纳或放出纯水的质量，然后根据水的密度，计算出该容量器皿在标准温度 20℃时的实际容积。由质量换算成容积时需考虑三方面的影响：①温度对水的密度的影响；②温度对玻璃器皿的容积的影响；③在空气中称量时空气浮力对质量的影响。

为了方便计算，将上述三种因素综合考虑，得到一个总校准值，见表 2-5。

例如，18℃时，某一 50mL 容量瓶容纳纯水质量为 49.87g，计算该容量瓶在 20℃时的实际容积。

查表 2-5 得 18℃时水的密度为 0.9975g/mL，所以 20℃时容量瓶的实际容积 V_{20} 为

$$V_{20}=\frac{49.87}{0.9975}=49.99(\text{mL})$$

容量器皿是以 20℃为标准温度来校准的，而使用时温度不一定为 20℃，因此容量器皿的容积以及溶液的体积都会发生改变。玻璃的膨胀系数很小，在温度相差不太大时，容量器皿的容积改变可以忽略。溶液的体积与密度有关，因此可以通过溶液密度来校准温度对溶液体积的影响。稀溶液的密度一般可用相应水的密度来代替。

又如，10℃时滴定用去 25.00mL 0.1mol/L 标准滴定溶液，20℃时其体积应为多少？

0.1mol/L 稀溶液的密度可用纯水密度代替，查表 2-5 得水在 10℃时密度为 0.9984g/mL，20℃时密度为 0.9972g/mL。故在 20℃时溶液的体积为：

$$V_{20}=25.00\times\frac{0.9984}{0.9972}=25.03(\text{mL})$$

三、仪器

天平、滴定管、移液管、容量瓶、带磨口玻璃塞的锥形瓶。

四、实验内容

1. 滴定管的校准

准确称取洁净、干燥的 50mL 锥形瓶并记录其质量。将水装满欲校准的滴定管中，调节液面至 0.00 刻度处，然后按约 3 滴/秒放出 10.00mL 水于已称质量的锥形瓶中，盖上瓶塞，再称量，两次质量之差即为放出水的质量。用同样方法校准 0.00～10.00mL、0.00～20.00mL、0.00～30.00mL、0.00～40.00mL、0.00～50.00mL 间隔容积。根据放出水的质量，查表并计算滴定管中某一段体积的实际体积数。

例如，25℃时由滴定管放出 10.10mL 水，其质量为 10.08g，水的密度为 0.9962g/mL，算出这一段滴定管的实际体积为

$$V_{20}=\frac{10.08}{0.9962}=10.12(\text{mL})$$

故滴定管这段容积的校准值为 10.12－10.10＝＋0.02(mL)

2. 移液管的校准

将 25mL 移液管洗净，吸取水调节至刻度，放入已称量的具塞锥形瓶中，再称量，根据水的质量计算在此温度时的实际体积。两支移液管各校准两次，同一支移液管的两次称量差不得超过 20mg，否则重做校准。测量数据按表 2-7 记录和计算。

表 2-7 移液管校准表

水的温度＝ ℃，密度＝ g/mL						
编号	移液管体积(mL)	空瓶质量(g)	瓶与水的质量(g)	水的质量(g)	实际体积(mL)	校准值(mL)
1						
2						

3. 容量瓶与移液管的相对校准

用 25mL 移液管移取水置于洁净、干燥的 100mL 容量瓶中，重复 4 次，然后观察溶液弯月面下缘是否与刻度线相切，若不相切，另作新标记，经相互校准后的容量瓶与移液管可配套使用，且以新标记为准。

五、问题与讨论

1. 为什么要进行器皿的校准？导致容量器皿体积刻度不准确的主要因素有哪些？
2. 分段校准滴定管时，为什么每次都要从 0.00mL 开始？
3. 写出称量法对移液管进行校准的简单步骤。

第三节　分析天平的使用

分析天平是精准测定物体质量的计量仪器，一般是指可精确称量至 0.0001g（即 0.1mg）的天平。称量的准确度直接影响分析结果。因此，了解分析天平的类型、结构，掌握其称量方法，是非常必要的。

随着科技的进步，分析天平经历了由摇摆天平、机械加码电光天平、单盘天平到电子天平的历程，现在分析天平已逐步使用电子天平。因此这里只对机械加码电光天平作简要介绍，着重阐述电子天平。

一、分析天平的工作原理

分析天平中机械式天平和电子天平的称量原理是不同的。

1. 机械式天平的称量原理

机械式天平是根据杠杆原理制成的。如图 2-16 所示，B 为支点，A 和 C 为力点。假设称量物的质量为 m_1，受到地球的引力为 Q；砝码的质量为 m_2，受到地球的引力为 P，重力加速度为 g，根据杠杆原理，当两边受力平衡时，支点两边的力矩相等，即：

$$Q \cdot AB = P \cdot BC$$

$$m_1 \cdot g \cdot AB = m_2 \cdot g \cdot BC$$

$$AB = BC$$

$$m_1 = m_2$$

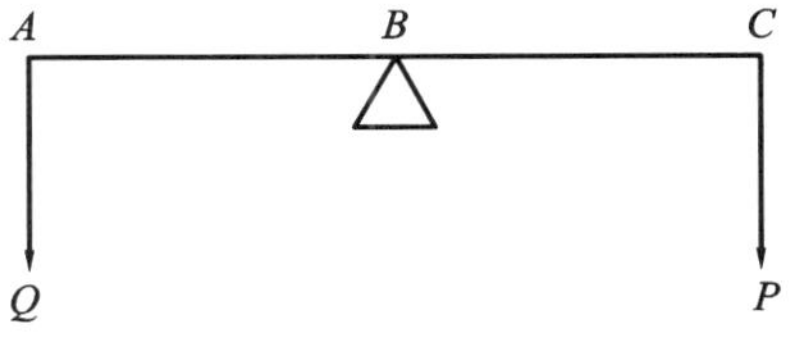

图 2-16　杠杆原理

即称量物的质量等于砝码的质量。

2. 电子天平的称量原理

电子天平是最新一代的天平，其电路结构多种多样，但其称量的依据都是电磁力平衡原理。若将通电导线放在磁场中，导线将产生电磁力，力的大小与流过线圈的电流强度成正比。由于重物的重力方向向下，电磁力方向向上，与之相平衡，则通过导线的电流与被称物的质量成正比。

图 2-17 是电子天平原理示意图。秤盘通过支架连杆与线圈相连，线圈置于磁场中。秤盘及被称物的重力通过连杆支架作用于线圈上，重力方向向下。线圈内有电流通过，产生一个向上作用的电磁力，与秤盘重力方向相反、大小相等。电子天平应用现代电子控制技术，通过数字显示出物体的质量。

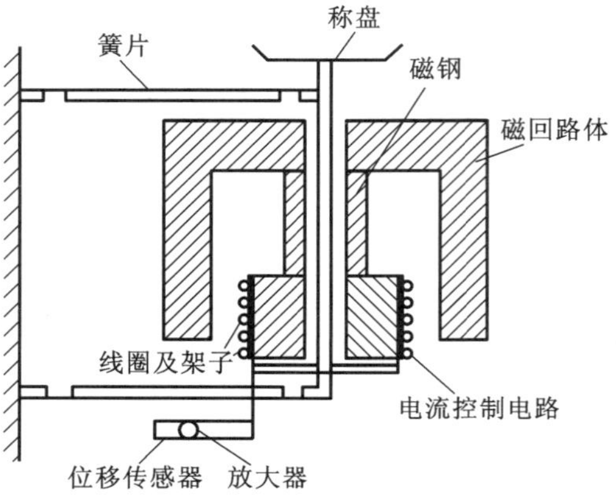

图 2-17 电子天平原理示意图

二、电子天平的种类和构造

电子天平的种类很多，现主要介绍常用于分析测试的电子分析天平（简称为电子天平）。一般分析测试中所用电子天平的最大载荷为 100g 或 200g，可精确到 0.1mg。

常见电子天平的结构如图 2-18 所示。不同型号的电子天平有不同的操作界面，有的电子天平的操作键更加简洁。

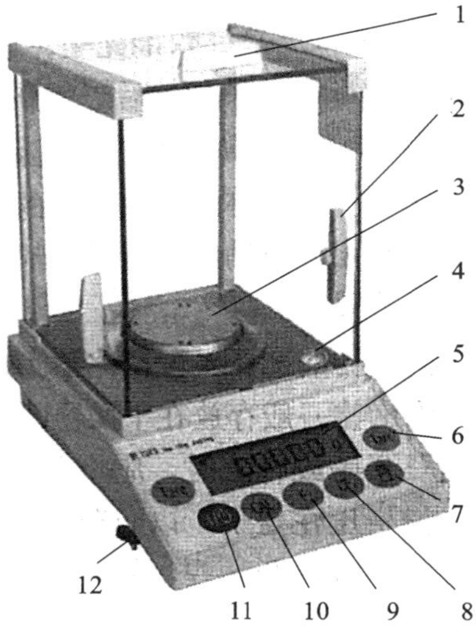

图 2-18 电子天平结构

1—顶门；2—边门；3—秤盘；4—水平仪；5—显示屏；6—清零键（Tare）；7—打印键；8—清除功能键；9—功能键；10—校准键（CAL）；11—开关键；12—水平调节螺丝

用于分析测试的电子天平通常在其外围有玻璃风罩，其作用是避免气流影响称量的准确性和精确度。电子天平设有显示屏、触摸键，拥有自动校准、自动调零、扣除皮重、累计称量、打印输出等功能。电子天平具有操作简便、准确度高等优点。

三、分析天平的灵敏度

天平的灵敏度是指天平载重增加 1mg 时所引起的指针偏移程度，单位以格/mg 表示，即

$$灵敏度=\frac{指针偏移的格数}{质量(mg)}$$

指针偏移的距离愈大，表示天平愈灵敏。

天平的灵敏度与天平横梁的质量、臂长、支点到重心的距离有关。横梁越重，灵敏度越低。臂越长，灵敏度越高。但增加了天平的臂长，相对也增加了天平横梁的质量，并使载重时的变形增大，灵敏度反而降低。天平横梁的重心越高，天平越灵敏。可以通过调节天平的重心来调节天平的灵敏度。当天平灵敏度太低时，可将重心螺丝向上调节，使天平横梁的重心提高。如天平的灵敏度太高，可将重心螺丝向下调节，使天平横梁的重心降低。天平的灵敏度既不能太低也不能太高，太低，称量误差增大；太高，则指针摆动不容易静止，且不便于称量。

在实际应用中常用"感量"来表示灵敏度。感量是灵敏度的倒数。感量是使指针位移 1 格时所需要增加的质量，以"mg/格"来表示，即

$$感量=\frac{1}{灵敏度}=\frac{质量(mg)}{指针偏移的格数}$$

例如，某天平的灵敏度为 2.5 格/mg，则感量为 0.4mg/格，这类天平称为"万分之四"天平；又如半自动电光天平的感量为 0.1mg/格，则其灵敏度为 10 格/mg，表示 1mg 砝码使投影屏上有 10 小格的偏移。

四、电子天平的使用

(一)电子天平的使用方法

1. 清扫

取下天平罩，用软毛刷清扫秤盘。

2. 检查、调节水平仪

查看水平仪内的水泡是否位于小圆盘的中央。如偏移，调节两只底脚螺丝，使水泡位于水平仪中心。

3. 预热

接通电源，在"OFF"状态下预热 30min(或按说明书要求操作)。

4. 开启显示器

按开关键，在"ON"状态下，天平自检完毕后，显示"0.0000g"时，方可称量。如不是"0.0000g"，则按清零键(Tare)。

5. 校准

不同型号的电子天平有不同的校准方式，主要有外校和内校两种。

(1)外校。空盘时按清零键(Tare)，显示"0.0000g"，再按校准键(CAL)至显示"CAL-100"，此时在天平盘上用镊子放上 100g 标准砝码(天平的随机附件中配备)，经数秒钟后，显示"100.0000g"，移去标准砝码，放回砝码盒中，关闭天平门，显示"0.0000g"，表示天平校准

成功，可进行称量。若显示不为零，则再清零，重复以上校准操作，直至显示为“0.0000g”。有的仪器是200g校准砝码，显示的是“CAL-200”，操作方法相同。

(2)内校。空盘时按下清零键(Tare)，显示“0.0000g”，再按校准键(CAL)，待数秒后，驱动声停止，屏上显示“0.0000g”，说明仪器已校准完毕。该系列的天平都配有一个内置的校准砝码，由内部的电机驱动加载，并在结束调校后被重新卸载。

电子天平采用电磁平衡方式，因称出的是质量，使用时需要校准仪器，以消除各使用地点重力加速度不同对称量结果造成的影响。为确保称量的准确性，电子天平安装后、首次使用前、环境变化后、搬动或移位后，都应对电子天平进行校准，天平校准后称量的显示值可以认为是物质的质量。

6. 称量物的准备

分析化学实验中称取基准物质常常借助于洁净干燥的长型称量瓶，称量瓶及称量物一般存放在干燥器内。

干燥器开盖或合盖时，应将盖子向一侧平推，如图2-19所示，不要向上提起。搬移时，应用双手拇指压住盖子，以防盖子滑落，如图2-20所示。将较热的物品放进干燥器后，应不时地把盖子稍微推开一些，使热空气排出，每次推开时间不要超过1s。这样可以平衡干燥器内外压力，避免因空气受热膨胀将盖子顶落或冷却后容器内压力降低而使盖子不易打开。

7. 称量

按清零键(Tare)，显示“0.0000g”后，置称量物于天平盘上，关闭天平门，显示器上的数字不断变化，待数字稳定并出现单位“g”后，则表示天平显示值已稳定，此时才可以读数。此时所读数值即为被称量物的质量，应及时记录于报告本上。

8. 称量结束工作

称量结束后，取下称量物，按清零键(Tare)，显示“0.0000g”后，按开关键(ON/OFF)，使天平处于待机状态，用软毛刷清扫天平盘，罩上天平罩，将凳子放回原处，并在登记本上记录使用情况。平时电子天平应保持通电，将开关键置于待机状态。如一个月以上不用，应拔掉电源。

图 2-19　干燥器开盖或合盖操作

图 2-20　干燥器的搬移

(二)电子天平的称量方法

电子天平的称量方法有直接称量法、减量称量法、固定质量称量法、累计称量法等多种。电子天平有去皮功能，巧妙地应用该功能能起到事半功倍的效果。

1. 直接称量法

直接称量法主要用于称取固体物品的质量，可一次称取一定质量的样品。按是否使用去皮功能，直接称量法又分为不去皮直接称量法和去皮直接称量法。

(1)不去皮直接称量法(以表面皿的称量为例)：依照上述天平使用的程序，检查调整好天平后，按清零键(Tare)，显示"0.0000g"后，将一干燥洁净的表面皿从边门放置于秤盘中央，关闭天平门，数字稳定后读数，即为该表面皿的质量 m_1。用牛角匙取试样，从天平边门伸入，将试样放在上述表面皿中，关闭天平门，称出表面皿和试样的总质量 m_2。两次称量质量之差 m_2-m_1 即为试样的质量，及时记录称量值。

(2)去皮直接称量法：检查、调整天平后，按清零键(Tare)，显示"0.0000g"后，将表面皿放在天平盘上，关闭天平门，数字稳定后再按清零键(Tare)，当显示"0.0000g"时，用牛角匙取试样放在表面皿上，显示值即为试样的质量。

称量容器除表面皿外，还可以用小烧杯或称量纸等。在空气中稳定、没有吸湿性的试样均可用直接称量法。

2. 减量称量法

减量称量法是利用每两次称量之差，求得一份或多份被称量物的质量。本法可用来称取易吸湿、易氧化、易与 CO_2 反应的样品。称出样品的质量不要求固定的数值，只需在要求的范围内即可，一般要求在±10%以内。定量分析中常用此法称取多份样品。减量称量法也可以分别去皮和不去皮两种，这里介绍去皮减量称量法。

检查、调整天平后，按清零键(Tare)，显示"0.0000g"。将盛装一定量试样的称量瓶放在天平盘上，关闭天平门，按清零键(Tare)，显示"0.0000g"。取出称量瓶，按图 2-21 方法，用瓶盖轻敲称量瓶上口，倾出一定量试样后，在一面轻敲的情况下慢慢竖起称量瓶，使瓶口不留一点试样，轻轻盖好瓶盖，将称量瓶放入秤盘上，显示屏显示值为负值。其负号可理解为取出，其数值为倾出试样的质量。若倾出的量不够，可继续倾出；如过量，则弃去重称。按上述方法连续操作，可称取多份试样，进行平行试验。

图 2-21 倾出样品操作

3. 固定质量称量法(去皮法)

以称量 0.5000g 固体试样为例。加试样接近固定质量前的操作与去皮直接称量法相同，当所加试样与固定质量相差很小时，需极其小心地将盛有试样的牛角匙伸向天平盘的容器上方 2～3cm 处，牛角匙的另一端顶在掌心上，用拇指、中指及掌心拿稳牛角匙，并用食指轻弹匙柄，将试样慢慢抖入容器中，直至恰好达到指定的质量(0.5000g)。此操作应十分细心，如不慎加多了试样，只能用牛角匙取出多余的试样，再重复上述操作，直到恰好达到固定质量。

配制一定准确浓度的标准溶液，可用固定质量称量法称量物质的质量。

4. 累计称量法

利用去皮重功能，将被称物逐个置于秤盘上，并相应逐一去皮清零，最后移去所有被称物，则显示数(负数)的绝对值为被称物的总质量值。

实验3　分析天平的称量练习

一、实验目的

1. 熟悉分析天平的使用方法。
2. 学习常用的三种称量方法。
3. 了解在称量中如何运用有效数字。

二、实验要点

分析天平是定量分析中最重要的仪器之一，其种类很多，常用的分析天平有全自动电光天平及电子天平。本实验主要学习万分之一电子天平的使用方法，掌握直接称量法、固定质量称量法及减量称量法三种称量方法。

三、仪器与试剂

1. 仪器：分析天平、称量瓶、坩埚。
2. 试剂：石灰石、黏土。

四、实验内容

熟悉分析天平控制面板上的各个功能键，严格按照分析天平的使用规则进行操作，注意称量前的准备和称量后的检查。

1. 直接称量法

分别称量 2 个空坩埚和 0.5g 左右的石灰石样品，训练至控制样品质量为 0.5g±0.03g。

2. 固定质量称量法

称量 2 份 0.5000g 的石灰石样品，转移至空坩埚中。

3. 减量称量法

称取 3 份 0.5g 左右的黏土样品。用手套（或纸带）从干燥器中取出盛有黏土样品的称量瓶，称其质量 m_1。按照减量称量法，将所需试样倒入干净的烧杯中，称量其剩余量为 m_2。则倒出的第一份样品质量为 m_1-m_2。训练至控制黏土样品的质量为 0.5g±0.05g。

若样品量不足，可按上述操作继续称量；若倒出量超出此范围，应重新称量；若一次称量的质量达不到要求，可以再多进行 2 次相同的操作。

4. 数据记录和处理

参照表 2-8 的格式认真记录实验数据。

表 2-8　称量练习数据表　　单位：g

项目	次数	1	2	3
直接称量法	m（坩埚的质量）			
	m_s（石灰石的质量）			

续表 2-8

项目	次数	1	2	3
固定质量称量法	m_s（石灰石的质量）			
减量称量法	m（称量瓶＋黏土）			
	m_s（称出的黏土质量）			

五、问题与讨论

1. 称量的方法有哪几种？固定质量称量法和减量称量法各有何优缺点？在什么情况下选用这两种方法？

2. 在实验中记录称量数据应准确至几位？为什么？

3. 试述减量称量法的操作要点。

复习思考题

一、名词解释

1. 标准试剂　2. 滴定管　3. 减量称量法

二、选择题

1. 电子天平的显示器上无任何显示，可能的原因是（　　）。

A. 无工作电压　　B. 被承载物带静电

C. 天平未水平　　D. 天平未校准

2. 减量称量法适合于称取（　　）。

A. 易吸湿、易氧化、易与空气中 CO_2 反应的物质

B. 液体物质

C. 易燃易爆物品

D. 易挥发的物质

3. 进行滴定操作时，正确的方法是（　　）。

A. 眼睛注视被滴定管流速　　B. 眼睛注视被滴定管中液面下降

C. 眼睛注视被滴定溶液颜色的变化　　D. 眼睛注视滴定管是否漏液

4. 滴定管读数时，视线比液面低会使读数（　　）。

A. 偏低　　B. 无影响

C. 有时偏低，有时偏高　　D. 偏高

5. 下列关于移液管的说法正确的是（　　）。

A. 用后洗净，加热烘干后使用　　B. 无标明“吹”，无需吹出残液

C. 用蒸馏水淋湿后即可移液　　D. 刻度吸管的精度比胖肚移液管高

6. 在实验室常用的玻璃仪器中，可以直接加热的仪器是(　　)。

A. 容量瓶　　B. 量筒

C. 锥形瓶和烧杯　　D. 锥形瓶和移液管

7. 进行移液管和容量瓶的相对校正时，(　　)。

A. 移液管和容量瓶的内壁都必须绝对干燥

B. 容量瓶的内壁必须绝对干燥，移液管内壁可以不干燥

C. 容量瓶的内壁可以不干燥，移液管内壁必须绝对干燥

D. 移液管和容量瓶的内壁都不必干燥

8. 酸式滴定管尖部出口被凡士林堵塞，快速有效的处理方法是(　　)。

A. 在热水中浸泡并用力下抖　　B. 用洗耳球吹

C. 用铁丝通并用水洗　　D. 开大水龙头冲洗

9. 下列关于碱式滴定管的使用方法正确的是(　　)。

A. 右手挤玻璃珠稍上侧部位的橡胶管　　B. 右手挤玻璃珠稍下侧部位的橡胶管

C. 左手挤玻璃珠稍下侧部位的橡胶管　　D. 左手挤玻璃珠稍上侧部位的橡胶管

10. 将称量瓶置于烘箱中干燥时，应将瓶盖(　　)。

A. 盖紧　　B. 横放在瓶口上

C. 取下　　D. 在烘箱中随意放

第三章　定量分析的误差及数据处理

学习目标

1. 了解定量分析中误差产生的原因、表示方法以及提高准确度的方法。
2. 理解有效数字的意义，掌握其修约规则和运算规则。
3. 掌握分析结果的数据处理方法。

第一节　误差的基本概念

定量分析的目的是准确测定试样中组分的含量，因此分析结果必须具有一定的准确度。在实际分析过程中，即使采用最可靠的分析方法，使用最精密的仪器，由技术很熟练的分析人员进行测定，也不可能得到绝对准确的结果。同时一个人在相同条件下对同一种试样进行多次测定，所得结果也不会完全相同。这表明，在分析过程中，误差是客观存在、不可避免的。因此，在定量分析中应该了解误差产生的原因及其出现的规律，以便采取相应的措施减小误差、提高分析结果的准确度。

一、误差的来源与分类

误差是指测定结果与真实值之间的差值。根据误差的性质和产生的原因，误差可分为系统误差和随机误差（又称偶然误差）两大类。

1. 系统误差

系统误差是指分析过程中由于某些固定的原因所造成的误差。系统误差的特点是具有单向性和重复性，即它对分析结果的影响比较固定，使测定结果系统地偏高或系统地偏低；当重复测定时，它会重复出现。系统误差产生的原因是固定的，它的大小、正负是可测的，理论上讲，只要找到原因，就可以消除系统误差对测定结果的影响。因此，系统误差又称可测误差。根据系统误差产生的原因，可将其分为：

（1）方法误差。方法误差是由于方法本身所造成的误差。例如滴定分析中指示剂的变色点与化学计量点不一致；重量分析中沉淀的溶解损失等。

（2）仪器误差。仪器误差是由于仪器本身不够精确而造成的误差。例如天平砝码、容量器皿刻度不准确等。

（3）试剂误差。由于实验时所使用的试剂或蒸馏水不纯而造成的误差称为试剂误差。例如试剂和蒸馏水中含有被测物质或干扰物质。

（4）操作误差。操作误差是指在正常操作情况下，由于分析工作者的习惯或主观因素所造成的误差。对于同一操作者来说，这种误差总是单向性的。例如试样分解时分解不够完全，重量分析称量沉淀时坩埚及沉淀尚未完全冷却，滴定终点颜色的辨别偏深或偏浅等。如果是由于工作人员工作粗心、马虎所引入的误差，只能称为工作的过失，不能算是操作误差。

为了减少系统误差的影响，可通过下面的方法来修正：

(1)改进分析方法。选用先进的国家标准分析方法进行分析测定。

(2)对照实验。用已知准确含量的标准试样按同样的分析方法进行多次测定，将测定值与标准值进行对照，求出校正系数，进而校正分析结果，以消除操作和仪器误差以及分析方法的误差。

(3)空白实验。在不加试样的情况下，按照试样的分析步骤和条件进行分析测定，所得结果称为空白值，然后从分析结果中扣除空白值，就会得到一个比较真实可靠的结果。

(4)校正仪器。分析测定前，对所有的仪器如滴定管、移液管、容量瓶、天平砝码等的灵敏度加以校正，尽可能减少仪器不精确引起的系统误差。

2.随机误差

随机误差又称偶然误差，它是由某些随机的、偶然的原因所造成的，往往大小不等、正负不定。例如测量时环境温度、气压、湿度、空气中尘埃等的微小波动；个人一时辨别的差异而使读数不一致，如在滴定管读数时，估计的小数点后第二位的数值，几次读数不一致。在定量分析中，外界条件的改变及工作中难以估计的因素，是产生随机误差的主要原因。因此随机误差是客观存在、不可避免的。

随机误差的大小、正负都是不确定的。从表面上看，随机误差的出现似乎很不规律，但在同样条件下，多次重复测定，就会发现随机误差出现的概率是符合正态分布规律的，即：①小误差出现的机会多，大误差出现的机会少，特别大的误差出现的机会极少。②大小相等的正、负误差出现的概率相等，测量的次数越多，测量的平均值越接近真实值。

比如，测定100次某样品的含量，得到表3-1的频数分布表，再根据该相对频数分布表制得频数分布的直方图，如图3-1所示。

表3-1 频数分布表

分组	频数	相对频数
1.265%～1.295%	1	0.01
1.295%～1.325%	4	0.04
1.325%～1.355%	7	0.07
1.355%～1.385%	17	0.17
1.385%～1.415%	24	0.24
1.415%～1.445%	24	0.24
1.445%～1.475%	15	0.15
1.475%～1.505%	6	0.06
1.505%～1.535%	1	0.01
1.535%～1.565%	1	0.01
$\sum$	100	1.00

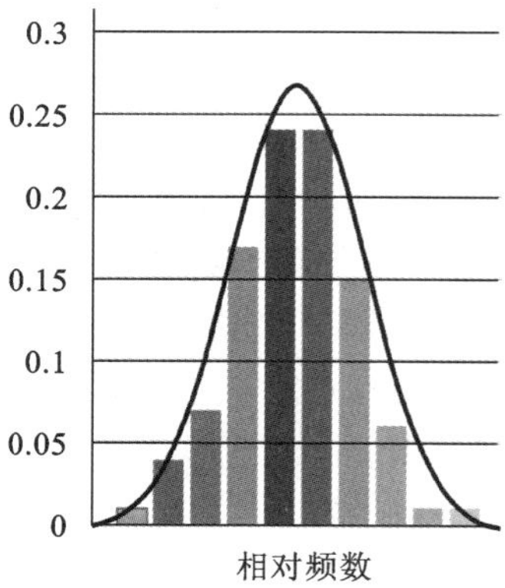

图3-1 相对频数直方图

减小随机误差的方法一般是在消除系统误差的前提下，适当增加平行测定的次数(不超过 10 次)，随机误差的算术平均值将趋近于零，分析结果的平均值则接近于真实值。一般分析工作中，同一试样通常平行测定 3～4 次即可满足分析要求。

在定量分析中，除了系统误差和随机误差外，还可能会出现由于过失或差错而造成的“过失误差”。例如，溶液溅失、沉淀穿滤、看错砝码、读错读数、记错数据、加错试剂等，这些都属于不应有的过失，实验时必须注意避免。如发现操作中有过失，要返工重做，或将测定结果弃去不用。

二、准确度与误差

准确度是指分析测定结果与真实值相接近的程度。准确度的高低用误差(Error)来表示。误差是指分析测定结果和真实值的差值，误差越小，准确度越高。误差有正、负，用“+”“－”表示，“+”表示分析结果偏高，“－”表示分析结果偏低。误差又分为绝对误差(absolute error)和相对误差(Relative Error)。

绝对误差(E_a)是个别测定值(x_i)与真实值(T)之差。即：

$$E_a = x_i - T \tag{3-1}$$

相对误差(E_r)是绝对误差所占真实值的百分数。即：

$$E_r = \frac{E_a}{T} \times 100\% \tag{3-2}$$

准确度通常用相对误差来表示，相对误差更能反映准确度的高低，应用较为广泛。

【例 3-1】 甲、乙两人分别称取某试样 2.0121g、0.2012g，该两份试样的真实值分别为 2.0120g、0.2011g，求其绝对误差和相对误差。

【解】 甲、乙的绝对误差为：

$$E_a(甲)=2.0121-0.0120=0.0001(g)$$

$$E_a(乙)=0.2012-0.2011=0.0001(g)$$

甲、乙的相对误差为：

$$E_r(甲)=\frac{0.0001}{2.0120}\times 100\%=0.005\%$$

$$E_r(乙)=\frac{0.0001}{0.2011}\times 100\%=0.05\%$$

甲、乙两人称量的绝对误差相同，但相对误差并不相同。当用同样精度的天平称量质量不同的物质时，被称量的物质质量越大，相对误差就越小，测定的准确度就越高；对于滴定管等量器也是如此。

三、精密度与偏差

精密度是指在相同条件下，对同一试样多次平行测定结果相接近的程度。精密度用偏差(Deviation)来表示，偏差越小，说明精密度越高。偏差也分为绝对偏差和相对偏差。

绝对偏差 d_i 是个别测定值 x_i 与多次测定的算术平均值 $\bar{x}$ 之间的差值。

$$d_i = x_i - \bar{x} \tag{3-3}$$

相对偏差 d_r 是绝对偏差与算术平均值的百分比率。

$$d_r = \frac{d_i}{\bar{x}} \times 100\% \tag{3-4}$$

偏差有正负之分，有时可能为零。如果将各次测定的偏差相加，其和为零或接近零。

一般来说，人们不会对每次测定的结果都计算其相对偏差，所以偏差常用平均偏差和相对平均偏差表示。

平均偏差 $\bar{d}$ 是各绝对偏差绝对值的算术平均值。用公式表示为：

$$\bar{d} = \frac{|d_1| + |d_2| + \cdots + |d_n|}{n} = \frac{\sum_{i=1}^{n} |d_i|}{n} \tag{3-5}$$

相对平均偏差 $\bar{d}_r$ 是平均偏差与平均值的百分比率，可表示为：

$$\bar{d}_r = \frac{\bar{d}}{\bar{x}} \times 100\% \tag{3-6}$$

【例 3-2】 测定某铵盐试样中的含氮量时，5 次分析测定的结果如下：26.45%、26.63%、26.57%、26.70%、26.38%。计算平均偏差和相对平均偏差。

【解】 5 次测定结果的算术平均值为 26.55%，其偏差分别为 −0.10%、0.08%、0.02%、0.15%、−0.17%。

$$\text{平均偏差 } \bar{d} = \frac{1}{5} \times (|-0.10\%| + |0.08\%| + |0.02\%| + |0.15\%| + |-0.17\%|) = 0.10\%$$

$$\text{相对平均偏差 } \bar{d}_r = \frac{0.10\%}{26.55\%} \times 100\% = 0.38\%$$

平均偏差和相对平均偏差均为正值。在一般分析工作中平行测定次数不多时，常用相对平均偏差简单地表示分析结果的精密度。如果只对试样进行了两次平行测定，其相对平均偏差可用这两次测定结果之差与它们的平均值之比的百分数来表示。用计算式表示为：

$$d_r = \frac{x_1 - x_2}{\bar{x}} \times 100\% \tag{3-7}$$

虽然平均偏差和相对平均偏差可粗略地反映一组分析结果的离散程度，也能简单地说明精密度的高低，但是，当一组分析数据离散程度较大时，仅从平均偏差和相对平均偏差却看不出精密度的大小，此时常采用标准偏差来衡量精密度。标准偏差又称均方根偏差。当测定次数趋于无限大时（一般指 $n>30$ 次的测定），所得样本的平均值即为总体平均值 μ：$\lim\limits_{n\to\infty}\bar{x}_n = \mu$，此时标准偏差用 σ 表示：

$$\sigma = \sqrt{\frac{\sum_{i=1}^{n} (x_i - \bar{x})^2}{n}} \tag{3-8}$$

其含义为：$\bar{x}$ 已接近于真实值；σ 是总体标准偏差。

在实际工作中，一般都进行的是有限次数的测定。当测定次数 $n<20$ 时，标准偏差 s 用下式表示：

$$s = \sqrt{\frac{\sum_{i=1}^{n} (x_i - \bar{x})^2}{n-1}} = \sqrt{\frac{\sum_{i=1}^{n} d_i^2}{n-1}} \tag{3-9}$$

式中，$n-1$ 称为自由度 f，表示独立变量的个数。由于 n 个偏差之和等于零，所以在 n 次测定中，只有 $n-1$ 个独立偏差数。

标准偏差能更好地反映精密度，它将各次的偏差平方后，较大的偏差更显著地反映出来，这样就能更好地说明数据的离散程度。例如甲、乙两组数据的偏差分别为：

甲组：+0.2，+0.3，−0.2，−0.4，0，−0.2，+0.2，+0.4，+0.3，−0.3，+0.2，−0.3

乙组：+0.1，−0.2，0，+0.2，−0.1，−0.2，+0.8，+0.2，−0.1，−0.2，−0.7，+0.2

甲、乙两组数据的平均偏差都是 0.25，从平均偏差上看不出这两组数据的差别，但它们的标准偏差却不同：$s_{甲}=0.28$，$s_{乙}=0.36$。可见甲组的精密度好，乙组数据的分散程度大，精密度稍差些。

【例 3-3】 测定铁矿石中铁的含量(以 Fe_2O_3 表示)时，进行了 5 次测定，分析结果分别为：67.48%，67.35%，67.44%，67.47%，67.45%。求平均值、平均偏差、相对平均偏差、标准偏差。

【解】

$$\bar{x}=\frac{1}{5}\times(67.48\%+67.35\%+67.44\%+67.47\%+67.45\%)=67.44\%$$

$$\bar{d}=\frac{1}{5}\times(0.04\%+0.09\%+0+0.03\%+0.01\%)=0.03\%$$

$$\bar{d}_r=\frac{0.03\%}{67.44\%}\times100\%=0.04\%$$

$$s=\sqrt{\frac{\sum_{i=1}^{n}d_i^2}{n-1}}=\sqrt{\frac{(0.04\%)^2+(0.09\%)^2+0+(0.03\%)^2+(0.01\%)^2}{5-1}}=0.052\%$$

四、公差

由前面的讨论可以知道，误差与偏差具有不同的含义。前者以真实值为标准，后者是以多次测定值的算术平均值为标准。严格地说，人们只能通过多次反复的测定，得到一个接近于真实值的平均结果，用这个平均值代替真实值来计算误差。显然，这样计算出来的误差还是偏差。因此，生产部门并不强调误差与偏差的区别，而用“公差”范围来表示允许误差的大小。

公差是按照国家标准或行业标准或企业标准给定的一个误差范围，也叫公差带，又称为允许误差。比如一个零件的某个尺寸是 10mm(称为公称尺寸)，上偏差是+0.005，下偏差是 0，那么它的公差带就是 10～10.005mm，超过这个范围的产品即为不合格产品。

对于分析检验来说，公差是指多次测定所得的一系列数据中的最大值与最小值的允许界限，可以用相对误差表示，也可以用绝对误差表示，要看各种标准分析方法的具体规定。比如工业分析中，待测组分的含量与其允许的公差范围用相对误差表示，如表 3-2 所示。

表 3-2 待测组分含量与公差范围的关系 单位：%

待测组分的质量分数	90	80	40	20	10	5	1.0	0.1	0.01	0.001
公差(相对误差)	0.3	0.4	0.6	1.0	1.2	1.6	5.0	20	50	100

而钢中硫含量分析的允许公差范围用绝对误差表示，如表 3-3 所示。

表 3-3　钢铁中硫含量分析的公差范围　　单位：%

硫的质量分数	≤0.020	0.020～0.050	0.050～0.100	0.100～0.200	≥0.200
公差(绝对误差)	±0.002	±0.004	±0.006	±0.010	±0.015

公差是生产部门对于分析结果允许误差的一种表示方法。公差范围的确定与许多因素有关：首先是根据实际情况对分析结果准确度的要求，如一般工业分析允许相对误差在百分之几到千分之几。其次公差范围常依试样组成及待测组分含量不同而不同。组成愈复杂，引起误差的可能性就愈大，允许的公差范围则宽一些。再者，所用分析方法所能达到的准确度不同，则公差范围也不同。例如，比色分析法、光谱分析法的相对误差较大，而重量分析法和滴定分析法的相对误差就小些，因此，规定公差的允许范围，要根据具体情况而定。此外，各主管部门还对每一项具体的分析项目规定了具体的公差范围，往往以绝对误差来表示。在国家标准中，对含量与允许公差的关系，常用回归方程式表示。

五、准确度与精密度

定量分析中常根据准确度和精密度来衡量测定结果的优劣。准确度与精密度又有一定的关系。例如，甲、乙、丙、丁四人同时测定某一矿样中的铁含量，真值 $T=37.40\%$，各测定 4 次，其结果如图 3-2 所示。其中，甲的分析结果的精密度和准确度都较高，4 次平行测定的结果比较接近，且平均值与真值比较接近。乙的分析结果的精密度较高，但准确度较低，说明测定中存在系统误差。丙的分析结果的精密度和准确度都很低，结果不可靠，说明测定中既存在系统误差，又存在偶然误差。丁的分析结果的精密度很低，虽然平均值与真值比较接近，但这纯属巧合，是大的正、负误差相互抵消的偶然结果，因此结果不可靠。

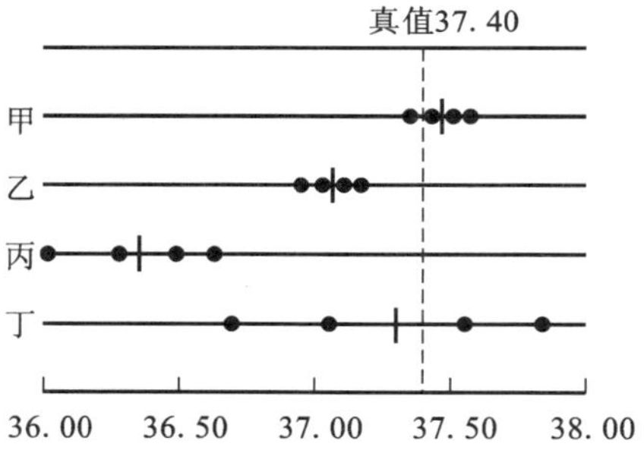

图 3-2　不同分析人员对同一份样品的测定结果比较

从上述讨论可知，对于分析结果的评价，要从准确度和精密度两个方面进行。准确度表示的是测定值与真实值相接近的程度，它主要受系统误差的影响，用误差来量度，误差小说明测定结果的准确度高，反之就低；而精密度表示的是平行测定结果之间的接近程度，它说明了测定结果的重现性高低，反映了测定结果的可靠程度，随机误差是影响它的主要因素。精密度用偏差来衡量，偏差小，表示测定结果的精密度高，偶然因素影响小；偏差大，精密度低，测定的结果不可靠。由此可见，精密度高是准确度高的必要前提条件，但精密度高并不能说明准确度一定高，它只表示分析测定的重现性好。若精密度差，则测定结果不可靠，也就无从去衡量准确度了。因此，只有精密度和准确度都高的分析结果才是真实可靠的结果。

在定量分析中，为确保分析结果的精密度和准确度，根据不同的分析要求，对测定的相对误差做了一般的规定要求，例如在常量分析中，相对误差要求在±0.2%以内。

第二节　随机误差的分布

一、正态分布

在定量分析化学中，当测定数据足够多时，测定值及其随机误差一般符合正态分布规律。正态分布就是通常所说的高斯分布。图 3-3 即为正态分布曲线，它的数学表达式为：

$$y = f(x) = \frac{1}{\sigma\sqrt{2\pi}}e^{-\frac{(x-\mu)^2}{2\sigma^2}} \qquad (3\text{-}10)$$

式中，y 表示测定次数趋于无限时，测定值 x 出现的概率密度，它是测定值 x 的函数，以 $f(x)$ 表示；μ 为总体平均值，即无限次测量数据的平均值，对应于曲线最高点的横坐标值，在没有系统误差时，它就是真值 T；σ 为标准偏差，它是从总体平均值 μ 到曲线拐点间的距离。$x-\mu$ 表示随机误差。若以 $x-\mu$ 作横坐标，则曲线最高点对应的横坐标为零，这时曲线成为随机误差的正态分布曲线。

由式(3-10)及图 3-3 可见：

(1)$x=\mu$ 时，y 值最大，此即分布曲线的最高点。它体现了测量值的集中趋势。这就是说，大多数测量值集中在算术平均值的附近。

(2)曲线以通过 $x=\mu$ 这一点的垂直线为对称轴。说明正误差和负误差出现的概率相等。

(3)当 x 趋向于 $-\infty$ 到 $+\infty$ 时，曲线以 x 轴为渐近线，说明小误差出现的概率大，大误差出现的概率小，出现很大误差的概率极小，趋近于零。

(4)根据式(3-10)，得到 $x=\mu$ 时的概率密度为：

$$y(x=\mu) = \frac{1}{\sigma\sqrt{2\pi}} \qquad (3\text{-}11)$$

由图 3-3 可见，正态分布曲线 1 的峰值高，标准偏差 σ_1 较小；正态分布曲线 2 的峰值低，标准偏差 σ_2 较大。σ 越大，测量值落在 μ 附近的概率越小；这意味着测量的精密度越差，测量值的分布就越分散，正态分布曲线也就越平坦。反之，σ 越小，测量值的分散程度越小，正态分布曲线也就越尖锐。

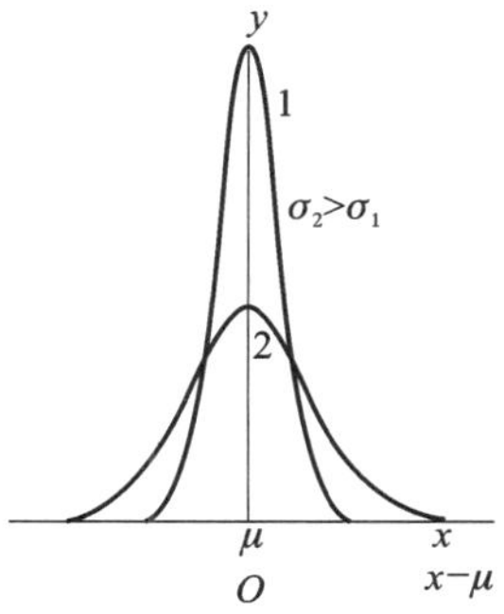

图 3-3　两组精密度不同的测量值的正态分布曲线

μ 和 σ，前者反映测量值分布的集中趋势，后者反映测量值分布的分散程度，它们是正态分布的两个基本参数。这种正态分布曲线以 $N(\mu,\sigma^2)$ 表示。

若将正态分布曲线的横坐标改用以 μ 为单位表示(以 σ 为单位表示随机误差)，则可将正态分布曲线标准化，标准正态分布以 $N(0,1)$ 表示。u 定义为

$$u = \frac{x-\pi}{\sigma} \qquad (3\text{-}12)$$

代入(3-10)式得到

$$y = f(x) = \frac{1}{\sigma\sqrt{2\pi}}e^{\frac{-u^2}{2}}$$

由式(3-12)得 $du = \frac{dx}{\sigma}$

则 $f(x) \cdot dx = \frac{1}{\sqrt{2\pi}}e^{\frac{-u^2}{2}} \cdot du = \Phi(u) \cdot du$

故

$$y = \Phi(u) = \frac{1}{\sqrt{2\pi}}e^{\frac{-u^2}{2}} \tag{3-13}$$

标准正态分布曲线如图 3-4 所示。

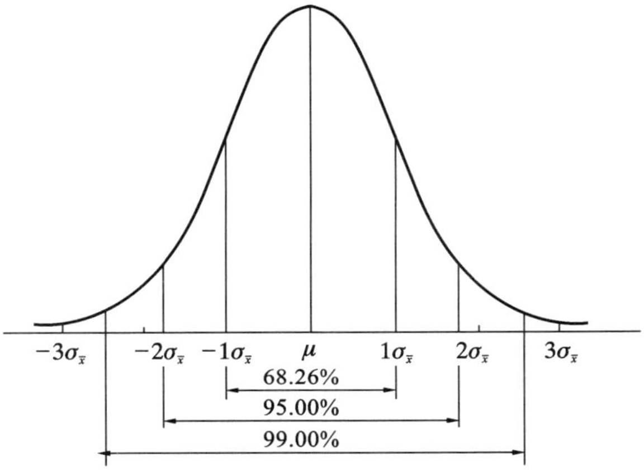

图 3-4 标准正态分布曲线

二、随机误差的区间概率

正态分布曲线与横坐标$-\infty$到$+\infty$之间所夹的面积,代表所有数据出现概率的总和,其值应为 1,即概率 P 为:

$$P = \int_{-\infty}^{+\infty} \Phi(u) \cdot du = \int_{-\infty}^{+\infty} \frac{1}{\sqrt{2\pi}}e^{-\frac{u^2}{2}}du \tag{3-14}$$

随机误差在某一区间出现的概率,可以取不同 u 值对式(3-14)进行定积分,由此制得正态分布概率积分表,如表 3-4 所示。

由于积分上下限不同,表的形式有很多种,为了区别,在表的上方一般绘图说明表中所列值是哪种区间的概率。表 3-4 是这些形式的表中的一种,表中列出的面积与图中阴影部分相对应,表示随机误差在此区间的概率。若是求$\pm u$ 值区间的概率,必须乘以 2。

由表 3-4 可求出随机误差或测量值出现在某区间的概率。例如随机误差在 $u=\pm1$ 区间,即测量值 x 在 $\mu\pm\sigma$ 区间的概率是 $2\times0.3413\approx68.3\%$。同样可求出测最值出现在其他区间的概率。

如果区间为$[-u, +u]$,则应将所查值乘以 2,例如表 3-5 所示。

表 3-4　正态分布概率积分表

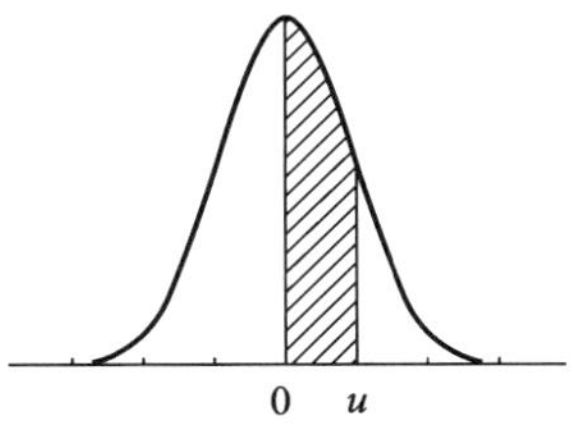

$$概率 = 面积 = \frac{1}{\sqrt{2\pi}}\int_0^u e^{\frac{-u^2}{2}} \cdot du$$

$$|u| = \frac{|x-\pi|}{\sigma}$$

$\|u\|$	面积	$\|u\|$	面积	$\|u\|$	面积
0.0	0.0000	1.1	0.3643	2.1	0.4821
0.1	0.0398	1.2	0.3849	2.2	0.4861
0.2	0.0793	1.3	0.4032	2.3	0.4893
0.3	0.1179	1.4	0.4192	2.4	0.4918
0.4	0.1554	1.5	0.4332	2.5	0.4938
0.5	0.1915	1.6	0.4452	2.6	0.4951
0.6	0.2258	1.7	0.4554	2.7	0.4963
0.7	0.2850	1.8	0.4641	2.8	0.4965
0.8	0.2881	1.9	0.4713	2.9	0.4974
0.9	0.3159	1.96	0.4750	3.0	0.4987
1.0	0.3413	2.0	0.4773	∞	0.5000

表 3-5　区间与概率

随机误差出现的区间(以 σ 为单位)	测量值出现的区间	概率
$u=\pm1$	$x=\mu\pm\sigma$	0.3413×2=0.6826
$u=\pm1.96$	$x=\mu\pm1.96\sigma$	0.4750×2=0.9500
$u=\pm2$	$x=\mu\pm2\sigma$	0.4773×2=0.9546
$u=\pm2.6$	$x=\mu\pm2.6\sigma$	0.4951×2=0.9902
$u=\pm3$	$x=\mu\pm3\sigma$	0.4987×2=0.9974

由此可见,测定值落在 $\mu\pm3\sigma$ 区间的概率达 99.7%,随机误差超过 $\pm3\sigma$ 的测定值出现的概率低至 0.3%(平均 1000 次测定中仅有 3 次机会)。因而,在实际工作中,如果多次重复测定中的个别数据的误差的绝对值大于 3σ,则很可能是由过失造成的,应将其舍去,以保证分析结果准确可靠。

从概率积分表中的概率也可以确定误差界限。例如,要保证测定值出现的概率为 95%,那么随机误差界限应为 $\pm1.96\sigma$。

【例 3-4】 已知某试样中 Co 质量分数的标准值为 1.75%,$\sigma=0.10\%$,又已知测定时没有系统误差,求分析结果落在(1.75±0.15)%范围内的概率。

【解】
$$|u|=\frac{|x-\mu|}{\sigma}=\frac{|x-1.75\%|}{0.10\%}=\frac{0.15\%}{0.10\%}=1.5$$

查表 3-4,求得概率为 $2\times0.4332=86.6\%$。

【例 3-5】 同例 3-4,求分析结果大于 2.00%的概率。

【解】 本例只讨论分析结果大于 2.00%的分布情况,属于单边检验问题。

$$|u|>\frac{|x-\mu|}{\sigma}=\frac{|2.00\%-1.75\%|}{0.10\%}=2.5$$

查表 3-4,求得此时阴影部分的概率为 0.4938。整个正态分布曲线右侧的概率为$\frac{1}{2}$,即为 0.5000,故阴影部分以外的概率为 $0.5000-0.4938=0.62\%$,即分析结果大于 2.00%的概率为 0.62%。

第三节 有限测定数据的统计处理

正态分布曲线反映了无限次数测定数据(或测定次数大于 20 次)的分布规律。在实际分析工作中,测定次数都是有限的($n<20$),其随机误差不一定服从正态分布。要想根据有限的测定值,合理地推断总体的情况,就需要对它们进行统计处理。

一、t 分布曲线

当测量数据不多时,总体标准偏差 σ 是不知道的,只好用样本标准偏差 s 来估计测量数据的分散情况。用 s 代替 σ,必然引起正态分布的偏离,这时可用 t 分布来处理。t 分布如图 3-5 所示,纵坐标仍为概率密度,但横坐标则为统计量 t。t 定义为:

$$t=\frac{x-\mu}{s\bar{x}} \tag{3-15}$$

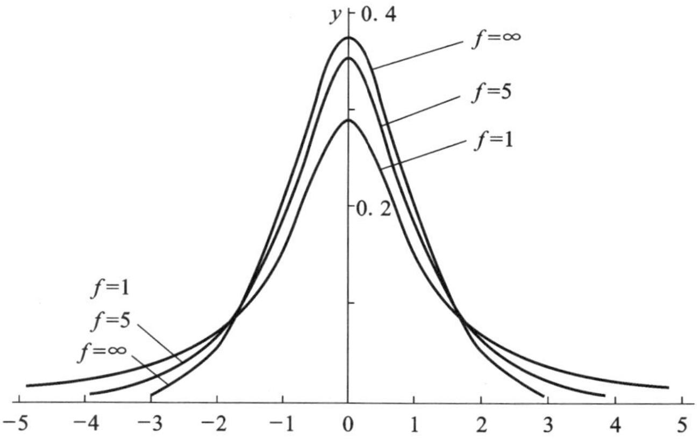

图 3-5 t 分布曲线($f=1,5,\infty$)

t 分布曲线很好地反映了有限次数测定数据及其随机误差的分布规律($n<20$)。其中,纵坐标为概率密度,横坐标为统计量 t 值。由图 3-5 可见,t 分布曲线与正态分布曲线相似,都呈对称分布,只是 t 分布曲线随自由度 f($f=n-1$)而改变。随着测定次数的增多,t 分布曲线越来越陡峭,测定值的集中趋势更加明显。当 $n\rightarrow\infty$时,t 分布就趋近标准正态分布,因

此可认为标准正态分布是 t 分布的极限。

与正态分布曲线一样，t 分布曲线下面一定区间内的积分面积，就是该区间内随机误差出现的概率。不同的是 t 分布曲线的形状不仅随 t 值而改变，还与 f 值有关。不同 f 值及概率所相应的 t 值已计算出来，表 3-6 是最常用的 t 值表。表中置信度用 P 表示，它表示在某一 t 值时，测定值落在（$\mu+ts$）范围内的概率。显然，落在此范围之外的概率为（$1-P$），称为显著性水准，用 α 表示。由于 t 值与置信度及自由度有关，一般表示为 $t_{P,f}$。

例如：$t_{0.95,10}$ 表示置信度为 95%，自由度为 10 时的 t 值，查表得 $t=2.23$。

$t_{0.99,5}$ 表示置信度为 99%，自由度为 5 时的 t 值，查表得 $t=4.03$。

理论上只有当 $f=\infty$ 时，各置信度对应的 t 值才与相应的 μ 值一致。但由表 3-6 可以看出，当 $f=20$ 时，t 值与 u 值已充分接近了。

表 3-6 t 值表（双边）

f	置信度，显著性水平		
	$P=0.90$ $\alpha=0.10$	$P=0.95$ $\alpha=0.05$	$P=0.99$ $\alpha=0.01$
1	6.31	12.71	63.66
2	2.92	4.30	9.92
3	2.35	3.18	5.84
4	2.13	2.78	4.60
5	2.02	2.57	4.03
6	1.94	2.45	3.71
7	1.90	2.36	3.50
8	1.86	2.31	3.36
9	1.83	2.26	3.25
10	1.81	2.23	3.17
20	1.72	2.09	2.84
∞	1.64	1.96	2.58

二、总体平均值的置信区间

日常分析中测定次数是有限的，总体平均值 μ 是未知的，用样本研究总体时，样本平均值 $\bar{x}$ 并不总是等于总体平均值 μ。但根据随机误差的分布规律，在消除系统误差后，总体平均值 μ 即为真实值。那么，在一定置信度下，存在以样本平均值 $\bar{x}$ 为中心，包含总体平均值 μ 在内的取值范围，称为总体平均值 μ 的置信区间。该区间范围越小，说明测定值与 μ 越接近，测定的准确度越高。但由于测定次数较少，计算出的置信区间不能以百分百的把握将 μ 包含在内，只能以一定的置信度进行判断。真实值落在置信区间的概率，称为置信度或置信水准，常用 P 表示。

对于有限次数的测定，已知样本标准偏差 s 时，需根据 t 进行统计处理。由 t 的定义式

(3-15)可得到总体平均值 μ 的置信区间为：

$$\mu=\bar{x}\pm\frac{ts}{\sqrt{n}} \tag{3-16}$$

式中，s 为样本标准偏差；n 为测定次数；t 为在选定的某一置信度下的概率系数，可根据测定次数从表 3-7 中查得。此式也是分析结果的正确表达式。

表 3-7　不同测定次数及不同置信度下的 t 值

测定次数	置信度				
n	50%	90%	95%	99%	99.5%
2	1.000	6.314	12.706	63.657	127.32
3	0.816	2.920	4.303	9.925	14.089
4	0.765	2.353	3.182	5.841	7.453
5	0.741	2.132	2.776	4.604	5.598
6	0.727	2.015	2.571	4.032	4.773
7	0.718	1.943	2.447	3.707	4.317
8	0.711	1.895	2.365	3.500	4.029
9	0.706	1.860	2.306	3.355	3.832
10	0.703	1.833	2.262	3.250	3.690
11	0.700	1.812	2.228	3.169	3.581
21	0.687	1.725	2.086	2.845	3.153
∞	0.674	1.645	1.960	2.576	2.807

从 t 值表中还可以看出，当测量次数 n 增大时，t 值减小，总体平均值 μ 的置信区间变窄，测定的准确度提高；当测定次数为 20 次以上到测定次数为∞时，t 值相差不多，这表明当 $n>20$ 时，再增加测定次数对提高测定结果的准确度已经没有什么意义，因此只有在一定的测定次数范围内，分析数据的可靠性才随平行测定次数的增多而增加。在实际工作中，一般平行测定 3～4 次，要求较高时可测定 5～9 次，最多测定 10～12 次。

【例 3-6】 分析铁矿石中铁的含量，结果的平均值 $\bar{x}=20.85\%$，$s=0.06\%$。计算：(1)若测定次数 $n=4$，置信度分别为 95%和 99%时，平均值的置信区间。(2)若测定次数 $n=6$，置信度为 95%时，平均值的置信区间。(3)若测定次数 $n=6$，置信度为 95%，报告分析结果。

【解】 (1)$n=4$，置信度为 95%时，$t_{95\%}=3.18$。

$$\mu=\bar{x}\pm\frac{ts}{\sqrt{n}}=(20.85\pm0.10)\%$$

置信度为 99%时，$t_{99\%}=5.84$。

$$\mu=\bar{x}\pm\frac{ts}{\sqrt{n}}=(20.85\pm0.18)\%$$

(2)$n=6$，置信度为 95%时，$t_{95\%}=2.57$。

$$\mu=\bar{x}\pm\frac{ts}{\sqrt{n}}=(20.85\pm0.06)\%$$

(3)$n=6$，置信度为95%时，铁矿石中铁的含量分析结果为(20.85±0.06)%。

由上面的计算可知，在相同测定次数下，随着置信度由95%提高到99%，总体平均值的置信区间将从(20.85±0.10)%扩大至(20.85±0.18)%；另外，同样在95%的置信度下，测定次数由4次增加到6次，总体平均值的置信区间从(20.85±0.10)%缩窄至(20.85±0.06)%，说明在同一置信度下，增加平行测定次数可使置信区间缩窄，说明测量的平均值更接近总体平均值。

三、可疑测定值的取舍

在重复多次测定时，如出现特大或特小的离群值，亦即可疑值时，又不是由明显的过失造成的，就要根据随机误差分布规律决定取舍。取舍方法很多，下面介绍两种常用的检验法。

1. Q检验法

当测定次数$3\leqslant n\leqslant 10$时，根据所要求的置信度，按照下列步骤检验可疑数据是否应弃去。

(1)将测定数据由小到大的顺序排列：$x_1, x_2, x_3\cdots, x_{n-1}, x_n$；其中，$x_1$、$x_n$是明显偏小或偏大的可疑值。

(2)求出最大值与最小值之差x_n-x_1。

(3)求出可疑数据与其最邻近数据之间的差，x_n-x_{n-1}或x_2-x_1。

(4)计算舍弃商Q。用可疑值与其相邻值之差除以极差，其商即为Q值。

$$Q=\frac{x_n-x_{n-1}}{x_n-x_1}\text{ 或 }Q=\frac{x_2-x_1}{x_n-x_1}$$

(5)根据测定次数n和要求的置信度，查表3-8，得$Q_{表}$。

(6)将Q与$Q_{表}$相比，若$Q>Q_{表}$，则舍去可疑值；若$Q<Q_{表}$，则保留可疑值。

表3-8　$Q_{表}$取值(置信度90%、95%和99%)

测定次数	3	4	5	6	7	8	9	10
$Q_{0.90}$	0.94	0.76	0.64	0.56	0.51	0.47	0.44	0.41
$Q_{0.95}$	0.97	0.84	0.73	0.64	0.59	0.54	0.51	0.49
$Q_{0.99}$	0.99	0.93	0.82	0.74	0.68	0.63	0.60	0.57

在三个以上数据中，需要对一个以上的数据用Q检验法决定取舍时，首先检查相差较大的数。

【例3-7】 对轴承合金中的锑含量进行了10次测定，得到下列结果：15.48%，15.51%，15.52%，15.53%，15.52%，15.56%，15.53%，15.54%，15.68%，15.56%。试用Q检验法判断有无可疑值需弃去(置信度为90%)。

【解】 (1)首先将各数按递增顺序排列：

15.48%，15.51%，15.52%，15.52%，15.53%，15.53%，15.54%，15.56%，15.56%，15.68%

(2)求出最大值与最小值之差：

$$x_n - x_1 = 15.68\% - 15.48\% = 0.20\%$$

(3)求出可疑数据与最邻近数据之差：

$$x_n - x_{n-1} = 15.68\% - 15.56\% = 0.12\%$$

(4)计算 Q 值：

$$Q = \frac{x_n - x_{n-1}}{x_n - x_1} = \frac{0.12\%}{0.20\%} = 0.60$$

(5)查表 3-8，$n=10$ 时，$Q_{0.90}=0.41$，$Q>Q_{表}$，所以最高值 15.68%必须弃去。此时，分析结果的范围为 15.48%～15.56%，$n=9$。

同样，可以检查最低值 15.48%：

$$Q = \frac{15.51\% - 15.48\%}{15.56\% - 15.48\%} = 0.38$$

查表 3-8，$n=9$，$Q_{0.90}=0.44$，$Q<Q_{表}$，故最低值 15.48%应予保留。

2. $4\bar{d}$ 法

根据正态分布规律，偏差超过 3σ 的个别测定值的概率小于 0.3%，因此可将这一测定值舍去。对于有限次数测定的数据，可粗略地认为，偏差大于 $4\bar{d}$ 的个别测定值可以舍去。

用 $4\bar{d}$ 法判断可疑值的取舍时，具体步骤如下：

(1)除去可疑值后，计算其他数据的算术平均值($\bar{x}$)和平均偏差($\bar{d}$)。

(2)将可疑值与上述算数平均值进行比较，若 $|x_{可疑}-\bar{x}|>4\bar{d}$，则可疑值舍去，否则应予以保留。

【例 3-8】 测定某样品的含量，平行测定 4 次，所得数据分别为 0.3018、0.3020、0.3022、0.3029。请用 $4\bar{d}$ 法判断 0.3029 这个数据可否舍弃。

【解】 先将 0.3029 除去，计算其他三个数据的平均值和平均偏差

$$\bar{x} = \frac{0.3018+0.3020+0.3022}{3} = 0.3020$$

$$\bar{d} = \frac{|0.3018-0.3020|+|0.3020-0.3020|+|0.3022-0.3020|}{3} = 0.00013$$

$$\frac{|可疑值-\bar{x}|}{\bar{d}} = \frac{|0.3029-0.3020|}{0.00013} = 6.9>4$$

因此舍去。

四、显著性检验

在实际工作中，对标准试样或纯物质进行测定时，所得到的平均值与标准值不完全一致；或者采用两种不同分析方法或不同分析人员对同一试样进行分析时，两组分析结果的平均值有一定差异。这种差异是由偶然误差引起的，还是系统误差引起的？这类问题在统计学中属于“假设检验”。如果分析结果之间存在“显著性差异”，就认为它们之间有明显的系统误差；否则就认为没有系统误差，纯属偶然误差引起的，认为是正常的。显著性检验方法在分析化学中常用的有 F 检验法和 t 检验法。

(一)F 检验法

F 检验法是通过比较两组数据的方差 s^2，以确定它们的精密度是否有显著性差异的方

法。统计量 F 的定义为两组数据的方差的比值（分子为大的方差，分母为小的方差）即

$$F = \frac{s_{大}^2}{s_{小}^2} \tag{3-17}$$

将计算所得 F 值与表 3-9 所列 F 值进行比较。如果两组数据的精密度相差不大，则 F 值趋近于 1；如果两者之间存在显著性差异，F 值就较大。在一定的置信度及自由度下，若 F 值大于表值，则认为它们之间存在显著性差异（置信度 95％），否则不存在显著性差异。

使用表 3-9 中的 F 值时应注意两点：①在制作 F 值表时，已经预先规定大方差为分子，小方差为分母；$f_{大}$、$f_{小}$ 分别为大、小方差的自由度。②表中列出的 F 值为单侧临界值。若检验一组数据的方差是否优于另外一组数据，属于单边检验，应选择置信度为 95％。如果旨在比较两组数据的方差是否存在显著性差异，即不论是甲的结果优于乙，还是乙的结果优于甲，则属于双边检验。这时虽然查置信度为 95％的 F 值（即 $\alpha=0.05$ 的分布值表），但最后做统计推断的置信度为 $1-2\alpha=90\%$。因此，用 F 检验法检测两组数据的精密度是否有显著性差异时，必须首先确定它是属于单边检验还是双边检验。

表 3-9 置信度 95％时 F 值（单边）

$f_{小}$ \ $f_{大}$	2	3	4	5	6	7	8	9	10	∞
2	19.00	19.16	19.25	19.30	19.33	19.36	19.37	19.38	19.39	19.50
3	9.55	9.28	9.12	9.01	8.94	8.88	8.84	8.81	8.78	8.53
4	6.94	6.59	6.39	6.26	6.16	6.09	6.04	6.00	5.96	5.63
5	5.79	5.41	5.19	5.05	4.95	4.88	4.82	4.78	4.74	4.36
6	5.14	4.76	4.53	4.39	4.28	4.21	4.15	4.10	4.06	3.67
7	4.74	4.35	4.12	3.97	3.87	3.79	3.73	3.68	3.63	3.23
8	4.46	4.07	3.84	3.69	3.58	3.50	3.44	3.39	3.34	2.93
9	4.26	3.86	3.63	3.48	3.37	3.29	3.23	3.18	3.13	2.71
10	4.10	3.71	3.48	3.33	3.22	3.14	3.07	3.02	2.97	2.54
∞	3.00	2.60	2.37	2.21	2.10	2.01	1.94	1.88	1.83	1.00

【例 3-9】 在吸光光度分析中，用一台旧仪器测定溶液的吸光度 6 次，得标准偏差 $s_1=0.055$；再用一台性能稍好的新仪器测定 4 次，得标准偏差 $s_2=0.022$。试问新仪器的精密度是否显著地优于旧仪器的精密度？

【解】 检验新仪器的精密度是否优于旧仪器的精密度，属于单边检验问题。

已知 $n_1=6, s_1=0.055; n_2=4, s_2=0.022$

$$s_{大}^2=0.055^2=0.0030, s_{小}^2=0.022^2=0.00048$$

$$F=\frac{s_{大}^2}{s_{小}^2}=\frac{0.0030}{0.00048}=6.25$$

查表 3-9，$f_{大}=6-1=5$，$f_{小}=4-1=3$，$F_{表}=9.01$，$F<F_{表}$，故两种仪器的精密度之间不存在统计学上的显著性差异，即不能得出新仪器显著地优于旧仪器的结论。由表 3-9 中给出的置信度可知，做出这种判断的可靠性达 95％。

【例 3-10】 采用两种不同的方法分析某种试样，用第一种方法分析 11 次，得标准偏差 $s_1=0.21\%$；用第二种方法分析 9 次，得标准偏差 $s_2=0.60\%$。试判断两种分析方法的精密度之间是否有显著性差异。

【解】 第一种方法的精密度显著地优于或劣于第二种方法的精密度，都认为它们之间有显著性差异，因此，属于双边检验问题。

已知 $n_1=11, s_1=0.21\%; n_2=9, s_2=0.60\%$

$$F=\frac{s_{大}^2}{s_{小}^2}=\frac{(0.60\%)^2}{(0.21\%)^2}=8.2$$

表 3-9 为单边检验的 F 值，其置信度为 95%，即显著性水平为 5%。当这些 F 值用于双边检验时，其显著性水平应为单边检验时的 2 倍，置信度由原来的 95%变为 $1-2\alpha=1-2\times 0.05=90\%$。

查表 3-9，$f_{大}=9-1=8$，$f_{小}=11-1=10$，$F_{表}=3.07$，$F>F_{表}$，故有 90%的把握认为两种方法的精密度之间存在显著性差异。

(二)t 检验法

1. 平均值与标准值的比较

为了检查分析数据是否存在较大的系统误差，可对标准试样进行若干次分析，再利用 t 检验法比较分析结果的平均值与标准试样的标准值之间是否存在显著性差异。

进行 t 检验时，首先按下式计算出 t 值：

$$\mu=\bar{x}+\frac{ts}{\sqrt{n}} \tag{3-18}$$

$$t=\frac{|\bar{x}-\mu|}{s}\sqrt{n} \tag{3-19}$$

如果 t 值大于表 3-6 中的 t 值，则认为存在显著性差异，否则不存在显著性差异。在分析化学中，通常以 95%的置信度为检验标准，即显著性水平为 5%。

【例 3-11】 采用某种新方法测定基准明矾中铝的质量分数，得到下列 9 个分析结果：10.74%，10.77%，10.77%，10.77%，10.81%，10.82%，10.73%，10.86%，10.81%。已知明矾中铝含量的标准值(以理论值代替)为 10.77%。试问该新方法是否引起系统误差(置信度 95%)？

【解】 $n=9, f=9-1=8$

$$\bar{x}=10.79\%, s=0.042\%$$

$$t=\frac{|\bar{x}-\mu|}{s}\sqrt{n}=\frac{|10.79\%-10.77\%|}{0.042\%}\sqrt{9}=1.43$$

查表 3-6，$P=0.95$，$f=8$ 时，$t_{0.05,8}=2.31$。$t<t_{0.05,8}$，故 $\bar{x}$ 与 μ 之间不存在显著性差异，即新方法没有引起明显的系统误差。

2. 两组平均值的比较

不同分析人员或同一分析人员采用不同方法分析同一试样，所得到的平均值，经常是不完全相等的。要判断这两个平均值之间是否有显著性差异，亦可采用 t 检验法。

设两组分析数据为：

$$n_1 \quad s_1 \quad \bar{x}_1$$
$$n_2 \quad s_2 \quad \bar{x}_2$$

s_1 和 s_2 分别表示第一组和第二组分析数据的标准偏差，可先用 F 检验法验证它们之间是否有显著性差异。如证明它们之间没有显著性差异，则可认为 $s_1 \approx s_2$，用下式求得合并标准偏差 s：

$$s = \sqrt{\frac{\text{偏差平方和}}{\text{总自由度}}}$$

$$= \sqrt{\frac{\sum (x_{1i} - \bar{x}_1)^2 + \sum (x_{2i} - \bar{x}_2)^2}{(n_1 - 1) + (n_2 - 1)}} \tag{3-20}$$

$$s = \sqrt{\frac{s_1^2(n_1 - 1) + s_2^2(n_2 - 1)}{(n_1 - 1) + (n_2 - 1)}}$$

然后计算出 t 值：

$$t = \frac{|\bar{x}_1 - \bar{x}_2|}{s}\sqrt{\frac{n_1 n_2}{n_1 + n_2}} \tag{3-21}$$

在一定置信度时，查出表值 $t_{表}$（总自由度 $f = n_1 + n_2 - 2$），若 $t > t_{表}$ 时，说明两组平均值存在显著性差异，$\mu_1 \neq \mu_2$；反之，若 $t < t_{表}$，则说明两组平均值不存在显著性差异，$\mu_1 = \mu_2$。

【例 3-12】 用两种不同方法测定合金中铌的质量分数，所得结果如下：

第一法　1.26%　1.25%　1.22%

第二法　1.35%　1.31%　1.33%　　1.34%

试问两种方法之间是否有显著性差异（置信度 95%）？

【解】 （1）先用 F 检验法检验 s_1 和 s_2 之间是否存在显著差异：

已知 $n_1 = 3, \bar{x}_1 = 1.24\%$　$s_1 = 0.021\%$

$n_2 = 4, \bar{x}_2 = 1.33\%$　$s_2 = 0.017\%$

$$F = \frac{s_1^2}{s_2^2} = \frac{(0.021)^2}{(0.017)^2} = 1.53$$

查表 3-9，$f_1 = 2, f_2 = 3, F_{表} = 9.55, F < F_{表}$，说明两组数据的标准偏差没有显著性差异。

（2）再用 t 检验法检验 $\bar{x}_1$ 和 $\bar{x}_2$ 有无显著性差异：

合并标准偏差为

$$s = \sqrt{\frac{\sum (x_{1i} - \bar{x}_1)^2 + \sum (x_{2i} - \bar{x}_2)^2}{n_1 + n_2 - 2}} = 0.019\%$$

$$t = \frac{|\bar{x}_1 - \bar{x}_2|}{s}\sqrt{\frac{n_1 n_2}{n_1 + n_2}} = \frac{|1.24\% - 1.33\%|}{0.019\%}\sqrt{\frac{3\times 4}{3+4}} = 6.21$$

在 95% 置信度下，查表 3-6 得 $t_{0.05,5} = 2.57$。$t > t_{0.05,5}$，故两种分析方法之间存在显著性差异，必须找出系统性原因，加以解决。

第四节　提高分析结果准确度的方法

在定量分析测定过程中，误差是不可避免的并具有一定的规律性。因此，可采取适当的措施减免系统误差，减小随机误差，从而提高分析结果的准确度。

一、选择适当的分析方法（分析方法验证）

各种分析方法的准确度和灵敏度是不相同的。为了满足实际工作的需要，首先要根据对分析结果准确度的要求选择适合的分析方法。重量分析法和滴定分析法的准确度高但灵敏度低，适用于常量组分的分析；而仪器分析法具有较高的灵敏度，但其准确度较低，适用于微量或衡量组分含量的测定。

例如，铁的质量分数为 60.00%的试样，用重铬酸钾法测定，方法的相对误差为 0.24%，则测定结果的含量范围是 59.88%～60.12%。如果用直接分光光度法进行测定，由于方法的相对误差约为 3%，测得铁的质量分数范围将在 58.2%～61.8%之间，误差显然大得多。若试样中铁的质量分数为 0.1%，则用重铬酸钾法无法测定，这是由于方法的灵敏度达不到。若以分光光度法进行测定，可能测得的铁的含量范围为 0.097%～0.103%，结果完全符合要求。

二、减小测定误差

为了保证分析结果的准确度，必须尽量减小测量误差。例如，一般分析天平（电子天平）的称量误差为±0.0001g，也就是说每次称量的绝对误差是 0.0002g。分析化学要求测定的相对误差在 0.1%以下，那么，万分之一天平称量的试样质量就不能太小。从相对误差的计算公式(3-2)可以得出：

$$\frac{0.0002\text{g}}{T}\times 100\%\leqslant 0.1\%$$

因此，$T\geqslant 0.2\text{g}$。

可见，为了保证相对误差小于 0.1%，满足分析化学测定的要求，万分之一天平称取试样的质量（真实值 T）必须在 0.2g 以上。

同理，在滴定分析中，滴定管读数的误差常有±0.01mL，读数的绝对误差为 0.02mL，为了使测定时的相对误差小于 0.1%，每次消耗滴定剂的体积必须在 20mL 以上。

三、减小随机误差

随机误差是由偶然的不固定的原因造成的，在分析过程中始终存在，是不可消除的。在消除系统误差的前提下，平行测定次数愈多，平均值愈接近真实值。因此，增加测定次数，可以提高平均值的精密度，平均值更接近真实值。在一般化学分析中，对于同一试样，通常要求平行测定 3～4 次。如对测定结果的准确度要求较高，可增加测定次数至 10 次左右。

教学实验（探索性等实验例外）采用的是较为成熟的分析方法，可认为不存在方法误差；实验若采用符合纯度要求的试剂和蒸馏水，可认为不存在试剂误差；若仪器的各项指标也调试到符合实验要求，可认为无仪器误差。那么实验结果误差的来源就是随机误差。若出现非常可疑的离群值，基本可判断实验存在着操作过失。

四、检验和消除系统误差

精密度高是准确度高的先决条件，而精密度高并不表示准确度高。在实际工作中，有时遇到这样的情况：几个平行测定的结果非常接近，似乎分析工作没有什么问题了，可是一旦用其他可靠的方法检验，就发现分析结果有严重的系统误差，甚至可能因此而造成严重差错。因此，在分析工作中，必须十分重视系统误差的消除，以提高分析结果的准确度。造成系统误差的原因是多方面的，根据具体情况可采用不同的方法加以消除。一般系统误差可用下面的方法进行检验和消除。

1. 对照试验

对照试验是检验系统误差的有效方法。通常采用的对照试验有以下三种方法：

(1)标准试样对照试验。在相同的条件下，以所用的分析方法对标准试样(已知结果的准确值)与被测试样同时进行测定，通过比较标准试样的分析结果及其标准值，可以判断测定是否存在系统误差。

(2)标准方法对照试验。在相同的条件下，以所用的分析方法与经典的分析方法对同一试样进行测定，并对两种方法的测定结果进行显著性检验，若统计量值大于相应的值，则认为存在系统误差，需要找出原因并予以校正。也可采用文献报道的同类方法进行对照试验。

(3)加标回收试验。在待测的试样中加入已知量的待测组，进行多次平行测定，计算回收率：

$$\text{加标回收率}=\frac{\text{加标试样测定值}-\text{试样测定值}}{\text{加标值}}\times 100\%$$

根据回收率是否满足准确度的要求，判断方法是否可靠。例如：要求方法的相对误差小于1%，则回收率应在99%～101%之间；若要求方法的相对误差小于5%，则回收率应在95%～105%之间。如果超出这个范围，则说明测定结果不够准确，这可能与分析人员的操作技术水平有关，也可能与分析方法本身是否适合于被测物质有关。加标回收试验是实验室分析人员进行质量控制、检验测定准确性的主要方法。

在许多生产单位，为了检查分析人员之间是否存在系统误差和其他问题，常在安排试样分析任务时，将一部分试样重复安排在不同分析人员之间，互相进行对照试验，这种方法称为"内检"。有时又将部分试样送交其他单位进行对照分析，这种方法称为"外检"。

2. 空白试验

由蒸馏水、试剂和器皿带进杂质所造成的系统误差，一般可做空白试验来扣除。

所谓空白试验，就是在不加待测组分的情况下，按照待测组分分析同样的操作步骤和条件进行试验。试验所得结果称为空白值。从试样分析结果中扣除空白值后，就得到比较可靠的分析结果。当空白值较大时，应找出原因，加以消除，如选用纯度更高的试剂和改用其他适当的器皿等。在进行微量分析时，空白试验是必不可少的。

3. 校准仪器和量器

仪器不准确引起的系统误差，可以通过校准仪器来减小其影响(例如砝码、容量瓶、移液管和滴定管等)。在精确的分析中必须进行校准，在测定时采用校正值。

4. 采用辅助方法校正分析结果

分析过程的系统误差，有时可采用适当的方法进行校正。例如，在滴定分析中选择更为合适的指示剂以减小终点误差；使用有效的遮蔽方法以消除干扰组分的影响等。如果方法误差无法消除，可以辅以其他的测定方法来校正测定结果。例如用电重量法测定纯度为99.9%以上的铜，因电解不完全而引起负的系统误差。为此，可用分光光度法测定溶液中未被电解的残余铜，将分光光度法得到的结果加到电重量法的结果中去，即可得到较准确的结果。

五、正确表示分析结果

分析结果的正确表示是分析过程中的一个重要环节，不仅要表明其数值的大小，还应该反映出测定的准确度、精密度以及测定次数。故通过一组测定数据（随机样本）反映该样本所代表的总体时，样本平均值 $\bar{x}$、样本标准偏差 s 和测定次数 n 是必不可少的。采用置信区间是表示分析结果的常用方式之一，计算式中不仅包含了 $\bar{x}$、s 和 n 三个基本数据，还指出了置信度。在实际分析中，通常用有限次（$n<20$）测定的算数平均值 $\bar{x}$ 代替真实值 T，用标准偏差 s 代替 σ，用式(3-16)表示测定结果的置信区间。

置信区间越窄，表明 $\bar{x}$ 与真实值越接近，置信区间的大小直接与测定的精密度和准确度有关。此外，还应注意分析结果的有效数字，其位数必须与测定方法、仪器的准确度一致。

第五节　有效数字及其运算规则

一、有效数字

为了得到准确的分析结果，不仅要准确测量，而且还要正确地记录和计算，即记录的数字不仅表示数量的大小，而且要正确地反映测量的精确程度。例如用通常的分析天平称得某物体的质量为 0.3280g，这一数值中，0.328 是准确的，最后一位数字“0”是可疑的，可能有上下一个单位的误差，即其真实质量为 0.3280g±0.0001g 范围内的某一数值。此时称量的绝对误差为±0.0001g，相对误差为 $\frac{\pm 0.0001\text{g}}{0.3280\text{g}} \times 100\% = \pm 0.03\%$。

若将上述称量结果记录为 0.328g，则该物体的实际质量将为 0.328g±0.001g 范围内的某一数值，即绝对误差为±0.001g，而相对误差则为±0.3%。可见，记录时在小数点后末尾多写一位或少写一位“0”数字，从数学角度看关系不大，但是记录所反映的测量精确程度无形中被夸大或缩小了 10 倍。所以在数据中代表一定量的每一个数字都是重要的。这种在分析工作中实际能测量得到的数字称为有效数字。其最末一位是估计的、可疑的，是“0”也得记上。

数字“0”在数据中具有双重意义。若作为普通数字使用，它就是有效数字；若它只起定位作用就不是有效数字。例如：

1.0002g	五位有效数字
0.5000g，27.03%，6.023×10^{2}	四位有效数字
0.0320g，1.06×10^{-5}	三位有效数字
0.0074g，0.30%	两位有效数字
0.6g，0.0007%	一位有效数字

在 1.0002g 中间的三个“0”、0.5000g 后边的三个“0”都是有效数字；在 0.0074g 中的“0”只起定位作用，不是有效数字；在 0.0320g 中，前面的“0”起定位作用，最后一位“0”是有效数字。同样，这些数字的最后一位都是不定数字。

因此，在记录测量数据和计算结果时，应根据所使用的测量仪器的准确度，使所保留的有效数字中，只有最后一位是估计的“不定数字”。

分析化学中常用的一些数值及其有效数字位数如表 3-10 所示。

表 3-10 常用数值及有效数字位数

试样的质量	0.4370g(分析天平称量)	四位有效数字
滴定剂体积	18.34mL(滴定管读取)	四位有效数字
试剂体积	12mL(量筒量取)	两位有效数字
标准溶液浓度	0.1000mol/L	四位有效数字
被测组分含量	23.47%	四位有效数字
解离常数	$K_a=1.8\times10^{-5}$	两位有效数字
配合物稳定常数	$K_{MgY}=1.00\times10^{8.7}$	三位有效数字
pH 值	4.30,11.02	两位有效数字

二、数字修约规则

通常的分析测定过程包括几个测量环节,然后根据测量所得数据进行计算,最后求得分析结果。但是各个测量环节的测量精度不一定完全一致,因而几个测量数据的有效数字位数可能也不相同,在计算中要对多余的数字进行修约。我国的国家标准(GB)对数字修约有如下的规定:

(1)在拟舍弃的数字中,若左边的第一个数字小于 5(不包括 5),则舍去。例如,欲将 14.2432 修约成三位,则从第 4 位开始的"432"就是拟舍弃的数字,其左边的第 1 个数字是"4",小于 5,应舍去,所以修约为 14.2。

(2)在拟舍弃的数字中,若左边的第一个数字大于 5(不包括 5),则进一。例如 26.4843→26.5。

(3)在拟舍弃的数字中,若左边的第一个数字等于 5,其右边的数字并非全部为零,则进一。例如 1.0501→1.1。

(4)在拟舍弃的数字中,若左边的第一个数字等于 5,其右边的数字皆为零,所拟保留的末位数字若为奇数则进一,若为偶数(包括"0")则不进。如:0.3500→0.4,12.25→12.2,0.4500→0.4,12.35→12.4,1.0500→1.0,1225.0→1.22×10^3,1235.0→1.24×10^3。

(5)所拟舍去的数字,若为两位以上数字时,不得连续进行多次修约。例如,需将 215.4546修约成三位,应一次修约为 215。若 215.4546→215.455→215.46→215.5→216,则是不正确的。

三、有效数字的运算规则

1.加减法

当几个数据相加或相减时,它们的和或差只能保留一位可疑数字,应以小数点后位数最少(即绝对误差最大的)的数据为依据。例如 53.2、7.45 和 0.66382 相加,若各数据都按有效数字规定记录,最后一位均为可疑数字,则 53.2 中的"2"已是可疑数字,因此三数相加后第一位小数已属可疑,它决定了总和的绝对误差。因此上述数据之和,不应写作 61.31382,

而应修约为61.3。

2.乘除法

几个数据相乘除时，积或商的有效数字位数的保留，应以其中相对误差最大的那个数据，即有效数字位数最少的那个数据为依据。

例如$\frac{0.0243\times7.105\times70.06}{164.2}$，因最后一位都是可疑数字，各数据的相对误差分别为：

$$\frac{\pm0.0001}{0.0243}\times100\%=\pm0.4\%$$

$$\frac{\pm0.001}{7.105}\times100\%=\pm0.01\%$$

$$\frac{\pm0.01}{70.06}\times100\%=\pm0.01\%$$

$$\frac{\pm0.1}{164.2}\times100\%=\pm0.06\%$$

可见0.0243的相对误差最大（也是有效数字位数最少的数据），所以上列计算式的结果只允许保留三位有效数字：

$$\frac{0.0243\times7.10\times70.1}{164}=0.0737$$

在计算和取舍有效数字位数时还要注意以下几点：

(1)若某一数据中第一位有效数字大于或等于8，则有效数字的位数可多算一位。如8.15可视为四位有效数字。

(2)在分析化学计算中，经常会遇到一些倍数、分数，如2、5、10及$\frac{1}{2}$、$\frac{1}{5}$、$\frac{1}{10}$等，这里的数字可视为足够准确，不考虑其有效数字位数，计算结果的有效数字位数，应由其他测量数据来决定。

(3)在计算过程中，为了提高计算结果的可靠性，可以暂时多保留一位有效数字位数，得到最后结果时，再根据数字修约的规则弃去多余的数字。

(4)在分析化学计算中，对于各种化学平衡常数的计算，一般保留两位或三位有效数字。对于各种误差的计算，取一位有效数字即已足够，最多取两位。对于pH值的计算，通常只取一位或两位有效数字即可，如pH值为3.4、7.5、10.48。

(5)定量分析的结果，对于高含量组分(≥10%)，要求分析结果为四位有效数字；对于中含量(1%～10%)组分，要求有三位有效数字；对于微量组分(<1%)，一般只要求两位有效数字。通常以此为标准，报出分析结果。

使用计算器计算定量分析结果，特别要注意最后结果中有效数字的位数，应根据前述数字修约规则决定取舍，不可全部照抄计算器上显示的八位数字或十位数字。

第六节　分析化学中的质量保证与质量控制

每种方法获得的一组分析结果中，都存在一定的误差。为了保证分析结果准确可靠，需对可能影响测定结果的各种因素和测定环节进行全面的控制和管理，使之处于受控状态。因此，建立一个完善的实验室质量保证体系对整个分析过程的质量控制非常重要。

质量保证(QA)是指为了保证产品、生产(测定)过程或服务符合质量要求而采取的有计划、有系统的活动。质量控制(QC)是指为了达到规范或规定的数据和质量要求而采取的作业技术和措施。分析质量控制和质量保证的目的就是通过采取一系列的活动和措施(包括组织人员培训、分析质量监督、检查和审核等)。对整个分析过程进行质量控制,使分析结果达到预期可信赖的要求。

实验室质量保证体系主要由四部分组成:完善的组织机构、科学的程序管理、严格的过程控制和合理的资源配置。其中,过程控制在整个质量保证体系中最为重要。所谓过程控制,是指采取一定的措施对影响过程质量的所有因素(包括人员、环境条件、设备状态、量值溯源和检测方法等)加以控制。过程控制的目的是使分析测试过程始终处于受控制状态,一旦发现"失控",能及时找出原因,予以弥补纠正,从而将质量管理工作置于受检测的过程之中,起到"预防为主"的作用。

质量控制图是实验室经常采用的一种简便而有效的过程控制技术。质量控制图的基本原理是美国休哈特(W. A. Shewhart)在 1920 年首先提出来的,最初用于工业产品的质量控制。20 世纪 40 年代,沃尼蒙特(Wernimont)等人又将它用于分析测试实验室。

绘制质量控制图是依据统计学小概率原理进行的,在实验数据分布接近于正态分布的基础上,把实验数据用图表形式表现出来。质量控制图的基本组成如图 3-6 所示。质量控制图以测定结果为纵坐标,测定顺序为横坐标,纵坐标通常包含中心线和上、下控制限,上、下警告限以及上、下辅助线。预期值为中心线(CL),其值为平均值 $\bar{x}$;$\pm 3s$ 为控制限,表示测定结果的可接受范围;$\pm 2s$ 为警告限,表示测定结果目标值区域,超过此范围给予警告,应引起注意;$\pm s$ 为辅助限,表示检查测定结果质量的辅助指标所在区间。

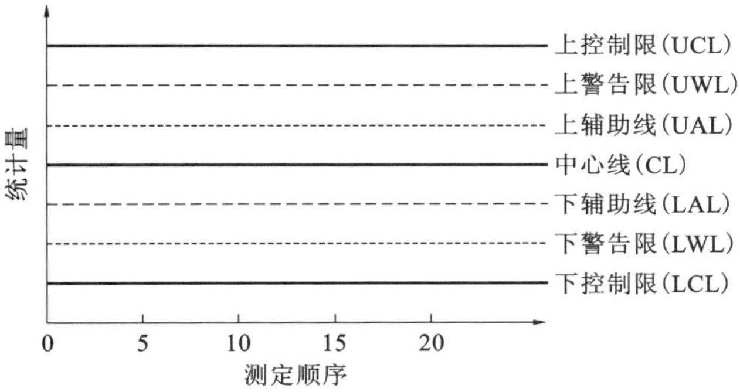

图 3-6 质量控制图的基本组成

质量控制图也称休哈特平均值质量控制图。绘制该图时应注意:①必须有大量稳定的"控制标准值",即具有合适的"控制标准物质",或可用自制的质量控制样或质量可靠的标准溶液所获得的大量数据。②要制定一定的质量控制方案。例如,每分析一批试样,插入一个标准物质;或者在分析大批量试样时,每隔 10~20 个试样插入一个标准物质。标准分析的步骤和试样分析的步骤要求完全相同,并至少独立分析 15~20 次。

质量控制图是保证分析质量的有效措施之一,其作用有三:①监视测定系统是否处于统计控制状态之中;②及时发现分析误差的异常变化或变化趋势,判断分析结果的数值是否异常,以便采取必要的措施加以纠正;③获得比较可靠的置信限。

第七节 Excel软件在分析数据处理中的应用

随着计算机技术的普及，计算机在实验数据处理中的作用越来越不可缺少。目前有许多计算机分析软件使实验数据处理变得更加简单和准确。常用的统计分析软件有SAS、SPSS、Matlab、Origin、Excel等。其中前3种软件的统计功能非常强大。Matlab等专业软件提供了丰富的函数资源；Origin软件的数据分析包括数据的排序、调整、计算、统计、曲线拟合等各种完善的数据处理功能，并具有强大的绘图功能；Excel是微软公司办公软件Office的重要部分，是目前公认的功能最强大、技术最先进和使用最方便的电子表格软件。

运用Excel软件处理实验数据，具有简单快捷和数据自动更新等优点，分析化学的所有计算和图表几乎都可使用该软件工具完成。计算前输入测定数据，点击选择合适的函数，即可获得所需的计算结果。

【例3-13】 测定某水样中Mg的含量(单位为mg/L)，获得6个数据：3.01，3.05，2.94，2.98，3.02，3.00。试利用Excel软件计算该水样中Mg测定的平均值、平均偏差、标准偏差、相对标准偏差及正确表示其分析结果(置信度为95%)。

【解】 (1)输入以上数据。打开Excel软件，在所选定的栏目中输入数据3.01，3.05，2.94，2.98，3.02和3.00，如图3-7所示。A列键入汉字，亦可直接将数据输入A列中。

(2)计算。

①求和：选中以上6个数据，点击工具栏“$\sum$”中求和(sum)函数，即可在数据下方出现计算结果18.00，如图3-7所示。或在B8栏中输入“=sum(B2:B7)”，按回车键，也可获得数据总和。

②计算算术平均值：同上，选择工具栏“$\sum$”中平均值(AVERAGE)函数，即可在数据下方出现计算结果。也可在平均值对应的B9栏输入“=AVERAGE (B2:B7)”，按回车键，获得以上数据的平均值为3.00000，再按有效数字的运算规则，得出计算结果为3.00。

③计算标准偏差：选中B10栏，选择“STDEV”函数，输入所要计算数据的地址“B2:B7”，即可获得标准偏差为0.037。

④计算相对标准偏差：引用公式$s_r=\frac{s}{\bar{x}}\times 100\%$，通过工作表之间的相互引用，在B12输出栏中输入“=B10/B9＊100”，按回车键，即可获得以上数据的相对标准偏差为1.2%。

有效数字位数的取舍要根据数字的修约规则进行。由修约规则确定有效数字位数后，可在Excel中设定需要的位数，如在Excel中计算的平均值结果为“3.00000”，若需修约为三位有效数字，则选中待修约的数字“3.00000”，点击工具栏中的“格式/单元格格式”，选择小数位数为2，可获得“3.00”的结果，如图3-8所示。

⑤可疑数据的取舍：选中以上6个数据，点击“MAX”函数，可获得最大值为$x_6=3.05$；点击“MIN”函数，可获得最小值为$x_1=2.94$。

引用公式：$G=\frac{|x_{疑}-\bar{x}|}{s}$，计算得$G_1=1.34$，$G_6=1.60$，结果如图3-9所示。$G_1$、$G_2$都小于$G_{表}$($G_{表}=1.82$)，表明2.94和3.05不是异常值，予以保留。

⑥置信区间的表示：$n=6$时，查表3-6得$t=2.57$。

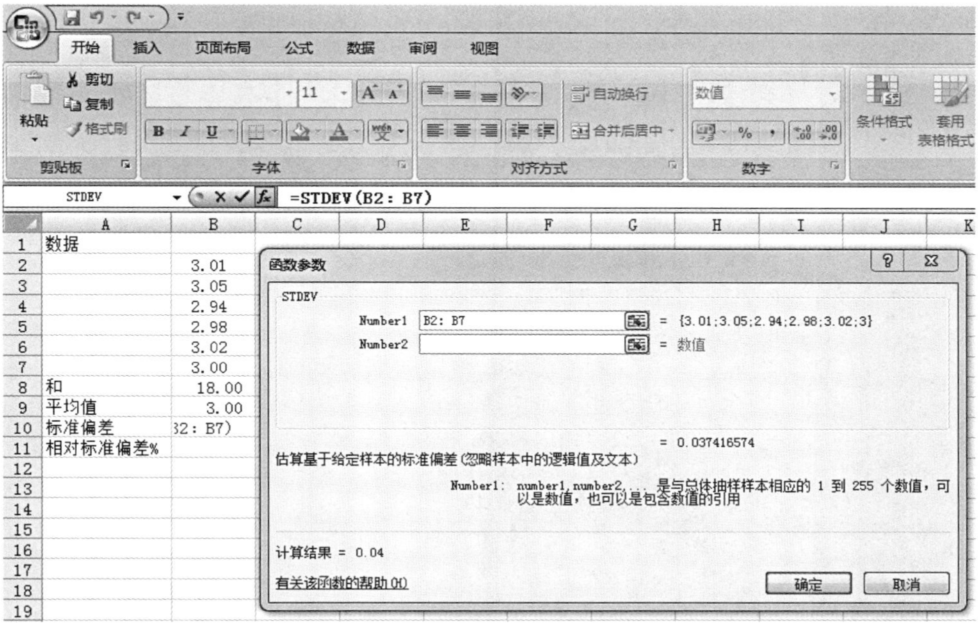

图 3-7 选择函数参数示意图

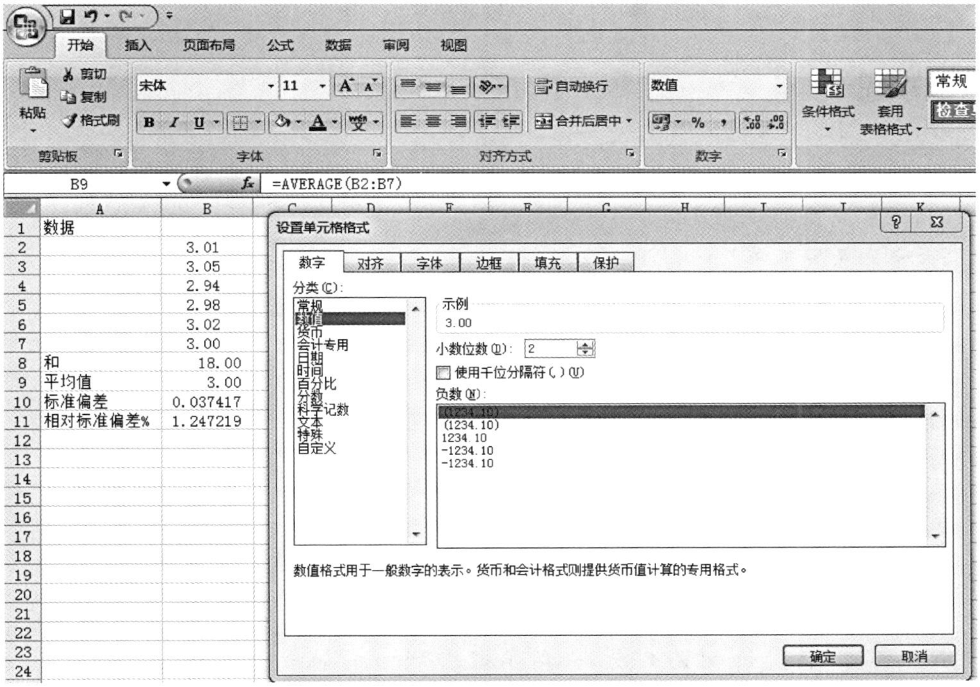

图 3-8 有效数字取舍示意图

根据式(3-16)，$\mu=\bar{x}\pm\frac{ts}{\sqrt{n}}=3.00\pm\frac{2.57\times0.037}{\sqrt{6}}=3.00\pm0.04$

置信度为 95%时，该水样中 Mg 的含量为(3.00±0.04)mg/L。

	A	B	C	D
1	数据			
2		3.01		
3		3.05		
4		2.94		
5		2.98		
6		3.02		
7		3.00		
8	和	18.00		
9	平均值	3.00		
10	标准偏差	0.037417		
11	相对标准偏差%	1.247219		
12	最大值	3.05		
13	最小值	2.94		
14	G_1	1.34		
15	G_6	1.60		
16				
17				

图 3-9　例 13 计算结果示意图

复习思考题

1. 在下列情况下各会引起哪种误差？如果是系统误差，应该采用什么方法避免？

(1)砝码被腐蚀；

(2)天平的两臂不等长；

(3)容量瓶和移液管不配套；

(4)试剂中含有微量的被测组分；

(5)天平的零点有微小变动；

(6)读取滴定体积时最后一位数字估计不准；

(7)滴定时不慎从锥形瓶中溅出一滴溶液；

(8)标定 HCl 溶液用的 NaOH 标准溶液中吸收了 CO_2。

2. 如果分析天平的称量误差为±0.2mg，拟分别称取试样 0.1g 和 1g 左右，称量的相对误差各为多少？这些结果说明了什么问题？

3. 滴定管的读数误差为±0.02mL。如果滴定中用去标准溶液的体积分别为 2mL 和 20mL 左右，读数的相对误差各是多少？相对误差的大小说明了什么问题？

4. 下列数据各包括了几位有效数字？

(1)0.0330　(2)10.030　(3)0.01020　(4)8.7×10^{-5}　(5)$pK_a=4.74$　(6)pH=10.00

5. 将 0.089g $Mg_2P_2O_7$ 沉淀换算为 MgO 的质量，问计算时在下列换算因数($2MgO/Mg_2P_2O_7$)中取哪个数值较为合适：0.3623,0.362,0.36？计算结果应以几位有效数字报出。

6. 用返滴定法测定软锰矿中 MnO_2 的质量分数，其结果按下式进行计算：

$$w(MnO_2)=\frac{\left(\frac{0.8000}{126.07}-8.00\times0.1000\times10^{-3}\times\frac{5}{2}\right)\times86.94}{0.5000}\times100\%$$

测定结果应以几位有效数字报出？

7. 用加热挥发法测定 $BaCl_2\cdot2H_2O$ 中结晶水的质量分数时，使用万分之一的分析天平称样 0.5000g，问测定结果应以几位有效数字报出？

8. 两位分析者同时测定某一试样中硫的质量分数，称取试样均为 3.5g，报告结果为甲：0.042%，0.041%；乙：0.04099%，0.04201%。哪一份报告是合理的，为什么？

9. 标定浓度约为 0.1mol/L 的 NaOH，欲消耗 NaOH 溶液 20mL 左右，应称取基准物质 $H_2C_2O_4\cdot2H_2O$ 多少克？其称量的相对误差能否达到 0.1%？若不能，可以用什么方法予以改善？若改用邻苯二甲酸氢钾为基准物，结果又如何？

10. 有两位学生使用相同的分析仪器标定某溶液的浓度(mol/L)，结果如下。

甲：0.12，0.12，0.12(相对平均偏差 0.00%)；

乙：0.1243，0.1237，0.1240(相对平均偏差 0.16%)。

如何评价他们的实验结果的准确度和精密度？

11. 当置信度为 0.95 时，测得 Al_2O_3 的 μ 置信区间为(35.21±0.10)%，其意义是(　)。

A. 在所测定的数据中有 95%在此区间内

B. 若再进行测定，将有 95%的数据落入此区间内

C. 总体平均值 μ 落入此区间的概率为 0.95

D. 在此区间内包含 μ 值的概率为 0.95

12. 衡量样本平均值的离散程度时，应采用(　)。

A. 标准偏差　　B. 相对标准偏差　　C. 极差　　D. 平均值的标准偏差

13. 某人测定一个试样的结果为 30.68%，相对标准偏差为 0.5%。后来发现计算公式的分子误乘以 2，因此正确的结果应为 15.34%。正确的相对标准偏差应为多少？

14. 测定某铜矿试样，其中铜的质量分数为 24.87%、24.93%和 24.69%。真值为 25.06%。计算：①测定结果的平均值；②中位值；③绝对误差；④相对误差。

15. 测定铁矿石中铁的质量分数，5 次结果分别为：67.48%，67.37%，67.47%，67.43%，67.40%。计算：①平均偏差；②相对平均偏差；③标准偏差；④相对标准偏差；⑤极差。

16. 某铁矿石中铁的质量分数为 39.19%，若甲的测定结果(%)是：39.12，39.15，39.18；乙的测定结果(%)为：39.19，39.24，39.28。试比较甲、乙两人测定结果的准确度和精密度(精密度以标准偏差和相对标准偏差表示之)。

17. 现有一组平行测定值，符合正态分布($\mu=20.40$，$\sigma^2=0.04^2$)。计算：①$x=20.30$ 和 $x=20.46$ 时的 μ 值；②测定值在 20.30～20.46 区间出现的概率。

18. 已知某金矿中金含量的标准值为 12.2g/t，$\delta=0.2$，求测定结果大于 11.6 的概率。

19. 对某标样中铜的质量分数(%)进行了 150 次测定，已知测定结果符合正态分布 N(43.15，0.232)。求测定结果大于 43.59%时可能出现的次数。

20. 测定钢中铬的质量分数，5 次测定结果的平均值为 1.13%，标准偏差为 0.022%。

计算：①平均值的标准偏差；②μ的置信区间；③如使μ的置信区间为1.13%±0.01%，至少应平行测定多少次？（置信度均为0.95。）

21. 测定试样中蛋白质的质量分数(%)，5次测定结果为：34.92，35.11，35.01，35.19，34.98。①经统计处理后的测定结果应如何表示(报告n和s)？②计算$P=0.95$时μ的置信区间。

22. 测定某钛矿中TiO_2的质量分数，6次测定结果的平均值为58.60%，$s=0.70\%$，①计算μ的置信区间；②若上述数据均为3次测定的结果，μ的置信区间又为多少？比较两次计算结果可得出什么结论(P均为0.95)？

23. 测定石灰中铁的质量分数(%)，4次测定结果为：1.59，1.53，1.54，1.83。①用Q检验法判断第四个结果应否弃去？②如第5次测定结果为1.65，此时情况又如何(Q均为0.90)？

24. 已知某清洁剂有效成分的质量分数标准值为54.46%，测定4次所得的平均值为54.26%，标准偏差为0.05%。问置信度为0.95时，平均值与标准值之间是否存在显著性差异？

25. 某药厂生产铁剂，要求每克药剂中含铁48.00mg。对一批药品测定5次，结果为：47.44mg/g，48.15mg/g，47.90mg/g，47.93mg/g，48.03mg/g。问这批产品的含铁量是否合格($P=0.95$)？

26. 根据有效数字的运算规则进行计算：

(1) $7.9936 \div 0.9967 - 5.02$

(2) $0.0325 \times 5.103 \times 60.06 \div 139.8$

(3) $(1.276 \times 4.17) + 1.7 \times 10^{-4} - (0.0021764 \times 0.0121)$

(4) pH=1.05时的$[H^+]$

第四章　滴定分析法概述

学习目标

1. 掌握滴定反应必须具备的条件；标准溶液及其浓度表示方法；滴定分析法中的有关计算，包括标准溶液浓度的计算、物质的量浓度和滴定度的换算、试样或基准物质称取量的计算、待测物质质量和质量分数的计算；酸碱标准溶液的配制与标定。
2. 熟悉滴定分析中的常用术语：标准溶液、化学计量点、滴定终点、滴定误差。
3. 了解常用的滴定方式。

第一节　概　　述

滴定分析法是指将一种已知准确浓度的试剂即标准溶液，通过滴定管滴加到待测组分的溶液中，直到标准溶液和待测组分恰好完全定量反应为止。这时加入标准溶液物质的量与待测组分的物质的量符合反应式的化学计量关系，然后根据标准溶液的浓度和所消耗的体积，算出待测组分的含量。这一类分析方法被称为滴定分析法。滴定分析过程示意图如图 4-1 所示。

滴加的溶液称为滴定剂，滴加溶液的操作过程称为滴定。滴加的标准溶液与待测组分恰好定量反应完全时的一点，称为化学计量点。通常利用指示剂颜色的突变或仪器测试来指示化学计量点的到达。停止滴定操作的一点称为滴定终点。实际分析操作中滴定终点与理论上的化学计量点常常不能恰好吻合，它们之间往往存在很小的差别，由此而引起的误差称为终点误差。

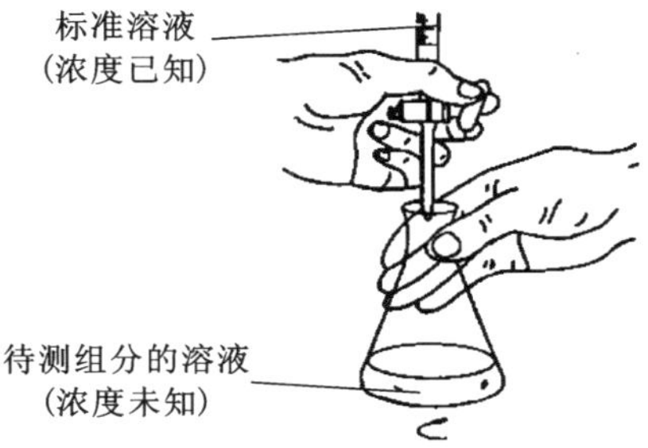

图 4-1　滴定分析过程示意图

滴定分析法是分析化学中重要的一类分析方法，它常用于测定含量不小于 1%的常量组分。此方法快速，简便，准确度高，在生产实际和科学研究中的应用非常广泛。

滴定分析法按化学反应类型分为酸碱滴定法、配位滴定法、氧化还原滴定法及沉淀滴定法等。

一、滴定分析法对化学反应的要求

自然界无时无刻不在发生着各种化学反应，在不计其数的化学反应中，只有极少数化学反应能够用于滴定分析，这类化学反应必须同时具备下列条件：

(1)反应必须定量地完成，即反应按一定的反应式进行，无副反应；且要求反应进行得很完全，通常要求转化率达到99.9%以上，这是定量计算的基础。

(2)反应速率要快，即要求反应在瞬间完成。对于速率慢的反应，应当采取适当措施提高反应速率，如加热或加入催化剂。

(3)能用简便、可靠的方法确定滴定终点。可采用合适的指示剂或仪表、仪器指示终点，并确保终点误差小于0.1%。

凡能满足上述要求的反应均可用于直接滴定分析。

二、滴定分析法中的四种滴定方式

1. 直接滴定法

用标准溶液直接进行滴定，利用指示剂或仪器测试来指示化学计量点到达的滴定方式称为直接滴定法。通过标准溶液的浓度及所消耗滴定剂的体积，计算出待测物质的含量。例如，用 HCl 溶液滴定 NaOH 溶液，用 $K_2Cr_2O_7$ 溶液滴定 Fe^{2+} 等。直接滴定法是最常用和最基本的滴定方式。化学反应完全符合上述滴定反应的条件时，即可采用直接滴定法。

2. 返滴定法

往待测试液中先准确加入过量标准溶液，使之与试液中的待测物质或固体试样进行反应；待反应完成以后，再用另一种标准溶液滴定剩余的标准溶液的方法，称为返滴定法。这种滴定法往往用于反应较慢的试样或难溶于水的固体试样的含量测定。例如，Al^{3+} 与乙二胺四乙酸二钠盐溶液反应的速率慢，直接滴定法不适用，常采用返滴定法，即在一定的 pH 值条件下，在待测的 Al^{3+} 试液中加入过量的 EDTA 溶液，加热至50～60℃，促使反应完全。待溶液冷却后加入二甲酚橙指示剂，用标准锌溶液返滴剩余的 EDTA 溶液，从而计算出试样中铝的含量。

3. 置换滴定法

先加入适当的试剂与待测组分定量反应，生成另一种可被滴定的物质，再用标准溶液滴定反应产物，然后由滴定剂消耗量、反应生成的物质与待测组分的关系计算出待测组分的含量，这种方法称为置换滴定法。例如，用 $K_2Cr_2O_7$ 标定 $Na_2S_2O_3$ 溶液的浓度时，是以一定量的 $K_2Cr_2O_7$ 在酸性溶液中与过量 KI 作用，析出相当量的 I_2，以淀粉为指示剂，用 $Na_2S_2O_3$ 溶液滴定析出的 I_2，进而求得 $Na_2S_2O_3$ 溶液的浓度。

4. 间接滴定法

某些待测组分不能直接与滴定剂反应，但可通过其他的化学反应间接测定其含量。例如，溶液中 Ca^{2+} 没有氧化还原性，利用它与 $C_2O_4^{2-}$ 作用形成 CaC_2O_4 沉淀，过滤后，加入 H_2SO_4 使沉淀物溶解，用 $KMnO_4$ 标准溶液与 $C_2O_4^{2-}$ 作用，采用氧化还原滴定法可以间接测定 Ca^{2+} 的含量。

返滴定法、置换滴定法、间接滴定法的应用，使得某些不能用于直接滴定法的反应也可进行滴定分析，很大限度地扩展了滴定分析的应用范围。

第二节 溶液及其配制方法

一、溶液配制时常用的计量单位

国家标准 GB 3100～3102—1993 规定了溶液浓度的有关量和单位。

(一)质量

质量为国际单位制七个基本量之一,用符号 m 表示。质量单位为千克(kg),在化学分析中常用克(g)、毫克(mg)和微克(μg)。它们之间的关系为:

$$1\text{kg}=1000\text{g}\quad 1\text{g}=1000\text{mg}\quad 1\text{mg}=1000\mu\text{g}$$

(1)元素的相对原子质量指元素的平均原子质量与 ^{12}C 原子质量的 1/12 之比,用符号 A_r 表示。此量无量纲,过去称为原子量。元素的相对原子质量见附录 9 国际相对原子质量表。在计算过程中,以原子形式出现的物质,其摩尔质量的单位为 g/mol。

(2)物质的相对分子质量指物质的分子或特定单元平均质量与 ^{12}C 原子质量的 1/12 之比,用符号 M_r 表示。此量无量纲,过去称为分子量。部分物质的相对分子质量见附录 10 常用化合物的相对分子质量。在计算过程中,以该分子或特定单元形式出现的物质,其摩尔质量的单位为 g/mol。

(二)体积

体积用符号 V 表示,国际单位为立方米(m^3),在分析化学中常用升(L)、毫升(mL)和微升(μL)。它们之间的关系为:

$$1\text{m}^3=1000\text{L}\quad 1\text{L}=1000\text{mL}\quad 1\text{mL}=1000\mu\text{L}$$

(三)密度

密度用符号 ρ 表示,单位为 kg/m^3(千克/立方米),常用单位为 g/cm^3(克/立方厘米)或 g/mL(克/毫升)。用来表示溶液浓度的密度是指相对密度,是物质的密度与标准物质的密度之比,其符号为 d,过去称为比重。对于液态物质,常以 4℃时水的密度作为标准。比如,室温下饱和氢氧化钠溶液的相对密度 $d=1.56$,已知 4℃时水的密度 $\rho=1$g/mL,因此饱和氢氧化钠溶液的密度 $\rho=1.56$g/mL。温度影响物质的体积,有时密度需标明测定时的温度。

(四)物质的量

1. 物质的量的含义

"物质的量"是量的名称,是国际单位制七个基本量之一。国际上规定,物质 B 的"物质的量"的符号为 n_B,并规定它的单位名称为摩尔(mole),符号为 mol。物质 B 的物质的量 n_B 比例于(或正比于)物质 B 的特定单元 B 的数目 N_B,它的表达式为 $n_B=\dfrac{N_B}{N_A}$,式中 N_A 为阿伏伽德罗常数。

阿伏伽德罗常数的正式定义是 0.012kg ^{12}C 中包含的 ^{12}C 原子的数量,数值为 $(6.02214129\pm0.00000027)\times10^{23}$,一般计算时取 6.02×10^{23} 或 6.022×10^{23}。因为阿伏伽德罗常数是一个测定值,将会随着测量技术的提高而发生变化,所以不用来定义摩尔,而是用0.012kg ^{12}C 所含的原子数目来定义。

1mol 是指系统中物质单元 B 的数目与 0.012kg ^{12}C 的原子数目相等，为 N_A 个。系统中物质单元 B 的数目 N_B，与阿伏伽德罗常数 N_A 的比值，就是物质 B 的摩尔数。

2. 不同基本单元的物质的量

单元又称基本单元。单元可以是原子、分子、离子、电子、光子以及其他粒子，或者这些粒子的特定组合。

例如，单元可以是 H_2、NaOH、$\frac{1}{2}H_2SO_4$、$\frac{1}{5}KMnO_4$、SO_4^{2-} 等。

在表述物质的量时，须指明其基本单元，要用元素符号、化学式或相应的粒子符号标明其基本单元。比如，对于 98.08g H_2SO_4，$n_{H_2SO_4}=1mol$，$n_{\frac{1}{2}H_2SO_4}=2mol$。

(五)摩尔质量

摩尔质量定义为质量(m)除以物质的量 n_B，其符号为 M，关系式为：

$$M=\frac{m}{n_B}$$

摩尔质量的单位为千克/摩(kg/mol)、克/摩(g/mol)。

物质 B 的摩尔质量，以符号 M_B 表示。摩尔质量是一个包含物质的量 n_B 的导出量。因此，在使用摩尔质量时必须指明其基本单元。对于同一物质，规定的基本单元不同，其摩尔质量就不同。

对于 H_2SO_4，若以 H_2SO_4 为基本单元，则 $M(H_2SO_4)=98.08g/mol$；若以 $\frac{1}{2}H_2SO_4$ 为基本单元，则 $M(\frac{1}{2}H_2SO_4)=49.04g/mol$。

又如 $M(KMnO_4)=158.03g/mol$，$M(\frac{1}{5}KMnO_4)=31.61g/mol$；$M(K_2Cr_2O_7)=294.12g/mol$，$M(\frac{1}{6}K_2Cr_2O_7)=49.02g/mol$；$M(H_2C_2O_4\cdot 2H_2O)=126.08g/mol$，$M\left[\frac{1}{2}(H_2C_2O_4\cdot 2H_2O\right]=63.04g/mol$；$M(Hg^{2+})=200.59g/mol$，$M(Hg^{+})=200.59g/mol$，$M(Hg_2^{2+})=401.18g/mol$

由此可见，只要确定了基本单元，就可以很方便地根据它的相对粒子质量求得其摩尔质量。

(六)摩尔质量、质量与物质的量之间的关系

物质 B 的质量 m_B、摩尔质量 M_B 与物质的量 n_B 三种计量单位间的关系为：

$$m_B=n_BM_B$$

这三个量中，只要知道任何两个量，就可求得第三个量。

【例 4-1】 已知某试样中含 NaOH 20.00g，求 NaOH 的物质的量。

【解】 因 $M(NaOH)=40.00(g/mol)$，所以：

$$n(NaOH)=\frac{m(NaOH)}{M(NaOH)}=\frac{20.00}{40.00}=0.5000(mol)$$

【例 4-2】 已测得样品含 Cl^- 0.0120mol，求该试样中含 NaCl 多少克。

【解】 因每一个 NaCl 分子中只含一个 Cl^-，故 $n(NaCl)=n(Cl^-)=0.0120mol$

又 $M(NaCl)=58.44g/mol$

故该试样中含 NaCl 为：

$$m=n(\mathrm{NaCl})M(\mathrm{NaCl})=0.0120\mathrm{mol}\times58.44\mathrm{g/mol}=0.7013\mathrm{g}$$

二、溶液浓度的表示方法

常用的溶液浓度表示方法有物质的量浓度、质量浓度、质量摩尔浓度、质量分数、体积分数、体积比浓度及滴定度等。

(一)物质的量浓度

物质 B 的物质的量浓度又称物质 B 的摩尔浓度。定义为：溶质 B 的物质的量除以溶液的体积，量的符号为 c_B，也可用符号[B]表示，但[B]的表示形式一般只用于化学反应平衡。它是法定计量单位中表示溶液浓度的一个重要的量。物质 B 的物质的量浓度的表达式为：

$$c_B=\frac{n_B}{V}$$

式中 c_B——物质 B 的物质的量浓度，mol/L；

n_B——物质 B 的物质的量，mol；

V——溶液的体积，L。

下标 B 是指基本单元，凡涉及物质的量 n_B 时，必须用元素符号或化学式指明基本单元。如果 B 是指特定的基本单元，可记为 c(B)的形式，即应将具体单元的化学符号写在与符号 c 齐线的圆括号内，如 $c(H^+)$、c(NaOH)等。

如 $c(H_2SO_4)=1\mathrm{mol/L}$，表示 1L 溶液中含有 1mol 基本单元 H_2SO_4，即每升溶液中含 H_2SO_4 98.08g；$c(\frac{1}{2}H_2SO_4)=1\mathrm{mol/L}$，表示 1L 溶液中含有 1mol 基本单元 $\frac{1}{2}H_2SO_4$，即每升溶液中含 H_2SO_4 49.04g。

物质 B 的溶液配制有两种方法。

1. 溶质为固体物质时

【例 4-3】 欲配制 $c(Na_2CO_3)=0.5\mathrm{mol/L}$ 的溶液 500mL，如何配制？

【解】

$$c_B=\frac{n_B}{V}\qquad n_B=c_BV$$

$$m_B=n_BM_B=c_B\cdot V\cdot M_B(V\text{ 的单位为 L 时})$$

已知 $M_{Na_2CO_3}=105.99\mathrm{g/mol}$

$$m_{Na_2CO_3}=0.5\mathrm{mol/L}\times500\times10^{-3}\mathrm{L}\times105.99\mathrm{g/mol}=26.5\mathrm{g}$$

配法：称取 Na_2CO_3 26.5g 溶于适量水中，并稀释至 500mL，混匀。

2. 溶质为溶液时

【例 4-4】 欲配制 $c(H_2SO_4)=0.5\mathrm{mol/L}$ 溶液 500mL，如何配制？（市售浓 H_2SO_4 的密度 $\rho=1.84\mathrm{g/mL}$，质量分数 $w=98\%$，浓度为 18mol/L）

【解】 稀释前后溶质物质的量不变，$c_0V_0=cV$

$$V_0=\frac{cV}{c_0}=\frac{0.5\mathrm{mol/L}\times500\times10^{-3}\mathrm{L}}{18\mathrm{mol/L}}\approx14\mathrm{mL}$$

配法：量取浓 H_2SO_4 14mL，沿内壁缓慢加入盛有 500mL 蒸馏水的烧杯中，边加边用玻璃棒搅拌散热。

（二）质量浓度

物质B的质量浓度以符号ρ_B表示，其定义为：物质B的质量除以混合物的体积，表示式为：

$$\rho_B = \frac{m_B}{V}$$

式中 ρ_B——物质B的质量浓度，g/L；

m_B——物质B的质量，g；

V——混合物的体积，L。

质量浓度的常用单位为g/L、mg/L、mg/mL、μg/mL、ng/mL。它主要用于表示元素标准溶液、基准溶液的浓度，也用来表示一般溶液浓度和水质分析中各组分的含量。它一般用于溶质为固体的溶液，如$\rho(Zn^{2+})=2mg/mL$。

（三）质量分数

物质B的质量分数定义为：物质B的质量m_B与混合物的质量m之比，用符号w_B表示。

$$w_B = \frac{m_B}{m} \times 100\%$$

式中 w_B——物质B的质量分数，无量纲量。

w_B的一贯单位为1，也可用“%”符号表示。

如果是溶液，则质量分数是指溶质质量与溶液质量之比。

$$w_B = \frac{m_{溶质}}{m_{溶液}} \times 100\%$$

用质量分数表示溶液浓度的优点是浓度不受温度影响。它常用于溶质为固体的溶液，如$w(NaCl)=10\%$，即表示100g NaCl溶液中含有10g NaCl。市售浓酸的含量也是以质量分数表示，如37%的浓盐酸、98%的浓硫酸。例外的是，乙醇的含量为体积分数，如95%乙醇是指100mL乙醇溶液中含有95mL乙醇和5mL水。

质量分数也常被用于表示固体矿物原料（样品）中某种化学成分的含量，或用于表示样品中某组分的测定结果。如测定某铁矿石中的铁含量为$w(Fe)=0.1234$，也可写为$w(Fe)=12.34\%$或$w(Fe)/\%=12.34$。

以前有用ppm、ppb等来表示物质的浓度的。1ppm就是百万分之一（$1/10^6$），而1ppb是指十亿分之一（$1/10^9$）。但是现在国际标准已不再使用这些表示法，而统一使用mg/L或g/m³、mg/kg等来代替原来的ppm，用mg/m³、μg/kg等来代替原来的ppb。

（四）滴定度

滴定度是指单位体积（通常是指1mL）的标准滴定溶液A，相当于被测物质B的质量，常以$T_{B/A}$符号表示。常用单位为g/mL、mg/mL。用滴定度来表示标准滴定液浓度是一种简便、实用的表示方法。尽管关于量和单位的国家标准中没有列入这个量，目前仍常用这种表示方法。如$T_{CaO/EDTA}=2mg/mL$，是指1mL EDTA标准滴定液相当于2mg CaO。用这种方法表示浓度，计算时比较简便。

有关滴定度的计算请见本章例4-22。

（五）V_1+V_2形式浓度

这种浓度表示法也非常常用，经常用“$V_1:V_2$”或“V_1/V_2”表示。

如 $HCl+HNO_3(3+1)$，表示混合溶液由 3 体积 HCl 与 1 体积 HNO_3 混合而成。

应注意的是，一种特定溶液与水混合时，可不必注明水。如 HCl(1+2) 即为 1 体积的浓 HCl 与 2 体积 H_2O 混合而成。

两种以上的特定溶液或两种特定溶液与 H_2O 按体积 V_1、V_2、V_3…混合时，可以表示为 $V_1+V_2+V_3$…形式。

物质 B 的体积分数 φ_B 与 V_1+V_2 表示的浓度尽管都是以体积比为基础，但前者是溶质体积与溶液体积之比，后者是溶质体积与溶剂体积之比，两者是有区别的。

$\varphi(H_2SO_4)=50\%$ 与 $H_2SO_4(1+1)$，前者考虑总体积，即 100mL 溶液中含有浓 H_2SO_4 50mL；后者不考虑最后总体积，只要将 50mL 浓 H_2SO_4 与 50mL H_2O 相混合，不管总体积是不是 100mL。对有些溶液来说，两种溶液相混合时，总体积与两种混合的溶液体积总和不相等。

V_1+V_2 的表示形式常用于较浓的溶液，φ_B 常用于较稀的溶液。

与上述相似，两种或两种以上固体试剂，按一定质量比例混合配制成混合固体试剂时，也可采用 $m_1+m_2+m_3$…的表示形式，如 $Na_2CO_3+NaHCO_3(2+1)$，表示 2 质量份 Na_2CO_3 与 1 质量份 $NaHCO_3$ 相混合。

三、溶液浓度的计算

1. 摩尔质量(M_B)的量内换算

以不同基本单元表示的物质 B 的摩尔质量之间可以互相换算，如：

$$M(\frac{1}{Z}B) = \frac{1}{Z}M(B)$$

例如：
$$M(\frac{1}{5}KMnO_4)=\frac{1}{5}M(KMnO_4)=\frac{1}{5}\times 158.04g/mol=31.608g/mol$$

因为 $KMnO_4$ 的相对分子质量是 $\frac{1}{5}KMnO_4$ 的相对分子质量的 5 倍。

通式为：

$$M(\frac{b}{a}B) = \frac{b}{a}M(B)$$

式中，Z、a、b 都是除零以外的正整数。

2. 物质的量(n_B)的量内换算

根据基本单元选择的不同，得出不同的物质的量 n，它们之间可以互相换算，如：
$$n(\frac{1}{Z}B) = Zn(B)$$

例如：158.04g 的 $KMnO_4$，若以 $KMnO_4$ 为基本单元，则 $n(KMnO_4)=1.000mol$；若以 $\frac{1}{5}KMnO_4$ 为基本单元，则 $n(\frac{1}{5}KMnO_4)=5.000mol$，即 $n(\frac{1}{5}KMnO_4)=5n(KMnO_4)$。

通式为：

$$n(\frac{b}{a}B) = \frac{a}{b}n(B)$$

式中的 Z、a、b 都是除零以外的正整数。

3. 物质的量浓度(c_B)的量内换算

以不同基本单元表示的物质B的浓度之间也可以互相换算，如：

$$c(\frac{1}{Z}B) = Zc(B)$$

例如：$c(\frac{1}{2}H_2SO_4)=2c(H_2SO_4)$，$c(\frac{1}{6}K_2Cr_2O_7)=6c(K_2Cr_2O_7)$，$c(\frac{1}{5}KMnO_4)=5c(KMnO_4)$，$c(MnO_4^-)=\frac{1}{5}c(\frac{1}{5}MnO_4^-)$。

通式为：

$$c(\frac{b}{a}B) = \frac{a}{b}c(B)$$

式中的Z、a、b都是除零以外的正整数。

4. 量间关系式

在化学中常用的量有物质的量、摩尔质量、质量、物质的量浓度、质量分数等，量之间的关系可用下列公式表示：

$$n_B = \frac{m_B}{M_B} = c_B V$$

$$M_B = \frac{m_B}{n_B} = \frac{m_B}{c_B V}$$

$$m_B = n_B M_B = c_B V M_B$$

$$c_B = \frac{n_B}{V} = \frac{m_B}{M_B V}$$

$$w_B = \frac{m_B}{m}$$

式中　m——混合物的质量，如固体多成分样品的质量、溶液的质量等，g；

V——混合物的体积，L。

这些关系式对化学工作者来说非常重要，应该学会熟练地运用它们。

【例4-5】 某重铬酸钾溶液，已知$c(\frac{1}{6}K_2Cr_2O_7)=0.01700mol/L$，体积为5000mL。求：①所含的$\frac{1}{6}K_2Cr_2O_7$的物质的量$n(\frac{1}{6}K_2Cr_2O_7)$。②如果将此溶液取出500mL后再加入500mL水混合，求此溶液的浓度$c(K_2Cr_2O_7)$。

【解】 ①由$n_B = c_B V$得

$$n(\frac{1}{6}K_2Cr_2O_7)=0.01700mol/L\times 5.000L=0.08500mol$$

②取出500mL后，溶液中$\frac{1}{6}K_2Cr_2O_7$的物质的量

$$n(\frac{1}{6}K_2Cr_2O_7)=0.08500mol-0.01700mol/L\times 0.500L=0.07650mol$$

加入500mL水，总体积不变，仍为5.000L，由$c_B = \frac{n_B}{V}$得

$$c(\frac{1}{6}K_2Cr_2O_7)=\frac{0.07650mol}{5.000L}=0.01530mol/L$$

依题意转换基本单元，按 $c(\frac{1}{Z}B)=Zc(B)$ 量内转换关系式换算，得 $c(B)=\frac{1}{Z}c(\frac{1}{Z}B)$。

所以，最终溶液浓度为

$$c(K_2Cr_2O_7)=\frac{1}{6}c(\frac{1}{6}K_2Cr_2O_7)=\frac{1}{6}\times0.01530\text{mol/L}=0.002550\text{mol/L}$$

【例 4-6】 将质量为 1.5804g 的 $KMnO_4$ 配制成体积为 2000mL 的溶液，求该溶液的浓度 $c(\frac{1}{5}KMnO_4)$。

【解】 因为 $M(\frac{1}{5}KMnO_4)=\frac{1}{5}M(KMnO_4)=\frac{1}{5}\times158.04\text{g/mol}=31.608\text{g/mol}$

由 $c_B=\frac{n_B}{V}=\frac{m_B}{M_BV}$ 得

$$c(\frac{1}{5}KMnO_4)=\frac{1.5804\text{g}}{31.608\text{g/mol}\times2.000\text{L}}=0.02500\text{mol/L}$$

【例 4-7】 欲配制 $c(SO_4^{2-})=0.01000\text{mol/L}$ 的溶液 500mL，应取 $KAl(SO_4)_2\cdot12H_2O$ 多少克？

【解】

$$M\left[\frac{1}{2}(KAl(SO_4)_2\cdot12H_2O)\right]=\frac{1}{2}M[KAl(SO_4)_2\cdot12H_2O]$$

$$=\frac{1}{2}\times474.39\text{g/mol}=237.20\text{g/mol}$$

由 $m_B=n_BM_B$ 得

$$m[KAl(SO_4)_2\cdot12H_2O]=n(SO_4^{2-})\times M\left[\frac{1}{2}(KAl(SO_4)_2\cdot12H_2O)\right]$$

$$=0.00500\text{mol}\times237.20\text{g/mol}\approx1.186\text{g}$$

5. 物质 B 的物质的量浓度 c_B 稀释的计算

加水稀释溶液时，溶液的体积增大，浓度相应降低，但溶液中溶质的物质的量并没有改变，根据溶液稀释前后溶质的量相等的原则，物质 B 的浓度 c_B 的稀释计算公式为：

$$c_1V_1=c_2V_2$$

式中 c_1,V_1——浓溶液的浓度和体积；

c_2,V_2——稀溶液的浓度和体积。

【例 4-8】 欲配制 $c(HCl)=0.1\text{mol/L}$ 的 HCl 溶液 1000mL，需要 $c(HCl)=12\text{mol/L}$ 的浓溶液多少毫升？

【解】 根据 $V_1=\frac{c_2V_2}{c_1}$ 得

$$V_1=\frac{0.1\text{mol/L}\times1.000\text{L}}{12\text{mol/L}}\approx0.0083\text{L}=8.3\text{mL}$$

6. 物质 B 的质量浓度(ρ_B)的稀释计算

物质 B 的质量浓度 ρ_B 的稀释计算公式为：

$$\rho_1V_1=\rho_2V_2$$

式中 ρ_1,V_1——浓溶液的浓度和体积；

ρ_2,V_2——稀溶液的浓度和体积。

【例 4-9】 用 $\rho(V_2O_5)=1mg/mL$ 的贮备液，如何配制 $250mL\ \rho(V_2O_5)=20\mu g/mL$ 的工作溶液？

【解】 根据 $\rho_1 V_1=\rho_2 V_2$

$$V_1=\frac{\rho_2 V_2}{\rho_1}=\frac{20\mu g/mL\times 250mL}{1000\mu g/mL}=5mL$$

配法：取 $\rho(V_2O_5)=1mg/mL$ 的贮备液 5mL，加水稀释至 250mL。

7. c_B 与 ρ_B 之间的换算

c_B 与 ρ_B 之间的换算，是不同体积浓度表示法之间的换算。

根据量间关系式 $c_B=\frac{\rho_B}{M_B}$、$\rho_B=c_B M_B$ 进行换算，其中用到物质 B 的摩尔质量 M_B。因为基本单元 B 是已知的，所以 M_B 可知。

【例 4-10】 某 Ca^{2+} 标准溶液，质量浓度 $\rho(Ca^{2+})=40mg/L$，求 $c(\frac{1}{2}Ca^{2+})$。

【解】 $c(\frac{1}{2}Ca^{2+})=\frac{\rho(Ca^{2+})}{M(\frac{1}{2}Ca^{2+})}=\frac{40\times 10^{-3}g/L}{20.04g/mol}=1.996\times 10^{-3}mol/L=1.996mmol/L$

对同一物质来说，ρ_B 与基本单元选择无关，所以 $\rho(Ca^{2+})$ 与 $\rho(\frac{1}{2}Ca^{2+})$ 是一致的。

【例 4-11】 已知某高锰酸钾溶液 $c(\frac{1}{5}KMnO_4)=0.010mmol/L$，求 $\rho(Mn)$。

【解】 因为每个 $KMnO_4$ 分子中有一个 Mn 原子，所以：

$$c(\frac{1}{5}KMnO_4)=c(\frac{1}{5}Mn)$$

对于同一物质来说，物质 B 的质量浓度与基本单元选择无关，则

$$\begin{aligned}\rho(Mn)&=\rho(\frac{1}{5}Mn)=c(\frac{1}{5}Mn)M(\frac{1}{5}Mn)\\&=0.010\times 10^{-3}mol/L\times\left(\frac{1}{5}\times 54.93805g/mol\right)\\&=0.11\times 10^{-3}g/L=0.11mg/L\end{aligned}$$

8. 质量分数 w 与质量摩尔浓度 b 之间的换算

【例 4-12】 求 $w(HCl)=30\%$ 的盐酸溶液的质量摩尔浓度 $b(HCl)$。

【解】 $w(HCl)=30\%$ 的盐酸溶液，即每 100g 溶液中含有 HCl 30g、水 70g。

已知 $M(HCl)=36.46g/mol$，则

$$b(HCl)=\frac{HCl\text{物质的量}(mol)}{\text{溶剂的质量}(kg)}=\frac{\frac{30g}{36.46g/mol}}{70\times 10^{-3}kg}=11.75mol/kg$$

9. 质量分数 w 表示的浓度的稀释计算

其原理是：基于混合前后溶质的总量不变，可用交叉图解法进行浓度的稀释计算。

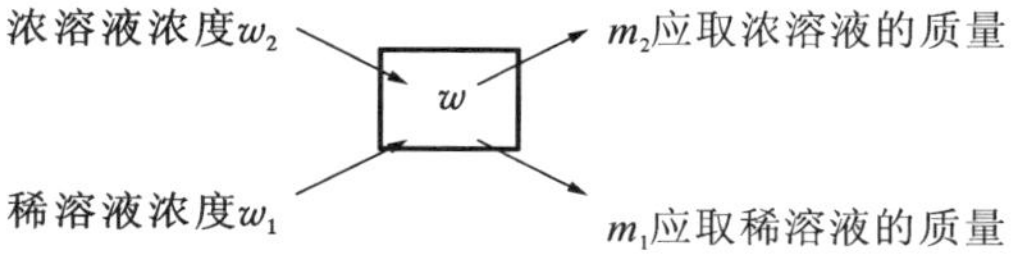

w 为配制的溶液浓度。

$$m_1 = w_2 - w, m_2 = w - w_1$$

配制时取 m_2 质量的浓溶液，取 m_1 质量的稀溶液，将其混合均匀，即可得 m_1+m_2 质量的 w 溶液。

【例 4-13】 欲配制 $w(NaOH)=5\%$的稀 NaOH 溶液 400g，需要用多少 $w(NaOH)=40\%$的浓 NaOH 溶液？加多少水稀释而成？

【解】 根据交叉图解法：

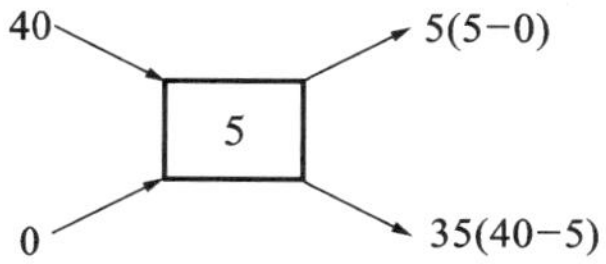

把 5 份 40%的 NaOH 溶液与 35 份 H_2O 相混合，得到 5%的 NaOH 溶液 40 份。

即加 NaOH：$400g\times\frac{5}{5+35}=50g$，加 H_2O：$400g-50g=350g$，混合即得 400g 5%的稀 NaOH 溶液。

【例 4-14】 欲配制 $w(H_2SO_4)=18\%$的 H_2SO_4 500g，需要 $w(H_2SO_4)=98\%$的浓 H_2SO_4 多少克？

【解】 根据交叉图解法算出应取浓 H_2SO_4 与水的份数：

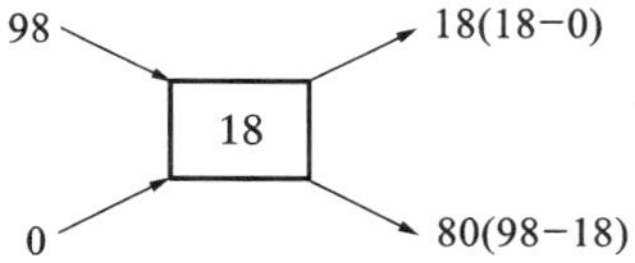

把 18 份质量的浓 H_2SO_4 与 80 份质量的水混合，可得 $w(H_2SO_4)=18\%$的 H_2SO_4。

即加浓 H_2SO_4：$500g\times\frac{18}{18+80}\approx 92g$，加 H_2O：$500g-92g=408g$，混合即得溶液。

10. 物质的量浓度 c_B 与质量分数 w_B 之间的换算

以质量表示的浓度和以体积表示的浓度之间的换算，必须在已知溶液的密度情况下进行。

【例 4-15】 市售浓 HCl 的密度 $\rho=1.19g/mL$，质量分数 $w(HCl)=37\%$，求其物质的量浓度。

【解】
$$c=\frac{\rho V w}{MV}=\frac{\rho w}{M}=\frac{1.19g/10^{-3}L\times 37\%}{36.5g/mol}=12mol/L$$

【例 4-16】 市售浓 H_2SO_4 的密度 $\rho=1.84g/mL$，质量分数 $w(H_2SO_4)=98\%$，求其物质的量浓度。

【解】
$$c=\frac{\rho w}{M}=\frac{1.84g/10^{-3}L\times 98\%}{98g/mol}=18mol/L$$

常用酸碱试剂的密度与浓度见附录 1。

四、溶液标签的书写

尽管化学分析中所用的溶液种类繁多，但按其用途和准确度可将溶液分为标准溶液和一般溶液两大类。

1. 标准溶液

标准溶液的配制、标定、检验及稀释等都要有详细的记录，要求与检测原始记录一样。要求标签书写内容齐全、字迹清晰、符号准确。

标准溶液标签的书写内容包括标准溶液名称、浓度类型、浓度值、介质、配制日期、配制温度、瓶号、校核周期和配制人、注意事项及其他需要注明的事项等。

标签填写格式举例说明如下，供参考。

①重铬酸钾标准溶液
$c(\frac{1}{6}K_2Cr_2O_7)=0.06011mol/L$
×××
18℃核对周期：半年 2016.12.30

①代表瓶号；重铬酸钾标准溶液为溶液名称；0.06011mol/L 为溶液浓度；×××为配制人姓名；18℃是配制室温；2016.12.30 为配制日期。

③莫尔盐标准溶液
$\frac{c(Fe^{2+})=1mg/mL}{2\%H_2SO_4}$
×××
18℃核对周期：一周 2016.12.30

③代表瓶号；莫尔盐标准溶液为溶液名称；1mg/mL 为溶液浓度；2% H_2SO_4 为溶液介质；×××为配制人姓名；18℃是配制室温；2016.12.30 为配制日期。

2. 一般溶液

这类溶液的浓度要求不太严格，不需要用标定或其他比对方法求得其准确浓度。在化验工作中，它们的浓度和用量不参与被测组分含量的计算，通常用来作为“条件”溶液，如控制酸度、指示终点、消除干扰、显色、络合等。一般溶液按用途可分为显色剂、掩蔽剂、缓冲溶液、萃取溶液、吸收液、指示剂、沉淀剂、空白溶液等。

一般溶液标签的书写内容应包括名称、浓度、纯度、介质、日期、配制人及其他说明。

标签填写格式举例如下，供参考。

HAc-NaAc 缓冲溶液
分析纯，pH=6.1
×××2015.3.16

HAc-NaAc 缓冲溶液为溶液名称；分析纯为试剂级别；6.1 为 pH 值大小；×××为配制人姓名；2015.3.16 为配制日期。

NaCl 10%
分析纯
×××2015.3.16

NaCl、10%为溶液名称及浓度；分析纯为试剂级别；×××为配制人姓名；2015.3.16 为配制日期。

第三节 滴定分析中标准溶液的配制和标定

标准溶液是一种已知准确浓度的溶液。配制标准溶液通常有直接法和标定法两种。直接法是指准确称取一定量的基准试剂，溶解后配成准确体积的溶液。由基准试剂的质量和配成溶液的准确体积，可直接求出该溶液的准确浓度。标定法是指首先配制成近似所需浓度的溶液，然后用基准试剂或已知准确浓度的另一种标准溶液来标定它的准确浓度。

在配制标准溶液时，如果没有注明其他要求，均使用三级水（参见第二章第一节“化学实验用水”），所用试剂的纯度应在分析纯以上；工作中所用分析天平、滴定管、容量瓶、移液管均需定期校正；所制备的标准溶液的浓度均指 20℃时的浓度；在“标定”或“比较”标准溶液浓度时，平行试验不得少于 8 次，两人各做 4 次平行试验，每人的 4 次平行测定结果的极差与平均值之比不得大于 0.1%，两人测定结果的平均值之差不得大于 0.1%，结果取平均值，浓度值取 4 位有效数字；规定需用“标定”和“比较”两种方法测定浓度时，不得略去其中任何一种，且两种方法测得的浓度值之差不得大于 0.2%，以标定结果为准，配制浓度等于或低于 0.02mol/L 的标准溶液，应于临用前将浓度高的标准溶液用煮沸并冷却的水稀释，必要时重新标定；滴定分析标准溶液在常温（15～25℃）下的保存时间一般不得超过 2 个月。

根据国家标准《化学试剂 标准滴定溶液的制备》(GB/T 601—2016)，分析化学常用的标准溶液的配制和标定举例如下。

一、氢氧化钠标准溶液

1. 配制

称取 110g 氢氧化钠，溶于 100mL 无二氧化碳的水中，摇匀，注入聚乙烯容器中，密闭放置至溶液清亮。按表 4-1 的规定，用塑料管量取上层清液，用无二氧化碳的水稀释至 1000mL，摇匀。

表 4-1 氢氧化钠标准溶液的配用量

氢氧化钠标准滴定溶液的浓度 $c(NaOH)$(mol/L)	氢氧化钠溶液体积 V(mL)
1	54
0.5	27
0.1	5.4

2. 标定

按表4-2的规定称取于105～110℃电烘箱中干燥至恒重的工作基准试剂邻苯二甲酸氢钾，加无二氧化碳的水溶解，加2滴酚酞指示液(10g/L)，用配制好的氢氧化钠溶液滴定至溶液呈粉红色并保持30s。同时做空白试验。

表4-2　氢氧化钠标准溶液的标定用量

氢氧化钠标准滴定溶液的浓度 $c(NaOH)$(mol/L)	工作基准试剂邻苯二甲酸氢钾的质量 m(g)	无二氧化碳水的体积 V(mL)
1	7.5	80
0.5	3.6	80
0.1	0.75	50

氢氧化钠标准滴定溶液的浓度 $c(NaOH)$，数值以摩尔每升(mol/L)表示，按下式计算：

$$c(\mathrm{NaOH}) = \frac{m \times 1000}{(V_1 - V_2)M}$$

式中　m——邻苯二甲酸氢钾的质量，g；

M——邻苯二甲酸氢钾的摩尔质量，M=204.22g/mol；

V_1——消耗氢氧化钠溶液的体积，mL；

V_2——空白试验消耗氢氧化钠溶液的体积，mL。

二、盐酸标准溶液

1. 配制

按表4-3的规定量取盐酸，注入1000mL水中，摇匀。

表4-3　盐酸标准溶液的配制用量

盐酸标准滴定溶液的浓度 $c(HCl)$(mol/L)	盐酸体积 V(mL)
1	90
0.5	45
0.1	9

2. 标定

按表4-4的规定称取于270～300℃高温炉中灼烧至恒重的工作基准试剂无水碳酸钠，溶于50mL水中，加10滴溴甲酚绿-甲基红指示液，用配制好的盐酸溶液滴定至溶液由绿色变为暗红色，煮沸2min，冷却后继续滴定至溶液再呈暗红色。同时做空白试验。

表4-4　盐酸标准溶液的标定用量

盐酸标准滴定溶液的浓度 $c(HCl)$(mol/L)	工作基准试剂无水碳酸钠的质量 m(g)
1	1.9
0.5	0.95
0.1	0.2

盐酸标准滴定溶液的浓度 $c(\mathrm{HCl})$，数值以摩尔每升(mol/L)表示，按下式计算：

$$c(\mathrm{HCl}) = \frac{m \times 1000}{(V_1 - V_2)M}$$

式中 m——无水碳酸钠的质量，g；

M——无水碳酸钠的摩尔质量，$M(\frac{1}{2}\mathrm{Na_2CO_3})=52.994\mathrm{g/mol}$；

V_1——消耗盐酸溶液的体积，mL；

V_2——空白试验消耗盐酸溶液的体积，mL

第四节 滴定分析的计算

滴定分析是用标准溶液滴定被测物质的溶液。滴定分析结果计算的依据为：当滴定到化学计量点时，它们的物质的量之间的关系恰好符合其化学反应所表示的化学计量关系。根据这个基本的化学计量关系，可以计算待测组分物质的量浓度，或待测组分在试样中所占的质量分数。计算中注意选取的分子、离子或原子的基本单元，避免不同物质间化学计量关系错误。

一、待测物的物质的量 n_A 与滴定剂的物质的量 n_B 的关系

在滴定分析法中，设待测物质 A 与滴定剂 B 直接发生作用，反应式如下：

$$a\mathrm{A} + b\mathrm{B} = c\mathrm{C} + d\mathrm{D}$$

当达到化学计量点时，$a$mol 的 A 物质恰好与 $b$mol 的 B 物质作用完全，则 n_A 与 n_B 之比等于它们的化学计量数之比，即

$$\frac{n_A}{n_B} = \frac{a}{b} \rightarrow bn_A = an_B$$

$$n_A = \frac{a}{b}n_B$$

$$n_B = \frac{b}{a}n_A$$

【例 4-17】 酸碱滴定法中，准确称取基准物质无水 $\mathrm{Na_2CO_3}$ 0.1098g，溶于 20～30mL 水中，采用甲基橙作指示剂，标定 HCl 溶液浓度，到达化学计量点时，用去 HCl 溶液 20.54mL，计算 c_{HCl}。($M_{\mathrm{Na_2CO_3}}=105.99\mathrm{g/mol}$)

【解】 滴定反应为

$$2\mathrm{HCl}+\mathrm{Na_2CO_3} = \mathrm{CO_2}+\mathrm{H_2O}+2\mathrm{NaCl}$$

因此，$\frac{n_{\mathrm{HCl}}}{n_{\mathrm{Na_2CO_3}}}=\frac{2}{1}$

$$n_{\mathrm{HCl}}=2n_{\mathrm{Na_2CO_3}}$$

$$n_{\mathrm{HCl}}=c_{\mathrm{HCl}} \cdot V_{\mathrm{HCl}}$$

$$n_{\mathrm{Na_2CO_3}}=\frac{m_{\mathrm{Na_2CO_3}}}{M_{\mathrm{Na_2CO_3}}}$$

$$c_{\mathrm{HCl}}=2\times\frac{m_{\mathrm{Na_2CO_3}}}{M_{\mathrm{Na_2CO_3}} \cdot V_{\mathrm{HCl}}}=\frac{2\times 0.1098\mathrm{g}}{105.99\mathrm{g/mol}\times 20.54\times 10^{-3}\mathrm{L}}=0.1009\mathrm{mol/L}$$

若滴定反应较为复杂，应注意从总的反应过程中找出滴定反应的物质的量之间的关系。

【例4-18】 准确称取0.1405g于120℃烘干至恒重的基准物$K_2Cr_2O_7$置于碘量瓶中，溶于250mL水中，加2g KI及20mL 20%硫酸溶液，摇匀，于暗处放置10min。加150mL水，用配制好的$Na_2S_2O_3$溶液滴定。近终点时加3mL淀粉指示液，继续滴定至溶液由蓝色变为亮绿色，消耗$Na_2S_2O_3$溶液33.61mL，请计算$c_{Na_2S_2O_3}$。($M_{K_2Cr_2O_7}=249.18g/mol$)

【解】 反应式： $Cr_2O_7^{2-}+6I^-+14H^+ = 2Cr^{3+}+3I_2\downarrow+7H_2O$

滴定反应： $I_2+2S_2O_3^{2-} = 2I^-+S_4O_6^{2-}$

在反应式中，1mol $K_2Cr_2O_7$产生3mol I_2；在滴定反应中，1mol I_2和2mol $Na_2S_2O_3$反应。由此可知，$K_2Cr_2O_7$与$Na_2S_2O_3$按1∶6摩尔比反应。

$$\frac{n_{K_2Cr_2O_7}}{n_{Na_2S_2O_3}}=\frac{1}{6}$$

$$c_{Na_2S_2O_3}=\frac{n_{Na_2S_2O_3}}{V_{Na_2S_2O_3}}=\frac{6n_{K_2Cr_2O_7}}{V_{Na_2S_2O_3}}=\frac{6m_{K_2Cr_2O_7}}{M_{K_2Cr_2O_7}V_{Na_2S_2O_3}}$$

$$=\frac{6\times0.1405g}{249.18g/mol\times33.61\times10^{-3}L}=0.1007mol/L$$

二、待测物含量的计算

若称取试样的质量为m，测得待测物的质量为m_A，则待测物A的质量分数为

$$w_A=\frac{m_A}{m}\times100\%$$

若反应式为$aA+bB = cC+dD$，由于$n_A=\frac{a}{b}n_B$，有

$$w_A=\frac{m_A}{m}\times100\%=\frac{n_AM_A}{m}\times100\%=\frac{\frac{a}{b}c_BV_BM_A}{m}\times100\%$$

【例4-19】 称取工业纯碱试样0.2648g，用0.2000mol/L HCl标准溶液滴定，用甲基橙为指示剂，消耗HCl 24.00mL，求纯碱的纯度。

【解】 反应式为$2HCl+Na_2CO_3 = 2NaCl+H_2CO_3$

因此，$\frac{n_{HCl}}{n_{Na_2CO_3}}=\frac{2}{1}$

$$n_{Na_2CO_3}=\frac{1}{2}n_{HCl}$$

$$w_{Na_2CO_3}=\frac{n_{Na_2CO_3}M_{Na_2CO_3}}{m}\times100\%=\frac{c_{HCl}V_{HCl}M_{Na_2CO_3}}{2m}\times100\%$$

$$=\frac{0.2000mol/L\times24.00\times10^{-3}L\times105.99g/mol}{2\times0.2648g}\times100\%=96.06\%$$

【例4-20】 称取铁矿石试样0.1562g，试样分解后，经预处理使铁呈Fe^{2+}状态，用0.01214mol/L $K_2Cr_2O_7$标准溶液滴定，消耗$K_2Cr_2O_7$ 20.32mL，请计算试样中Fe的质量分数。若以Fe_2O_3表示，其质量分数为多少？

【解】 反应式为$Cr_2O_7^{2-}+6Fe^{2+}+14H^+ = 2Cr^{3+}+6Fe^{3+}+7H_2O$

$$\frac{n_{K_2Cr_2O_7}}{n_{Fe}}=\frac{n_{K_2Cr_2O_7}}{n_{Fe^{2+}}}=\frac{1}{6}$$

$$w_{Fe}=\frac{n_{Fe}M_{Fe}}{m}\times 100\%=\frac{6c_{K_2Cr_2O_7}V_{K_2Cr_2O_7}M_{Fe}}{m}\times 100\%$$

$$=\frac{6\times 0.01214mol/L\times 20.32\times 10^{-3}L\times 55.85g/mol}{0.1562g}\times 100\%=52.92\%$$

若以 Fe_2O_3 表示，$n_{Fe_2O_3}=\frac{1}{2}n_{Fe}=3n_{K_2Cr_2O_7}$

$$w_{Fe_2O_3}=\frac{n_{Fe_2O_3}M_{Fe_2O_3}}{m}\times 100\%=\frac{3c_{K_2Cr_2O_7}V_{K_2Cr_2O_7}M_{Fe_2O_3}}{m}\times 100\%$$

$$=\frac{3\times 0.01214mol/L\times 20.32\times 10^{-3}L\times 159.69g/mol}{0.1562g}\times 100\%=75.66\%$$

假如选取分子、离子或这些粒子的某种特定组合为反应物的基本单元，这样滴定分析结果的计算可采用等物质的量规则：滴定到化学计量点时，被测物质的物质的量与标准溶液的物质的量相等。例如，对于质子转移的酸碱反应，根据反应中转移的质子数来确定酸碱的基本单元，即以转移一个质子的特定组合作为反应物的基本单元。例如：

$$2NaOH+H_2SO_4 = Na_2SO_4+2H_2O$$

在反应中，NaOH 转移一个质子，因此选取 NaOH 作基本单元；H_2SO_4 转移两个质子，因此选取 $\frac{1}{2}H_2SO_4$ 作基本单元，1mol 酸与 1mol 碱将转移 1mol 质子。根据质子转移数选取基本单元后，就使得酸碱反应到达化学计量点时两反应物的物质的量相等。

$$n_{\frac{1}{2}H_2SO_4}=n_{NaOH}$$

$$c_{\frac{1}{2}H_2SO_4}V_{H_2SO_4}=n_{NaOH}V_{NaOH}$$

氧化还原反应是电子转移的反应，其反应物基本单元的选取应根据反应中转移的电子数来确定，例如 $KMnO_4$ 与 $Na_2C_2O_4$ 的反应：$2KMnO_4+5Na_2C_2O_4+8H_2SO_4 = 2MnSO_4+10CO_2\uparrow+K_2SO_4+5Na_2SO_4+8H_2O$。

其半反应为：

$$MnO_4^-+8H^++5e = Mn^{2+}+4H_2O$$

$$C_2O_4^{2-}-2e = 2CO_2\uparrow$$

反应中 MnO_4^{2-} 得到 5 个电子，$C_2O_4^{2-}$ 失去 2 个电子，因此，应选取 $\frac{1}{5}KMnO_4$ 和 $\frac{1}{2}Na_2C_2O_4$ 分别作为氧化剂和还原剂的基本单元，这样 1mol 氧化剂和 1mol 还原剂反应时就转移 1mol 电子。由于反应中还原剂给出的电子数和氧化剂所获得的电子数相等，因此在化学计量点时氧化剂和还原剂的物质的量也相等。

【例 4-21】 称取 0.1500g $Na_2C_2O_4$ 基准物质，溶解后在强酸溶液中用 $KMnO_4$ 溶液滴定，用去 20.00mL，计算该溶液的浓度 $c_{\frac{1}{5}KMnO_4}$。

【解】 反应式为：

$$2KMnO_4+5Na_2C_2O_4+8H_2SO_4 = 2MnSO_4+10CO_2\uparrow+K_2SO_4+5Na_2SO_4+8H_2O$$

分别选取 $\frac{1}{5}KMnO_4$ 和 $\frac{1}{2}Na_2C_2O_4$ 作基本单元，反应到达化学计量点时，两反应物的物质的量相等，即

$$n_{\frac{1}{5}KMnO_4}=n_{\frac{1}{2}Na_2C_2O_4}$$

因为 $n_{\frac{1}{5}KMnO_4}=c_{\frac{1}{5}KMnO_4}\cdot V_{KMnO_4}$，且 $n_{\frac{1}{2}Na_2C_2O_4}=\dfrac{m_{Na_2C_2O_4}}{M_{\frac{1}{2}Na_2C_2O_4}}$

所以，$c_{\frac{1}{5}KMnO_4}\cdot V_{KMnO_4}=\dfrac{m_{Na_2C_2O_4}}{M_{\frac{1}{2}Na_2C_2O_4}}$

$$c_{\frac{1}{5}KMnO_4}=\frac{m_{Na_2C_2O_4}}{M_{\frac{1}{2}Na_2C_2O_4}V_{KMnO_4}}=\frac{0.1500\text{g}}{\frac{134.0}{2}\text{g/mol}\times 20.00\times 10^{-3}\text{L}}=0.1119\text{mol/L}$$

由上述可知，选择的基本单元不同，所列的计算式也不同。总之，如取一个分子或离子作为基本单元，则在列出反应物 A、B 的物质的量 n_A 与 n_B 的数量关系时，要考虑反应式的系数比；若从反应中转移的电子数出发，以分子或离子的某种特定组合为基本单元（如 $\frac{1}{5}KMnO_4$ 和 $\frac{1}{2}Na_2C_2O_4$），则 $n_A=n_B$。

【例 4-22】 称取分析纯试剂 $K_2Cr_2O_7$ 1.4709g，配制成 500mL 溶液，试计算：

（1）$K_2Cr_2O_7$ 溶液物质的量浓度 $c_{\frac{1}{6}K_2Cr_2O_7}$；

（2）$K_2Cr_2O_7$ 溶液对 Fe、Fe_2O_3、Fe_3O_4 的滴定度。

【解】 （1）$c_{\frac{1}{6}K_2Cr_2O_7}=\dfrac{m_{K_2Cr_2O_7}}{M_{\frac{1}{6}K_2Cr_2O_7}\cdot V_{K_2Cr_2O_7}}=\dfrac{1.4709\text{g}}{\frac{294.19\text{g/mol}}{6}\times 500\times 10^{-3}\text{L}}=0.06000\text{mol/L}$

（2）
$$Cr_2O_7^{2-}+6Fe^{2+}+14H^+ = 2Cr^{3+}+6Fe^{3+}+7H_2O$$

$$n_{Fe}=n_{\frac{1}{6}K_2Cr_2O_7}$$

$$n_{\frac{1}{2}Fe_2O_3}=n_{\frac{1}{6}K_2Cr_2O_7}$$

$$n_{\frac{1}{3}Fe_3O_4}=n_{\frac{1}{6}K_2Cr_2O_7}$$

滴定度是指 1mL 滴定剂相当于待测物质的质量（单位为 g），所以 $K_2Cr_2O_7$ 溶液对 Fe、Fe_2O_3、Fe_3O_4 的滴定度为

$$\begin{aligned}T_{Fe/K_2Cr_2O_7}&=n_{Fe}M_{Fe}=n_{\frac{1}{6}K_2Cr_2O_7}M_{Fe}=c_{\frac{1}{6}K_2Cr_2O_7}V_{K_2Cr_2O_7}M_{Fe}\\&=0.06000\text{mol/L}\times 1\times 10^{-3}\text{L}\times 55.85\text{g/mol}=0.003351\text{g}\end{aligned}$$

即 1mL $K_2Cr_2O_7$ 标准溶液相当于 0.003351g Fe。

同理，得

$$\begin{aligned}T_{Fe_2O_3/K_2Cr_2O_7}&=n_{Fe_2O_3}M_{Fe_2O_3}=n_{\frac{1}{2}Fe_2O_3}M_{\frac{1}{2}Fe_2O_3}=n_{\frac{1}{6}K_2Cr_2O_7}M_{\frac{1}{2}Fe_2O_3}\\&=c_{\frac{1}{6}K_2Cr_2O_7}V_{K_2Cr_2O_7}M_{\frac{1}{2}Fe_2O_3}\\&=0.06000\text{mol/L}\times 1\times 10^{-3}\text{L}\times\frac{159.69}{2}\text{g/mol}=0.004791\text{g}\end{aligned}$$

因此，1mL $K_2Cr_2O_7$ 标准溶液相当于 0.004791g Fe_2O_3。

$$\begin{aligned}T_{Fe_3O_4/K_2Cr_2O_7}&=c_{\frac{1}{6}K_2Cr_2O_7}V_{K_2Cr_2O_7}M_{\frac{1}{3}Fe_3O_4}\\&=0.06000\text{mol/L}\times 1\times 10^{-3}\text{L}\times\frac{231.54}{3}\text{g/mol}=0.004631\text{g}\end{aligned}$$

因此，1mL $K_2Cr_2O_7$ 标准溶液相当于 0.004631g Fe_3O_4。

第五节 滴定分析的技能要求

“工业分析检查”竞赛规程化学分析评分表如表 4-5 所示。

表 4-5 “工业分析检验”竞赛规程化学分析评分表

序号	作业项目	考核内容	配分	操作要求	考核记录	扣分说明	扣分	得分
一	基准物及试样的称量（8.5 分）	称量操作	1	1. 检查天平水平		每错一项扣 0.5 分，扣完为止		
				2. 清扫天平				
				3. 敲样动作正确				
		基准物称量范围	7	1. 在规定量 ±5%～±10%内		每错一项扣 1 分，扣完为止		
				2. 称量范围最多不超过 ±10%		每错一项扣 2 分，扣完为止		
		结束工作	0.5	1. 复原天平		每错一项扣 0.5 分，扣完为止		
				2. 放回凳子				
二	试液配制（3 分）	容量瓶洗涤	0.5	洗涤干净		洗涤不干净，扣 0.5 分		
		容量瓶试漏	0.5	正确试漏		不试漏，扣 0.5 分		
		定量转移	0.5	转移动作规范		转移动作不规范，扣 0.5 分		
		定容	1.5	1. 三分之二处水平摇动		每错一项扣 0.5 分，扣完为止		
				2. 准确稀释至刻线				
				3. 摇匀动作正确				
三	移取溶液（4.5 分）	移液管洗涤	0.5	洗涤干净		洗涤不干净，扣 0.5 分		
		移液管润洗	1	润洗方法正确		从容量瓶或原瓶中直接移取溶液，扣 1 分		
		吸溶液	1	1. 不吸空		每错一项扣 1 分，扣完为止		
				2. 不重吸				
		调刻线	1	1. 调刻线前擦干外壁		每错一项扣 0.5 分，扣完为止		
				2. 调节液面操作熟练				
		放溶液	1	1. 移液管竖直		每错一项扣 0.5 分，扣完为止		
				2. 移液管管尖靠壁				
				3. 放液后停留约 15s				
四	托盘天平使用（0.5 分）	称量	0.5	称量操作规范		操作不规范，扣 0.5 分		

续表 4-5

序号	作业项目	考核内容		配分	操作要求	考核记录	扣分说明	扣分	得分
五	滴定操作（3.5 分）	滴定管的洗涤		0.5	洗涤干净		洗涤不干净，扣 0.5 分		
		滴定管的试漏		0.5	正确试漏		不试漏，扣 0.5 分		
		滴定管的润洗		0.5	润洗方法正确		润洗方法不正确，扣 0.5 分		
		滴定操作		2	1. 滴定速度适当		每错一项扣 1 分，扣完为止		
					2. 终点控制熟练				
六	滴定终点（4 分）	标定终点	纯蓝色	4	终点判断正确		每错一个扣 1 分，扣完为止		
		测定终点	蓝紫色		终点判断正确				
七	空白试验（1 分）	空白试验测定规范		1	按照规范要求完成空白试验		测定不规范，扣 1 分		
八	读数（2 分）	读数		2	读数正确		以读数差在 0.02mL 范围内为正确，每错一个扣 1 分，扣完为止		
九	原始数据记录（2 分）	原始数据记录		2	1. 不用其他纸张记录原始数据		每错一项扣 1 分，扣完为止		
					2. 及时记录原始数据				
					3. 正确进行滴定管体积校正（现场裁判应核对校正体积校正值）				
十	文明操作，结束工作（本项最多扣 1 分）	物品摆放，仪器洗涤，“三废”处理		1	1. 仪器摆放整齐		每错一项扣 0.5 分，扣完为止		
					2. 废纸、废液不乱扔、乱倒				
					3. 结束后清洗仪器				
十一	重大失误（本项最多扣 10 分）				基准物的称量		称量失败，每重称一次扣 2 分		
					试液配制		溶液配制失误，重新配制的，每次扣 5 分		
					滴定操作		重新滴定，每次扣 5 分		
							篡改（如伪造、凑数据等）测量数据的，本项总分以零分计		

续表 4-5

序号	作业项目	考核内容	配分	操作要求	考核记录	扣分说明	扣分	得分
十二	总时间（0 分）	210min	0	按时收卷，不得延时				
	特别说明			打坏仪器的照价赔偿				
十三	数据记录及处理（6 分）	记录	1	1. 规范改正数据		每错一项扣 0.5 分，扣完为止		
				2. 不缺项				
		计算	3	计算过程及结果正确（由于第一次错误而影响到其他的不再扣分）		每错一项扣 0.5 分，扣完为止		
		有效数字保留	2	有效数字位数保留正确或修约正确		每错一项扣 0.5 分，扣完为止		
十四	标定结果（35 分）	精密度	20	相对极差≤0.10%		扣 0 分		
				0.10%＜相对极差≤0.20%		扣 4 分		
				0.20%＜相对极差≤0.30%		扣 8 分		
				0.30%＜相对极差≤0.40%		扣 12 分		
				0.40%＜相对极差≤0.50%		扣 16 分		
				相对极差＞0.50%		扣 20 分		
		准确度	15	|相对误差|≤0.10%		扣 0 分		
				0.10%＜|相对误差|≤0.20%		扣 3 分		
				0.20%＜|相对误差|≤0.30%		扣 6 分		
				0.30%＜|相对误差|≤0.40%		扣 9 分		
				0.40%＜|相对误差|≤0.50%		扣 12 分		
				|相对误差|＞0.50%		扣 15 分		

续表 4-5

序号	作业项目	考核内容	配分	操作要求	考核记录	扣分说明	扣分	得分
十五	测定结果（30分）	精密度	15	相对极差≤0.10%		扣0分		
				0.10%＜相对极差≤0.20%		扣3分		
				0.20%＜相对极差≤0.30%		扣6分		
				0.30%＜相对极差≤0.40%		扣9分		
				0.40%＜相对极差≤0.50%		扣12分		
				相对极差＞0.50%		扣15分		
		精确度	15	｜相对误差｜≤0.10%		扣0分		
				0.10%＜｜相对误差｜≤0.20%		扣3分		
				0.20%＜｜相对误差｜≤0:30%		扣6分		
				0.30%＜｜相对误差｜≤0.40%		扣9分		
				0.40%＜｜相对误差｜≤0.50%		扣12分		
				｜相对误差｜＞0.50%		扣15分		

实验4　酸碱标准溶液的标定

一、实验目的

掌握 NaOH、HCl 标准溶液的配制和标定方法。

二、实验原理

NaOH 易吸收水分及空气中的 CO_2，因此，不能用作基准物质，也就不能用直接法来配制标准溶液。NaOH 标准溶液需要先配成近似浓度的溶液（通常为 0.1 mol/L），然后用基准物质标定。

邻苯二甲酸氢钾和草酸常用作标定碱的基准物质。邻苯二甲酸氢钾易制得纯品，在空气中不吸水，容易保存，摩尔质量大，是一种较好的基准物质。标定 NaOH 的反应式为：

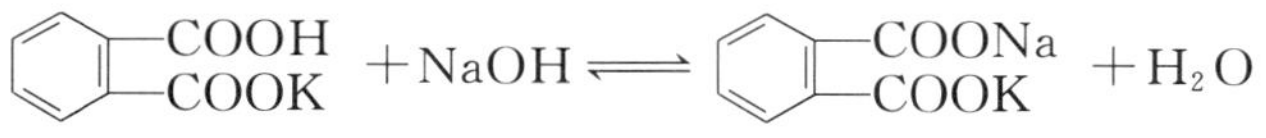

邻苯二甲酸氢钾　　邻苯二甲酸钠钾
(KHP)

浓 HCl 易挥发，因此，不能用直接法配制成标准溶液。需要先配成近似浓度的溶液，然后再用基准物质标定。无水碳酸钠和硼砂常用作标定盐酸的基准物质。

计算公式：

$$c(\mathrm{NaOH}) = \frac{m \times 1000}{(V_1 - V_2)M}$$

$$c(\mathrm{HCl}) = \frac{m \times 1000}{(V_1 - V_2)M}$$

三、实验仪器与试剂

滴定常用玻璃仪器，酚酞指示剂，邻苯二甲酸氢钾（AR），NaOH（AR），无水 Na_2CO_3（AR），HCl（AR），溴甲酚绿-甲基红指示剂（或甲基橙指示剂）。

四、实验步骤

1. NaOH 滴定液的配制和标定

（1）NaOH 饱和溶液的配制：用台秤称取 NaOH 约 110g，倒入装有 100mL 无二氧化碳纯化水的烧杯中，搅拌使之溶解成饱和溶液，冷却后储于聚乙烯塑料瓶中，密闭放置至溶液清亮，备用。

（2）NaOH 滴定液（0.1mol/L）的配制：取澄清的饱和 NaOH 溶液 1.4mL，置于聚乙烯塑料瓶中，加新煮沸过的冷纯化水 250mL，摇匀，密塞，贴上标签，备用。

（3）0.1mol/L NaOH 滴定液的标定：精密称取于 105～110℃电烘箱中干燥至恒重的工作基准试剂邻苯二甲酸氢钾约0.75g，加无二氧化碳的水 80mL 溶解，加 2 滴酚酞指示液（10g/L），用配制好的氢氧化钠溶液滴定至溶液呈粉红色，并保持 30s，即为终点，平行测定 4 次，同时做空白试验。根据消耗 NaOH 滴定液的体积计算 NaOH 滴定液的准确浓度和极差。

2. HCl 滴定液的配制和标定

（1）0.1mol/L HCl 滴定液的配制：量取约 2.3mL 市售浓 HCl 于装有少量纯化水的量筒中，补加水至 250mL，转移至试剂瓶中，密塞，摇匀，贴上标签。

（2）0.1mol/L HCl 滴定液的标定：精密称取于 270～300℃高温炉中灼烧至恒重的工作基准试剂无水碳酸钠约 0.2g，溶于 50mL 水中，加 10 滴溴甲酚绿-甲基红指示液，用配制好的盐酸溶液滴定至溶液由绿色变为暗红色，煮沸 2min，冷却后继续滴定至溶液再呈暗红色，同时做空白试验。根据消耗 HCl 滴定液的体积计算 HCl 滴定液的准确浓度和极差。

五、实验记录

1. NaOH 标准溶液的标定

项目 \ 编号	1	2	3	4
m(g)				
消耗 NaOH 体积 V_1(mL)				
空白消耗 NaOH 体积 V_2(mL)				
c_{NaOH}(mol/L)				
$\bar{c}_{NaOH}$(mol/L)				
极差(%)				

2. HCl 标准溶液的标定

项目 \ 编号	1	2	3	4
m(g)				
消耗 HCl 体积 V_1(mL)				
空白消耗 HCl 体积 V_2(mL)				
c_{HCl}(mol/L)				
$\bar{c}_{HCl}$(mol/L)				
极差(%)				

复习思考题

1. 解释以下名词：滴定分析法，滴定，标准溶液（滴定剂），标定，化学计量点，滴定终点，滴定误差，指示剂，基准物质。

2. 若基准试剂没有经过处理，存在以下的问题：(1) $H_2C_2O_4 \cdot 2H_2O$ 因保存不当而部分分化；(2) Na_2CO_3 因吸潮而带有少量湿存水。那么，用这种“基准试剂”(1)标定 NaOH，或用(2)标定 HCl 溶液的浓度时，结果是偏高还是偏低？用此 NaOH(HCl)溶液测定某有机酸(有机碱)的摩尔质量时，结果偏高还是偏低？

3. 有一在空气中暴露过的氢氧化钾，经测定知其含水 7.62%、K_2CO_3 2.38%及 KOH 90.00%。将此试样 1.000g 加 1.000mol/L HCl 溶液 46.00mL，过量的酸再用1.070mol/L KOH 反滴定至完全反应。将此溶液蒸发至干燥，所得残渣是什么？有多少克？

4. 分析纯的 NaCl 试剂，如不做任何处理，用来标定 $AgNO_3$ 溶液的浓度，结果会偏高。为什么？

5. 下列情况将对分析结果产生何种影响？(A. 正误差，B. 负误差，C. 无影响，D. 结果混乱)

(1)标定 HCl 溶液浓度时，使用的基准物 Na_2CO_3 中含有少量 $NaHCO_3$；

(2)用递减法称量试样时，第一次读数使用了磨损的砝码；

(3)加热使基准物溶解后，溶液未经冷却即转移至容量瓶中并稀释至刻度，摇匀，马上进行标定；

(4)配制标准溶液时未将容量瓶内溶液摇匀；

(5)用移液管移取试样溶液时事先未用待移取溶液润洗移液管；

(6)称量时，承接试样的锥形瓶潮湿。

6. 配制浓度为 2.0mol/L 的下列物质溶液各 5.0×10^{-2}mL，应各取其浓溶液多少毫升？

(1)氨水(密度 0.89g/cm^3，含 $NH_3$29%)；

(2)冰乙酸(密度 1.05g/cm^3，含 HAc100%)；

(3)浓硫酸(密度 1.84g·cm^3，含 $H_2SO_4$96%)。

7. 应在 500.0mL 0.08000mol/L NaOH 溶液中加入多少毫升 0.5000mol/L 的 NaOH 溶液，才能使最后得到的溶液浓度为 0.2000mol/L？

8. 欲使滴定时消耗 0.10mol/L HCl 溶液 20～25mL，应称取基准试剂 Na_2CO_3 多少克？此时称量误差能否小于 0.1%？

9. 精确称取 0.5877g 基准试剂 Na_2CO_3，在 100mL 容量瓶中配制成溶液，其浓度为多少？称取该标准溶液 20.00mL 标定某 HCl 溶液，滴定中用去 HCl 溶液 21.96mL，计算该 HCl 溶液的浓度。

10. 用 0.2000mol/L 的 HCl 标准溶液滴定含有 20%CaO、75% $CaCO_3$ 和 5%酸不溶物的混合物，欲使 HCl 溶液的用量控制在 25mL 左右，应称取混合物试样多少克？

第五章　酸碱滴定法

学习目标

1. 掌握水溶液中弱酸(碱)和配合物各型体的分布和分布系数的含义及分布系数的计算;质子平衡的含义及其平衡式的表达;酸碱指示剂的变色原理、变色范围、影响因素;各种类型酸碱滴定过程中尤其是化学计量点 pH 值的计算,滴定突跃范围,并据此选择恰当的指示剂;各种类型酸碱能否被准确滴定,多元酸碱能否分步滴定的判断条件;酸碱滴定分析结果的有关计算和滴定误差的计算。
2. 熟悉滴定突跃、突跃范围、指示剂、指示剂的理论变色点和变色范围;影响各类型滴定曲线的因素;几种常用指示剂的变色范围及终点变化情况。
3. 了解滴定分析的一般过程和滴定曲线。

第一节　水溶液中的酸碱平衡

一、酸碱理论

酸碱在工农业生产和日常生活中发挥着重要作用。人们在认识酸碱的过程中先后提出多种酸碱理论,其中比较重要的有酸碱电离理论、酸碱质子理论和酸碱电子理论。

(一)酸碱电离理论

1887 年,瑞典物理化学家阿伦尼乌斯提出:凡在水溶液中电离出的阳离子全是 H^+ 的化合物是酸;电离出的阴离子全是 OH^- 的化合物是碱。酸碱反应的实质就是 H^+ 和 OH^- 结合生成 H_2O 的过程。

这一理论的优点是能简便地说明酸和碱在水溶液中的反应,且能定量比较酸和碱在水溶液中的相对强弱,也能定量计算酸、碱水溶液中 H^+ 和 OH^- 的浓度。然而酸碱电离理论使酸和碱仅限于水溶液中,无法说明非水溶液中的酸碱性。例如,HCl 和 NH_3 在苯中反应生成 NH_4Cl,但它们并没有电离出 H^+ 和 OH^-。另外,该理论的酸和碱限于分子,并把碱限定为氢氧化物,这无法解释氨水呈碱性的事实。该理论还认为,酸和碱是两种绝对不同的物质,它忽视了酸碱在对立中的相互联系和统一,因为一个物质是酸还是碱,与其所处的环境有关,酸碱是相对于环境来说的。

(二)酸碱质子理论

1. 酸碱定义

1923 年,丹麦化学家布朗斯特和英国化学家劳里分别提出了酸碱质子理论。该理论提出，凡是给出质子(H^+)的物质都是酸，凡是接受质子(H^+)的物质都是碱。酸是质子的给予体，它释放一个质子后形成的物质叫作该酸的共轭碱；碱是质子的接受体，它结合一个质子后形成的物质叫作该碱的共轭酸。酸与碱的转化关系如下：

$$HA \rightleftharpoons H^+ + A^-$$

$$\text{共轭酸} \rightleftharpoons H^+ + \text{共轭碱}$$

常见的一些共轭酸碱对如表 5-1 所示。

表 5-1　常见共轭酸碱对

共轭酸	$\rightleftharpoons$	质子	+	共轭碱
H_2O	$\rightleftharpoons$	H^+	+	OH^-
HCl	$\rightleftharpoons$	H^+	+	Cl^-
NH_4^+	$\rightleftharpoons$	H^+	+	NH_3
H_2CO_3	$\rightleftharpoons$	H^+	+	HCO_3^-
HCO_3^-	$\rightleftharpoons$	H^+	+	CO_3^{2-}
HAc	$\rightleftharpoons$	H^+	+	Ac^-
H_3PO_4	$\rightleftharpoons$	H^+	+	$H_2PO_4^-$
$H_2PO_4^-$	$\rightleftharpoons$	H^+	+	HPO_4^{2-}
HPO_4^{2-}	$\rightleftharpoons$	H^+	+	PO_4^{3-}

从表 5-1 可见，酸碱可以是电中性物质，也可以是阴离子或阳离子，共轭酸比其共轭碱多一个质子。与酸碱电离理论相比较，酸碱质子理论扩大了酸和碱的范围。酸既可以是分子(如 HCl、H_2SO_4、HNO_3 等)，也可以是阴离子(如 HCO_3^-、HPO_4^{2-} 等)和阳离子(如 NH_4^+、H_3O^+ 等)；碱可以是分子(如 NH_3、H_2O 等)，也可以是阴离子(如 SO_4^{2-}、PO_4^{3-}、S^{2-} 等)和阳离子(如$[Al(OH)_2(H_2O)_4]^+$、$[Cr(OH)(H_2O)_5]^{2+}$ 等)。有些分子或离子既可给出质子，又可接受质子，这类分子或离子称为两性物质，例如 H_2O、$H_2PO_4^-$ 和 HPO_4^{2-}。

2. 酸碱反应的实质

酸碱质子理论认为：酸碱反应的实质是质子的转移(得失)。为了实现酸碱反应，例如为了使 HAc 转化为 Ac^-，它给出的质子必须转移到另一种能接受质子的物质上才行，也就是说，酸碱反应是两个共轭酸碱对共同作用的结果，半反应不能独立存在。

例如 HAc 在水中的解离：

半反应 1：$HAc \rightleftharpoons H^+ + Ac^-$

半反应 2：$H_2O + H^+ \rightleftharpoons H_3O^+$

$$\underset{\text{酸}1}{HAc} + \underset{\text{碱}2}{H_2O} \rightleftharpoons \underset{\text{酸}2}{H_3O^+} + \underset{\text{碱}1}{Ac^-}$$

在该反应式中，酸 1 与碱 1 互为共轭酸碱对，酸 2 与碱 2 互为共轭酸碱对。该反应中，如果没有溶剂 H_2O 作为碱接受质子，HAc 就无法实现在水中的解离。

该反应式往往简写为

$$HAc \rightleftharpoons H^+ + Ac^-$$

同样，NH_3 在水中的解离：

半反应 1：$NH_3+H^+ \rightleftharpoons NH_4{}^+$

半反应 2：$H_2O \rightleftharpoons H^+ + OH^-$

$$\underset{碱1}{NH_3}+\underset{酸2}{H_2O} \rightleftharpoons \underset{碱2}{OH^-}+\underset{酸1}{NH_4{}^+}$$

这里，溶剂 H_2O 是作为酸(给出质子)存在。同样，酸 1 与碱 1 互为共轭酸碱对，酸 2 与碱 2 互为共轭酸碱对。可见，溶剂 H_2O 在碱性环境中，可以作为酸给出质子；而在酸性环境中，又可作为碱来接受质子。

而溶剂分子之间也有质子的转移反应，叫溶剂的质子自递反应。例如水的质子自递反应：

$$\underset{碱1}{H_2O}+\underset{酸2}{H_2O} \rightleftharpoons \underset{酸1}{H_3O^+}+\underset{碱2}{HO^-}$$

该反应的平衡常数称为水的质子自递常数，用 K_w 表示：

$$K_w=[H_3O^+][OH^-]=[H^+][OH^-]$$

溶剂可以分为四类：

(1)两性溶剂：如 H_2O、乙醇。

(2)酸性溶剂：失去质子的能力大于接受质子的能力。

(3)碱性溶剂：得到质子的能力大于失去质子的能力。

(4)惰性溶剂：既无给出质子能力又无接受质子能力的溶剂，如苯、氯仿。

在共轭酸碱对中，酸越强，它给出质子的能力越强，其共轭碱接受质子的能力就越弱，也即其共轭碱的碱性越弱。如 HCl 是强酸，其共轭碱 Cl^- 则是弱碱；反之，酸越弱，则其共轭碱的碱性越强，如苯酚 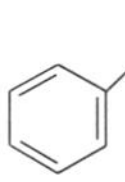 是弱酸，其共轭碱苯酚根阴离子 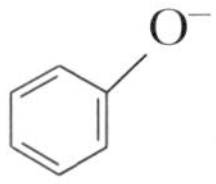 就是强碱。

酸碱反应的方向和限度取决于参加反应的酸和碱的相对强弱。酸越强，给出质子的能力就越强；碱越强，接受质子的能力就越强。因此，酸碱反应的方向是较强的酸与较强的碱作用，生成较弱的酸和较弱的碱。如：

$$HNO_3+NH_3 \rightleftharpoons NH_4^+ + NO_3^-$$

因 HNO_3 的酸性比 NH_4^+ 强，NH_3 的碱性比 NO_3^- 强，故该反应强烈地向右方进行。

酸碱质子理论扩大了酸和碱的范围，解决了非水溶液和气体间的酸碱反应。例如：

$$NH_4^+ + NH_2^- \xrightleftharpoons{液氨中} 2NH_3$$

$$HCl(g)+NH_3(g) \longrightarrow NH_4Cl(s)$$

酸碱质子理论也有一定的局限性，它把酸碱反应限制于质子的给予或接受，不能解释没有质子传递的酸碱反应，如氧化钙与三氧化硫的反应。

$$CaO+SO_3 \longrightarrow CaSO_4$$

SO_3 具有酸的性质，但与 CaO 反应时并没有发生质子的转移。

(三)酸碱电子理论

1923 年，美国化学家路易斯在化学键电子理论的基础上提出了酸碱电子理论。酸碱电子理论认为，凡是能接受电子对的物质就是酸；凡是能给出电子对的物质就是碱。酸是电子对的接受体，碱是电子对的给予体，酸碱反应的实质是碱提供电子对，与酸形成配位键而生成配合物，可表示为：

$$酸+碱 \rightleftharpoons 配合物$$

如下列反应：

$$H^+ + :OH^- \rightleftharpoons H \leftarrow OH$$

$$H^+ + :NH_3 \rightleftharpoons [H \leftarrow NH_3]^+$$

$$BF_3 + :F^- \rightleftharpoons [BF_3 \leftarrow F]^-$$

$$Ag^+ + 2:NH_3 \rightleftharpoons [H_3N \rightarrow Ag \leftarrow NH_3]^+$$

由上述酸碱反应可知，路易斯酸必须能接受电子对，而路易斯碱又不能失去电子对，因此路易斯酸必须具有空的低能级价轨道以便与路易斯碱形成配位共价键。路易斯酸主要包括含有空轨道的金属阳离子（如 Fe^{2+}、Zn^{2+}、Al^{3+} 等）、含有缺电子原子的化合物（如 BF_3、$AlCl_3$ 等）和含有价层可扩展的原子的化合物（如 $SnCl_4$ 中的 Sn 有可利用的轨道）。路易斯碱主要包括阴离子（如 F^-、Cl^-、OH^-、CN^- 等）、含有孤对电子的分子（如 CO、NH_3、H_2O 等）和含有碳碳双键或碳碳三键的分子（如乙烯、乙炔等）。

酸碱电子理论包括的范围非常广泛，不受某元素、某溶剂或某种离子的限制，它是目前应用最广泛的酸碱理论。但由于酸碱电子理论对酸碱的认识过于笼统，因而不易掌握酸和碱的特征。酸碱电子理论的最大缺点是不能定量比较酸和碱的相对强度和进行定量计算。

二、弱酸和弱碱的解离常数

（一）水的解离平衡和溶液的酸碱性

1. 水的解离平衡

水是广泛应用的重要溶剂，它既可以给出质子，又可以接受质子，是两性溶剂。发生在溶剂水分子之间的质子转移作用称为水的质子自递反应。

$$\underset{碱1}{H_2O} + \underset{酸2}{H_2O} \rightleftharpoons \underset{酸1}{H_3O^+} + \underset{碱2}{OH^-}$$

其平衡常数可表示为：

$$K_i = \frac{[H_3O^+][OH^-]}{[H_2O]^2} = \frac{[H^+][OH^-]}{[H_2O]^2}$$

因为水的解离程度较弱，解离前后水的浓度几乎不变，可看作常数，所以上式可写为：

$$[H^+][OH^-] = K_i \cdot [H_2O]^2 = K_w \tag{5-1}$$

K_w 称为水的质子自递常数，或水的离子积。它表示在一定温度下，水中的 H^+ 和 OH^- 浓度的乘积是一个常数。根据实验测定，298.15K 时，1L 纯水仅有 10^{-7} mol 水分子解离，$[H^+]$和$[OH^-]$相等，都是 1×10^{-7} mol/L，所以 $K_w = 1\times10^{-14}$。

作为化学平衡常数中的一种，水的质子自递常数 K_w 的大小与浓度、压力无关，只与温度有关。不同温度下水的离子积常数不同。室温下，常采用 $K_w = 1\times10^{-14}$ 进行计算。水的离子积不仅适用于纯水，也适合于所有水溶液。

2. 溶液的酸碱性

K_w 反映了水溶液中 H^+ 和 OH^- 浓度之间的相互关系，即在纯水或者其他物质的水溶液中，298.15K(25℃)时，$[H^+]$和$[OH^-]$的乘积均为 1×10^{-14}。知道了 H^+ 浓度，便可计算出 OH^- 浓度。

【例 5-1】 已知某物质的水溶液中$[H^+]=1\times10^{-6}$ mol/L，则：

$$[OH^-]=\frac{K_w}{[H^+]}=\frac{1\times10^{-14}}{1\times10^{-6}}=1\times10^{-8}(mol/L)$$

【例 5-2】 在纯水中加盐酸，使盐酸浓度为 0.1mol/L，试计算溶液中$[H^+]$和$[OH^-]$浓度。

【解】 在纯水中加入盐酸，溶液中存在两个平衡：

$$H_2O+H_2O \rightleftharpoons H_3O^+ + OH^-$$

$$HCl+H_2O \rightleftharpoons H_3O^+ + Cl^-$$

由于加入盐酸使$[H^+]$增大，水的解离平衡向左移动，水本身解离的$[H^+]$与 0.1mol/L 盐酸解离出的$[H^+]$比较而言可以忽略不计，因此加入盐酸后溶液中总的$[H^+]$可以看作是 HCl 解离的$[H^+]=0.1mol/L$。

$$[OH^-]=\frac{K_w}{[H^+]}=\frac{1\times10^{-14}}{1\times10^{-1}}=1\times10^{-13}(mol/L)$$

加入盐酸后，使$[OH^-]$由纯水中的$1\times10^{-7}mol/L$下降至$1\times10^{-13}mol/L$，$[H^+]$由$1\times10^{-7}mol/L$上升至$1\times10^{-1}mol/L$，溶液中$[H^+]$比$[OH^-]$占有绝对优势。

根据溶液中$[H^+]$和$[OH^-]$的大小，可将溶液分成酸性溶液、中性溶液和碱性溶液。

当$[H^+]=[OH^-]=1\times10^{-7}mol/L$时，溶液显中性；

当$[H^+]>[OH^-]$，即$[H^+]>1\times10^{-7}mol/L$，$[OH^-]<1\times10^{-7}mol/L$时，溶液显酸性；

当$[H^+]<[OH^-]$，即$[H^+]<1\times10^{-7}mol/L$，$[OH^-]>1\times10^{-7}mol/L$时，溶液显碱性。

一般来说，水溶液中的$[H^+]$和$[OH^-]$通常比较小，如果直接用H^+浓度或OH^-浓度表示溶液的酸碱性，使用和记忆都不太方便。当H^+浓度或OH^-浓度小于 1mol/L 时，通常用 pH 或 pOH 来表示溶液的酸碱性。pH 表示$[H^+]$的负对数，pOH 表示$[OH^-]$的负对数，即$pH=-\lg[H^+]$，$pOH=-\lg[OH^-]$。

则溶液的 pH 大小与溶液的酸碱性的关系为：

当 pH=pOH=7 时，溶液显中性；

当 pH<7，pOH>7 时，溶液显酸性；

当 pH>7，pOH<7 时，溶液显碱性；

室温下，对同一溶液，pH+pOH=14.0

强酸和强碱都是强电解质，在溶液里全部解离成离子，可根据强酸和强碱溶液浓度求得溶液的$[H^+]$或$[OH^-]$，然后求得 pH 或 pOH。

【例 5-3】 计算 0.10mol/L NaOH 溶液的 pH 值。

【解】 NaOH 是强碱，在水溶液中完全解离。

$$[OH^-]=c_{NaOH}=0.10mol/L$$

$$pOH=-\lg[OH^-]=-\lg0.10=1.00$$

$$pH=14-pOH=13.00$$

(二)一元弱酸-弱碱的解离平衡

酸碱反应进行的程度可以用相应平衡常数的大小来衡量。例如 HAc 在水中发生的解离反应为：

$$HAc \rightleftharpoons H^+ + Ac^- \quad (1)$$

酸的解离平衡常数用 K_a 表示，$K_a=\frac{[H^+][Ac^-]}{[HAc]}$。

HAc 的共轭碱 Ac^- 在水中发生的解离反应为：

$$Ac^- + H_2O \rightleftharpoons HAc + OH^- \quad (2)$$

碱的解离平衡常数用 K_b 表示，$K_b=\frac{[HAc][OH^-]}{[Ac^-]}$。

显然，HAc 的解离反应(1)与其共轭碱 Ac^- 的解离反应(2)互为逆反应。这样的一元共轭酸碱对，其 K_a 与 K_b 之间有如下关系：

$$K_aK_b=\frac{[H^+][Ac^-]}{[HAc]}\times\frac{[HAc][OH^-]}{[Ac^-]}=[H^+][OH^-]=K_w$$

25℃时，

$$K_aK_b=K_w=1\times10^{-14} \quad (5\text{-}2)$$

$$pK_a+pK_b=pK_w=14.00$$

(三)多元酸碱的解离平衡

多元酸碱存在多级解离，比如 H_3PO_4 存在三级解离，其三级解离反应及其解离常数如下：

$$H_3PO_4+H_2O \rightleftharpoons H_3O^+ + H_2PO_4^- \qquad K_{a1}=7.5\times10^{-2}$$

$$H_2PO_4^- +H_2O \rightleftharpoons H_3O^+ + HPO_4^{2-} \qquad K_{a2}=6.3\times10^{-8}$$

$$HPO_4^{2-} +H_2O \rightleftharpoons H_3O^+ + PO_4^{3-} \qquad K_{a3}=4.4\times10^{-13}$$

可见，H_3PO_4 的三级解离常数的大小为 $K_{a1}>K_{a2}>K_{a3}$。酸的解离常数 K_a 越大，其酸性就越强，因此这三级酸的酸性强弱依次为：$H_3PO_4>H_2PO_4^->HPO_4^{2-}$。

碱性物质 PO_4^{3-} 离子也存在三级解离，其三级解离反应及其解离常数如下：

$$PO_4^{3-}+H_2O \rightleftharpoons OH^- + HPO_4^{2-} \qquad K_{b1}=\frac{K_w}{K_{a3}}=2.3\times10^{-2}$$

$$HPO_4^{2-}+H_2O \rightleftharpoons OH^- + H_2PO_4^- \qquad K_{b2}=\frac{K_w}{K_{a2}}=1.6\times10^{-7}$$

$$H_2PO_4^- +H_2O \rightleftharpoons OH^- + H_3PO_4 \qquad K_{b3}=\frac{K_w}{K_{a1}}=1.3\times10^{-12}$$

可见，PO_4^{3-} 的三级解离常数的大小为 $K_{b1}>K_{b2}>K_{b3}$。碱的解离常数 K_b 越大，其碱性就越强，因此这三级碱的碱性强弱依次为：$PO_4^{3-}>HPO_4^{2-}>H_2PO_4^-$。

每一对共轭酸碱对的解离常数之间均存在一定的对应关系：

$$K_{a1}K_{b3}=K_{a2}K_{b2}=K_{a3}K_{b1}=K_w$$

实际上，对所有的三元弱酸来说，其共轭酸碱对的解离常数之间都存在上述关系。

自然，对于二元弱酸来说，其共轭酸碱对的解离常数之间也存在这样的对应关系：

$$K_{a2}K_{b1}=K_{a1}K_{b2}=K_w$$

【例 5-4】 已知 HAc 的 $K_a=1.8\times10^{-5}$，求其共轭碱 Ac^- 的 K_b。

【解】 Ac^- 的水解平衡式为 $Ac^- + H_2O \rightleftharpoons HAc + OH^-$，平衡常数为 K_b

根据 $K_aK_b=K_w$，得

$$K_b=\frac{K_w}{K_a}=\frac{10^{-14}}{10^{-4.74}}=10^{-9.26}=10^{-10}\times10^{0.74}=5.5\times10^{-10}$$

（利用计算器计算 $10^{0.74}$ 得 5.495，因此 $K_b=5.495\times10^{-10}\approx5.5\times10^{-10}$。）

所以，共轭碱 Ac^- 的解离常数 $K_b=10^{-9.26}$ 或 5.5×10^{-10}。

酸和碱的强度与酸和碱本身的性质以及溶剂的性质有关。在水溶液中，酸的强度取决于酸将质子给予水分子的能力；碱的强度则取决于碱从水分子中夺取质子的能力。通常用酸和碱在水溶液中的标准解离常数 K_a 和 K_b 来衡量酸和碱的强度。在一定温度下，每种弱电解质都有其确定的解离常数值，一些常见弱电解质在25℃时的解离常数见附录4。解离常数 K_a 和 K_b 的大小可以定量地说明酸或碱的强弱程度，其值越大，解离趋势越大，一般将 K_a 小于 10^{-4} 的酸称为弱酸，弱碱也可按此分类。

【例5-5】 比较相同浓度的 NH_3、CO_3^{2-}、和 S^{2-} 的碱性强弱及它们的共轭酸的酸性强弱。

【解】 查附录4得

H_2CO_3：$K_{a1}=4.2\times10^{-7}$（或 $10^{-6.38}$），$K_{a2}=5.6\times10^{-11}$（或 $10^{-10.25}$）

H_2S：$K_{a1}=1.3\times10^{-7}$（或 $10^{-6.88}$），$K_{a2}=7.1\times10^{-15}$（或 $10^{-14.15}$）

NH_3：$K_b=1.78\times10^{-5}$（或 $10^{-4.75}$）

NH_3 的共轭酸 NH_4^+ 的 K_a 为：$K_a=\dfrac{K_w}{K_b}=\dfrac{10^{-14}}{10^{-4.75}}=10^{-9.25}$

CO_3^{2-} 和 S^{2-} 均是二元碱，与水反应：

$$CO_3^{2-}+H_2O \rightleftharpoons HCO_3^-+OH^-$$

$$S^{2-}+H_2O = HS^-+OH^-$$

根据共轭酸碱对的关系得：$K_{b1}(CO_3^{2-})=\dfrac{K_w}{K_{a2}}=\dfrac{10^{-14}}{10^{-10.25}}=10^{-3.75}$

$$K_{b1}(S^{2-})=\frac{K_w}{K_{a2}}=\frac{10^{-14}}{10^{-14.15}}=10^{0.15}$$

为便于比较，将有关数据列于表5-2：

表5-2 解离常数

共轭酸碱对	K_a	K_b
NH_4^+、NH_3	$10^{-9.26}$	$10^{-4.74}$
HCO_3^-、CO_3^{2-}	$10^{-10.25}$	$10^{-3.75}$
HS^-、S^{2-}	$10^{-14.15}$	$10^{0.15}$

表5-2可知，它们的碱性强弱顺序为：

$$S^{2-}>CO_3^{2-}>NH_3$$

它们的共轭酸的强度顺序恰好相反，为：

$$NH_4^+>HCO_3^->HS^-$$

多元酸或碱在水溶液中存在一种复杂的酸碱平衡，计算这些酸碱平衡常数时，要注意它们的对应关系。

综上所述，在共轭酸碱对中，如果酸越易给出质子，其酸性越强，则其共轭碱对质子的亲和力越弱，越不容易接受质子，碱性也越弱。如 HCl、H_2SO_4、HNO_3 都是强酸，它们在水溶液中给出质子的能力很强，$K_a>10^{-1}$，但它们相应的共轭碱几乎没有能力从 H_2O 中夺取质子而转化为共轭酸，K_b 小到无法测出。

第二节　水溶液中酸碱组分不同型体的分布

在弱酸或弱碱的平衡体系中，一种物质可能以多种型体存在。各种存在形式的浓度称为平衡浓度，常用[A]表示；各平衡浓度的总和称为总浓度或分析浓度，常用 c 表示。某一存在形式占总浓度的分数（比例）称为该存在形式的分布分数，用 δ 表示。各存在型体平衡浓度的大小，由溶液中氢离子浓度所决定，因此每种型体的分布分数也随着溶液中氢离子浓度的变化而变化。分布分数与溶液 pH 值之间的关系曲线称为分布曲线。学习分布曲线，可以帮助我们深入理解酸碱滴定、配位滴定、沉淀反应等过程，并且对于反应条件的选择和控制具有指导意义。现分别对一元弱酸、二元弱酸、三元弱酸分布分数的计算及其分布曲线进行分析。

一、酸度对一元弱酸溶液中各型体分布的影响

一元弱酸 HAc 的总浓度记为 $c$mol/L，在水溶液中发生如下解离：

$$HAc \rightleftharpoons H^+ + Ac^-$$

其在水溶液中以 HAc 和 Ac^- 两种酸碱组分存在，达到解离平衡时的平衡浓度记为 $[HAc]$、$[Ac^-]$，分布分数记为 δ_{HAc}、δ_{Ac^-}，HAc 的总浓度 $c=[HAc]+[Ac^-]$。

HAc 在水溶液中的各种型体的分布分数分别为：

$$\delta_{HAc}=\frac{[HAc]}{c}=\frac{[HAc]}{[HAc]+[Ac^-]}=\frac{1}{1+\dfrac{[Ac^-]}{[HAc]}}$$

因为 $K_a=\dfrac{[H^+][Ac^-]}{[HAc]}$，所以 $\dfrac{K_a}{[H^+]}=\dfrac{[Ac^-]}{[HAc]}$

代入上述公式，得

$$\delta_{HAc}=\frac{1}{1+\dfrac{[Ac^-]}{[HAc]}}=\frac{1}{1+\dfrac{K_a}{[H^+]}}=\frac{[H^+]}{[H^+]+K_a}$$

同理

$$\delta_{Ac^-}=\frac{[Ac^-]}{c}=\frac{[Ac^-]}{[HAc]+[Ac^-]}=\frac{1}{\dfrac{[HAc]}{[Ac^-]}+1}=\frac{1}{\dfrac{[H^+]}{K_a}+1}=\frac{K_a}{[H^+]+K_a}$$

显然，各存在型体分布分数之和为 1，即 $\delta_{HAc}+\delta_{Ac^-}=1$。

如果以 pH 值为横坐标，δ_{HAc}、δ_{Ac^-} 为纵坐标作图，得到图 5-1 所示的关系曲线。

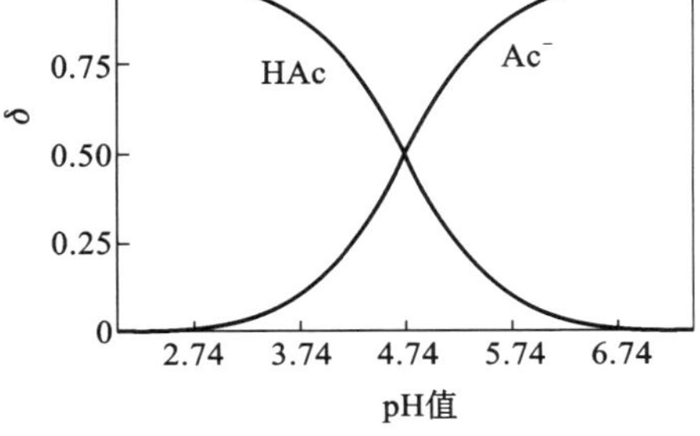

图 5-1　HAc 各型体分布分数与溶液 pH 值关系曲线

由图 5-1 可以看出：

当 $pH<pK_a$ 时，HAc 为主要存在型体；

当 $pH=pK_a$ 时，HAc、Ac^- 各占一半，两种型体的分布分数均为 0.50；

当 $pH>pK_a$ 时，Ac^- 为主要存在型体。

【例 5-6】 已知 $c(HAc)=1.0\times10^{-2}$ mol/L。

(1)当 pH=4.0 时，此溶液中的主要型体是什么？其浓度是多少？

(2)当 pH=4.75 时，HAc 和 Ac^- 的分布分数各为多少？

【解】 已知 $[H^+]=1.0\times10^{-4}$ mol/L，$K_a=1.8\times10^{-5}=10^{-4.75}$

(1)pH=4.0 时，$\delta_{HAc}=\dfrac{[H^+]}{[H^+]+K_a}=\dfrac{1.0\times10^{-4}}{1.0\times10^{-4}+1.8\times10^{-5}}=0.85$

$$\delta_{Ac^-}=\frac{K_a}{[H^+]+K_a}=\frac{1.8\times10^{-5}}{1.0\times10^{-4}+1.8\times10^{-5}}=0.15$$

或 $\delta_{Ac^-}=1-\delta_{HAc}=1-0.85=0.15$

pH=4.0 时，溶液中的主要型体是 HAc，其浓度为：

$[HAc]=1.0\times10^{-2}\,mol/L\times0.85=8.5\times10^{-3}$ mol/L

(2)pH=4.75 时，$[H^+]=10^{-4.75}=1.8\times10^{-5}=K_a$

$$\delta_{HAc}=\delta_{Ac^-}=\frac{1.8\times10^{-5}}{1.8\times10^{-5}+1.8\times10^{-5}}=0.5$$

二、酸度对二元弱酸溶液中各型体分布的影响

二元弱酸以草酸($H_2C_2O_4$)为例，其总浓度记为 c，草酸在水溶液中的解离反应为：

$$H_2C_2O_4 \rightleftharpoons H^+ + HC_2O_4^-$$

$$HC_2O_4^- \rightleftharpoons H^+ + C_2O_4^{2-}$$

即草酸溶液中存在 $H_2C_2O_4$、$H_2C_2O_4^-$ 和 $C_2O_4^{2-}$ 三种型体，达到解离平衡时，$H_2C_2O_4$ 的总浓度为三种型体的平衡浓度之和，即 $c=[H_2C_2O_4]+[HC_2O_4^-]+[C_2O_4^{2-}]$。

根据分布分数的定义和解离平衡常数得：

$$\delta_{H_2C_2O_4}=\frac{[H_2C_2O_4]}{c}=\frac{[H_2C_2O_4]}{[H_2C_2O_4]+[HC_2O_4^-]+[C_2O_4^{2-}]}$$

$$=\frac{1}{1+\dfrac{[HC_2O_4^-]}{[H_2C_2O_4]}+\dfrac{[C_2O_4^{2-}]}{[H_2C_2O_4]}}$$

$$=\frac{1}{1+\dfrac{K_{a1}}{[H^+]}+\dfrac{K_{a1}K_{a2}}{[H^+]^2}}=\frac{[H^+]^2}{[H^+]^2+K_{a1}[H^+]+K_{a1}K_{a2}}$$

同理得：

$$\delta_{HC_2O_4^-}=\frac{[HC_2O_4^-]}{c}=\frac{K_{a1}[H^+]}{[H^+]^2+K_{a1}[H^+]+K_{a1}K_{a2}}$$

$$\delta_{C_2O_4^{2-}}=\frac{[C_2O_4^{2-}]}{c}=\frac{K_{a1}K_{a2}}{[H^+]^2+K_{a1}[H^+]+K_{a1}K_{a2}}$$

显然，各存在型体分布分数之和为 1，即 $\delta_{H_2C_2O_4}+\delta_{HC_2O_4^-}+\delta_{C_2O_4^{2-}}=1$。

以 pH 值为横坐标，δ 值为纵坐标，可得到图 5-2 所示的关系曲线。

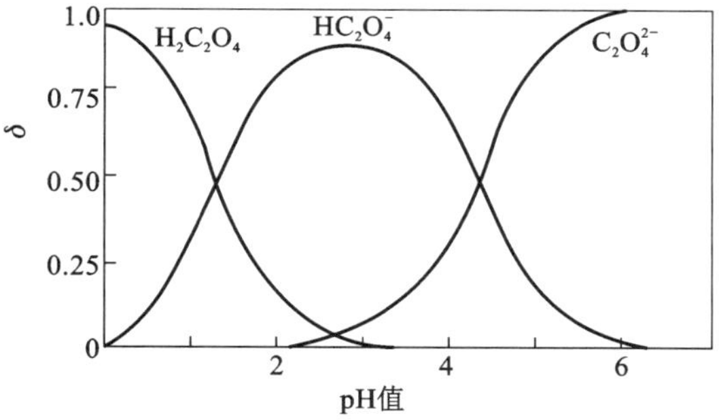

图5-2　$H_2C_2O_4$ 各型体分布分数与溶液 pH 值的关系曲线

由图 5-2 可知：

当 $pH<pK_{a1}$ 时，$H_2C_2O_4$ 为主要存在型体；

当 $pH=pK_{a1}$ 时，$[H_2C_2O_4]=[HC_2O_4^-]$；

当 $pK_{a1}<pH<pK_{a2}$ 时，$HC_2O_4^-$ 为主要存在型体；

当 $pH=pK_{a2}$ 时，$[HC_2O_4^-]=[C_2O_4^{2-}]$；

当 $pH>pK_{a2}$ 时，$C_2O_4^{2-}$ 为主要存在型体。

分布曲线很直观地反映存在型体与溶液 pH 值的关系，在选择反应条件时，可以按所需组分查图，即可得到相应的 pH 值。例如，用 $C_2O_4^{2-}$ 为沉淀剂测定 Ca^{2+}，根据图 5-2 可知，在 $pH\geqslant5.0$ 时，$C_2O_4^{2-}$ 为主要存在型体，有利于沉淀形成，所以应调节溶液的 $pH\geqslant5.0$。

【例 5-7】 计算 pH＝6 时，0.1mol/L 草酸溶液中 $C_2O_4^{2-}$ 的浓度。

【解】

$$\delta_{C_2O_4^{2-}}=\frac{K_{a1}K_{a2}}{[H^+]^2+K_{a1}[H^+]+K_{a1}K_{a2}}$$

$$=\frac{5.9\times10^{-2}\times6.4\times10^{-5}}{(10^{-6})^2+5.9\times10^{-2}\times10^{-6}+5.9\times10^{-2}\times6.4\times10^{-5}}$$

$$=0.98$$

$$[C_2O_4^{2-}]=\delta_{C_2O_4^{2-}}c=0.98\times0.1\text{mol/L}=0.098\text{mol/L}$$

由计算可知，pH＝6 时，$C_2O_4^{2-}$ 为主要存在型体，这将有利于形成草酸钙沉淀。

三、酸度对三元弱酸溶液中各型体分布的影响

三元弱酸如 H_3PO_4 在溶液中有 H_3PO_4、$H_2PO_4^-$、HPO_4^{2-}、PO_4^{3-} 四种型体存在，同理可推导出：

$$\delta_{H_3PO_4}=\frac{[H^+]^3}{[H^+]^3+K_{a1}[H^+]^2+K_{a1}K_{a2}[H^+]+K_{a1}K_{a2}K_{a3}}$$

$$\delta_{H_2PO_4^-}=\frac{K_{a1}[H^+]^2}{[H^+]^3+K_{a1}[H^+]^2+K_{a1}K_{a2}[H^+]+K_{a1}K_{a2}K_{a3}}$$

$$\delta_{HPO_4^{2-}}=\frac{K_{a1}K_{a2}[H^+]}{[H^+]^3+K_{a1}[H^+]^2+K_{a1}K_{a2}[H^+]+K_{a1}K_{a2}K_{a3}}$$

$$\delta_{PO_4^{3-}}=\frac{K_{a1}K_{a2}K_{a3}}{[H^+]^3+K_{a1}[H^+]^2+K_{a1}K_{a2}[H^+]+K_{a1}K_{a2}K_{a3}}$$

显然，各存在型体分布分数之和同样为 1，即

$$\delta_{H_3PO_4}+\delta_{H_2PO_4^-}+\delta_{HPO_4^{2-}}+\delta_{PO_4^{3-}}=1$$

以 pH 值为横坐标，$\delta_{H_3PO_4}$、$\delta_{H_2PO_4^-}$、$\delta_{HPO_4^{2-}}$、$\delta_{PO_4^{3-}}$ 为纵坐标，可得到图 5-3 所示的关系曲线。

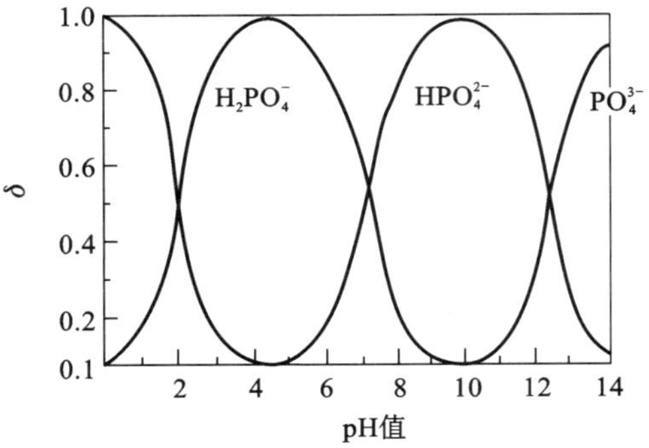

图-3　H_3PO_4 各型体分布分数与溶液 pH 值的关系曲线

由图 5-3 可知：

当 $pH < pK_{a1}$ 时，H_3PO_4 为主要存在型体；

当 $pH = pK_{a1}$ 时，$[H_3PO_4] = [H_2PO_4^-]$；

当 $pK_{a1} < pH < pK_{a2}$ 时，$H_2PO_4^-$ 为主要存在型体；

当 $pH = pK_{a2}$ 时，$[H_2PO_4^-] = [HPO_4^{2-}]$；

当 $pK_{a2} < pH < pK_{a3}$ 时，HPO_4^{2-} 为主要存在型体；

当 $pH = pK_{a3}$ 时，$[HPO_4^{2-}] = [PO_4^{3-}]$；

当 $pH > pK_{a3}$ 时，PO_4^{3-} 为主要存在型体。

总的来说，pH 值越小，越不利于 H_3PO_4 的解离，其酸性型体存在的比例就越高。

其他多元酸的分布分数可照此类推。

第三节　酸碱溶液中氢离子浓度的计算

根据酸碱溶液中的质子平衡式和有关平衡常数的表达式，可推导出氢离子浓度的精确计算式，然后再根据具体情况进行合理的近似处理，得到氢离子浓度计算的近似计算式或最简式。下面学习几类典型酸碱溶液 pH 值的计算方法。

一、质子条件式(Proton Balance Equation，PBE)

酸碱反应的实质是物质间质子的转移过程。酸碱反应达到平衡时，酸失去质子的量等于碱得到质子的量。根据酸碱反应整个平衡体系中质子转移的严格数量关系列出的等式称为质子条件式。

列出质子条件式的步骤：①先选择溶液中大量存在并参与质子转移的原始酸碱组分作为参考水平；②判断哪些组分得到质子，哪些组分失去质子；③把各组分得到质子后的产物及其物质的量写在等式左边，把失去质子后的产物及其物质的量写在右边；④根据得失质子物质的量相等的原则建立等量关系式，即为质子条件式。通过质子条件式计算溶液 pH 值是比较简便的，本部分采用这种方法进行计算。

【例 5-8】　写出醋酸(HAc)在水溶液中的质子条件式。

HAc 是一元弱酸，大量存在并参与质子转移的物质是 HAc 和 H_2O，整个平衡体系中的质子转移反应有以下两种：

HAc 的解离反应：$HAc+H_2O \rightleftharpoons H_3O^+ + Ac^-$

水的质子自递反应：$H_2O+H_2O \rightleftharpoons H_3O^+ + OH^-$

以 HAc 和 H_2O 做参考水平，失质子的产物是 Ac^- 和 OH^-，得质子的产物是 H_3O^+（简写为 H^+），根据得失质子的物质的量应该相等，则可写出质子条件式如下：

$$[H^+]=[Ac^-]+[OH^-]$$

【例 5-9】 写出 $NaHCO_3$ 溶液的质子条件式。

【解】 根据参考水平的选择标准，确定 HCO_3^- 和 H_2O 为参考水平，溶液中质子转移反应有

$$HCO_3^- \rightleftharpoons H^+ + CO_3^{2-}$$

$$HCO_3^- + H_2O \rightleftharpoons H_2CO_3 + OH^-$$

$$H_2O \rightleftharpoons H^+ + OH^-$$

其中 H^+ 和 H_2CO_3 为得质子产物，CO_3^{2-} 和 OH^- 为失质子产物，则质子条件式为：

$$[H^+]+[H_2CO_3]=[CO_3^{2-}]+[OH^-]$$

对于涉及多元酸碱的，有多级解离，情况比较复杂。

【例 5-10】 写出 $NaNH_4HPO_4$ 的质子条件式。

【解】 根据参考水平的选择标准，确定 NH_4^+、HPO_4^{2-} 和 H_2O 为参考水平，溶液中质子转移反应有

$$NH_4^+ \rightleftharpoons H^+ + NH_3$$

$$HPO_4^{2-} \rightleftharpoons H^+ + PO_4^{3-}$$

$$HPO_4^{2-} + H_2O \rightleftharpoons H_2PO_4^- + OH^-$$

$$HPO_4^{2-} + 2H_2O \rightleftharpoons H_3PO_4 + 2OH^-$$

$$H_2O \rightleftharpoons H^+ + OH^-$$

其中 H^+、$H_2PO_4^-$ 和 H_3PO_4 为得质子产物，并且 H_3PO_4 得到 2 个质子，列出质子条件式时应在$[H_3PO_4]$前乘以系数 2，以使得失质子的物质的量相等；NH_3、PO_4^{3-} 和 OH^- 为失质子产物，则质子条件式为：

$$[H_2PO_4^-]+2[H_3PO_4]+[H^+]=[NH_3]+[PO_4^{3-}]+[OH^-]$$

$$\text{或}[H^+]=[NH_3]+[PO_4^{3-}]+[OH^-]-[H_2PO_4^-]-2[H_3PO_4]$$

二、一元强酸(碱)溶液 pH 值的计算

根据酸碱溶液的质子条件式和相关酸碱反应的平衡常数表达式，可推导出 H^+ 浓度的精确计算式，然后再根据具体情况合理地进行近似处理，进一步推导出 H^+ 浓度的近似计算式或最简式。下面分别学习各类酸碱溶液 H^+ 浓度的计算。

1. 一元强酸

强酸在水溶液中全部解离，pH 值的计算很简单。以浓度为 c mol/L 的 HCl 溶液为例，溶液中存在两个平衡：

$$H_2O+H_2O \rightleftharpoons H_3O^+ + OH^-$$

$$HCl + H_2O \rightleftharpoons H_3O^+ + Cl^-$$

因此,质子条件式为:$[H_3O^+]=[OH^-]+[Cl^-]$,即$[H^+]=[OH^-]+[Cl^-]$

当 $c>10^{-6}$mol/L 时,由水的质子自递反应所提供的$[H^+]$可以忽略,可直接写成$[H^+]=[Cl^-]=c$mol/L,此为计算的简化式。

当 $c<10^{-6}$mol/L 时,不能忽略质子条件中的$[OH^-]$项,即

$$[H^+]=\frac{K_w}{[H^+]}+c$$

两边同时乘以$[H^+]$,得$[H^+]^2-c[H^+]-K_w=0$。

由此得到一元强酸$[H^+]$的精确计算式:

$$[H^+]=\frac{c+\sqrt{c^2+4K_w}}{2}$$

2. 一元强碱

强碱在水溶液中全部解离,pH 值的计算与强酸的相似。以浓度为 $c$mol/L 的 NaOH 溶液为例,溶液中存在两个平衡:

$$H_2O + H_2O \rightleftharpoons H_3O^+ + OH^-$$

$$NaOH \rightleftharpoons Na^+ + OH^-$$

因此,质子条件式为$[H^+]+[Na^+]=[OH^-]$

当 $c>10^{-6}$mol/L 时,水的解离可以忽略,则$[OH^-]=[Na^+]=c$mol/L,此为计算的简化式。

当 $c<10^{-6}$mol/L 时,不能忽略质子条件中的$[H^+]$项,即

$$\frac{K_w}{[OH^-]}+c=[OH^-]$$

两边都乘以$[OH^-]$,得$[OH^-]^2-c[OH^-]-K_w=0$。

由此得到一元强碱$[OH^-]$的精确计算式:

$$[OH^-]=\frac{c+\sqrt{c^2+4K_w}}{2}$$

三、一元弱酸(碱)溶液 pH 值的计算

1. 一元弱酸

以 $c$mol/L HAc 为例,有下列质子转移反应:

$$HAc \rightleftharpoons H^+ + Ac^-$$

$$H_2O \rightleftharpoons H^+ + OH^-$$

质子条件式为:

$$[H^+]=[Ac^-]+[OH^-]$$

溶液中$[H^+]$来自两个方面:一个是弱酸的解离,另一个是水的解离。

将 $K_a=\frac{[H^+][Ac^-]}{[HAc]}$和 K_w 代入质子条件式得:

$$[H^+]=\frac{K_a[HAc]}{[H^+]}+\frac{K_w}{[H^+]}$$

整理得

$$[H^+]=\sqrt{K_a[HAc]+K_w}$$

由于[HAc]为 HAc 的平衡浓度，也是未知项，还需利用分布系数 δ_{HAc} 来代入上式求得 $[HAc]=c\cdot\delta_{HAc}$，推导出一个三次方程 $[H^+]^3+K_a[H^+]^2-(cK_a+K_w)[H^+]-K_aK_w=0$)，解方程的过程相当麻烦，在实际分析工作中也不需要如此精确求算，因此通常按照具体的情况进行合理的近似处理。

如果弱酸 K_a 不是非常小，可以推断，由酸解离提供的 $[H^+]$，即当 $cK_a\geqslant 20K_w$ 时，可略去 K_w，则得

$$[H^+]\approx\sqrt{K_a[HAc]}=\sqrt{K_a(c-[H^+])}$$

$$[H^+]=\frac{-K_a+\sqrt{K_a^2+4cK_a}}{2}$$

若再考虑到弱酸的浓度不是太稀，HAc 虽有部分解离，但 HAc 的平衡浓度[HAc]可认为近似等于分析浓度 c，即 $[HAc]\approx c$，这时需 $c/K_a\geqslant 500$，则可进一步简化成

$$[H^+]=\sqrt{c\cdot K_a}$$

即为常用的最简式。使用此式时要注意应先检查是否满足两个条件：$cK_a\geqslant 20K_w$ 和 $c/K_a\geqslant 500$，否则将引入较大误差。

【例 5-11】 计算 0.1mo/L HAc 溶液的 pH 值。

【解】 已知 HAc 的 $K_a=10^{-4.74}$，$c=0.1$mo/L，则 $c/K_a\geqslant 500$ 且 $cK_a\geqslant 20K_w$

故可利用最简式

$$[H^+]=\sqrt{c\cdot K_a}=\sqrt{0.1\times 10^{-4.74}}=\sqrt{10^{-5.74}}=10^{-2.87}(\text{mol/L})$$

则 pH=2.87。

2. 一元弱碱

以 $c$mol/L NH_3 为例，有下列质子转移反应：

$$NH_3+H^+\rightleftharpoons NH_4^+$$

$$H_2O\rightleftharpoons H^++OH^-$$

质子条件式为：

$$[OH^-]=[NH_4^+]+[H^+]$$

溶液中$[OH^-]$来自弱碱的解离和水的解离，以处理弱酸溶液的方式做相似的考虑，可得

精确计算式：

$$[OH^-]=\sqrt{K_b[NH_3]+K_w}$$

近似计算式：

$$[OH^-]=\sqrt{K_b[NH_3]}(cK_b\geqslant 20K_w)$$

最简式：

$$[OH^-]=\sqrt{c\cdot K_b}(cK_b\geqslant 20K_w\text{ 和 }c/K_b\geqslant 500)$$

比较弱酸和弱碱溶液的$[H^+]$(或$[OH^-]$)计算公式，可以看出，只需将弱酸的$[H^+]$计算公式及判别式中的$[H^+]$和 K_a 分别换成$[OH^-]$和 K_b 即可得出相应弱碱计算公式和判别式。

【例 5-12】 计算 0.1mo/L NH_3 溶液的 pH 值。

【解】 已知 NH_3 的 $K_b=10^{-4.74}$，$c=0.1$mo/L，则 $c/K_b\geqslant500$ 且 $cK_b\geqslant20K_w$
故可利用最简式

$$[OH^-]=\sqrt{c\cdot K_b}=\sqrt{0.1\times10^{-4.74}}=\sqrt{10^{-5.74}}=10^{-2.87}$$

pOH＝2.87；
pH＝14－2.87＝11.13。

四、多元弱酸(碱)溶液 pH 值的计算

1. 多元弱酸
以 $c$mol/L $H_2C_2O_4$ 为例，质子转移反应有：

$$H_2C_2O_4 \rightleftharpoons H^+ + HC_2O_4^-$$
$$H_2C_2O_4 \rightleftharpoons 2H^+ + C_2O_4^{2-}$$
$$H_2O \rightleftharpoons H^+ + OH^-$$

质子条件式为：

$$[H^+]=[OH^-]+2[C_2O_4^{2-}]+[HC_2O_4^-]$$

由 $K_{a1}=\dfrac{[H^+][HC_2O_4^-]}{[H_2C_2O_4]}$，$K_{a2}=\dfrac{[H^+][C_2O_4^{2-}]}{[HC_2O_4^-]}$得

$$[H^+]=\frac{K_w}{[H^+]}+2\frac{K_{a1}K_{a2}[H_2C_2O_4]}{[H^+]^2}+\frac{K_{a1}[H_2C_2O_4]}{[H^+]}$$

通过解这个方程求$[H^+]$是很烦琐的，因此应找一些近似条件进行简化。$[HC_2O_4^-]>20[OH^-]$，即 $cK_{a_1}>20K_w$，则水的解离可忽略。

$$[H^+]=2\frac{K_{a1}K_{a2}[H_2C_2O_4]}{[H^+]^2}+\frac{K_{a1}[H_2C_2O_4]}{[H^+]}=\frac{K_{a1}[H_2C_2O_4]}{[H^+]}(1+\frac{2K_{a2}}{[H^+]})$$

因为 $K_{a2}=6.4\times10^{-5}$很小，二级解离很弱，$\dfrac{2K_{a2}}{[H^+]}\ll1$，则

$$[H^+]=\frac{K_{a1}[H_2C_2O_4]}{[H^+]}$$

$[H^+]=\sqrt{K_{a1}[H_2C_2O_4]}$
上式表明，二元酸可做一元酸处理，当 $c/K_{a1}\geqslant500$ 时可进一步简化成：

$$[H^+]=\sqrt{cK_{a1}}$$

【例 5-13】 计算 0.04mo/L H_2CO_3 溶液的 pH 值。
【解】 查附录 4 得 $K_{a1}=4.2\times10^{-7}$，$K_{a2}=5.6\times10^{-11}$，$K_{a1}\gg K_{a2}$，可按一元酸计算。
又因为 $cK_{a1}=0.04\times10^{-6.38}\gg20K_w$，$c/K_{a1}=0.04/10^{-6.38}\gg500$
所以 $[H^+]=\sqrt{cK_{a1}}=\sqrt{0.04\times4.2\times10^{-7}}=1.29\times10^{-4}$
pH＝3.89
检验：$\dfrac{2K_{a2}}{[H^+]}=\dfrac{2\times10^{-10.25}}{1.29\times10^{-4}}\ll1$，说明按一元酸计算是允许的。

2. 多元弱碱
多元碱如 CO_3^{2-} 的处理方式与一元弱碱相同，即将多元酸的$[H^+]$的计算式和判别式中的$[H^+]$和 K_a 分别换成$[OH^-]$和 K_b 即可，在代入数值计算时，应注意二元共轭酸碱对的

K_a 与 K_b 的相互对应关系。

【例 5-14】 计算 0.2mo/L Na_2CO_3 溶液的 pH 值。

【解】 查附录 4 得 $pK_{a1}=6.38$，$pK_{a2}=10.25$，

$$pK_{b1}=pK_w-pK_{a2}=14-10.25=3.75$$
$$pK_{b2}=pK_w-pK_{a1}=14-6.38=7.62$$

由于 $K_{b1}\gg K_{b2}$，可按一元碱计算：

$$cK_{b1}=0.2\times10^{-3.75}\gg 20K_w$$
$$c/K_{b1}=0.2/10^{-3.75}\gg 500$$

$[OH^-]=\sqrt{c\cdot K_{b1}}=\sqrt{0.2\times10^{-3.75}}=5.96\times10^{-2}$

$[H^+]=1.68\times10^{-12}$

$pH=11.77$

检验：$\frac{2K_{b2}}{[OH^-]}=\frac{2\times10^{-7.62}}{5.96\times10^{-3}}\ll1$，说明按一元碱计算是允许的。

五、两性物质 pH 值的计算

两性物质是既能给出质子又能接受质子的物质，在计算它们的$[H^+]$时，要同时考虑这两种性质，因此其酸碱平衡较为复杂，但仍可从具体情况出发，仿照多元酸(碱)的处理方法进行合理简化的近似计算。

【例 5-15】 计算 0.1mol/L $NaHCO_3$ 溶液的 pH 值。

【解】 查附录 4 得 H_2CO_3 的 $pK_{a1}=6.38$，$pK_{a2}=10.25$

H_2CO_3 溶液中的质子转移反应有：

$$HCO_3^- \rightleftharpoons H^+ + CO_3^{2-}$$
$$HCO_3^- + H_2O \rightleftharpoons H_2CO_3 + OH^-$$
$$H_2O \rightleftharpoons H^+ + OH^-$$

质子条件式为　　$[H^+]+[H_2CO_3]=[CO_3^{2-}]+[OH^-]$

以平衡常数 K_{a1}、K_{a2} 代入上式，得：

$$[H^+]+\frac{[H^+][HCO_3^-]}{K_{a1}}=\frac{K_{a2}[HCO_3^-]}{[H^+]}+\frac{K_w}{[H^+]}$$

$$[H^+](1+\frac{[HCO_3^-]}{K_{a1}})=\frac{K_{a2}[HCO_3^-]+K_w}{[H^+]}$$

整理得精确计算式：$[H^+]=\sqrt{\dfrac{K_{a2}[HCO_3^-]+K_w}{1+\dfrac{[HCO_3^-]}{K_{a1}}}}$

因为 HCO_3^- 放出质子与接受质子的能力都较弱，则可认为$[HCO_3^-]\approx c$，又 $cK_{a2}=0.1\times10^{-10.25}\geqslant20K_w$，表明 HCO_3^- 的酸度比水提供的$[H^+]$大得多，可略去 K_w 项，得：

$$[H^+]=\sqrt{\frac{K_{a2}[HCO_3^-]}{1+\frac{[HCO_3^-]}{K_{a1}}}}$$

因为 $c/K_{a1}=0.1/10^{-6.38}=10^{5.38}>20$，则分母中的 1 与 c/K_{a1} 相比可略去，经整理得：

$[H^+]=\sqrt{K_{a1}\cdot K_{a2}}$,即为最简式。

所以 $NaHCO_3$ 溶液的 $[H^+]=\sqrt{10^{-6.38}\cdot 10^{-10.25}}=\sqrt{10^{-16.63}}=10^{-8.32}$

pH=8.32

【例 5-16】 分别计算 0.1mol/L NaH_2PO_4 和 0.1mol/L Na_2HPO_4 溶液的 pH 值。

【解】 查附录 4 得 H_3PO_4 的 $pK_{a1}=2.12$,$pK_{a2}=7.20$,$pK_{a3}=12.36$

因为 NaH_2PO_4 和 Na_2HPO_4 都属于两性物质,但它们的酸性和碱性都比较弱,可以认为平衡浓度等于总浓度。

(1)NaH_2PO_4 溶液中的质子转移反应有:

$$H_2PO_4^- \rightleftharpoons H^+ + HPO_4^{2-}$$

$$H_2PO_4^- \rightleftharpoons 2H^+ + PO_4^{3-}$$

$$H_2PO_4^- + H^+ \rightleftharpoons H_3PO_4$$

$$H_2O \rightleftharpoons H^+ + OH^-$$

质子条件式为 $[H^+]=[HPO_4^{2-}]+2[PO_4^{3-}]+[H_3PO_4]+[OH^-]$

$$[H^+]=\frac{K_{a2}[H_2PO_4^-]}{[H^+]}+2\frac{K_{a2}K_{a3}[H_2PO_4^-]}{[H^+]^2}+\frac{[H^+][H_2PO_4^-]}{K_{a1}}+\frac{K_w}{[H^+]}$$

整理得 $[H^+](1-\frac{[H_2PO_4^-]}{K_{a1}})=\frac{1}{[H^+]}(K_{a2}[H_2PO_4^-]+2\frac{K_{a2}K_{a3}[H_2PO_4^-]}{[H^+]}+K_w)$

$$[H^+]=\sqrt{\frac{K_{a2}[H_2PO_4^-]+2\frac{K_{a2}K_{a3}[H_2PO_4^-]}{[H^+]}+K_w}{1-\frac{[H_2PO_4^-]}{K_{a1}}}}$$

$H_2PO_4^-$ 放出质子与接受质子的能力都较弱,则可认为 $[H_2PO_4^-]\approx c$,$cK_{a2}=0.1\times 10^{-7.20}\geqslant 20K_w$ 时,表明 $H_2PO_4^-$ 的酸度比水提供的 $[H^+]$ 大得多,可略过 K_w 项,得:

$$[H^+]=\sqrt{\frac{K_{a2}[H_2PO_4^-]+\frac{2K_{a2}K_{a3}[H_2PO_4^-]}{[H^+]}}{1-\frac{[H_2PO_4^-]}{K_{a1}}}}=\sqrt{\frac{K_{a2}[H_2PO_4^-](1+\frac{2K_{a3}}{[H^+]})}{1-\frac{[H_2PO_4^-]}{K_{a1}}}}$$

因为 $c/K_{a2}=0.1/10^{-7.20}=10^{6.20}>20$,则分母中的 1 与 c/K_{a2} 相比可略去,经整理得:

$$[H^+]=\sqrt{\frac{K_{a2}[H_2PO_4^-](1+\frac{2K_{a3}}{[H^+]})}{\frac{[H_2PO_4^-]}{K_{a1}}}}$$

因为 $\frac{2K_{a3}}{[H^+]}\ll 1$,所以计算 NaH_2PO_4 溶液 $[H^+]$ 的最简式为:

$$[H^+]=\sqrt{K_{a1}K_{a2}}=\sqrt{10^{-2.12}\times 10^{-7.20}}=\sqrt{10^{-9.32}}=10^{-4.66}$$

pH=4.66

(2)Na_2HPO_4 溶液中的质子转移反应有:

$$HPO_4^{2-} \rightleftharpoons H^+ + PO_4^{3-}$$

$$HPO_4^{2-} + H_2O \rightleftharpoons H_2PO_4^- + OH^-$$

$$HPO_4^{2-} + 2H_2O \rightleftharpoons H_3PO_4 + 2OH^-$$

$$H_2O \rightleftharpoons H^+ + OH^-$$

质子条件式为$[H^+]+[H_2PO_4^-]+2[H_3PO_4]=[PO_4^{3-}]+[OH^-]$

$$[H^+]+\frac{[H^+][HPO_4^{2-}]}{K_{a2}}+2\frac{[H^+]^2[HPO_4^{2-}]}{K_{a1}K_{a2}}=\frac{K_{a3}[HPO_4^{2-}]}{[H^+]}+\frac{K_w}{[H^+]}$$

$$[H^+](1+\frac{[HPO_4^{2-}]}{K_{a2}}+2\frac{[H^+][HPO_4^{2-}]}{K_{a1}K_{a2}})=\frac{K_{a3}[HPO_4^{2-}]}{[H^+]}+\frac{K_w}{[H^+]}$$

$$[H^+]=\sqrt{\frac{K_{a3}[HPO_4^{2-}]+K_w}{1+\frac{[HPO_4^{2-}]}{K_{a2}}+2\frac{[H^+][HPO_4^{2-}]}{K_{a1}K_{a2}}}}$$

HPO_4^{2-} 放出质子与接受质子的能力都较弱，则可认为$[HPO_4^{2-}]\approx c$，$cK_{a3}=0.1\times 10^{-12.36}=10^{-13.36}\geqslant 20K_w$ 时，表明 $H_2PO_4^-$ 的酸度比水提供的$[H^+]$大得多，可略过 K_w 项，得：

$$[H^+]=\sqrt{\frac{K_{a3}[HPO_4^{2-}]}{1+\frac{[HPO_4^{2-}]}{K_{a2}}+2\frac{[H^+][HPO_4^{2-}]}{K_{a1}K_{a2}}}}$$

因为 $c/K_{a2}=0.1/10^{-7.20}=10^{6.20}>20$，则分母中的 1 与 c/K_{a2} 相比可略去，经整理得：

$$[H^+]=\sqrt{\frac{K_{a3}[HPO_4^{2-}]}{\frac{[HPO_4^{2-}]}{K_{a2}}(1+2\frac{[H^+]}{K_{a1}})}}$$

因为 $2\frac{[H^+]}{K_{a1}}\ll 1$，所以计算 Na_2HPO_4 溶液$[H^+]$的最简式：

$$[H^+]=\sqrt{K_{a2}K_{a3}}=\sqrt{10^{-7.20}\times 10^{-12.36}}=\sqrt{10^{-19.56}}=10^{-9.78}$$

pH＝9.78

利用质子条件式推导$[H^+]$是本章最大的一个难点。要注意计算时近似条件的把握，一般都用近似式和最简式。

第四节　酸碱缓冲溶液

缓冲现象是自然界和人类社会中普遍存在的，buffer 一词的意思就是弹簧等对冲力的缓解。一般溶液因加酸或碱可引起溶液 pH 值的急剧变化，而有共轭酸碱对存在的溶液，则能减缓这种变化，因此这种含有共轭酸碱对的溶液被称为缓冲溶液(buffer)。即缓冲溶液是一种对溶液的酸碱度起稳定作用的溶液。

缓冲溶液一般是由浓度较大的弱酸及其共轭碱所组成的，如 HAc—Ac^-、NH_4^+—NH_3 等。在高浓度的强酸、强碱溶液中，由于 H^+ 或 OH^- 的浓度本来就很高，故外加少量酸或碱不会对溶液的酸碱度产生太大的影响，在这种情况下，强酸、强碱也是缓冲溶液。它们主要是高酸度(pH＜2)和高碱度(pH＞12)时的缓冲溶液。

一、缓冲溶液作用原理

在 HAc—NaAc 缓冲溶液中，HAc 和 NaA 主要存在以下平衡关系：

$$HAc \rightleftharpoons H^+ + Ac^-$$

$$NaAc \longrightarrow Na^+ + Ac^-$$

解离平衡常数：$K_a = \frac{[H^+][Ac^-]}{[HAc]}$

整理得：$[H^+] = K_a \frac{[HAc]}{[Ac^-]}$

在平衡体系中 NaAc 是强电解质，在溶液中全部解离，溶液中存在大量 Ac^-；HAc 是弱酸，在溶液中部分解离，因为溶液中 Ac^- 浓度很大，HAc 的解离平衡向左移动，溶液中也存在大量 HAc。当往该溶液中加$[H^+]$时，HAc 的解离平衡向左移动，$[Ac^-]$减少，$[HAc]$增加，但二者的改变量均不大，因此虽然$\frac{[HAc]}{[Ac^-]}$比值增大，但增幅很小；而往该溶液中加$[OH^-]$，平衡向右移动，$[Ac^-]$增加，$[HAc]$减少，但二者的改变量均不大，因此虽然$\frac{[HAc]}{[Ac^-]}$比值降低，但降幅很小。因此，共轭酸碱对 HAc—Ac^- 组成的缓冲溶液中，共轭碱 Ac^- 可结合 H^+，使溶液的 pH 值不会明显降低，起抗酸作用；而共轭酸 HAc 则可与 OH^- 结合，使溶液的 pH 值不会明显升高，起抗碱作用。

同理，NH_4^+—NH_3 缓冲溶液中主要存在以下平衡关系：

$$NH_3 + H_2O \rightleftharpoons NH_4^+ + OH^-$$

$$NH_4Cl \rightleftharpoons NH_4^+ + Cl^-$$

$NH_3 \cdot H_2O$ 能抵抗酸，称为缓冲溶液的抗酸成分；NH_4Cl 能抵抗碱，称为缓冲溶液的抗碱成分。缓冲溶液的作用原理是由于缓冲溶液中的抗酸、抗碱成分和外加酸、碱反应生成弱电解质，从而使溶液的 pH 值变化不大。

二、缓冲溶液 pH 值的计算

分析化学中用到很多缓冲溶液，大多数是作为控制溶液酸度用的，有一些则是测量溶液 pH 值时作为参照标准用的，称为标准缓冲溶液，一般由共轭酸碱对组成。

作为一般控制酸度用的缓冲溶液，因缓冲剂本身的浓度较大，对计算结果也不要求十分准确，故可以采用近似方法进行计算。

【例 5-17】 HAc—Ac^- 缓冲体系中存在下列平衡：

$$HAc \rightleftharpoons H^+ + Ac^-$$

$$K_a = \frac{[H^+][Ac^-]}{[HAc]} \text{或} [H^+] = K_a \frac{[HAc]}{[Ac^-]}$$

两边同时取负对数得：

$$pH = pK_a + \lg \frac{[Ac^-]}{[HAc]}$$

此式即为计算缓冲溶液 pH 值的基本公式，可计算各种缓冲溶液的 pH 值。由于同离子效应抑制了弱酸 HAc 的解离，共轭酸碱对的平衡浓度可近似等于它们各自在混合溶液中的起始浓度，也即分析浓度。

即：$[HAc] = c_{HAc}$，$[Ac^-] = c_{Ac^-}$

则：$pH = pK_a + \lg \frac{c_{Ac^-}}{c_{HAc}}$

标准缓冲溶液的 pH 值是由非常精确的实验结果确定的。如 0.025mol/L KH_2PO_4 和 0.025mol/L Na_2HPO_4 组成的缓冲溶液，经测定 pH＝6.86。

三、缓冲容量与缓冲范围

缓冲溶液的缓冲作用是有一定限度的。为了定量地表示缓冲溶液缓冲能力的大小，采用缓冲容量（也称缓冲指数或缓冲值）β 来衡量。缓冲容量是指使 1L 或 1mL 缓冲溶液的 pH 值改变一个单位所需加入一元强酸或一元强碱的物质的量（mol 或 mmol）。其数学表达式为：

$$\beta=\frac{\Delta b}{|\Delta \mathrm{pH}|}$$

式中，Δb 为单位体积缓冲溶液的 pH 值改变 ΔpH 个单位时所加一元强酸或一元强碱的物质的量。缓冲容量均为正值。通常缓冲容量的单位为 $\mathrm{mol \cdot L^{-1} \cdot pH^{-1}}$。

缓冲溶液的缓冲容量 β 越大，缓冲能力越强。影响缓冲容量的主要因素有：①缓冲溶液总浓度。比如，在 HAc—NaAc 缓冲溶液中，缓冲溶液总浓度 $c=c_{\mathrm{HAc}}+c_{\mathrm{Ac^-}}$。当缓冲比一定时，缓冲溶液的总浓度 c 愈大，其缓冲能力就愈强。②缓冲比。当缓冲溶液的总浓度一定时，共轭酸碱对两个组分的浓度比值为 1∶1时，其缓冲容量最大。如在 HAc—NaAc 缓冲溶液中，$\frac{[\text{共轭酸}]}{[\text{共轭碱}]}=\frac{[\mathrm{HAc}]}{[\mathrm{Ac^-}]}=1$ 时，该缓冲溶液的缓冲容量最大，此时，溶液的 pH＝$\mathrm{p}K_a$。

实验和计算表明，当缓冲比在 1/10～10/1 之间时，即溶液的 pH 值在 $\mathrm{p}K_a-1$ 和 $\mathrm{p}K_a+1$ 之间时，溶液具有较大的缓冲能力。在化学上把具有缓冲作用的 pH 值范围称为缓冲溶液的缓冲范围，即

$$\mathrm{pH}=\mathrm{p}K_a\pm 1$$

如 HAc—NaAc 缓冲溶液中，$\mathrm{p}K_a=4.74$，其缓冲范围为：pH＝3.74～5.74；又如 NH_3—NH_4Cl 缓冲溶液中，$\mathrm{p}K_a=9.26$，其缓冲范围为：pH＝8.26～10.26。

四、缓冲溶液的选择与配制

1. 缓冲溶液的选择原则

(1)缓冲溶液对分析过程无干扰。

(2)所要控制的 pH 值在缓冲溶液的缓冲容量范围之内，$\mathrm{pH}\approx\mathrm{p}K_a$。

(3)缓冲溶液应该有足够的缓冲容量。缓冲组分的浓度在 0.01～1mol/L 之间。

(4)为了使缓冲范围宽一点，可以使用多元弱酸和多元弱碱组成的缓冲体系。

2. 缓冲溶液的配制

依据缓冲溶液的选择原则，并按所需控制的缓冲溶液的 pH 值，利用缓冲溶液 pH 值公式计算所需共轭酸碱的量进行配制即可。

【例 5-18】 用 0.10mol/L HAc 和 0.10mol/L NaAc 溶液配制 pH＝4.95 的缓冲溶液 100mL，计算所需两溶液的体积。

【解】 [HAc]＝[$\mathrm{Ac^-}$]＝0.10mol/L，$\mathrm{p}K_a=4.75$，pH＝4.95，

$$V_{\mathrm{HAc}}+V_{\mathrm{Ac^-}}=100\mathrm{mL}$$

代入缓冲溶液 pH 值的计算公式，得

$$4.95=4.75+\lg\frac{V_{\mathrm{Ac^-}}}{V_{\mathrm{HAc}}}=4.75+\lg\frac{V_{\mathrm{Ac^-}}}{100-V_{\mathrm{Ac^-}}}$$

$$0.20 = \lg \frac{V_{Ac^-}}{100 - V_{Ac^-}}$$

$$1.58 = \frac{V_{Ac^-}}{100 - V_{Ac^-}}$$

$$V_{Ac^-} = 61.2\text{mL}$$

$$V_{HAc} = 100\text{mL} - 61.2\text{mL} = 38.8\text{mL}$$

所以，取 0.10mol/L HAc 溶液 38.8mL 和 0.10mol/L NaAc 溶液 61.2mL 混合，即得 pH=4.95 的缓冲液 100mL。

【例 5-19】 欲使 100mL 0.1mol/L HCl 溶液的 pH 值从 1.00 增至 4.44，需加入固体 NaAc 多少克(忽略溶液体积变化)？

【解】 设需要加入 $x$mol NaAc

$$pH = pK_a + \lg \frac{c_b}{c_a}$$

$$4.44 = 4.74 + \lg \frac{x - 0.01}{0.01}$$

$$x = 0.15\text{mol}$$

加入 NaAc 的质量为 $0.15 \times 100 \times 10^{-3} \times 82.03 = 1.23$g。

第五节　酸碱指示剂

一、指示剂的变色原理

酸碱滴定法一般是利用酸碱指示剂颜色的突变来指示终点的。酸碱指示剂一般是弱的有机酸或弱的有机碱。其酸式和共轭碱式具有不同的结构和不同的颜色，当溶液的 pH 值改变时，指示剂的酸式和共轭碱式发生结构上的相互转变，二者的浓度变化可引起溶液颜色的变化。

例如甲基橙是一种有机弱碱，它在溶液中存在着如下所示的质子转移平衡：

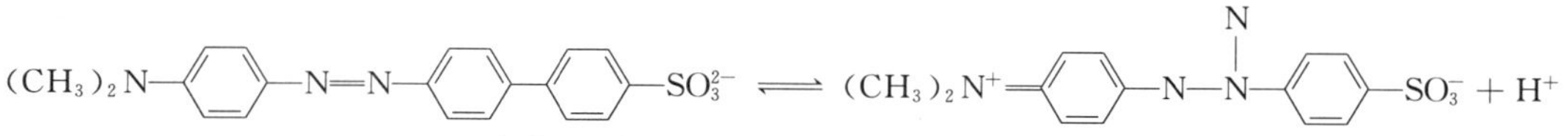

酸式(醌式，红色)　碱式(偶氮式，黄色)

当溶液的 pH 值降低或增高时，上述平衡会左移或右移，造成甲基橙的酸式或碱式浓度增加，二者比值的变化导致溶液颜色的变化。

又如酚酞是有机弱酸，在溶液中存在着如下的质子转移平衡：

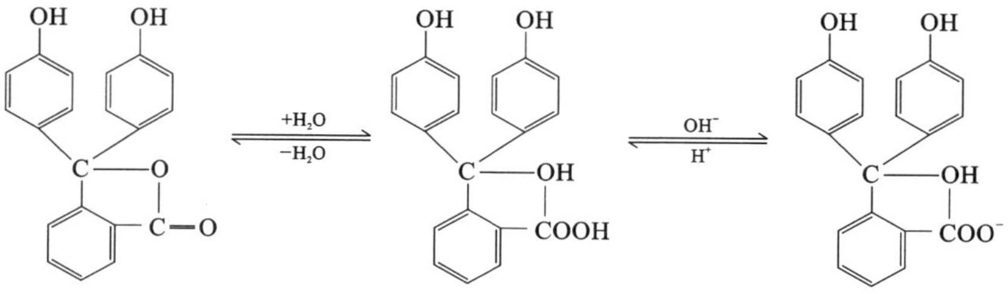

酸式(无色)　碱式(红色)

由平衡关系可以看出，在酸性溶液中，酚酞以各种无色形式存在；在碱式溶液中，转化为醌式后显红色，但是在足够大的浓碱溶液中，酚酞有可能转化为无色的羧酸盐式。

二、指示剂变色的 pH 值范围

指示剂的酸式 HIn 和碱式 In^- 在溶液中存在如下平衡：

$$HIn \rightleftharpoons H^+ + In^-$$

$$K_a = \frac{[H^+][In^-]}{[HIn]}，因此\frac{[In^-]}{[HIn]} = \frac{K_a}{[H^+]}$$

由此可见，比值$\frac{[In^-]}{[HIn]}$是 H^+ 浓度的函数。一般说来，如果$\frac{[In^-]}{[HIn]} \geqslant 10$，显示的是 In^- 的颜色；$\frac{[In^-]}{[HIn]} \leqslant \frac{1}{10}$，显示的是 HIn 的颜色；$\frac{1}{10} \leqslant \frac{[In^-]}{[HIn]} \leqslant 10$，显示的是二者的混合色，在该范围内的颜色变化，人眼难以辨别。

$\frac{[In^-]}{[HIn]} \geqslant 10$ 时，$[H^+] \leqslant \frac{K_a}{10}$，即 $pH \geqslant pK_a + 1$，显碱色。

$\frac{[In^-]}{[HIn]} \leqslant \frac{1}{10}$时，$[H^+] \geqslant 10K_a$，即 $pH \leqslant pK_a - 1$，显酸色。

因此，当溶液的 pH 值由 $pK_a - 1$ 到 $pK_a + 1$，就能看到指示剂由酸式色变为碱式色。所以，把 $pH = pK_a \pm 1$ 称为指示剂的变色范围。当$\frac{[In^-]}{[HIn]} = 1$ 时，两者浓度相等，溶液表现出酸式色和碱式色的中间颜色，此时 $pH = pK_a$，称为指示剂的理论变色点。

但是，实际上指示剂的变色范围不是根据 pK_a 计算出来的，而是依靠人眼观察出来的。由于人眼对各种颜色的敏感度不同，加上两种颜色相互掩盖，影响观察，因此实际观察结果与理论计算结果是有差别的。

例如甲基橙（$pK_a = 3.4$）理论值 pH＝2.4～4.4，实际值 pH＝3.1～4.4。

实际测量值与理论值不同的原因是：甲基橙的酸式色是红色，人眼对红色较黄色敏感，因此实际变色范围在 pH 值较小的一端就短一些。

在滴定过程中，并不要求指示剂由酸式色完全转变为碱式色或相反，而只需在指示剂的变色范围内找出能产生明显色变的点，即可指示滴定终点。例如甲基橙在 pH＝4 时是明显的橙色，比较容易分辨出来，通常将它作为实际变色点来指示。常用酸碱指示剂如表 5-3 所示。

表 5-3　常用酸碱指示剂

指示剂	酸式色	碱式色	pK_a	变色范围	用法
百里酚蓝（第一次变色）	红色	黄色	1.6	1.2～2.8	0.1%的 20%乙醇
甲基黄	红色	黄色	3.3	2.9～4.0	0.1%的 90%乙醇
甲基橙	红色	黄色	3.4	3.1～4.4	0.05%的水溶液
溴酚蓝	黄色	紫色	4.1	3.1～4.6	0.1%的 20%乙醇或其钠盐
溴甲酚绿	黄色	蓝色	4.9	3.8～5.4	0.1%水溶液，每 100mg 指示剂加 0.05mol/L NaOH 9mL

续表 5-3

指示剂	酸式色	碱式色	pK_a	变色范围	用法
甲基红	红色	黄色	5.2	4.4～6.2	0.1%的60%乙醇或其钠盐水溶液
溴百里酚蓝	黄色	蓝色	7.3	6.0～7.6	0.1%的20%乙醇或其钠盐水溶液
中性红	红色	黄橙色	7.4	6.8～8.0	0.1%的60%乙醇
酚红	黄色	红色	8.0	6.7～8.4	0.1%的60%乙醇或其钠盐水溶液
百里酚蓝（第二次变色）	黄色	蓝色	8.9	8.0～9.6	0.1%的20%乙醇
酚酞	无色	红色	9.1	8.0～9.6	0.1%的90%乙醇
百里酚酞	无色	蓝色	10.0	9.4～10.6	0.1%的90%乙醇

三、影响指示剂变色范围的因素

1. 指示剂的用量

指示剂应该尽量少加。首先，指示剂的用量过多，颜色过深，终点颜色变化不敏锐，容易增大终点误差；此外，指示剂为弱酸（碱），本身也要消耗滴定剂，因此多加会增大滴定误差。如果是单色指示剂（如酚酞），指示剂用量过多还会影响其变色范围。

2. 温度

温度影响 HIn 的解离常数，从而影响变色范围。例如，10℃时甲基橙的变色范围为3.1～4.4，而 100℃时甲基橙的变色范围则为 2.5～3.7。酸碱滴定一般在常温下进行。

3. 溶剂

溶剂的极性影响介电常数，从而影响 HIn 的解离常数。例如，甲基橙在水溶液中 $pK_{HIn}=3.4$，在甲醇中 $pK_{HIn}=3.8$，因此指示剂在不同溶剂中具有不同的变色范围。

4. 滴定次序

由于深色比浅色明显，因此当溶液由浅色变成深色时，肉眼容易辨别。例如，酸滴定碱时，选用甲基橙为指示剂，终点颜色由黄色变为橙色，颜色变化敏锐。同样，碱滴定酸时，选用酚酞为指示剂，终点颜色由无色变为红色，颜色变化较敏锐。

四、混合指示剂

在酸碱滴定中，有时需要将滴定终点限制在很窄的 pH 值范围内或为使终点变色变得更加敏锐，这时可采用混合指示剂。混合指示剂有两种：

（1）由两种或两种以上的指示剂混合而成的。利用颜色之间的互补作用，使变色更加敏锐。如：溴甲酚绿（$pK_a=4.9$）和甲基红（$pK_a=5.2$），前者当 pH<4.0 时呈黄色，pH>5.6 时呈蓝色；后者当 pH<4.4 时呈红色，pH>6.2 时呈浅黄色。它们按一定配比混合后，两种颜色叠加在一起，酸式色为酒红色（红稍带黄），碱式色为绿色。当 pH=5.1 时，甲基红呈橙色和溴甲酚绿呈绿色，两者互为补色而呈现浅灰色，这时颜色发生突变，变色十分敏锐。它们的颜色叠加情况示意图如图 5-4 所示。

（2）由某种指示剂和一种惰性染料（如次甲基蓝、靛蓝二磺酸钠等）组成的。如：中性红

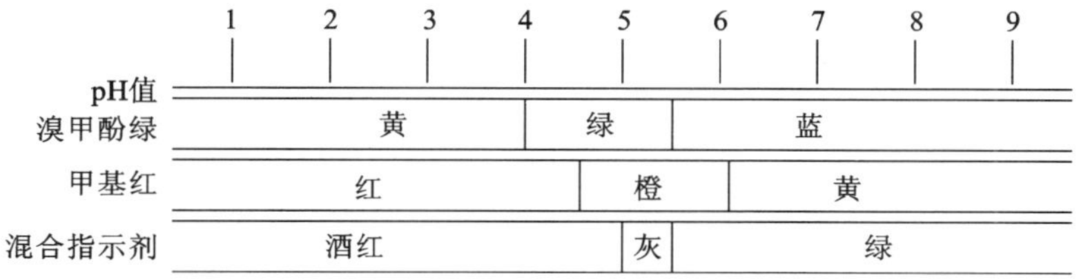

图 5-4　颜色叠加情况示意图

与染料次甲基蓝混合配成的混合指示剂，在 pH＝7.0 时呈紫蓝色，变色范围只有 0.2pH 单位左右，比单独的中性红的变色范围窄了许多。

把甲基红、溴百里酚蓝、百里酚蓝、酚酞按一定比例混合，溶于乙醇，配成混合指示剂，其随 pH 值的不同而逐渐变色如下（表 5-4）：

表 5-4　变色表

pH 值	≤	4	5	6	7	8	9	≥	10
颜色		红	橙	黄	绿	青（蓝绿）	蓝		紫

实验室中常用的 pH 试纸就是基于上述混合指示剂的原理制成的。

第六节　强酸（碱）和一元弱酸（碱）的滴定

既然酸碱指示剂只是在一定的 pH 值范围内才能发生颜色的变化，那么为了在某一酸碱滴定中选择一种适宜的指示剂，就必须了解滴定过程中，尤其是化学计量点前后一定的准确度范围（如相对误差为±0.1%）内溶液 pH 值的变化情况。

因此，下面将讨论不同类型的酸碱滴定和指示剂的选择，以及与此相关的酸碱滴定的可行性、滴定误差等问题。

一、强酸（碱）的滴定

（一）强碱滴定强酸

强酸和强碱之间的滴定反应为：

$$H^+ + OH^- \longrightarrow H_2O$$

现以 0.1000mol/L NaOH 溶液滴定 20.00mL（V_0）0.1000mol/L 的 HCl 溶液为例，讨论滴定过程中 pH 值的变化情况，V 代表 NaOH 的体积。

1. 滴定过程 pH 值的计算

当滴定开始之前，溶液为盐酸溶液，pH 值较小。滴定开始后，随着 NaOH 的加入，中和反应不断进行，溶液的 pH 值不断升高。当加入的 NaOH 的物质的量恰好等于 HCl 的物质的量时，中和反应恰好进行完全，滴定达到化学计量点，溶液为 NaCl 溶液，此时，$[H^+]=[OH^-]=10^{-7}$mol/L，pH＝7。超过化学计量点后，继续滴入 NaOH，pH 值继续升高。现分四个阶段进行分析：

（1）滴定前（$V=0$），溶液中只存在 20.00mL 0.1000mol/L 的 HCl 溶液，因此

$$[H^+]=c_{HCl}=0.1000\text{mol/L}$$

$$pH = -\lg[H^+] = -\lg(1\times10^{-1}) = 1.00$$

(2)滴定开始至化学计量点之前($V<V_0$)

溶液的 pH 值由剩余 HCl 的物质的量决定。例如，当滴加 19.98mL NaOH 时，溶液中：

$$[H^+] = \frac{c_{HCl}\times 剩余\ HCl\ 溶液的体积}{溶液总体积} = \frac{c_{HCl}\times(V_0-V)}{V_0+V}$$

$$= \frac{0.1000mol/L\times0.02mL}{20.00mL+19.98mL} = 5\times10^{-5}mol/L$$

$$pH = -\lg[H^+] = -\lg(5\times10^{-5}) = 4.30$$

其他各点的 pH 值可按上述方法计算。

(3)化学计量点时($V=V_0$)

此时 HCl 和 NaOH 恰好完全反应，$[H^+]$来自水的解离。

$$[H^+] = [OH^-] = \sqrt{K_w} = 1.0\times10^{-7}mol/L$$

pH=7.00

(4)化学计量点后($V>V_0$)

溶液的 pH 值由过量的 NaOH 物质的量决定。例如，当滴加 20.02mL NaOH 溶液，即过量 0.1%。

$$[OH^-] = \frac{c_{NaOH}\times 过量\ NaOH\ 溶液的体积}{溶液总体积} = \frac{c_{HCl}\times(V-V_0)}{V_0+V}$$

$$= \frac{0.1000mol/L\times0.02mL}{20.02mL+20.00mL} = 5\times10^{-5}mol/L$$

$$pOH = -\lg[OH^-] = -\lg(5.0\times10^{-5}) = 5-\lg5.0 = 4.30$$

$$pH = 14-pOH = 14-4.30 = 9.70$$

化学计量点后的其他各点可参照上述方法逐一计算。

将上述计算值列于表 5-5 中。

表 5-5 用 0.1000mol/L NaOH 溶液滴定 20.00mL 0.1000mol/L 的 HCl 溶液

加入 NaOH 的体积 V(mL)	滴定分数 a(%)	剩余 HCl 溶液的体积 V(mL)	过量 NaOH 的体积 V(mL)	pH 值
0	0	20.00		1.00
18.00	90.0	2.00		2.28
19.80	99.0	0.20		3.30
19.98	99.9	0.02		4.30
20.00	100.0	0		7.00
20.02	100.1		0.02	9.70
20.20	101.0		0.20	10.70
22.00	110.0		2.00	11.70
40.00	200.0		20.00	12.52

2. 滴定曲线形状

如果以滴定剂的滴加体积（或滴定分数）为横坐标，相应 pH 值为纵坐标，所得的 pH-V 曲线叫滴定曲线。

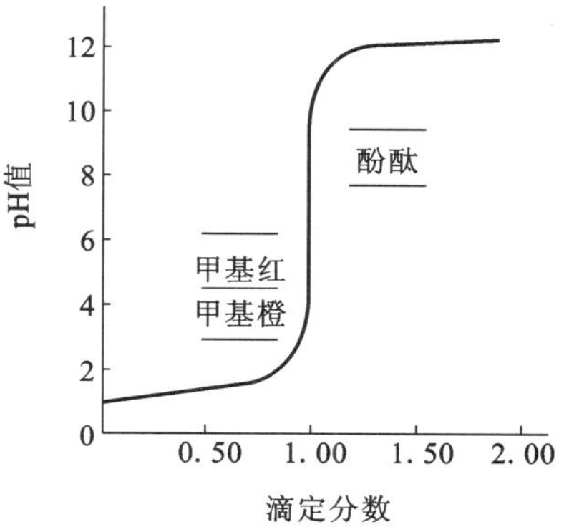

图 5-5　0.1000mol/L NaOH 滴定 20.00mL 0.1000mol/L HCl 溶液的滴定曲线

从表 5-5 和图 5-5 可知，从滴定开始到加入 19.98mL NaOH 溶液，pH 值仅改变了 3.3 个单位；而在化学计量点附近，加入 1 滴 NaOH 溶液就使溶液的 pH 值发生了大幅度变化，pH 值由 4.30 急剧升到 9.70，改变了 5.4 个 pH 单位，溶液由酸性变成碱性。这样在计量点附近溶液中$[H^+]$发生显著变化的现象被称为滴定的 pH 值突跃。通常将化学计量点前后加入的滴定剂由不足 0.1%到过量 0.1%引起的 pH 值突然变化的现象称为滴定突跃。0.1000mol/L 的一元强碱滴定 0.1000mol/L 的一元强酸的突跃范围是 4.30～9.70，化学计量点恰好在突跃范围的正中间（pH＝7.00）。

3. 影响滴定突跃的因素和指示剂的选择

滴定突跃范围是选择指示剂的依据。理想的指示剂是变色点 pH 值恰好与滴定的化学计量点 pH 值相等，此时的滴定终点误差是 0。但在实际工作中，只要保证终点误差小于±0.1%，就可以满足滴定准确度的要求。因此，选择指示剂的依据是：指示剂的变色范围全部或大部分落在滴定突跃范围内即可。

因此，对于 0.1000mol/L NaOH 滴定0.1000mol/L HCl，只要其指示剂的变色范围全部或大部分落在 pH＝4.30～9.7 以内即可。比如：甲基红（pH＝4.4～6.2）、酚酞（pH＝8.0～9.6）。

强碱滴定强酸，酸碱浓度高低不同，其突跃范围的长短也不同，但化学计量点仍然是 pH＝7.00，如图 5-6 所示。酸碱浓度越大，滴定突跃范围越长，可供选择的指示剂也就越多。

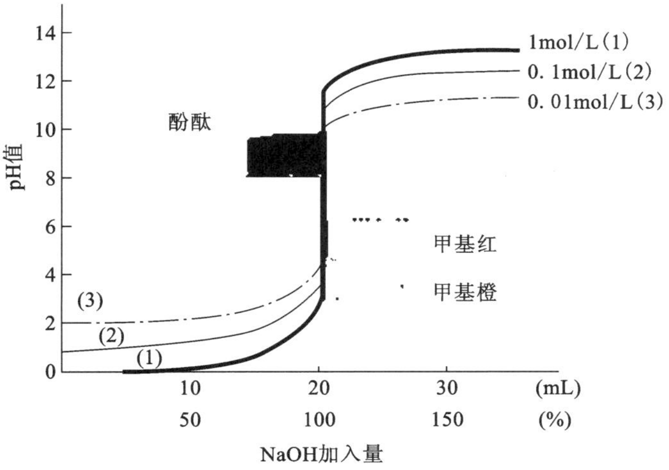

图 5-6　不同浓度的强碱滴定强酸的滴定曲线

图 5-6 中，曲线(1)代表 1mol/L NaOH 滴定 1mol/L HCl，其突跃范围为 3.3～10.7，可选的指示剂有甲基橙、甲基红、酚酞。

曲线(2)代表 0.1mol/L NaOH 滴定 0.1mol/L HCl，其突跃范围为 4.3～9.7，可选的指示剂有甲基橙(黄色)、甲基红、酚酞。若以甲基橙为指示剂，滴到甲基橙刚变为橙色时，pH＝4.00，此时，剩余的 HCl 为 0.04mL，滴定误差为－0.2%。实际工作中，如果滴到甲基橙完全显橙色，这时 pH＝4.4，误差也不超过－0.1%。

曲线(3)代表 0.01mol/L NaOH 滴定 0.01mol/L HCl，其突跃范围为 5.3～8.7，可选的指示剂有甲基红、酚酞。

(二)强酸滴定强碱

如果以 0.1000mol/L HCl 滴定 20.00mL0.1000mol/L NaOH，滴定曲线形状与同浓度 NaOH 滴定 HCl 的相同，但 pH 值变化的方向相反，如图 5-7 的虚线所示，滴定突跃为 9.70～4.30。可用酚酞和甲基红做指示剂。

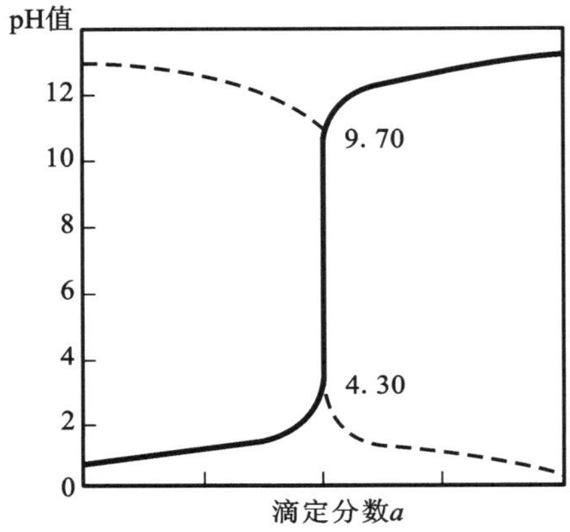

图 5-7　0.1000mol/L NaOH 溶液滴定 0.1000mol/L HCl 溶液的滴定曲线(实线)与 0.1000mol/L HCl 溶液滴定 0.1000mol/L NaOH 溶液的滴定曲线(虚线)

二、强碱(酸)滴定一元弱酸(碱)

(一)强碱滴定一元弱酸

强碱滴定一元弱酸，以 NaOH 溶液滴定 HAc 溶液为例。滴定反应为：

$$HAc + OH^- \rightleftharpoons Ac^- + H_2O$$

现以 0.1000mol/L NaOH 溶液滴定 20.00mL 等浓度的 HAc 溶液，说明滴定过程中 pH 值的变化。

1.滴定开始前

溶液的 pH 值取决于醋酸的解离常数 K_a 和浓度 c，因 HAc 的 $K_a = 1.8\times10^{-5}$ $(10^{-4.74})$，所以：

$$[H^+] = \sqrt{c \cdot K_a} = \sqrt{0.1\times10^{-4.74}} = 10^{-2.87}\text{mol/L}$$

pH＝2.87

2.滴定开始至化学计量点前

溶液中未反应的 HAc 和反应产物 Ac^- 同时存在，组成一个缓冲体系，溶液中$[H^+]$按缓冲溶液组成进行计算。设滴入 NaOH 溶液 19.98mL，与 HAc 中和后形成 NaAc，剩余 HAc 0.02mL 未被中和，则：

$$[HAc]=\frac{0.1000mol/L\times 0.02mL}{20.00mL+19.98mL}=5\times 10^{-5}mol/L$$

$$[Ac^-]=\frac{0.1000mol/L\times 19.98mL}{20.00mL+19.98mL}=5\times 10^{-2}mol/L$$

$$pH=pK_a+\lg\frac{c_{Ac^-}}{c_{HAc}}=4.74+\lg\frac{5\times 10^{-2}}{5\times 10^{-5}}=7.74$$

3. 化学计量点时

此时 HAc 与 NaOH 定量反应全部生成 NaAc。按酸碱质子理论，Ac^- 属于碱，可按一元弱碱进行计算。

$$c_{Ac^-}=\frac{0.1000mol/L\times 20.00mL}{20.00mL+20.00mL}=5.000\times 10^{-2}mol/L$$

因为 $K_b=\frac{K_w}{K_a}=\frac{10^{-14}}{1.8\times 10^{-5}}=5.6\times 10^{-10}$，$cK_b=0.05\times 5.6\times 10^{-10}=2.8\times 10^{-11}>20K_w$，$\frac{c}{K_b}=\frac{0.05}{5.6\times 10^{-10}}>400$，所以

$$[OH^-]=\sqrt{cK_a}=\sqrt{0.050\times 5.6\times 10^{-10}}=5.28\times 10^{-6}mol/L$$

pOH=5.28，pH=8.72

4. 化学计量点后

由于存在过量 NaOH，抑制了 Ac^- 的解离，此时溶液的 pH 值根据过量的碱的量进行计算。设滴入 20.02mL NaOH 溶液，溶液中 OH^- 浓度为：

$$[OH^-]=\frac{20.02-20.00}{20.02+20.00}c_{NaOH}=5.0\times 10^{-5}mol/L$$

pOH=4.3，pH=9.7

根据上述计算得出滴定过程中 pH 值变化的情况，如表 5-6 所示。根据表 5-5 绘制滴定曲线，如图 5-8 所示，图中虚线是强碱滴定强酸曲线的前半部分。

表 5-6 用 0.1000mol/l NaOH 溶液滴定 20.00mL 0.1000mol/L 的 HAc 溶液

加入 NaOH 的体积 V(mL)	滴定分数 a(%)	剩余 HCl 溶液的体积 V(mL)	过量 NaOH 的体积 V(mL)	pH 值
0	0	20.00		2.87
18.00	90.0	2.00		4.74
19.80	99.0	0.20		5.70
19.98	99.9	0.02		6.74
20.00	100.0	0		8.72
20.02	100.1		0.02	9.70
20.20	101.0		0.20	10.70
22.00	110.0		2.00	11.70
40.00	200.0		20.00	12.52

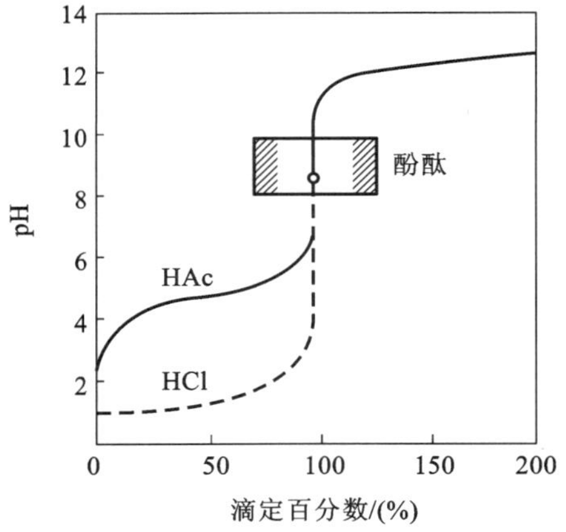

图 5-8　0.1000mol/L NaOH 滴定 20.00mL 0.1000mol/L HAc 溶液的滴定曲线

将 NaOH 滴定 HAc 的滴定曲线与 NaOH 滴定 HCl 的滴定曲线相比，主要有下列不同：

(1)滴定前，由于 HAc 是弱酸，溶液中的$[H^+]$比同浓度的 HCl 的$[H^+]$低，即滴定曲线的起点高 1.89 个单位。

(2)化学计量点前，溶液中未反应的 HAc 与反应产物 NaAc 组成缓冲体系，溶液的 pH 值由该缓冲体系决定，pH 值的变化相对较缓。

(3)化学计量点附近，溶液的 pH 值发生突变，滴定突跃为 pH＝7.7～9.7，相对滴定 HCl 的滴定突跃变小了。

(4)化学计量点时，溶液中仅含 NaAc，pH＝8.72，呈碱性。强酸强碱的滴定在化学计量点时 pH＝7.0，呈中性。

(5)化学计量点后，与强酸强碱的滴定情形相同。

(6)强碱滴定弱酸时，滴定突跃较小，指示剂的选择受到限制，只能选择在碱性范围内变色的指示剂，甲基橙、甲基红等不能用作 NaOH 滴定 HAc 的指示剂，而酚酞(pH＝8.0～9.6)可以。一般先计算化学计量点时的 pH 值，选择变色点尽可能接近化学计量点的指示剂来确定滴定终点。

(7)强碱滴定弱酸时的滴定突跃大小取决于弱酸溶液的浓度和它的解离常数 K_a。如滴定误差要求不大于 0.1%，就必须使滴定突跃超过 0.3 个 pH 单位，此时人眼才能辨别出指示剂颜色的变化，滴定就可以顺利进行。通常以 $cK_a \geqslant 10^{-8}$ 作为弱酸能被强碱直接目视准确滴定的判据。

0.1000mol/L NaOH 滴定 0.1000mol/L 强度不同的弱酸的滴定曲线如图 5-9 所示。

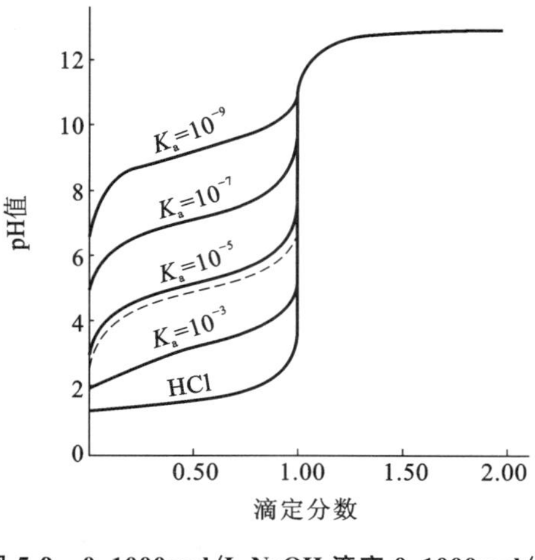

图 5-9　0.1000mol/L NaOH 滴定 0.1000mol/L 强度不同的弱酸的滴定曲线

(二)强酸滴定一元弱碱

强酸滴定弱碱，以 HCl 滴定 NH_3 为例，滴定反应为：

$$NH_3 + H^+ \rightleftharpoons NH_4^+$$

随着 HCl 的滴入，溶液组成经历从 NH_3 到 NH_4^+-NH_3，再到 NH_4^+ 的变化过程，pH 值逐渐由高到低变化，这类滴定与强碱滴定弱酸的情况相似。按照上述思路分别进行计算，将结果列于表，并做滴定曲线图。

强酸滴定弱碱的化学计量点及滴定突跃都在弱酸性范围内，可用甲基红(6.2→4.4，黄→红)作指示剂。如用甲基橙(4.4→3.1)，滴到橙色(pH＝4.0)时，将产生＋0.2%以上的误差。

与强碱滴定弱酸相似，强酸滴定弱碱时，滴定突跃的大小取决于被滴定碱的浓度和解离常数 K_b，只有当 $cK_b \geqslant 10^{-8}$ 时，才能对其进行准确滴定。

三、多元酸碱的滴定

相对一元酸碱而言，滴定多元酸碱应考虑的问题要复杂一些。例如，多元酸碱是分步解离的，并且解离程度逐渐减弱，那么滴定反应也能分步进行吗？能准确滴定至哪一级？化学计量点的 pH 值又如何计算？怎样选择合适的指示剂确定滴定终点？

1. 多元酸的滴定

以 NaOH 溶液滴定 H_3PO_4 溶液为例，用 0.1000mol/L 的 NaOH 滴定 0.10mol/L 的 H_3PO_4，H_3PO_4 的解离如下：

$$H_3PO_4 \rightleftharpoons H^+ + H_2PO_4^- \qquad K_{a1}=7.5\times10^{-2} \qquad pK_{a1}=2.12$$

$$H_2PO_4^- \rightleftharpoons H^+ + HPO_4^{2-} \qquad K_{a2}=6.3\times10^{-8} \qquad pK_{a2}=7.20$$

$$HPO_4^{2-} \rightleftharpoons H^+ + PO_4^{3-} \qquad K_{a3}=4.4\times10^{-13} \qquad pK_{a3}=12.36$$

当 $K_{a1}/K_{a2}>10^4$ 时，用 NaOH 溶液滴定多元酸时，出现第一个滴定突跃，完成第一步反应；同样的，$K_{a2}/K_{a3}>10^4$ 时，则出现第二个滴定突跃，完成第二步反应。对于 H_3PO_4 而言，$K_{a1}/K_{a2}=10^{5.08}$，$K_{a2}/K_{a3}=10^{5.6}$，比值都大于 10^4，因此，NaOH 滴定 H_3PO_4 的反应可以分步进行。即全部的 H_3PO_4 与滴入的 NaOH 完全反应之后，$H_2PO_4^-$ 才开始与 NaOH 反应生成 HPO_4^{2-}，第二步反应进行完全之后，HPO_4^{2-} 才开始与 NaOH 反应生成 PO_4^{3-}。但事实上严格地说，每一步中和反应之间都略有交叉，只不过对于一般的分析工作来说，多元酸滴定准确度的要求不是太高，其误差在允许范围之内，因此认为 H_3PO_4 可以进行分步滴定。

与滴定一元弱酸相类似，多元弱酸能被准确滴定至哪一级取决于酸的浓度与酸的某级解离常数，当满足 $cK_{ai}\geqslant10^{-8}$ 时，就能够被准确滴定至第 i 一级。就 H_3PO_4 而言，K_{a1}、K_{a2} 都大于 10^{-7}，当酸的浓度大于 0.1mol/L 时，H_3PO_4 的第一级、第二级 H^+ 都能被直接滴定，但由于其 K_{a3} 为 $10^{-12.36}$，因此 $H_2PO_4^-$ 不能被直接滴定至 PO_4^{3-}，即不会出现第三个滴定突跃。

由于多元酸的滴定曲线的计算比较复杂，一般是根据电位滴定法绘制的滴定曲线，因此实际工作中，只计算其计量点的 pH 值，选择在计量点附近变色的指示剂指示终点。

(1)第一计量点：产物是 NaH_2PO_4，浓度为 0.05000mol/L，是酸式盐，则

$$\text{PBE}: [H_3PO_4]+[H^+]=[HPO_4^{2-}]+2[PO_4^{3-}]+[OH^-]$$

因 $K_{a_3}=4.4\times10^{-13}$ 很小，三级酸式解离可忽略，则

$$\text{PBE}: [H_3PO_4]+[H^+]=[HPO_4^{2-}]+[OH^-]$$

$$\frac{[H_2PO_4^-][H^+]}{K_{a1}}+[H^+]=\frac{K_{a2}[H_2PO_4^-]}{[H^+]}+[OH^-]$$

$$K_{a1}[H^+]^2+[H_2PO_4^-][H^+]^2=K_{a1}(K_{a2}[H_2PO_4^-]+K_w)$$

$$[H^+]^2=\frac{K_{a1}(K_{a2}[H_2PO_4^-]+K_w)}{K_{a1}+[H_2PO_4^-]}$$

$$[H^+]=\sqrt{\frac{K_{a1}(K_{a2}[H_2PO_4^-]+K_w)}{K_{a1}+[H_2PO_4^-]}}$$

因 $K_a=6.3\times10^{-8}$，$cK_a>20K_w$，所以水的酸式解离可忽略。

$$H_2PO_4^- + H_2O \rightleftharpoons H_3PO_4 + OH^-$$

$$K_{b3}=\frac{K_w}{K_{a1}}=\frac{10^{-14}}{7.6\times10^{-3}}=1.31\times10^{-12}$$

因 $[H_2PO_4^-]\approx c$

$$[H^+]=\sqrt{\frac{K_a(K_{a2}c+K_w)}{K_{a1}+c}}$$

因 $cK_{a2}=0.05\times6.3\times10^{-8}>20K_w$，水的酸性可以忽略；而 $c=0.05<20K_{a1}$，故水的碱性不能忽略。则

$$[H^+]=\sqrt{\frac{K_{a1}K_{a2}c_{sp1}}{c_{sp1}+K_{a1}}}=2.0\times10^{-5}\text{mol/L}$$

pH=4.70

指示剂：甲基橙(3.1～4.4)，滴到 pH=4.4，并采用同浓度的 NaH_2PO_4 作参比，误差为 −0.5%以内；溴酚蓝(3.0～4.6)，滴到 pH=4.6，误差为 −0.35%以内；溴甲酚绿与甲基橙的混合溶液，变色点 pH=4.3，由橙色变为绿色。

(2)第二计量点：产物为 Na_2HPO_4，$c=0.033$。

$$H_3PO_4 \rightarrow H_2PO_4^- \rightarrow HPO_4^{2-} \rightarrow PO_4^{3-}$$

$$\text{PBE}:[HPO_4^{2-}]+[H_3PO_4]+[H^+]=[PO_4^{3-}]+[OH^-]$$

涉及的是 K_{a2}、K_{a3}

$$[H^+]=\sqrt{\frac{K_{a2}(cK_{a3}+K_w)}{c+K_{a2}}}$$

比较 PBE 中右边的两项，$cK_{a3}=0.033\times4.4\times10^{-13}=1.452\times10^{-14}\approx K_w$，所以水的酸性不能忽略。$c>20K_{a2}$，所以水的碱性能忽略。

$$[H^+]=\sqrt{\frac{K_{a2}(cK_{a3}+K_w)}{c}}=2.2\times10^{-10}\text{mol/L}$$

pH=9.66

用酚酞(8.0～9.6)或百里酚酞(9.4～10.6)作为指示剂，终点颜色由无色变为红色或黄色变为蓝色。

若用 NaOH 溶液滴定草酸($H_2C_2O_4$)，由于草酸的 $K_{a1}=10^{-1.23}$、$K_{a2}=10^{-4.19}$，其 $K_{a1}/K_{a2}=10^{2.96}<10^4$，当用 NaOH 溶液滴定时，第一步解离的 H^+ 尚未完全中和，第二步解离的 H^+ 也已开始反应，两步反应交叉较为严重，溶液中不可能出现仅有 $HC_2O_4^-$ 的情况，只有当两步解离的 H^+ 全被中和后，才出现一个滴定终点，因此，$H_2C_2O_4$ 不能被分步滴定。

2.多元碱的滴定

多元碱的滴定与多元酸的滴定类似。现以 0.1000mol/L HCl 溶液滴定 0.10mol/L Na_2CO_3 为例分析如下。Na_2CO_3 存在两级解离：

$$CO_3^{2-}+H_2O = HCO_3^-+OH^- \qquad K_{b_1}=1.8\times10^{-4}$$

$$HCO_3^-+H_2O = H_2CO_3+OH^- \qquad K_{b_2}=2.4\times10^{-8}$$

因为 $cK_{b1}=0.05\times1.8\times10^{-4}>10^{-8}$，$cK_{b2}=0.033\times2.4\times10^{-8}=0.0792\times10^{-8}<10^{-8}$，$\frac{K_{b_1}}{K_{b_2}}\approx10^4$（$E_t\%=1\%$），因此能准确滴定到第一计量点，终点产物为 HCO_3^-，且由于 HCO_3^- 的缓冲作用，突跃不明显。

（1）第一化学计量点：产物 $NaHCO_3$，为两性物质。

$$H_2CO_3\rightarrow HCO_3^-\rightarrow CO_3^{2-}$$

$K_{a1}=10^{-6.38}$，$K_{a2}=10^{-10.25}$，$cK_{a2}=0.05\times10^{-10.25}>20K_w$，所以水的酸性可忽略；又 $c>20K_{a_1}$，水的碱性可忽略。

$$[H^+]=\sqrt{K_{a1}K_{a2}}=\sqrt{10^{-6.38}\times10^{-10.25}}=10^{-8.32}\quad(mol/L)$$

pH=8.32

指示剂：用酚酞（9.6～8.32，红→微红），难判断，误差可大于1%；由于 $\frac{K_{b_1}}{K_{b_2}}\approx10^4$，差别不大，故变色实际不太明显，为了准确判断，通常用 $NaHCO_3$ 溶液作参比，或选用混合指示剂，如甲酚红与百里酚蓝混合指示剂（8.4～8.2，紫色→粉红）。

（2）第二化学计量点：溶液组成主要为 H_2CO_3（CO_2+H_2O），其饱和溶液的浓度约为0.040mol/L。

$\sqrt{cK_{a1}}=\sqrt{0.04\times4.2\times10^{-7}}=1.3\times10^{-4}>40K_{a2}$，二级解离可忽略，又 $cK_{a1}>20K_w$，水的解离可忽略，所以

$$[H^+]=\sqrt{cK_a}=1.3\times10^{-4}(mol/L)$$

pH=3.89

可选用甲基橙（3.1～4.4）作指示剂，颜色由黄色变为橙红。但由于这时候容易形成 CO_2 的过饱和溶液，滴定生成的 H_2CO_3 只能慢慢地转变为 CO_2，这样就使溶液的酸度稍稍增大，终点稍稍出现过早，因此终点时应剧烈摇动加速 H_2CO_3 的分解，也可加热煮沸除去 CO_2，冷却后再继续滴定至终点。

HCl 溶液滴定 Na_2CO_3 溶液的滴定曲线如图 5-10 所示。

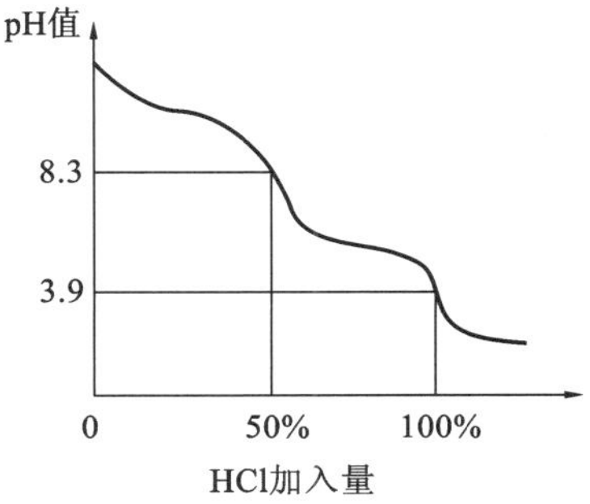

图 5-10 HCl 溶液滴定 Na_2CO_3 溶液的滴定曲线

第七节 酸碱滴定法的应用

酸碱滴定法可以测定酸或碱，以及能与酸或碱发生定量反应或在反应中能产生定量的酸或碱的物质，应用相当广泛。

一、混合碱的分析

（一）烧碱中 NaOH 和 Na_2CO_3 含量的测定

NaOH 俗称烧碱，在生产和储藏过程中，常因吸收空气中的 CO_2 而产生部分 Na_2CO_3。对于烧碱中 NaOH 和 Na_2CO_3 含量的测定，通常有两种方法：

1. 双指示剂法

准确称取一定量试样，溶解后，以酚酞为指示剂，用 HCl 标准溶液滴定至红色刚刚转为粉红色。记下用去 HCl 的量 V_1，这时 NaOH 全部被中和，而 Na_2CO_3 仅被中和到 $NaHCO_3$。向溶液中加入甲基橙，继续用 HCl 滴定至橙红色，记下用去 HCl 的量 V_2。

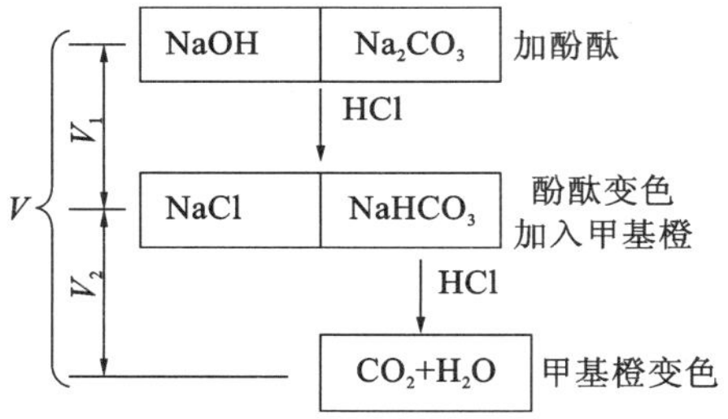

由化学计量关系知：

Na_2CO_3 被中和到 $NaHCO_3$ 与 $NaHCO_3$ 被中和到 H_2CO_3 所消耗的量是相等的。

$$Na_2CO_3+2HCl \xlongequal{} 2NaCl+H_2CO_3$$

$\frac{n_{Na_2CO_3}}{n_{HCl}}=\frac{1}{2}$，因此 $n_{Na_2CO_3}=\frac{1}{2}n_{HCl}$

试样中 Na_2CO_3 的含量为：$w_{Na_2CO_3}=\dfrac{\frac{1}{2}\cdot 2\cdot c_{HCl}\cdot V_2\cdot M_{Na_2CO_3}}{m_s}$

试样中 NaOH 的含量为：$w_{NaOH}=\dfrac{c_{HCl}\cdot(V_1-V_2)\cdot M_{NaOH}}{m_s}$

双指示剂法的缺点为：终点时 Na_2CO_3 滴定至 $NaHCO_3$，继续滴加 HCl，会形成 H_2CO_3/HCO_3^- 缓冲对，滴定终点时酚酞由碱式色（红色）变为过渡色（粉红色）后，较长时间停留在过渡色（粉红色）阶段，加大终点判断的难度，使滴定结果误差较大。可行的办法：逐步滴加 HCl，当溶液刚刚由碱式色（红色）变为过渡色（粉红色）且不再变回原来的红色时即停止滴定，将此时 HCl 的消耗量记为 V_1。这样可以明显减少滴定的终点误差。

2. 氯化钡法

准确称取一定量试样（m_s），溶解于已除去 CO_2 的蒸馏水中，然后稀释到一定体积，分成两等份进行滴定。

（1）第一份溶液，用甲基橙作指示剂，用标准 HCl 溶液滴定，测定其总碱度：

$$NaOH+HCl \xlongequal{} NaCl+H_2O$$

$$Na_2CO_2+2HCl \xlongequal{} 2NaCl+H_2O+CO_2\uparrow$$

用 HCl 滴至橙红色，消耗 HCl 的总量为 V_1。

（2）第二份溶液加 $BaCl_2$，使 Na_2CO_3 转化为微溶的 $BaCO_3$：

$Na_2CO_3+BaCl_2 \xlongequal{} BaCO_3\downarrow+2NaCl \qquad K_{sp,BaCO_3}=5.1\times10^{-9}$

然后用 HCl 标准溶液滴定，用酚酞作指示剂，消耗 HCl 的量为 V_2。显然，这时不能用甲基橙作指示剂，因为甲基橙的变色点在 pH=4 左右，如滴到甲基橙变色，将有部分 $BaCO_3$ 溶解。

V_2 为滴定混合碱中 NaOH 所消耗的 HCl，所以试样中 NaOH 的含量为：

$$w_{NaOH}=\frac{c_{HCl}V_2\times M_{NaOH}}{m_s}$$

混合碱中 Na_2CO_3 所消耗的 HCl 用量为 V_1-V_2，所以试样中 Na_2CO_3 的含量为：

$$w_{Na_2CO_3}=\frac{\frac{1}{2}c_{HCl}(V_1-V_2)\times M_{Na_2CO_3}}{m_s}$$

(二)纯碱中 Na_2CO_3 和 $NaHCO_3$ 含量的测定

准确称取一定量试样，溶解后，以酚酞为指示剂，用 HCl 标准溶液滴定至红色刚刚转为粉红色，记下用去 HCl 的量(V_1)，这时 Na_2CO_3 全部被中和为 $NaHCO_3$，消耗全部 V_1 体积的 HCl；而试样中的 $NaHCO_3$ 没有反应，因而没有消耗 HCl。向溶液中加入甲基橙，继续用 HCl 滴定至橙红色，记下用去 HCl 的量 V_2，此时，是两个来源的 $NaHCO_3$ 共同消耗 V_2 体积的 HCl。

1. 双指示剂法

$$\boxed{Na_2CO_3+NaHCO_3}+\text{酚酞}$$
$$\downarrow HCl、V_1$$
$$\boxed{NaHCO_3+NaHCO_3}\text{酚酞变色}+\text{甲基橙}$$
$$\downarrow HCl、V_2$$
$$NaCl+CO_2+H_2O\ \text{甲基橙变色}$$

滴定 Na_2CO_3 消耗的 HCl 为 $2V_1$，而滴定 $NaHCO_3$ 消耗的 HCl 为(V_2-V_1)：

试样中 Na_2CO_3 的含量为：$w_{Na_2CO_3}=\dfrac{\frac{1}{2}\cdot 2\cdot c_{HCl}\cdot V_1\cdot M_{Na_2CO_3}}{m_s}\times 100\%$

试样中 $NaHCO_3$ 的含量为：$w_{NaHCO_3}=\dfrac{c_{HCl}\cdot(V_2-V_1)\cdot M_{NaHCO_3}}{m_s}\times 100\%$

2. 氧化钡法

$$\boxed{Na_2CO_3+NaHCO_3}$$
$$\downarrow \text{加过量 } NaOH, V_{NaOH}$$
$$\boxed{Na_2CO_3+Na_2CO_3+NaOH(\text{余})}$$
$$\downarrow \text{加 } BaCl_2 \text{ 过量}$$
$$\boxed{Ba_2CO_3+NaOH(\text{余})}\text{酚酞}$$
$$\downarrow HCl, V_{HCl}\text{滴定多余的 } NaOH$$
$$\boxed{BaCO_3+NaCl}\text{酚酞变色}$$

试样中 $NaHCO_3$ 的含量为：$w_{NaHCO_3}=\dfrac{(c_{NaOH}V_{NaOH}-c_{HCl}V_{HCl})M_{NaHCO_3}}{m_s}$

另取等份纯碱试样溶液，以甲基橙为指示剂，用 HCl 标准溶液滴定总碱量，消耗 HCl 的体积为 V_{HCl}，则

$$\boxed{Na_2CO_3+NaHCO_3}\text{甲基橙}$$
$$\downarrow V_{HCl}$$
$$\boxed{NaCl+H_2O+CO_2}$$

试样中 Na_2CO_3 的含量为：$w_{Na_2CO_3}=\dfrac{\frac{1}{2}[c_{HCl}V_{HCl}-(c_{NaOH}V_{NaOH}-c_{HCl}V_{HCl})]M_{Na_2CO_3}}{m_s}$

（三）未知碱样的定性分析：双指示剂法

对于未知混合物试样组成，也可用双指示剂法分析，即根据分步滴定消耗 HCl 的体积 V_1、V_2 的大小来定性判断未知碱试样组分，如表 5-7 所示。

表 5-7　双指示剂法定性分析未知碱试样组分

V_1 和 V_2 的变化	试样组成
$V_1\neq 0, V_2=0$	OH^-
$V_1=0, V_2\neq 0$	HCO_3^-
$V_1=V_2\neq 0$	CO_3^{2-}
$V_1>V_2>0$	$OH^-+CO_3^{2-}$
$V_2>V_1>0$	$HCO_3^-+CO_3^{2-}$

例 5-20　称取混合碱试样 0.6800g，溶于水后，以酚酞为指示剂，用 0.1800mol/L HCl 标准溶液滴定至终点，消耗 HCl 溶液 $V_1=23.00\text{mL}$，然后加甲基橙指示剂至滴定终点，又消耗 HCl 溶液 $V_2=26.80\text{mL}$，判断混合碱的组成，并计算试样中各组分的含量。

解　因为 $V_2>V_1$，所以混合碱为 Na_2CO_3 和 $NaHCO_3$。

根据混合碱的计算公式得

$$w_{Na_2CO_3}=\frac{\frac{1}{2}\cdot 2\cdot c_{HCl}\cdot V_1\cdot M_{Na_2CO_3}}{m_s}\times 100\%$$

$$=\frac{0.1800\text{mol/L}\times 23\text{mL}\times 105.6\text{g/mol}}{0.6800\text{g}}\times 100\%=64.29\%$$

$$w_{NaHCO_3}=\frac{c_{HCl}\cdot(V_2-V_1)\cdot M_{NaHCO_3}}{m_s}\times 100\%$$

$$=\frac{0.1800\text{mol/L}\times(26.80-23.00)\text{mL}\times 84.01\text{g/mol}}{0.6800\text{g}}\times 100\%=8.45\%$$

二、其他利用酸碱反应的分析

（一）铵盐中氮的测定

铵盐[如 NH_4Cl、$(NH_4)_2SO_4$ 等]，$K_a=5.6\times 10^{-10}$，无法直接滴定，可用下述方法间接滴定。

1.蒸馏法

向试样溶液中加入过量的浓碱溶液，加热使 NH_3 逸出，并用过量的 H_3BO_3 溶液吸收，然后用 HCl 标准溶液滴定 H_3BO_3 吸收液：

$$NH_4^++OH^- = NH_3\uparrow +H_2O$$

$$NH_3+H_3BO_3 = NH_4^++H_2BO_3^-$$

$$H^++H_3BO_2^- = H_3BO_3$$

用 HCl 标准溶液滴定 $H_2BO_3^-$（$K_b=\dfrac{K_w}{K_a}=\dfrac{10^{-14}}{5.8\times 10^{-10}}=1.7\times 10^{-5}$）时用什么指示剂？

终点时产物是 H_3BO_3 和 NH_4^+，pH≈5(混合弱酸)，可用甲基红(红 4.4～6.25 黄)作指示剂。氮含量为：

$$w_N = \frac{c_{HCl}V_{HCl}M_N}{m_s}$$

2. 甲醛法

甲醛与铵盐反应生成 H^+ 和 $(CH_2)_6N_4H^+$ 质子化的六亚甲基四胺：

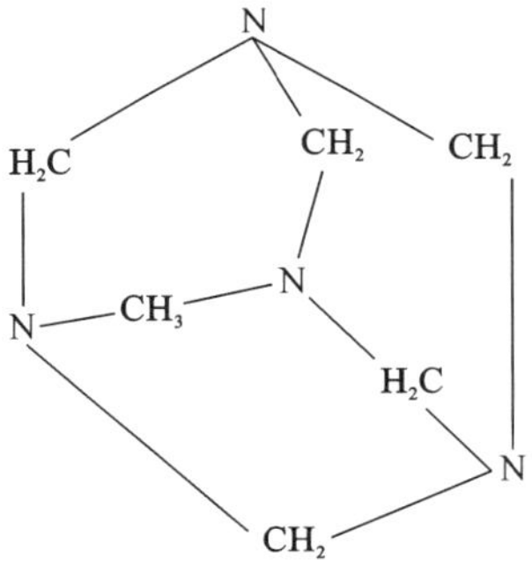

质子化的六亚甲基四胺 $K_a = 7.1\times10^{-6}$，可以准确滴定。以酚酞为指示剂，用 NaOH 标准溶液滴定酸总量：

$$4NH_4^+ + 6HCHO \longrightarrow (CH_2)_6N_4H^+ + 3H^+ + 6H_2O$$

$$w_N = \frac{c_{NaOH}V_{NaOH}M_N\times10^{-3}}{m_s}\times100\%$$

3. 含氮有机物

$$\text{含氮有机物}\xrightarrow[\text{浓 }H_2SO_4,\Delta]{K_2SO_4,CuSO_4} CO_2\uparrow + H_2O + NH_4^+$$

$$NH_4^+ + NaOH \longrightarrow NH_3\uparrow + H_2O$$

生成的 NH_3 用酸吸收，然后用碱滴定。

(二)氟硅酸钾法测 SiO_2 含量

$$\text{硅酸盐}\xrightarrow{KOH} K_2SiO_3 \xrightarrow[H^+]{KCl,KF} K_2SiF_6\downarrow$$

用 KCl-乙醇洗涤后，加沸水使 K_2SiF_6 水解：

$$K_2SiF_6 + 3H_2O \longrightarrow 2KF + H_2SiO_3 + 4HF$$

生成的 HF 用 NaOH 标准溶液滴定。

$$1SiO_2 \rightarrow 1K_2SiO_3 \rightarrow 1K_2SiF_6 \rightarrow 4HF \rightarrow 4NaOH$$

$$w_{SiO_2} = \frac{c_{NaOH}V_{NaOH}\times10^{-3}M_{SiO_2}}{4m_s}\times100\%$$

(三)醛和酮的测定

1. 盐酸羟胺法(或肟化法)

$$1RCOR_1(\text{或 }H)\xrightarrow{NH_2OH\cdot HCl} 1HCl$$

生成的 HCl 用碱标准溶液滴定。由于 $NH_2OH—HCl$ 在体系中过量存在，溶液呈酸性，因此用溴酚蓝(3.0～4.6)做指示剂。

$$w_{醛或酮}=\frac{c_{NaOH}V_{NaOH}\times10^{-3}M_{醛或酮}}{m_s}\times100\%$$

2. 亚硫酸钠法

$$1RCOR_1(或\ H)\xrightarrow{Na_2SO_3/H_2O}1NaOH$$

生成的 NaOH 用 HCl 标准溶液滴定，选用百里酚酞(9.4～10.6)为指示剂。

$$w_{醛或酮}=\frac{c_{HCl}V_{HCl}\times10^{-3}M_{醛或酮}}{m_s}\times100\%$$

(四)酯的测定

$$RCOOR+NaOH(过量)\xrightarrow[\Delta]{皂化反应}RCOONa+ROH$$

(五)酸酐和醇类的测定

$$(RCO)_2O+2NaOH(过量)\longrightarrow 2RCOONa+H_2O$$

过量的 NaOH 用酸标准溶液滴定，酚酞作指示剂。

利用酸酐与醇的反应，又可将测定酸酐的方法扩展到醇类。

实验 5　食用白醋总酸度的测定

一、实验目的

1. 熟练掌握滴定管、容量瓶、移液管的使用方法和滴定操作技术。
2. 掌握氢氧化钠标准溶液的配制和标定方法。
3. 了解强碱滴定弱酸的反应原理及指示剂的选择。
4. 学会食用白醋总酸度的测定方法。

二、实验原理

食用白醋的主要成分是醋酸，此外还含有少量的其他弱酸，如乳酸等，用 NaOH 标准溶液滴定，在化学计量点呈弱碱性，选用酚酞作指示剂，测得的是总酸度。

计算公式：

$$\rho=\frac{c_{NaOH}\cdot V\cdot M}{V_s}\times100$$

三、实验仪器及试剂

滴定常用玻璃仪器，邻苯二甲酸氢钾(AR)，NaOH 标准溶液，酚酞指示剂，食用白醋。

四、实验步骤

准确移取 5.00mL 食用白醋于锥形瓶中，加入 25mL H_2O、1～2 滴酚酞指示剂，摇匀，用已标定的 NaOH 标准溶液滴定至溶液呈微红色，30s 内不褪色，即为终点。平行测定三份，同时做试剂空白，计算食用白醋的醋酸含量(g/100mL)。(M=60.05g/mol)

实验提示：测定醋酸含量时，所用的蒸馏水不能含有二氧化碳，否则会溶于水中生成碳酸，将同时被滴定。

五、实验记录

编号	1	2	3	空白
吸取醋样 V_s(mL)				
NaOH 用量 V(mL)				
食用白醋的总酸度 ρ(g/100mL)				
平均值 $\bar{\rho}$(g/100mL)				
相对极差(%)				

六、思考题

1. 滴定醋酸时为什么要用酚酞作指示剂？
2. 该方法的测定原理是什么？

实验 6　混合碱测定

一、实验目的

1. 了解利用双指示剂法测定 Na_2CO_3 和 $NaHCO_3$ 混合物的原理和方法。
2. 学习用参比溶液确定终点的方法。

二、实验原理

$$HCl + Na_2CO_3 = NaCl + NaHCO_3 \qquad pH=8.3，酚酞变色$$

$$HCl + NaHCO_3 = NaCl + CO_2 + H_2O \qquad pH=3.9，甲基橙变色$$

计算公式：

$$w_{Na_2CO_3} = \frac{\frac{1}{2} \cdot 2 \cdot c_{HCl} \cdot V_1 \cdot M_{Na_2CO_3}}{m \times \frac{V}{100}} \times 100\%$$

$$w_{NaHCO_3} = \frac{c_{HCl} \cdot (V_2 - V_1) \cdot M_{NaHCO_3}}{m \times \frac{V}{100}} \times 100\%$$

三、实验仪器及试剂

滴定常用玻璃仪器，酚酞指示剂，甲基橙指示剂，HCl 标准溶液，食用碱。

四、实验步骤

准确称取 0.35g 食用碱于烧杯中，加少量蒸馏水溶解后，定量转移至 100mL 容量瓶中，加水稀释至刻度，摇匀。移取 25.00mL 混合碱于 250mL 锥形瓶中，加纯化水 25mL、酚酞 2 滴，用盐酸溶液滴定至溶液的红色刚刚转为粉红色，记下所消耗 HCl 标准溶液的体积 V_1，再加入甲基橙指示剂 2 滴，继续用盐酸溶液滴定溶液至由黄色恰好变为橙色，所消耗 HCl 溶液的体积记为 V_2，平行测定 3 次，计算混合碱中各组分的含量。

实验提示：

(1)实验中盐酸的标定要注意终点时生成的是 H_2CO_3 饱和溶液，pH＝3.9，为了防止终点提前，必须尽可能去除 CO_2，接近终点时要剧烈振荡溶液，或者加热；本实验采用的是剧烈振荡溶液的方法。

(2)碱测定在第一计量点时生成 $NaHCO_3$，应尽可能保证 CO_2 不丢失。滴定速度一定不能过快，否则会造成 HCl 局部过浓，引起 CO_2 的丢失，摇动应该缓慢，不要剧烈振动。

(3)滴定到达第二计量点时，由于易形成 CO_2 过饱和溶液，滴定过程中生成的 H_2CO_3 慢慢地分解出 CO_2，使溶液的酸度稍有增大，终点出现过早，因此在终点附近应剧烈摇动溶液。

五、实验记录

项目 ＼ 编号	1	2	3
称取样品质量 m(g)			
移取样液体积 V(mL)	25.00		
V_1(mL)			
V_2(mL)			
$w_{Na_2CO_3}$(%)			
$\overline{w}_{Na_2CO_3}$(%)			
相对极差(%)			
w_{NaHCO_3}(%)			
$\overline{w}_{NaHCO_3}$(%)			
相对极差(%)			

六、思考题

1. 采用双指示剂法测定混合碱，在同一份溶液中测定，试判断下列五种情况下混合碱的成分。

(1)$V_1=0$；(2)$V_2=0$；(3)$V_1>V_2$；(4)$V_1<V_2$；(5)$V_1=V_2$。

2. 测定混合碱的总碱度时应选用何种指示剂？

3. 测定混合碱，接近第一化学计量点时，若滴定速度太快，摇动锥形瓶不够，致使滴定液 HCl 局部过浓，会对测定造成什么影响？为什么？

复习思考题

1. 写出下列各酸的共轭碱：H_2O，$H_2C_2O_4$，$H_2PO_4^-$，HCO_3^-，C_6H_5OH，$C_6H_5NH_3^+$，HS^-，$Fe(H_2O)_6^{3+}$，$R—NH^+CH_2COOH$。

2. 写出下列各碱的共轭酸：H_2O，NO_3^-，HSO_4^-，S^{2-}，$C_6H_5O^-$，$Cu(H_2O)_2(OH)_2$，$(CH_2)_6N_4$，$R—NHCH_2COO^-$，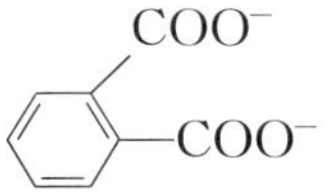。

3. 若要配制(1)pH=3.0，(2)pH=4.0的缓冲溶液，现有下列物质，应该选哪种缓冲体系？

(1) 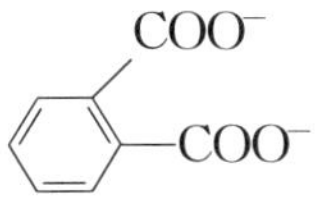，(2)HCOOH，(3)$CH_2ClCOOH$，(4)NH_3CH_2COOH（氨基乙酸盐）。

已知：(1)$pK_{a1}=2.95$，$pK_{a2}=5.41$，(2)$pK_a=3.74$，(3)$pK_a=2.86$，(4)$pK_{a1}=2.35$，$pK_{a2}=9.60$。

4. 下列酸碱溶液的浓度均为0.10mol/L，能否采用等浓度的滴定剂直接准确进行滴定？

(1)HF　(2)KHP　(3)$NH_3^+CH_2COONa$　(4)NaHS　(5)$NaHCO_3$

(6)$(CH_2)_6N_4$　(7)$(CH_2)_6N_4·HCl$　(8)CH_3NH_2

5. 酸碱滴定法中选择指示剂时可以不考虑的因素为(　　)。

A. 滴定突跃的范围　B. 指示剂的变色范围

C. 指示剂的颜色变化　D. 指示剂相对分子质量的大小

E. 滴定方向

6. 计算下列各溶液的pH值。

(1)2.0×10^{-7}mol/L HCl　(2)0.020mol/L H_2SO_4

(3)0.10mol/L NH_4Cl　(4)0.025mol/L HCOOH

(5)1.0×10^{-4}mol/L HCN　(6)1.0×10^{-4}mol/L NaCN

(7)0.10mol/L $(CH_2)_6N_4$　(8)0.10mol/L NH_4CN

(9)0.010mol/L KHP　(10)0.10mol/L Na_2S

(11)0.10mol/L NH_3CH_2COOH（氨基乙酸盐）

7. 称取含硼酸及硼砂的试样0.6010g，用0.1000mol/L HCl标准溶液滴定，以甲基红为指示剂，消耗HCl 20.00mL；再加甘露醇强化后，以酚酞为指示剂，用0.2000mol/L NaOH标准溶液滴定消耗30.00mL。计算试样中硼砂和硼酸的质量分数。

8. 粗氨盐1.000g，加入过量NaOH溶液并加热，逸出的氨吸收于56.00mL 0.2500mol/L H_2SO_4中，过量的酸用0.5000mol/L NaOH回滴，用去1.56mL。计算试样中NH_3的质量分数。

第六章　配位滴定法

学习目标

1. 掌握条件稳定常数的意义及其与各副反应系数间的关系；掌握选择金属指示剂的依据；掌握配位滴定的基本原理；掌握直接准确滴定单一金属离子和选择滴定混合离子的条件及措施；掌握配位滴定的结果计算。
2. 理解副反应对滴定主反应的影响，理解金属指示剂的作用原理。
3. 了解 EDTA 与金属离子配合物的特点；了解影响滴定突跃范围大小的因素；了解配位滴定方式和应用示例。

第一节　配位滴定法概述

配位化合物简称配合物，是一类组成比较复杂的化合物，它的存在和应用都很广泛。生物体内的金属元素多以配合物的形式存在。例如叶绿素是镁的配合物，植物的光合作用靠它来完成。又如动物血液中的血红蛋白是铁的配合物，在血液中起着输送氧气的作用；动物体内的各种酶几乎都是以金属配合物的形式存在的。配合物广泛地渗透到分析化学、生物化学等领域，是目前化学学科中最为活跃的研究领域之一。

配位滴定法(Complexometry)是以生成配合物的反应为基础的滴定分析方法。例如，用 $AgNO_3$ 溶液滴定 CN^-（又称氰量法）时，Ag^+ 与 CN^- 发生配位反应，生成配离子 $[Ag(CN)_2]^-$，其反应式如下：

$$Ag^+ + CN^- \longrightarrow [Ag(CN)_2]^-$$

当滴定到达化学计量点后，稍过量的 Ag^+ 与 $[Ag(CN)_2]^-$ 结合生成 $Ag[Ag(CN)_2]$ 白色沉淀，使溶液变浑浊，指示终点到达。

能用于配位滴定的配位反应必须具备一定的条件：

(1)配位反应必须完全，即生成的配合物的稳定常数(Stability Constant)足够大；

(2)反应应按一定的反应式定量进行，即金属离子与配位剂的配位比要恒定；

(3)反应速度快；

(4)有适当的方法检测终点。

配位反应虽然普遍存在，但仅有少数的配位反应及其生成的配合物可满足上述条件。

一、无机配位剂与简单配合物

能与金属离子配位的无机配位剂很多，但多数的无机配位剂只有一个配位原子（通常称此类配位剂为单基配位体，如 F^-、Cl^-、CN^-、NH_3 等)，与金属离子配位时分级配位，常形成 MLn 型的简单配合物。例如，在 Cd^{2+} 与 CN^- 的配位反应中，分级生成了$[Cd(CN)]^+$、$[Cd(CN)_2]$、$[Cd(CN)_3]^-$、$[Cd(CN)_4]^{2-}$ 等四种配位化合物，它们的稳定常数分别为：$10^{5.5}$、$10^{5.1}$、$10^{4.7}$、$10^{3.6}$。可见，各级配合物的稳定常数都不大，配合物不够稳定；而且各级稳定常数间的差距很小，存在多级配位现象，很难确定它们的化学计量关系式。因此，除个别反应(例如 Ag^+ 与 CN^-、Hg^{2+} 与 Cl^- 等反应)外，无机配位剂大多数不能用于配位滴定，它在分析化学中一般多用作掩蔽剂、辅助配位剂和显色剂。

二、有机配位剂与螯合物

有机配位剂尤其是其中的氨羧配位剂，可与金属离子形成很稳定而且组成固定的配合物，克服了无机配位剂的缺点，可以满足配位滴定反应的要求，因而在分析化学中的应用得到了长足的发展。现在配位滴定法已经成为最重要的容量分析方法之一。

有机配位剂分子中常含有两个或两个以上的配位原子(通常称此类配位剂为多基配位体)，如乙二胺($\ddot{N}H_2CH_2CH_2\ddot{N}H_2$)和氨基乙酸($\ddot{N}H_2CH_2C\ddot{O}OH$)均含有两个配位原子。它们在与金属离子配位时能形成低配位比的具有环状结构的螯合物，比同种配位原子所形成的简单配合物稳定得多。表 6-1 中 Cu^{2+} 与氨、乙二胺、三乙烯四胺所形成的配合物的稳定性比较清楚地说明了这一点。

表 6-1　Cu^{2+} 与不同配位剂形成的配合物稳定性的比较

配位剂	配合物	配位比	螯环数	$\lg K_{稳}$
氨	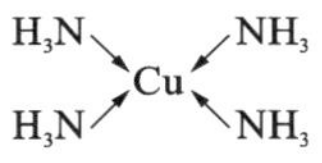	1∶4	0	12.6
乙二胺	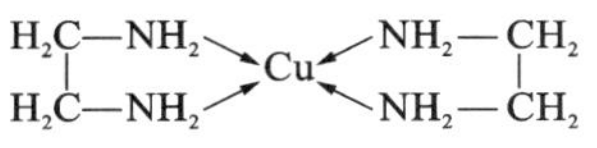	1∶2	2	19.6
三乙烯四胺	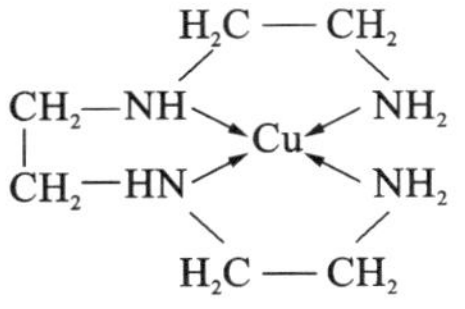	1∶1	3	20.6

有机配位剂中由于含有多个配位原子，因而减少甚至消除了多级配位现象，特别是生成的螯合物的稳定性好，使这类配位反应有可能用于滴定。

广泛用作配位滴定剂的有机配位剂是含有$—N(CH_2COOH)_2$ 基团的有机化合物，称为氨羧配位剂。其分子中含有氨氮  和羧氧 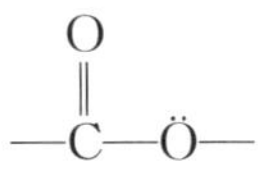 配位原子(含有未成键的孤电子对，可与金属离子形成配位键)，前者易与 Cu、Ni、Zn、Co、Hg 等金属离子配位，后者则几乎与所有高价金属离子配位。因此氨羧配位剂兼有两种原子配位的能力，几乎能与所有金

属离子形成配合物。

在配位滴定中最常用的氨羧配位剂主要有以下几种：

1. EDTA（乙二胺四乙酸）

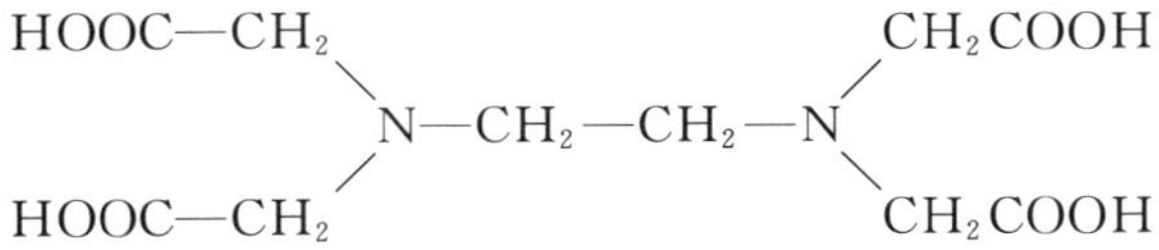

2. CyDTA（或 DCTA，环已烷二胺基四乙酸）

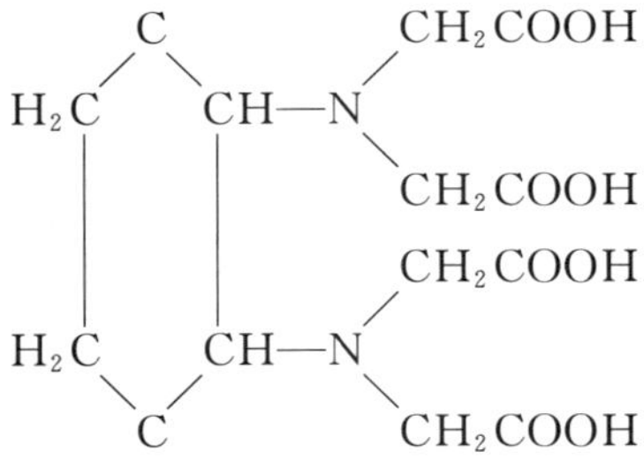

3. EDTP（乙二胺四丙酸）

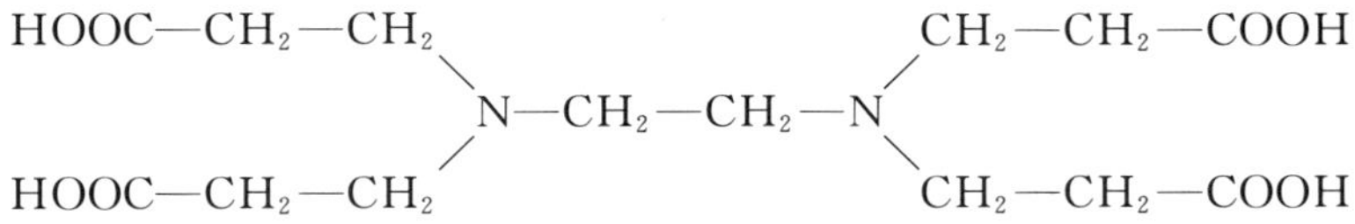

4. NTA（氨基三乙酸）

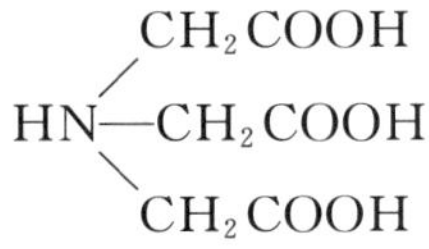

常用氨羧配位剂与金属离子形成的配合物的稳定性参见附录 5 金属配合物的稳定常数。氨羧配位剂中 EDTA 是目前应用最广泛的一种，用 EDTA 标准溶液可以滴定几十种金属离子。通常所谓的配位滴定法主要是指 EDTA 滴定法。

第二节　乙二胺四乙酸及其与金属离子的配合物

一、EDTA 的性质

乙二胺四乙酸(Ethylene Diamine Tetraacetic Acid)，简称 EDTA，通常用 H_4Y 表示。

EDTA 为白色无水结晶粉末，室温时溶解度较小（22℃时溶解度为 0.02g/100mL H_2O），难溶于酸和有机溶剂，易于在碱或氨水中形成相应的盐而溶解。由于 EDTA 溶解度小，因而不适于用作滴定剂。

EDTA 二钠盐（$Na_2H_2Y \cdot 2H_2O$，也简称为 EDTA，相对分子质量为 372.26）为白色结晶粉末，室温下可吸附水分 0.3%，80℃时可烘干除去，在 100～140℃时将失去结晶水而成为无水的 EDTA 二钠盐（相对分子质量为 336.24）。EDTA 二钠盐易溶于水（22℃时溶解度为 11.1g/100mL H_2O，浓度约为 0.3mol/L，pH≈4.4），因此通常使用 EDTA 二钠盐作滴定剂。

EDTA 既具有—NH_2，又具有—COOH，在水溶液中存在两性电离现象(通常指两性离子的总电荷为 0)：

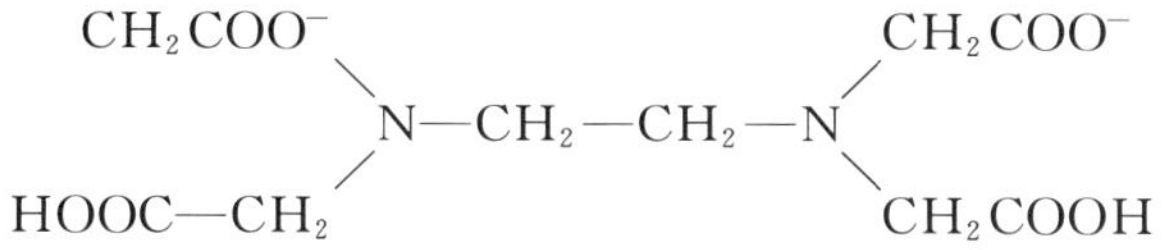

因此，当 EDTA 溶解于酸度很高的溶液中时，它的两个羧酸根可再接受两个 H^+ 形成 H_6Y^{2+}，这样，它就相当于一个六元酸，有六级解离常数，如表 6-2 所示。

表 6-2　EDTA 的解离常数

解离常数	K_{a1}	K_{a2}	K_{a3}	K_{a4}	K_{a5}	K_{a6}
数值	$10^{-0.9}$	$10^{-1.6}$	$10^{-2.0}$	$10^{-2.67}$	$10^{-6.16}$	$10^{-10.26}$

EDTA 在水溶液中总是以 H_6Y^{2+}、H_5Y^+、H_4Y、H_3Y^-、H_2Y^{2-}、HY^{3-} 和 Y^{4-} 这七种型体存在。它们的分布系数 δ 与溶液 pH 值的关系如图 6-1 所示。

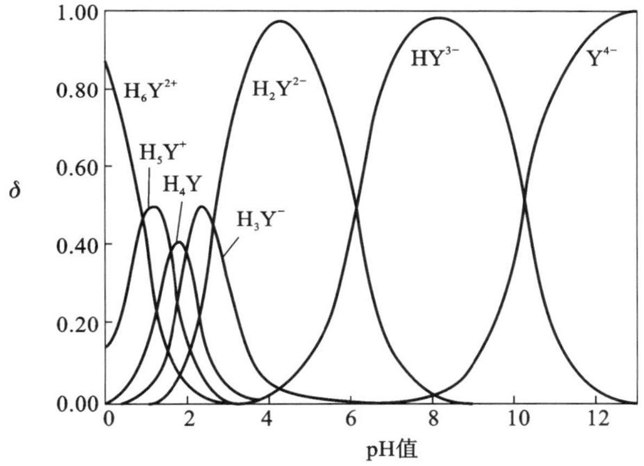

图 6-1　EDTA 溶液中各种存在形式的分布图

从图 6-1 可以看出，在不同的 pH 值下，EDTA 的主要存在型体如表 6-3 所示。

表 6-3　EDTA 在不同 pH 值下的型体

pH 值	主要存在型体
<0.9	H_6Y^{2+}
0.9～1.6	H_5Y^+
1.6～2.0	H_4Y
2.0～2.67	H_3Y^-
2.67～6.16	H_2Y^{2-}
6.16～10.26	HY^{3-}
>10.26	Y^{4-}
>12	几乎全部 Y^{4-}

值得注意的是，在七种型体中只有 Y^{4-}（为了方便，以下均用符号 Y 来表示 Y^{4-}）能与金属离子直接配位。Y（即 Y^{4-}）的分布分数越大，EDTA 的配位能力越强。而 Y 分布分数的大小与溶液的 pH 值密切相关，所以溶液的酸度便成为影响 EDTA 配合物稳定性及滴定终点敏锐性的一个很重要的因素。

二、EDTA 与金属离子的配合物特点

螯合物是一类具有环状结构的配合物。螯合即指成环，只有当一个配位体至少含有两个可配位的原子时才能与中心原子形成环状结构，螯合物中所形成的环状结构常称为螯环。能与金属离子形成螯合物的试剂称为螯合剂。EDTA 就是一种常用的螯合剂。

EDTA 分子中有六个配位原子，此六个配位原子恰能满足它们的配位数，在空间位置上均能与同一金属离子形成环状化合物，即螯合物。图 6-2 所示的是 EDTA 与 Ca^{2+} 形成的螯合物的立体构型。

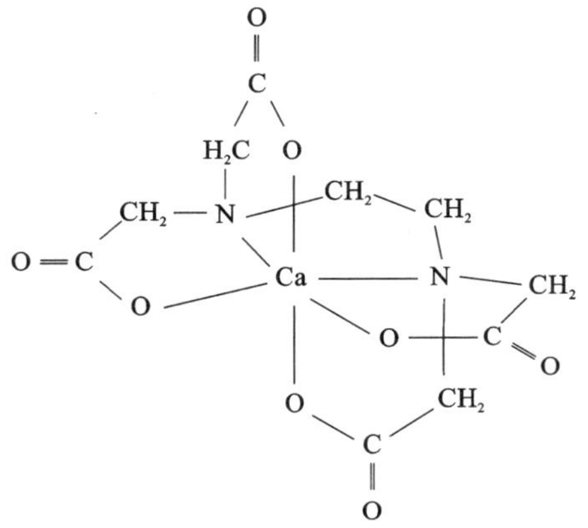

图 6-2　EDTA 与 Ca^{2+} 形成的螯合物

EDTA 与金属离子的配合物有如下特点：

(1)EDTA 具有广泛的配位性能，几乎能与所有金属离子形成配合物，因而配位滴定应用很广泛，但如何提高滴定的选择性便成为配位滴定中的一个重要问题。

(2)EDTA 配合物的配位比简单，多数情况下都是形成 1∶1 配合物。个别离子如 Mo(V)与 EDTA 配合物[$(MoO_2)_2Y^{2-}$]的配位比为 2∶1。

(3)EDTA 配合物的稳定性高，能与金属离子形成具有多个五元环结构的螯合物。

(4)EDTA 配合物易溶于水，使配位反应较迅速。

(5)大多数金属-EDTA 配合物无色，这有利于指示剂确定滴定终点。但 EDTA 与有色金属离子配位生成的螯合物则颜色加深，妨碍滴定终点的观察。例如：

CuY^{2-}	NiY^{2-}	CoY^{2-}	MnY^{2-}	CrY^{-}	FeY^{-}
深蓝	蓝色	紫红	紫红	深紫	黄

因此滴定这些离子时，要控制其浓度勿过大，否则，使用指示剂确定滴定终点将发生困难。

第三节　配位平衡

一、EDTA 配合物的平衡常数(稳定常数)

对于 1∶1 型的配合物 MY 来说,其配位反应式如下(为简便起见,略去电荷):

$$M + Y \longrightarrow MY$$

因此反应的平衡常数表达式为:

$$K_{MY} = \frac{[MY]}{[M]\cdot[Y]} \tag{6-1}$$

K_{MY} 即为金属-EDTA 配合物(MY)的稳定常数(Stability Constant),也可用 $K_{稳}$ 表示。K_{MY}的大小与溶液的温度和离子强度有关,与各组分的浓度无关,与溶液的 pH 值无关,通常以其对数值 $\lg K_{MY}$来表示。对于具有相同配位数的配合物或配位离子,K_{MY}或 $\lg K_{MY}$的值越大,表明形成的配合物越稳定。

K_{MY} 稳定常数的倒数即为配合物的不稳定常数(Instability Constant,或称解离平衡常数),解离反应式为:

$$MY \longrightarrow M + Y$$

解离平衡常数:

$$K_{不稳} = \frac{[M][Y]}{[MY]}$$

因此,$K_{稳} = \dfrac{1}{K_{不稳}}$,或

$$K_{稳} \cdot K_{不稳} = 1 \tag{6-2}$$

常见金属离子与 EDTA 形成的配合物 MY 的稳定常数 K_{MY}见表 6-4(也可由相关的手册查到)。需要指出的是:稳定常数是无副反应情况下的数据,它不能反映实际滴定过程中真实配合物的稳定状况。

表 6-4　部分金属-EDTA 配位化合物(MY)的稳定常数 K_{MY}

阳离子	$\lg K_{MY}$	阳离子	$\lg K_{MY}$	阳离子	$\lg K_{MY}$
Na^+	1.66	Ce^{4+}	15.98	Cu^{2+}	18.80
Li^+	2.79	Al^{3+}	16.3	Ga^{2+}	20.3
Ag^+	7.32	Co^{2+}	16.31	Ti^{3+}	21.3
Ba^{2+}	7.86	Pt^{2+}	16.31	Hg^{2+}	21.8
Mg^{2+}	8.69	Cd^{2+}	16.49	Sn^{2+}	22.1
Sr^{2+}	8.73	Zn^{2+}	16.50	Th^{4+}	23.2
Be^{2+}	9.20	Pb^{2+}	18.04	Cr^{3+}	23.4
Ca^{2+}	10.69	Y^{3+}	18.09	Fe^{3+}	25.1
Mn^{2+}	13.87	VO^+	18.1	U^{4+}	25.8
Fe^{2+}	14.33	Ni^{2+}	18.60	Bi^{3+}	27.94
La^{3+}	15.50	VO^{2+}	18.8	Co^{3+}	36.0

二、ML_n 型配合物的逐级稳定常数和累积稳定常数

金属离子可与某配位剂形成 1∶n 的配合物，其配合物 ML_n 的形成是逐级进行的，逐级平衡反应与相应的逐级稳定常数（Stepwise Stability Constant，$K_{稳n}$，也称逐级平衡常数）为：

$$M + L \longrightarrow ML \qquad K_{稳_1} = \frac{[ML]}{[M]\cdot[L]}$$

$$ML + L \longrightarrow ML_2$$

$$\vdots \quad \vdots$$

$$ML_{(n-1)} + L \rightarrow ML_n \quad K_{稳n} = \frac{[ML_n]}{[ML_{n-1}]\cdot[L]} \tag{6-3}$$

若将逐级稳定常数渐次相乘，得到各级累积稳定常数（Cumulative Stability Constant，β_n）

第一级累积稳定常数 $\beta_1 = K_{稳_1} = \dfrac{[ML]}{[M]\cdot[L]}$

第二级累积稳定常数 $\beta_2 = K_{稳1}K_{稳2} = \dfrac{[ML_2]}{[M]\cdot[L]^2}$

$\vdots$

第 n 级累积稳定常数 $\beta_n = K_{稳1}K_{稳2}\cdots K_{稳n} = \dfrac{[ML_n]}{[M]\cdot[L]^n}$ (6-4)

β_n 即为各级配位化合物的总的稳定常数，称为累积稳定常数。

根据配位化合物的各级累积稳定常数，可以计算各级配合物的浓度，即：

$[ML]=\beta_1[M]\cdot[L]$

$[ML_2]=\beta_2[ML]\cdot[L]^2$

$\vdots$

$[ML_n]=\beta_n[M]\cdot[L]^n$ (6-5)

综上所述，第 n 级累积稳定常数又称配合物的总稳定常数；第 n 级累积解离常数又称配合物的总解离常数。总稳定常数与总解离常数互为倒数关系，即

$$K_{解离}=1/K_{稳}$$

各级累积稳定常数将各级配位化合物的浓度（$[ML]$，$[ML_2]$，…，$[ML_n]$）直接与游离金属、游离配位剂的浓度（$[M]$，$[L]$）联系了起来。在配位平衡计算中，常涉及各级配合物的浓度，这些关系式都是很重要的。

【例 6-1】 在 pH=12 的 5.0×10^{-3} mol/L CaY 溶液中，Ca^{2+} 浓度和 pCa 为多少？

【解】 已知 pH=12 时 $c(CaY)=5.0\times10^{-3}$ mol/L

查表 6-4 得 $K_{CaY}=10^{10.7}$，

又 $K_{CaY}=\dfrac{[CaY^{2-}]}{[Ca^{2+}]\cdot[Y]}$，$[Ca^{2+}]=[Y]$，$[CaY^{2-}]\approx c(CaY)$，

故 $[Ca^{2+}]^2=\dfrac{c(CaY)}{K_{CaY}}$，

$[Ca^{2+}]=\sqrt{\dfrac{c(CaY)}{K_{CaY}}}=\sqrt{\dfrac{10^{-2.30}}{10^{10.7}}}=10^{-6.5}$

即$[Ca^{2+}]=3\times10^{-7}$(mol/L)

$pK_a=-\lg[Ca]=-\lg10^{-6.5}=6.5$

因此,溶液中,Ca^{2+}的浓度为3×10^{-7} mol/L,pCa 为 6.5。

三、EDTA 的质子化常数和累积质子化常数

配位剂不仅可与金属离子配位,也可与H^+结合,称之为配位剂的酸效应。配位剂与质子之间反应的形成常数称为质子化常数(K^H)。

EDTA 配位剂(Y)也能与溶液中的H^+结合,从而形成 HY、H_2Y、…、H_6Y 等产物。其逐级质子化反应和相应的逐级质子化常数、累积质子化常数为:

$$Y+H^+\underset{K_{a6}}{\overset{K_1^H}{\rightleftharpoons}}HY \qquad K_1^H=\frac{1}{K_{a6}} \qquad \beta_1^H=K_1^H=\frac{[HY]}{[Y][H^+]}$$

$$HY+H^+\underset{K_{a6}}{\overset{K_2^H}{\rightleftharpoons}}H_2Y \qquad K_2^H=\frac{[H_2Y]}{[HY][H^+]}=\frac{1}{K_{a5}} \qquad \beta_2^H=K_1^HK_2^H$$

$$\vdots$$

$$H_5Y+H^+\underset{K_{a1}}{\overset{K_6^H}{\rightleftharpoons}}H_6Y \qquad K_6^H=\frac{[H_6Y]}{[H_5Y][H^+]}=\frac{1}{K_{a1}} \qquad \beta_6^H=K_1^HK_2^H\cdots K_6^H$$

由各级累积质子化常数可计算出溶液中 Y 各型体的平衡浓度。

$$[HY]=\beta_1^H[Y][H^+]$$

$$[H_2Y]=\beta_2^H[Y][H^+]^2$$

$$\vdots$$

$$[H_6Y]=\beta_6^H[Y][H^+]^6$$

四、配位滴定中的副反应与副反应系数

(一)配位滴定中的副反应

在滴定过程中,一般将 EDTA(Y)与被测金属离子 M 的反应称为主反应,而溶液中存在的其他反应都称为副反应,如下式:

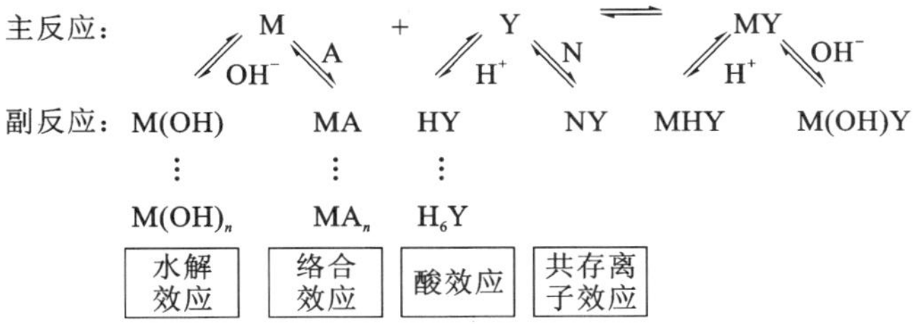

式中 A 为辅助配位剂,N 为共存离子。副反应影响主反应的现象通常称为"效应"。

显然,反应物(M、Y)发生副反应不利于主反应的进行,而生成物(MY)的各种副反应则有利于主反应的进行,但所生成的这些混合配合物大多数不稳定,可以忽略不计。以下主要讨论反应物发生的副反应。

(二)副反应系数

配位反应涉及的平衡比较复杂。为了定量处理各种因素对配位平衡的影响,引入副反应系数的概念。副反应系数是描述副反应对主反应影响大小程度的量度,以α表示。

1. Y与H的副反应：酸效应(Acidic Effect)与酸效应系数

因H^+的存在使配位体参加主反应能力降低的现象称为酸效应。酸效应的程度用酸效应系数来衡量，EDTA(用Y表示)的酸效应系数用符号$\alpha_{Y(H)}$表示。所谓酸效应系数，是指在一定酸度下，未与金属离子M配位的Y各级质子化型体的总浓度[Y′]与游离Y酸根离子浓度[Y]的比值。即

$$\alpha_{Y(H)}=\frac{[Y']}{[Y]}=\frac{[Y]+[HY]+[H_2Y]+\cdots+[H_6Y]}{[Y]} \tag{6-6}$$

不同酸度下的$\alpha_{Y(H)}$值可按下式计算：

$$\alpha_{Y(H)}=1+\frac{[H]}{K_6}+\frac{[H]^2}{K_6K_5}+\frac{[H]^3}{K_6K_5K_4}+\cdots+\frac{[H]^6}{K_6K_5\cdots K_1} \tag{6-7}$$

式中K_6、K_5、…、K_1为H_6Y^{2+}的各级解离常数。

由式(6-7)可知$\alpha_{Y(H)}$随pH值的增大而减小。$\alpha_{Y(H)}$越小，则Y的有效浓度[Y]越大，酸度对配合物的影响越小。

在EDTA滴定中，$\alpha_{Y(H)}$是最常用的副反应系数；为应用方便，通常用其对数值$\lg\alpha_{Y(H)}$表示。表6-5列出不同pH条件下EDTA酸效应系数$\lg\alpha_{Y(H)}$值。

表6-5 不同pH时的$\lg\alpha_{Y(H)}$

pH值	$\lg\alpha_{Y(H)}$	pH值	$\lg\alpha_{Y(H)}$	pH值	$\lg\alpha_{Y(H)}$
0.0	23.64	3.8	8.85	7.4	2.88
0.4	21.32	4.0	8.44	7.8	2.47
0.8	19.08	4.4	7.64	8.0	2.27
1.0	18.01	4.8	6.84	8.4	1.87
1.4	16.02	5.0	6.45	8.8	1.48
1.8	14.27	5.4	5.69	9.0	1.28
2.0	13.51	5.8	4.98	9.5	0.83
2.4	12.19	6.0	4.65	10.0	0.45
2.8	11.09	6.4	4.06	10.6	0.16
3.0	10.60	6.8	3.55	11.0	0.07
3.4	9.70	7.0	3.32	12.0	0.01

也可将pH值与$\lg\alpha_{Y(H)}$的对应值绘成如图6-3所示的$\lg\alpha_{Y(H)}$-pH值曲线，又称为EDTA的酸效应曲线。由图6-3可看出，仅当pH≥12时，才有$\lg\alpha_{Y(H)}$接近0，即$\alpha_{Y(H)}=1$，即此时Y才不与H^+发生副反应。

2. Y与N的副反应：共存离子效应和共存离子效应系数

如果溶液中除了被滴定的金属离子M之外，还有其他金属离子N存在，且N亦能与Y形成稳定的配合物时，就可能存在共存离子效应。

若溶液中共存金属离子N的浓度较大，Y与N的副反应就不能忽略。这种由于共存离子N与Y反应，而降低了Y的平衡浓度的副反应称为共存离子效应。副反应进行的程度用副反应系数$\alpha_{Y(N)}$表示，称为共存离子效应系数：

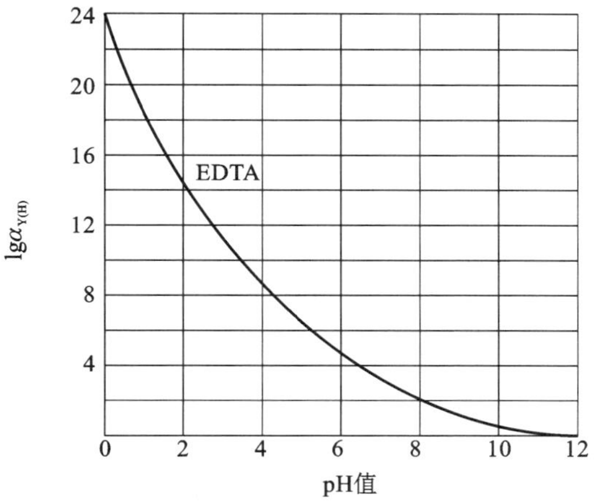

图 6-3 EDTA 的 $\lg\alpha_{Y(H)}$ 与 pH 的关系

$$\alpha_{Y(N)}=\frac{[Y']}{[Y]}=\frac{[NY]+[Y]}{[Y]}=1+K_{NY}[N] \tag{6-8}$$

式中[N]为游离共存金属离子 N 的平衡浓度。由式(6-8)可知，$\alpha_{Y(N)}$的大小只与 K_{NY}以及 N 的浓度有关。

若有几种共存离子存在，一般只取其中影响最大的，其他可忽略不计。实际上，Y 的副反应系数 α_Y 应同时包括共存离子效应和酸效应两部分，因此：

$$\begin{aligned}\alpha_Y&=\frac{[Y']}{[Y]}=\frac{[Y]+[HY]+\cdots+[H_6Y]+[NY]}{[Y]}\\&=\frac{[Y]+[HY]+\cdots+[H_6Y]}{[Y]}+\frac{[NY]+[Y]}{[Y]}-\frac{[Y]}{[Y]}\\&=\alpha_{Y(H)}+\alpha_{Y(N)}-1\end{aligned} \tag{6-9}$$

实际工作中，当 $\alpha_{Y(H)}\gg\alpha_{Y(N)}$ 时，酸效应是主要的；当 $\alpha_{Y(N)}\gg\alpha_{Y(H)}$ 时，共存离子效应是主要的。一般情况下，在滴定剂 Y 的副反应中，酸效应的影响最大，因此 $\alpha_{Y(H)}$ 是最重要的副反应系数。

【例 6-2】 pH＝6.0 时，含 Zn^{2+} 和 Ca^{2+} 的浓度均为 0.010mol/L 的 EDTA 溶液中，$\alpha_{Y(Ca)}$ 及 α_Y 应当是多少？

【解】 欲求 $\alpha_{Y(Ca)}$ 及 α_Y 值，应将 Zn^{2+} 与 Y 的反应看作主反应，Ca^{2+} 作为共存离子。Ca^{2+} 与 Y 的副反应系数为 $\alpha_{Y(Ca)}$，酸效应系数为 $\alpha_{Y(H)}$，α_Y 值为总副反应系数。

查表 6-4 得 $K_{CaY}=10^{10.69}$；查表 6-5 得知 pH＝6.0 时，$\alpha_{Y(H)}=10^{4.65}$。代入公式(6-8)，

得 $\alpha_{Y(Ca)}=1+K_{CaY}[Ca^{2+}]$

因此 $\alpha_{Y(Ca)}=1+10^{10.69}\times0.010\approx10^{8.7}$

因为 $\alpha_Y=\alpha_{Y(H)}+\alpha_{Y(Ca)}-1$

所以 $\alpha_Y=10^{4.65}+10^{8.7}-1\approx10^{8.7}$

3. 金属离子 M 的副反应及副反应系数

(1)配位效应与配位效应系数

在 EDTA 滴定中，由于其他配位剂的存在，使金属离子参加主反应的能力降低的现象称为配位效应。配位效应对主反应的影响程度用配位效应系数 $\alpha_{M(L)}$ 表示。$\alpha_{M(L)}$ 的定义为：

没有参加主反应的金属离子总浓度[M′]与游离金属离子浓度[M]的比值。即

$$\alpha_{M(L)}=\frac{[M']}{[M]}=\frac{[M]+[ML]+\cdots+[ML_n]}{[M]}$$

根据 ML_n 各级平衡浓度的计算公式(6-5),得

$$\alpha_{M(L)}=\frac{[M]+\beta_1[M][L]+\cdots+\beta_n[M][L]^n}{[M]}=1+\beta_1[L]+\cdots+\beta_n[L]^n \tag{6-10}$$

$\alpha_{M(L)}$ 越大,表示 EDTA 与其他配位剂结合的副反应越严重。

配位剂 L 一般是滴定时所加入的缓冲剂或为防止金属离子水解所加的辅助配位剂,也可能是为消除干扰而加的掩蔽剂。

在酸度较低溶液中滴定 M 时,金属离子会生成羟基配合物$[M(OH)_n]$,此时 L 就代表 OH^-,其副反应系数用 $\alpha_{M(OH)}$ 表示。常见金属离子的 $\lg\alpha_{M(OH)}$ 值可查表 6-6。

表 6-6　金属离子的 $\lg\alpha_{M(OH)}$

金属离子	离子强度	pH 值													
		1	2	3	4	5	6	7	8	9	10	11	12	13	14
Al^{3+}	2					0.4	1.3	5.3	9.3	13.3	17.3	21.3	25.3	29.3	33.3
Bi^{3+}	3	0.1	0.5	1.4	2.4	3.4	4.4	5.4							
Ca^{2+}	0.1													0.3	1.0
Cd^{2+}	3									0.1	0.5	2.0	4.5	8.1	12.0
Co^{2+}	0.1								0.1	0.4	1.1	2.2	4.2	7.2	10.2
Cu^{2+}	0.1								0.2	0.8	1.7	2.7	3.7	4.7	5.7
Fe^{2+}	1									0.1	0.6	1.5	2.5	3.5	4.5
Fe^{3+}	3			0.4	1.8	3.7	5.7	7.7	9.7	11.7	13.7	15.7	17.7	19.7	21.7
Hg^{2+}	0.1			0.5	1.9	3.9	5.9	7.9	9.9	11.9	13.9	15.9	17.9	19.9	21.9
La^{3+}	3										0.3	1.0	1.9	2.9	3.9
Mg^{2+}	0.1											0.1	0.5	1.3	2.3
Mn^{2+}	0.1										0.1	0.5	1.4	2.4	3.4
Ni^{2+}	0.1									0.1	0.7	1.6			
Pb^{2+}	0.1							0.1	0.5	1.4	2.7	4.7	7.4	10.4	13.4
Th^{4+}	1				0.2	0.8	1.7	2.7	3.7	4.7	5.7	6.7	7.7	8.7	9.7
Zn^{2+}										0.2	2.4	5.4	8.5	11.8	15.5

(2)金属离子的总副反应系数 α_M

若溶液中有两种配位剂 L 和 A 同时与金属离子 M 发生副反应,则其影响可用 M 的总副反应系数 α_M 表示。

$$\alpha_M=\alpha_{M(L)}+\alpha_{M(A)}-1 \tag{6-11}$$

【例 6-3】 在 0.010mol/L 锌氨溶液中,$c(NH_3)=0.10$mol/L。当 pH=10.0 和 pH=11.0 时,计算 Zn^{2+} 的总副反应系数。

【解】 查附表 5 得 $Zn(NH_3)_4^{2+}$ 的各级累积稳定常数为:$\lg\beta_1=2.37$,$\lg\beta_2=4.81$,$\lg\beta_3=7.31$,$\lg\beta_4=9.46$。

根据公式(6-10)得

$$\alpha_{Zn(NH_3)} = 1+\beta_1[NH_3]+\beta_2[NH_3]^2+\beta_3[NH_3]^3+\beta_4[NH_3]^4$$
$$=1+10^{2.37}\times(0.10)+10^{4.81}\times(0.10)^2+10^{7.31}\times(0.10)^3+10^{9.46}\times(0.10)^4$$
$$=10^{5.49}$$

(1)查表 6-6,pH=10.0 时,$\lg\alpha_{Zn(OH)}=2.4$,即 $\alpha_{Zn(OH)}=10^{2.4}$。

根据公式(6-11)得 $\alpha_{Zn^{2+}}=\alpha_{Zn(NH_3)}+\alpha_{Zn(OH)}-1$

因此 $\alpha_{Zn^{2+}}=10^{5.49}+10^{2.4}-1\approx10^{5.49}$

(2)查表 6-6,pH=11.0 时,$\lg\alpha_{Zn(OH)}=5.4$,即 $\alpha_{Zn(OH)}=10^{5.4}$。

根据公式(6-11)得 $\alpha_{Zn^{2+}}=\alpha_{Zn(NH_3)}+\alpha_{Zn(OH)}-1$

因此 $\alpha_{Zn^{2+}}=10^{5.49}+10^{5.4}-1\approx5.6\times2\times10^{5}=10^{5.75}$

4.配合物 MY 的副反应

这种副反应在酸度较高或较低时发生。酸度高时,生成酸式配合物(MHY),其副反应系数用 $\alpha_{MY(H)}$ 表示;酸度低时,生成碱式配合物(MOHY),其副反应系数用 $\alpha_{MY(OH)}$ 表示。酸式配合物和碱式配合物一般不太稳定,计算中可忽略不计。

五、EDTA 配合物的条件稳定常数

通过上述副反应对主反应影响的讨论可知,用稳定常数描述配合物的稳定性显然是不符合实际情况的,应将副反应对主反应的影响一起考虑,而由此推导的稳定常数称为条件稳定常数或表观稳定常数,用 K'_{MY} 表示。K'_{MY} 与 α_Y、α_M、α_{MY} 的关系如下:

$$K'_{MY}=K_{MY}\frac{\alpha_{MY}}{\alpha_M\alpha_Y} \tag{6-12}$$

当条件恒定时 α_M、α_Y、α_{MY} 均为定值,故 K'_{MY} 在一定条件下为常数,称为条件稳定常数。当副反应系数为 1 时(无副反应),$K'_{MY}=K_{MY}$。

若将式(6-12)两边取对数,得:

$$\lg K'_{MY}=\lg K_{MY}+\lg\alpha_{MY}-\lg\alpha_M-\lg\alpha_Y \tag{6-13}$$

多数情况下(溶液的酸碱性不是太强),配合物 MY 不容易形成酸式或碱式配合物,故 $\lg\alpha_{MY}$ 可忽略不计,由此式(6-13)可简化成:

$$\lg K'_{MY}=\lg K_{MY}-\lg\alpha_M-\lg\alpha_Y \tag{6-14}$$

如果只有酸效应,式(6-14)又可简化成:

$$\lg K'_{MY}=\lg K_{MY}-\lg\alpha_{Y(H)} \tag{6-15}$$

条件稳定常数是利用副反应系数进行校正后的实际稳定常数,可以应用它判断滴定金属离子的可行性和混合金属离子分别滴定的可行性,以及滴定终点时金属离子的浓度计算等。

【例 6-4】 计算 pH=5.00,AlF_6^{3-} 的浓度为 0.10mol/L,溶液中游离 F^- 的浓度为 0.010mol/L时,EDTA 与 Al^{3+} 的配合物的条件稳定常数 K'_{AlY}。

【解】 金属离子 Al^{3+} 可发生副反应(配位效应),Y 也可发生副反应(酸效应),此时,条件稳定常数 K'_{AlY} 的对数值为:

$$\lg K'_{AlY}=\lg K_{AlY}-\lg\alpha_{Al(F)}-\lg\alpha_{Y(H)}$$

查表 6-5 得 pH=5.00 时,$\lg\alpha_{Y(H)}=6.45$;查表 6-4 得 $\lg K_{AlY}=16.3$

查附录 5 得 Al^{3+} 的累积常数 $\beta_1=10^{6.11}$、$\beta_2=10^{11.12}$、$\beta_3=10^{15.00}$、$\beta_4=10^{18.00}$、$\beta_5=10^{19.40}$、$\beta_6=10^{19.80}$则

$$\begin{aligned}\alpha_{Al(F)} &= 1+\beta_1[F^-]+\beta_2[F^-]^2+\beta_3[F^-]^3+\beta_4[F^-]^4+\beta_5[F^-]^5+\beta_6[F^-]^6\\ &=1+10^{6.11}\times 0.01+10^{11.12}\times(0.01)^2+10^{15.00}\times(0.01)^3+10^{18.00}\times(0.01)^4+\\ &\quad 10^{19.40}\times(0.01)^5+10^{19.80}\times(0.01)^6\\ &=1+10^{4.11}+10^{7.12}+10^{9.00}+10^{10.00}+10^{9.40}+10^{7.80}\\ &\approx 10^{7.12}+10^{9.00}+10^{10.00}+10^{9.40}+10^{7.80}\\ &=1.3\times10^7+1.0\times10^9+1.0\times10^{10}+2.5\times10^9+6.3\times10^7\\ &=(1.3+100+1000+250+6.3)\times10^7\\ &=1.3576\times10^{10}\\ &=10^{0.1329}\times10^{10}\\ &=10^{10.13}\end{aligned}$$

$\lg\alpha_{Al(F)}=\lg10^{10.13}=10.13$

故 $\lg K'_{AlY}=16.3-10.13-6.45=-0.28$

可见，此时条件稳定常数很小，说明 AlY 已被 F^- 破坏，用 EDTA 滴定 Al^{3+} 已不可能。

【例 6-5】 计算 pH=2.00、pH=5.00 时的 $\lg K'_{ZnY}$。

【解】 查表 6-4 得 $\lg K_{ZnY}=16.5$；查表 6-5 得 pH=2.00 时，$\lg\alpha_{Y(H)}=13.51$。

按题意，溶液中只存在酸效应，根据式(6-15)

$$\lg K'_{ZnY}=\lg K_{ZnY}-\lg\alpha_{Y(H)}$$

因此 $\lg K'_{ZnY}=16.5-13.51=2.99$

同样，查表 6-5 得 pH=5.00 时，$\lg\alpha_{Y(H)}=6.45$，因此

$$\lg K'_{ZnY}=16.5-6.45=10.05$$

即 pH=2.00 时 $\lg K'_{ZnY}$ 为 2.99；pH=5.00 时，$\lg K'_{ZnY}$ 为 10.05。

由上例可看出，尽管 $\lg K_{ZnY}=16.5$，但 pH=2.00 时，$\lg K'_{ZnY}$ 仅为 2.99，此时 ZnY 极不稳定，在此条件下 Zn^{2+} 不能被准确滴定；而在 pH=5.00 时，$\lg K'_{ZnY}$ 为 10.05，ZnY 已稳定，配位滴定可以进行。可见配位滴定中控制溶液酸度是十分重要的。

第四节　金属指示剂

配位滴定指示终点的方法很多，其中最重要的是使用金属离子指示剂(Metallochromic Indicator，简称为金属指示剂)指示终点。我们知道，酸碱指示剂是以指示溶液中 H^+ 浓度的变化确定终点，而金属指示剂则是以指示溶液中金属离子浓度的变化确定终点。

一、金属指示剂的作用原理

金属指示剂是一种有机染料，本身也是一种配位剂，能与某些金属离子结合，生成与其本身颜色显著不同的配合物以指示终点。

在滴定前加入金属指示剂(用 In 表示金属指示剂的配位基团)，则 In 与待测金属离子 M 有如下反应(省略电荷)：

$$M+\underset{\substack{\text{指示剂}\\(\text{甲色})}}{In}\rightleftharpoons\underset{\substack{\text{配合物}\\(\text{乙色})}}{MIn}$$

滴定前，指示剂 In 与金属离子 M 形成配合物，呈 MIn(乙色)的颜色。当逐滴滴入 ED-

TA(简称 Y)溶液后，Y 先与游离的金属离子 M 结合，形成配合物 MY；至接近化学计量点附近，溶液中的游离金属离子 M 的浓度已经很低，由于 Y 与金属离子 M 的稳定性 $K_{MY}>K_{MIn}$，Y 夺取 MIn 中的 M

$$MIn+Y \rightleftharpoons MY+In$$

使指示剂 In 游离出来，溶液由乙色变为甲色，指示滴定终点到达。

例如，游离铬黑 T(BT)在 pH=10 的水溶液中呈蓝色，与 Mg^{2+} 的配合物的颜色为酒红色。

$$Mg^{2+}+\underset{\text{蓝色}}{BT} \rightleftharpoons \underset{\text{酒红色}}{Mg\text{-}BT}$$

若在 pH=10 时用 EDTA 滴定 Mg^{2+}，滴定开始前加入指示剂铬黑 T，则铬黑 T 与溶液中部分的 Mg^{2+} 反应，此时溶液呈 Mg^{2+}-BT 的酒红色。随着 EDTA 的加入，EDTA 逐渐与 Mg^{2+} 络合。在化学计量点附近，Mg^{2+} 的浓度降至很低，由于 $K_{MY}>K_{MBT}$，加入的 EDTA 进而夺取了 Mg^{2+}-BT 中的 Mg^{2+}，使铬黑 T 游离出来，此时溶液呈现出游离铬黑 T 的蓝色，指示滴定终点到达。

$$\underset{\text{酒红色}}{Mg\text{-}BT}+Y \rightleftharpoons \underset{\text{无色}}{MgY}+\underset{\text{蓝色}}{BT}$$

二、金属指示剂应具备的条件

金属指示剂必须具备以下条件：

(1)金属指示剂与金属离子形成的配合物的颜色，应与金属指示剂本身的颜色有明显的不同，这样才能借助颜色的明显变化来判断终点的到达。

(2)金属指示剂与金属离子形成的配合物 MIn 要有适当的稳定性。如果 MIn 的稳定性过高(K_{MIn}太大)，则在化学计量点附近，Y 不易将 MIn 中的 M 夺走，终点推迟，甚至始终不变色，得不到终点，通常要求 $K_{MY}/K_{MIn}\geqslant 10^2$。如果 MIn 的稳定性过低，则未到达化学计量点时 MIn 就会分解，使终点提前，影响滴定的准确度，一般要求 $K_{MIn}\geqslant 10^4$。

(3)金属指示剂与金属离子之间的反应要迅速、变色可逆，这样才便于滴定。

(4)金属指示剂应易溶于水，不易变质，便于使用和保存。

三、常用金属指示剂

1. 铬黑 T(BT)

铬黑 T 在溶液中有如下平衡：

$$\underset{\text{紫红}}{H_2In} \xrightleftharpoons{pK_{a2}=6.3} \underset{\text{蓝}}{HIn^{2-}} \xrightleftharpoons{pK_{a3}=11.6} \underset{\text{橙}}{In^{3-}}$$

因此在 pH<6.3 时，BT 在水溶液中呈紫红色；pH>11.6 时 BT 呈橙色；只有当 6.3<pH<11.6 时，BT 为二价离子才呈蓝色。而 BT 与二价离子形成的配合物颜色为红色或酒红色。所以铬黑 T 只有在 pH=7～11 的范围内使用，指示剂才有明显的颜色变化。实验表明铬黑 T 作为金属指示剂，最适宜的酸度是 pH=9～10.5。

铬黑 T 固体相当稳定，但其水溶液仅能保存几天，这是其自身聚合反应的缘故。聚合后的铬黑 T 不能再与金属离子显色。在 pH<6.5 的溶液中铬黑 T 聚合更为严重，加入三乙醇胺可以防止其聚合。

铬黑 T 是在弱碱性溶液中滴定 Mg^{2+}、Zn^{2+}、Pb^{2+} 等离子的常用指示剂。

2. 二甲酚橙(XO)

二甲酚橙为多元酸。在 pH=0～6.0 之间，二甲酚橙呈黄色。它与金属离子形成的配合物为红色，是酸性溶液中许多离子配位滴定所使用的极好指示剂，常用于锆、铪、钍、钪、铟、钇、铋、铅、锌、镉、汞的直接滴定法中。

铝、镍、钴、铜、镓等离子会封闭(参见本节“四”)二甲酚橙，可采用返滴定法，即在 pH=5.0～5.5(六亚甲基四胺缓冲溶液)时，加入过量 EDTA 标准溶液，再用锌或铅标准溶液返滴定。在 pH=2～3 时，以硝酸铋返滴定法测定 Fe^{3+}。

3. PAN

PAN 是 1-(2-吡啶偶氮)-2-萘酚的简称。PAN 与 Cu^{2+} 的显色反应非常灵敏，但很多其他金属离子如 Ni^{2+}、Co^{2+}、Zn^{2+}、Pb^{2+}、Bi^{3+}、Ca^{2+} 等与 PAN 反应慢或显色灵敏度低。所以有时利用 Cu-PAN 作间接指示剂来测定这些金属离子。Cu-PAN 指示剂是 CuY 和少量 PAN 的混合液。将此液加到含有被测金属离子 M 的试液中时，发生如下置换反应：

$$\mathrm{CuY}+\underset{\text{黄}}{\mathrm{PAN}}+\mathrm{M}\rightleftharpoons \mathrm{MY}+\underset{\text{紫红}}{\mathrm{Cu\text{-}PAN}}$$

此时溶液呈现紫红色。当加入的 EDTA 定量与 M 反应后，在化学计量点附近，EDTA 将夺取 Cu-PAN 中的 Cu^{2+}，从而使 PAN 游离出来：

$$\underset{\text{紫红}}{\mathrm{Cu\text{-}PAN}}+\mathrm{Y}\rightleftharpoons \mathrm{CuY}+\underset{\text{黄}}{\mathrm{PAN}}$$

溶液由紫红色变为黄色，指示终点到达。因滴定前加入的 CuY 与最后生成的 CuY 是相等的，故加入的 CuY 并不影响测定结果。

在几种离子的连续滴定中，若分别使用几种指示剂，往往发生颜色干扰。由于 Cu-PAN 可在很宽的 pH 值范围(pH=1.9～12.2)内使用，因而可以在同一溶液中连续指示终点。

类似 Cu-PAN 这样的间接指示剂还有 Mg-BT 等。

4. 其他指示剂

除前面所介绍的指示剂外，还有磺基水杨酸、钙指示剂(NN)等常用指示剂。磺基水杨酸(无色)在 pH=2 时，与 Fe^{3+} 形成紫红色配合物，因此可用作滴定 Fe^{3+} 的指示剂。钙指示剂(蓝色)在 pH=12.5 时，与 Ca^{2+} 形成紫红色配合物，因此可用作滴定钙的指示剂。

常用金属指示剂的使用条件、可直接滴定的金属离子和颜色变化及配制方法列于表 6-7中。

表 6-7 常用的金属指示剂

指示剂	解离常数	滴定元素及滴定条件	颜色变化	配制方法	对指示剂封闭离子
酸性铬蓝 K	$pK_{a1}=6.7$ $pK_{a2}=10.2$ $pK_{a3}=14.6$	Mg(pH10) Ca(pH12)	红～蓝	0.1%乙醇溶液	
钙指示剂	$pK_{a2}=3.8$ $pK_{a3}=9.4$ $pK_{a4}=13\sim14$	Ca(pH12～13)	酒红～蓝	与 NaCl 按 1∶100 的质量比混合	Co^{2+}、Ni^{2+}、Cu^{2+}、Fe^{3+}、Al^{3+}、Ti^{4+}

续表 6-7

指示剂	解离常数	滴定元素及滴定条件	颜色变化	配制方法	对指示剂封闭离子
铬黑 T	$pK_{a1}=3.9$ $pK_{a2}=6.4$ $pK_{a3}=11.5$	Ca(pH10,加入 EDTA-Mg) Mg(pH10) Pb(pH10,加入酒石酸钾) Zn(pH6.8～10)	红～蓝 红～蓝 红～蓝 红～蓝	与 NaCl 按 1∶100 的质量比混合	Co^{2+}、Ni^{2+}、Cu^{2+}、Fe^{3+}、Al^{3+}、Ti(Ⅳ)
紫脲酸胺	$pK_{a1}=1.6$ $pK_{a2}=8.7$ $pK_{a3}=10.3$ $pK_{a4}=13.5$ $pK_{a5}=14$	Ca(pH＞10,φ=25%乙醇) Cu(pH7～8) Ni(pH8.5～11.5)	红～紫 黄～紫 黄～紫红	与 NaCl 按 1∶100 的质量比混合	
o-PAN	$pK_{a1}=2.9$ $pK_{a2}=11.2$	Cu(pH6) Zn(pH5～7)	红～黄 粉红～黄	1g/L 乙醇溶液	
磺基水杨酸	$pK_{a1}=2.6$ $pK_{a2}=11.7$	Fe(Ⅲ)(pH1.5～3)。	红紫～黄	10～20g/L 水溶液	

四、使用金属指示剂时存在的问题

1. 指示剂的封闭现象(Blocking of Indicator)

有的指示剂与某些金属离子生成很稳定的配合物(MIn),其稳定性超过了相应的金属离子与 EDTA 的配合物(MY),即 $\lg K_{MIn}>\lg K_{MY}$。例如 BT 与 Al^{3+}、Fe^{3+}、Cu^{2+}、Ni^{2+}、Co^{2+} 等生成的配合物非常稳定,若用 EDTA 滴定这些离子,过量的 EDTA 也无法将 BT 从 MBT 中置换出来。因此滴定这些离子不用 BT 作指示剂。如滴定 Mg^{2+} 时有少量 Al^{3+}、Fe^{3+} 杂质存在,由于 Al-BT、Fe-BT 非常稳定,到化学计量点仍然呈 MBT 状态,不能将 BT 游离出来,因此仍不能变色,这种现象称为指示剂的封闭现象。解决的办法是加入掩蔽剂,使干扰离子生成更稳定的配合物,从而不再与指示剂作用。Al^{3+}、Fe^{3+} 对铬黑 T 的封闭可加三乙醇胺予以消除;Cu^{2+}、Co^{2+}、Ni^{2+} 可用 KCN 掩蔽;Fe^{3+} 也可先用抗坏血酸还原为 Fe^{2+},再加 KCN 掩蔽。若干扰离子的量太大,则需预先分离除去。

2. 指示剂的僵化现象(Ossification of Indicator)

有些指示剂或金属离子形成的配合物在水中的溶解度太小,使得滴定剂与金属-指示剂配合物(MIn)置换金属离子的速度缓慢,终点拖长,这种现象称为指示剂僵化。解决的办法是加入有机溶剂或加热,以增大其溶解度。例如用 PAN 作指示剂时,经常加入酒精或在加热下滴定。

3. 指示剂的氧化变质现象

金属指示剂大多为含双键的有色化合物,易在有日光、氧化剂、空气的条件下分解,在水溶液中多不稳定,日久会变质。若配成固体混合物则较稳定,保存时间较长。例如铬黑 T 和钙指示剂,常用固体 NaCl 或 KCl 作稀释剂来配制。

第五节　配位滴定法的基本原理

正确选择滴定条件是所有滴定分析的一个重要方面，特别是配位滴定，因为溶液的酸度和其他配位剂的存在都会影响生成的配合物的稳定性。如何选择合适的滴定条件，使滴定顺利进行是本节的主要内容。

一、配位滴定曲线

在酸碱滴定中，随着滴定剂的加入，溶液中 H^+ 的浓度也在变化，当到达化学计量点时，溶液 pH 值发生突变。配位滴定的情况与酸碱滴定相似。在一定 pH 值条件下，随着配位滴定剂的加入，金属离子不断与配位剂反应生成配合物，金属离子的浓度因此不断减少。当滴定到达化学计量点时，金属离子浓度（用 pM 表示）发生突变。若将滴定过程各点 pM 与对应的配位剂的加入体积绘成曲线，即可得到配位滴定曲线。配位滴定曲线反映了滴定过程中配位滴定剂的加入量与待测金属离子浓度之间的变化关系。

配位滴定曲线可通过计算来绘制，也可用仪器测量来绘制。现以 pH＝12 时，用 0.01000mol/L的 EDTA 溶液滴定 20.00mL（V_0）0.01000mol/L 的 Ca^{2+} 溶液为例，通过计算滴定过程中的 pM，说明配位滴定过程中配位滴定剂的加入量与待测金属离子浓度之间的变化关系。以下计算中，用 V 代表 EDTA 溶液的体积。

由于 Ca^{2+} 既不易水解也不与其他配位剂反应，因此在处理此配位平衡时只需考虑 EDTA 的酸效应。即在 pH 值为 12.00 的条件下，CaY 的条件稳定常数为：

$$\lg K'_{CaY}=\lg K_{CaY}-\lg\alpha_{Y(H)}=10.69-0.01=10.68$$

1.滴定前

滴定前，被滴定溶液中只有 Ca^{2+}，且 $[Ca^{2+}]=0.01000mol/L$，所以 pCa＝2.00。

2.化学计量点前

还没到化学计量点时，被滴定溶液中有剩余的金属离子 Ca^{2+} 和滴定产物 CaY^{2-}。由于 $\lg K'_{CaY}$ 较大，剩余的 Ca^{2+} 对 CaY^{2-} 的解离又有一定的抑制作用，因此可忽略 CaY^{2-} 的解离，按剩余的金属离子 $[Ca^{2+}]$ 浓度计算 pCa 值。

$$[Ca^{2+}]=\frac{c_{Ca^{2+}}\times 剩余\ Ca^{2+}\ 溶液的体积}{溶液总体积}=\frac{c_{Ca^{2+}}\times(V_0-V)}{V_0+V}$$

当滴入的 EDTA 溶液体积为 18.00mL 时：

$$[Ca^{2+}]=\frac{0.01000mol/L\times(20.00-18.00)\times10^{-3}L}{(20.00+18.00)\times10^{-3}L}=5.263\times10^{-4}mol/L$$

$$pCa=-\lg[Ca^{2+}]=4-\lg5.263=4-0.7212=3.2788\approx3.28$$

当滴入的 EDTA 溶液体积为 19.98mL 时：

$$[Ca^{2+}]=\frac{0.01000mol/L\times(20.00-19.98)\times10^{-3}L}{(20.00+19.98)\times10^{-3}L}=5.002\times10^{-6}mol/L$$

即　$pCa=-\lg[Ca^{2+}]=5.30$

当然在十分接近化学计量点时，剩余的金属离子极少，计算 pCa 时应该考虑 CaY^{2-} 的解离，有关内容这里就不讨论了。在一般要求的计算中，化学计量点之前的 pM 可按此方法计算。

3. 化学计量点时

Ca^{2+} 与 EDTA 几乎全部形成 CaY^{2-} 离子，所以

$$[CaY]=0.01000mol/L\times\frac{20.00\times10^{-3}L}{(20.00+20.00)\times10^{-3}L}=5.000\times10^{-3}mol/L$$

因为 pH≥12，$\lg\alpha_{Y(H)}\approx0$，而 Ca^{2+} 和产物 CaY 的副反应影响很小，所以 $[Y]=[Y']$，同时 $[Ca^{2+}]=[Y']$，则

$$K'_{MY}=\frac{[CaY']}{[Ca^{2+}][Y']}=\frac{[CaY]}{[Ca^{2+}]^2}$$

$$[Ca^{2+}]=\sqrt{\frac{[CaY]}{K'_{MY}}}=\sqrt{\frac{5.000\times10^{-3}}{10^{10.68}}}mol/L=\sqrt{\frac{5.000\times10^{-3}}{4.8\times10^{10}}}mol/L=3.2\times10^{-7}mol/L$$

即 pCa=6.49

4. 化学计量点后

化学计量点后，过量的 EDTA 的浓度为：

$$[Y']=\frac{c_{EDTA}\times 过量\ EDTA\ 溶液的体积}{溶液总体积}=\frac{c_{EDTA}\times(V-V_0)}{V_0+V}$$

比如，当加入的 EDTA 溶液为 20.02mL 时，

$$[Y']=\frac{0.01000mol/L\times(20.02-20.00)\times10^{-3}L}{(20.00+20.02)\times10^{-3}L}=5.00\times10^{-6}mol/L$$

因为 Ca^{2+} 和产物 CaY 的副反应影响很小，$K'_{MY}=\frac{[CaY']}{[Ca'][Y']}=\frac{[CaY]}{[Ca^{2+}][Y']}$，所以

$$10^{10.68}=\frac{5.000\times10^{-3}}{[Ca^{2+}]\times5.00\times10^{-6}}$$

$[Ca^{2+}]=10^{-7.68}mol/L$

即 pCa=7.68

将所得数据列于表 6-8。

表 6-8　pH=12 时用 0.01000mol/L EDTA 滴定 20.00mL 0.01000mol/L Ca^{2+} 溶液中 pCa 的变化

EDTA 加入量		Ca^{2+} 被滴定的分数	EDTA 过量的分数	pCa	
mL	%	%	%		
0	0			2.00	
10.8	90.0	90.0		3.30	
19.80	99.0	99.0		4.30	
19.98	99.9	99.9		5.30	突跃范围
20.00	100.0	100.0		6.49	
20.02	100.1		0.1	7.68	
20.20	101.0		1.0	8.70	
40.00	200.0		100	10.70	

根据表 6-8 所列数据，以 pCa 值为纵坐标、加入 EDTA 的体积为横坐标作图，得到如图 6-4 所示的滴定曲线。

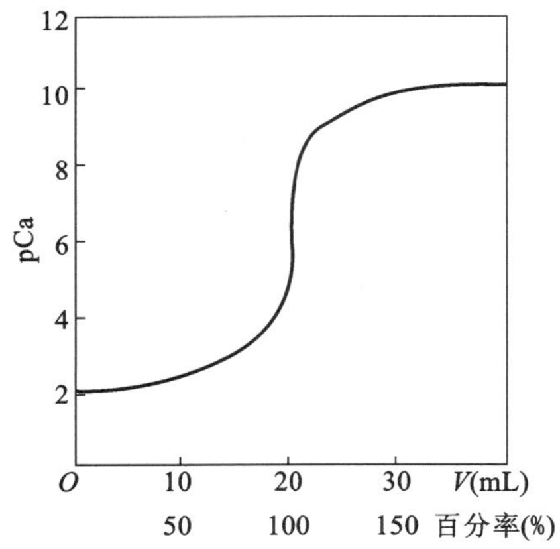

图 6-4　pH＝12 时 0.01000mol/L EDTA 滴定 0.01000mol/L Ca^{2+} 的滴定曲线

从表 6-8 或图 6-4 可以看出，在 pH＝12 时，用 0.01000mol/L EDTA 滴定 0.01000mol/L Ca^{2+}，计量点时的 pCa 为 6.49，滴定突跃的 pCa 为 5.30～7.68。可见滴定突跃较大，可以准确滴定。

由上述计算可知配位滴定比酸碱滴定复杂，不过两者有许多相似之处，酸碱滴定中的一些处理方法也适用于配位滴定。

二、影响滴定突跃范围的因素

配位滴定中滴定突跃越大，就越容易准确地指示终点。由上例计算过程可知，配合物的条件稳定常数和被滴定金属离子的浓度是影响突跃范围的主要因素。

1. 配合物的条件稳定常数对滴定突跃的影响

图 6-5 是金属离子浓度一定的情况下，不同 $\lg K'_{MY}$ 时的滴定曲线。由图 6-5 可看出，配合物的条件稳定常数 $\lg K'_{MY}$ 越大，滴定突跃（ΔpM）越大。决定配合物 $\lg K'_{MY}$ 大小的因素，首先是绝对稳定常数 $\lg K_{MY}$（内因），但对某一指定的金属离子来说，绝对稳定常数 $\lg K_{MY}$ 是一常数，此时溶液酸度、配位掩蔽剂及其他辅助配位剂的配位作用将起决定作用。

（1）酸度。酸度高时，$\lg\alpha_{Y(H)}$ 大，$\lg K'_{MY}$ 变小，因此滴定突跃就减小。

（2）其他配位剂的配位作用。滴定过程中加入掩蔽剂、缓冲溶液等辅助配位剂的作用会增大 $\lg\alpha_{M(L)}$ 值，使 $\lg K'_{MY}$ 变小，因而滴定突跃就减小。

2. 浓度对滴定突跃的影响

图 6-6 是用 EDTA 滴定不同浓度 M 时的滴定曲线。由图 6-6 可以看出，金属离子 c_M 越大，滴定曲线起点越低，因此滴定突跃越大。

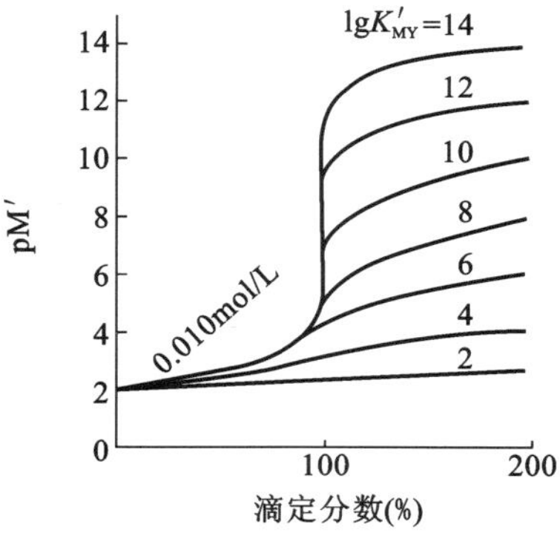

图 6-5　不同 $\lg K'_{MY}$ 的滴定曲线

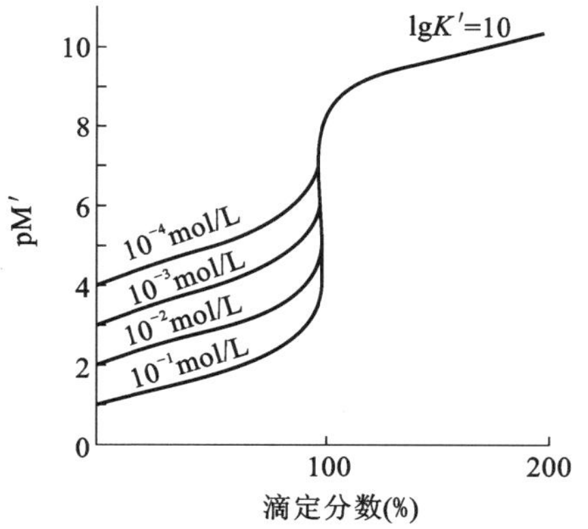

图 6-6　EDTA 滴定不同浓度溶液的滴定曲线

三、单一金属离子准确滴定条件

滴定突跃的大小是准确滴定的重要依据之一，而影响滴定突跃大小的主要因素是 c_M 和

K'_{MY}。那么 c_M、K'_{MY} 要多大才有可能准确滴定金属离子呢？

金属离子的准确滴定与允许误差和检测终点方法的准确度有关，还与被测金属离子的原始浓度有关。设金属离子的原始浓度为 c_M（对终点体积而言），用等浓度的 EDTA 滴定，滴定分析的允许误差为 E_t，在化学计量点时：

(1)被测定的金属离子几乎全部发生配位反应，即 $[MY]=c_M$。

(2)被测定的金属离子的剩余量应符合准确滴定的要求，即 $c_{M(余)}\leqslant c_M E_t$。

(3)滴定时过量的 EDTA 也符合准确度的要求，即 $c_{EDTA(余)}\leqslant c(EDTA)E_t$。

将这些数值代入条件稳定常数的关系式得：

$$K'_{MY}=\frac{[MY]}{c_{M(余)}\cdot c_{EDTA(余)}}$$

$$K'_{MY}\geqslant\frac{c_M}{c_M E_t\cdot c(EDTA)E_t}$$

由于 $c_M=c(EDTA)$，不等式两边取对数，整理后得

$$\lg c_M K'_{MY}\geqslant -2\lg E_t$$

若允许误差 E_t 为 0.1%，得

$$\lg c_M K'_{MY}\geqslant 6 \qquad (6\text{-}16)$$

式(6-16)为单一金属离子准确滴定可行性条件。

在金属离子的原始浓度 c_M 为 0.010mol/L 的特定条件下，则

$$\lg K'_{MY}\geqslant 8 \qquad (6\text{-}17)$$

式(6-17)是在上述条件下准确滴定 M 时 $\lg K'_{MY}$ 的允许低限。

与酸碱滴定相似，若降低分析准确度的要求，或改变检测终点的准确度，则滴定要求的 $\lg c_M K'_{MY}$ 也会改变，例如

$E_t=\pm0.5\%$，$\Delta pM=\pm0.2$，$\lg c_M K'_{MY}=5$ 时也可以滴定；

$E_t=\pm0.3\%$，$\Delta pM=\pm0.2$，$\lg c_M K'_{MY}=6$ 时也可以滴定。

【例 6-6】 在 pH=2.00 和 5.00 的介质中($\alpha_{Zn}=1$)，能否用 0.010mol/L EDTA 准确滴定 0.010mol/L 的 Zn^{2+}？

【解】 查表 6-4 得 $\lg K_{ZnY}=16.50$；

查表 6-5 得：pH=2.00 时，$\lg\alpha_{Y(H)}=13.51$

按题意

$$\lg K'_{MY}=16.50-13.51=2.99<8$$

查表 6-5 得：pH=5.00 时，$\lg\alpha_{Y(H)}=6.45$

则

$$\lg K'_{MY}=16.50-6.45=10.05>8$$

所以，当 pH=2.00 时，Zn^{2+} 是不能被准确滴定的；而 pH=5.00 时，Zn^{2+} 可以被准确滴定。

由此例计算可看出，用 EDTA 滴定金属离子，若要准确滴定，必须选择适当的 pH 值。因为酸度是金属离子被准确滴定的重要影响因素。

四、单一金属离子滴定的适宜酸度范围

稳定性高的配合物，溶液酸度略为高些亦能准确滴定。而对于稳定性较低的配合物，酸

度高于某一值就不能被准确滴定了。通常较低的酸度条件对滴定有利，但为了防止一些金属离子在酸度较低的条件下发生羟基化反应甚至生成氢氧化物，必须控制适宜的酸度范围。

1. 最高酸度（最低 pH 值）

若滴定反应中除 EDTA 酸效应外没有其他副反应，则根据单一离子准确滴定的判别式，在被测金属离子的浓度为 0.01mol/L 时，$\lg K'_{MY} \geqslant 8$

因此

$$\lg K'_{MY} = \lg K_{MY} - \lg\alpha_{Y(H)} \geqslant 8$$

即

$$\lg\alpha_{Y(H)} \leqslant \lg K_{MY} - 8 \qquad (6\text{-}18)$$

将各种金属离子的 $\lg K_{MY}$ 代入式(6-18)，即可求出对应的最大 $\lg\alpha_{Y(H)}$ 值，再从表 6-5 查得与它对应的最小 pH 值。例如，对于浓度为 0.01mol/L 的 Zn^{2+} 溶液的滴定，以 $\lg K_{ZnY} = 16.50$ 代入式(6-5)得

$$\lg\alpha_{Y(H)} \leqslant 8.5$$

从表 6-5 可查得 pH≥4.0，即滴定 Zn^{2+} 允许的最小 pH 值为 4.0。将金属离子的 $\lg K_{MY}$ 值与最小 pH 值（或对应的 $\lg\alpha_{Y(H)}$ 与最小 pH 值）绘成曲线，称为酸效应曲线，如图 6-7 所示。

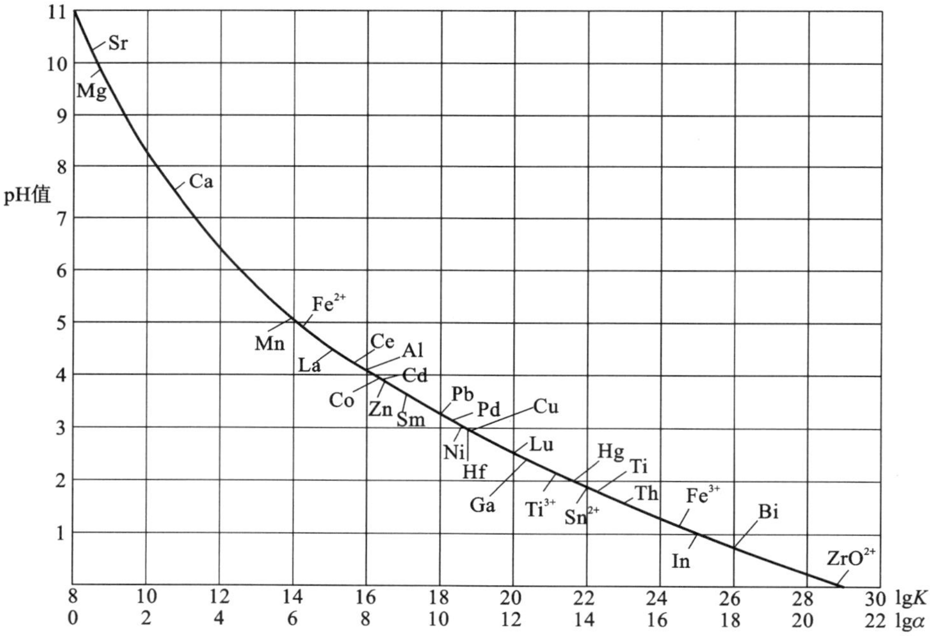

图 6-7　EDTA 酸效应曲线

实际工作中，利用酸效应曲线可查得单独滴定某种金属离子时所允许的最低 pH 值；还可以看出混合离子中哪些离子在一定 pH 值范围内有干扰（这部分内容将在下面讨论）。此外，酸效应曲线还可当 $\lg\alpha_{Y(H)}$-pH 值曲线使用。

必须注意，使用酸效应曲线查单独滴定某种金属离子的最低 pH 值的前提是：金属离子浓度为 0.01mol/L；允许测定的相对误差为±0.1%；溶液中除 EDTA 酸效应外，金属离子未发生其他副反应。如果前提变化，曲线将发生变化，因此要求的 pH 值也会有所不同。

2. 最低酸度(最高 pH)

为了能准确滴定被测金属离子,滴定时酸度一般都大于所允许的最小 pH 值,但溶液的酸度不能过低,因为酸度太低,金属离子将会发生水解形成 $M(OH)_n$ 沉淀,除影响反应速度使终点难以确定之外,还影响反应的计量关系。因此需要考虑滴定时金属离子不水解的最低酸度(最高 pH 值)。

在没有其他配位剂存在时,金属离子不水解的最低酸度可由 $M(OH)_n$ 的溶度积(内容见第九章)求得。如例 6-3 中,为防止开始时形成 $Zn(OH)_2$ 沉淀,必须满足下式:

$$[OH]=\sqrt{\frac{K_{sp[Zn(OH)_2]}}{[Zn^{2+}]}}=\sqrt{\frac{10^{-15.3}}{2\times10^{-2}}}=10^{-6.8}$$

即 pH=7.2

因此,EDTA 滴定浓度为 0.01mol/L 的 Zn^{2+} 溶液应在 pH=4.0~7.2 的范围内。pH 值越接近高限,K'_{MY} 就越大,滴定突跃也越大。若加入辅助配位剂(如氨水、酒石酸等),则 pH 值还会更高些。例如当氨性金属离子缓冲溶液存在时,可在 pH=10 时滴定 Zn^{2+}。

如若加入酒石酸或氨水,可防止金属离子生成沉淀。但由于辅助配位剂的加入会导致 K'_{MY} 降低,因此必须严格控制其用量,否则将因为 K'_{MY} 太小而无法准确滴定。

3. 用指示剂确定终点时滴定的最佳酸度

以上是从滴定主反应的角度讨论滴定适宜的酸度范围,但实际工作中还需要用指示剂来指示滴定终点,而金属指示剂只能在一定的 pH 值范围内使用,且由于酸效应,指示剂的变色点不是固定的,它随溶液的 pH 值而改变,因此在选择指示剂时必须考虑体系的 pH 值。指示剂变色点与化学计量点最接近时的酸度即为指示剂确定终点时滴定的最佳酸度。当然,是否合适还需要通过实验来检验。

【例 6-7】 计算 0.020mol/L 的 EDTA 滴定 0.020mol/L 的 Cu^{2+} 的适宜酸度范围。

【解】 能准确滴定 Cu^{2+} 的条件是 $\lg c_M K'_{MY}\geqslant6$,考虑滴定至化学计量点时体积增加一倍,故 $c_{Cu^{2+}}=0.010mol/L$。

$$\lg K'_{CuY}=\lg K_{CuY}-\lg\alpha_{Y(H)}\geqslant8$$

即

$$\lg\alpha_{Y(H)}\leqslant18.80-8.0=10.80$$

查图 6-8,当 $\lg\alpha_{Y(H)}=10.80$ 时,pH=2.9,此为滴定允许的最高酸度。

滴定 Cu^{2+} 时,允许最低酸度为 Cu^{2+} 不产生水解时的 pH 值;

因为

$$[Cu^{2+}][OH^-]^2=K_{sp}[Cu(OH)_2]=10^{-19.66}$$

所以

$$[OH^-]=\sqrt{\frac{10^{-19.66}}{0.02}}=10^{-8.98}$$

即 pH=5.0

所以,用 0.020mol/L 的 EDTA 滴定 0.020mol/L Cu^{2+} 的适宜酸度范围 pH=2.9~5.0。

必须指出,由于配合物的各级平衡常数,特别是与金属指示剂有关的平衡常数目前还不齐全,有的可靠性还较差,因此理论处理结果必须由实验来检验。从原则上讲,在配位滴定的适宜酸度范围内滴定,均可获得较准确的结果。

4. 配位滴定剂中缓冲剂的作用

配位滴定过程中会不断释放出 H^+，即

$$M^{n+}+H_2Y^{2-}=\!=\!=MY^{(4-n)-}+2H^+$$

使溶液酸度增高而降低 K'_{MY} 值，影响到反应的完全程度；同时还会减小 K'_{MIn} 值，使指示剂灵敏度降低。因此配位滴定中常加入酸碱缓冲剂控制溶液的酸度。

在弱酸性溶液（pH＝5～6）中滴定，常使用醋酸缓冲溶液或六亚甲基四胺缓冲溶液；在弱碱性溶液（pH＝8～10）中滴定，常采用氨性缓冲溶液。在强酸中滴定（如 pH＝1 时滴定 Bi^{3+}）或强碱中滴定（如 pH＝13 时滴定时 Ca^{2+}），强酸或强碱本身就是缓冲溶液，具有一定的缓冲作用。在选择缓冲剂时，不仅要考虑缓冲剂所能缓冲的 pH 值范围，还要考虑缓冲剂是否会引起金属离子的副反应而影响反应的完全程度。例如，在 pH＝5 时用 EDTA 滴定 Pb^{2+}，通常不用醋酸缓冲溶液，因为 Ac^- 会与 Pb^{2+} 配位，降低 PbY 的条件形成常数。此外，所选的缓冲溶液还必须有足够的缓冲容量才能控制溶液的 pH 值基本不变。

第六节　提高配位滴定选择性的途径

以上讨论的是单一金属离子配位滴定的情况。实际工作中，遇到的常为多种离子共存的试样，而 EDTA 又是具有广泛配位性能的配位剂，因此必须提高配位滴定的选择性。提高配位滴定的选择性常用控制酸度和使用掩蔽剂等方法。

一、控制溶液酸度

若溶液中含有能与 EDTA 形成配合物的金属离子 M 和 N，且 $K'_{MY}>K'_{NY}$，则用 EDTA 滴定时，首先被滴定的是 M。如若 K'_{MY} 与 K'_{NY} 相差足够大，此时可准确滴定 M 离子（若有合适的指示剂），而 N 离子不干扰。待测离子 K'_{MY} 越大，干扰离子 K'_{NY} 越小，则滴定 M 时，N 的干扰就越小；而且，待测离子的浓度 c_M 越大，干扰离子浓度 c_N 越小，则滴定 M 时，N 的干扰也会越小。

准确滴定 M 离子后，若 N 离子满足单一离子准确滴定的条件，则又可继续滴定 N 离子，此时 EDTA 可分别滴定 M 和 N。

当 $K_{MY}>K_{NY}$，且 $\alpha_{Y(N)}>\alpha_{Y(H)}$ 时，待测离子 M 和干扰离子 N 之间存在以下关系式：

$$\lg(c_M K'_{MY})=\lg K_{MY}-\lg K_{NY}+\lg\frac{c_M}{c_N}$$

或 $\lg(c_M K'_{MY})=\lg K+\lg(c_M/c_N)$

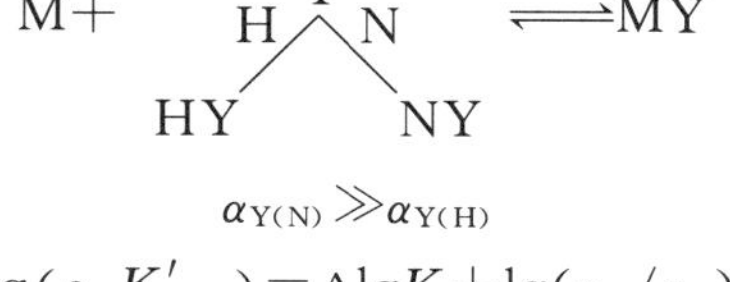

$$\alpha_{Y(N)}\gg\alpha_{Y(H)}$$

$$\lg(c_M K'_{MY})=\Delta\lg K+\lg(c_M/c_N)$$

1. 分步滴定可能性的判别

(1) 在较高的酸度下滴定金属离子 M 时，$\alpha_{Y(H)}>\alpha_{Y(N)}$，即共存离子效应可以忽略，酸效应是主要的，如式(6-15)所示：$\lg K'_{MY}=\lg K_{MY}-\lg\alpha_{Y(H)}$。

此时可认为 N 的存在对 M 的滴定反应没有影响，与单独滴定 M 离子时的情况相同。

(2)在较低的酸度下滴定 M 离子，若 $K_{MY}>K_{NY}$，且 $\alpha_{Y(N)}\gg\alpha_{Y(H)}$，即酸效应可以忽略不计，此时共存离子效应是主要的，此时待测离子 M 和干扰离子 N 之间存在以下关系式：

$$\lg(c_M K'_{MY})=\lg(c_M K_{MY})-\lg(c_N K_{NY}) \tag{6-19}$$

若溶液中只有 M、N 两种离子，当 $\Delta pM=\pm0.2$(目测终点一般有 $\pm(0.2\sim0.5)\Delta pM$ 的出入)、$E_t\leqslant\pm0.1\%$时，要准确滴定 M 离子，而 N 离子不干扰，必须使 $\lg(c_M K'_{MY})\geqslant6$，将式(6-19)代入，得

$$\lg(c_M K_{MY})-\lg(c_N K_{NY})\geqslant6 \tag{6-20a}$$

或

$$\Delta\lg K+\lg(c_M/c_N)\geqslant6 \tag{6-20b}$$

式(6-20)是判断能否用控制酸度办法准确滴定 M 离子，而 N 离子不干扰的判别式。滴定 M 离子后，若 $\lg c_N K'_{NY}\geqslant6$，则可继续准确滴定 N 离子。

如果 $\Delta pM=\pm0.2$、$E_t\leqslant\pm0.5\%$(混合离子滴定通常允许误差$\leqslant\pm0.5\%$)，则可用下式来判别控制酸度分步滴定的可能性。

$$\lg(c_M K_{MY})-\lg(c_N K_{NY})\geqslant5 \tag{6-21a}$$

或

$$\Delta\lg K+\lg(c_M/c_N)\geqslant5 \tag{6-21b}$$

2. 分步滴定的酸度控制

(1)最高酸度(最低 pH 值)：选择滴定 M 离子的最高酸度与单一金属离子滴定最高酸度的求法相似。即当 $c_M=0.01\text{mol/L}$、$E_t\leqslant\pm0.5\%$时

$$\lg\alpha_{Y(H)}\leqslant\lg K_{MY}-8$$

根据 $\lg\alpha_{Y(H)}$ 查出对应的 pH 值即为最高酸度。

(2)最低酸度(最高 pH 值)：根据式(6-21)，N 离子不干扰 M 离子滴定的条件是

$$\Delta\lg K+\lg(c_M/c_N)\geqslant5$$

即

$$\lg(c_M K'_{MY})-\lg(c_N K'_{NY})\geqslant5$$

由于准确滴定 M 时，$\lg(c_M K'_{MY})\geqslant6$，因此

$$\lg c_N K'_{NY}\leqslant1 \tag{6-22}$$

当 $c_N=0.01\text{mol/L}$ 时，

$$\lg\alpha_{Y(H)}\geqslant\lg K_{NY}-3$$

根据 $\lg\alpha_{Y(H)}$ 查出对应的 pH 值即为最高 pH 值。

值得注意的是，易发生水解反应的金属离子若在所求的酸度范围内发生水解反应，则适宜酸度范围的最低酸度为形成 $M(OH)_n$ 沉淀时的酸度。

滴定 M 和 N 离子的酸度控制仍使用酸碱缓冲溶液，并选择合适的指示剂，以减少滴定误差。如果 $\lg(c_M K_{MY})-\lg(c_N K_{NY})\leqslant5$，则不能用控制酸度的方法分步滴定。

滴定 M 离子后，滴定 N 离子的最高酸度、最低酸度及适宜酸度范围，与单一离子滴定相同。

【例 6-8】 溶液中 Pb^{2+} 和 Ca^{2+} 浓度均为 $2.0\times10^{-2}\text{mol/L}$。如用相同浓度 EDTA 滴定，要求 $E_t\leqslant\pm0.5\%$，问：(1)能否用控制酸度分步滴定？(2)求滴定 Pb^{2+} 的酸度范围。

【解】 (1)由于两种金属离子的浓度相同,且要求 $E_t \leqslant \pm 0.5\%$,根据式(6-21b)得此时判断能否用控制酸度法分步滴定的判别式为:$\Delta \lg K \geqslant 5$。查表得 $\lg K_{PbY}=18.0$,$\lg K_{CaY}=10.7$,则

$$\Delta \lg K = 18.0 - 10.7 = 7.3 > 5$$

所以可以用控制酸度分步滴定。

(2)由于 $c_{Pb^{2+}}=2.0\times 10^{-2}\,mol/L$,则

$$\lg \alpha_{Y(H)} \leqslant \lg K_{MY} - 8$$

$$\lg \alpha_{Y(H)} \leqslant 18.0 - 8 = 10.0$$

查表得 $pH \geqslant 3.7$,

所以滴定 Pb^{2+} 的最高酸度 $pH=3.7$。

滴定 Pb^{2+} 的最低酸度应先考虑滴定 Pb^{2+} 时 Ca^{2+} 不干扰,即

$$\lg(c_{Ca^{2+}} K'_{CaY^{2-}}) \leqslant 1$$

由于 Ca^{2+} 的浓度为 $2.0\times 10^{-2}\,mol/L$,所以

$$\lg K'_{CaY^{2-}} \leqslant 3$$

即 $$\lg \alpha_{Y(H)} \geqslant \lg K_{NY} - 3$$

所以 $$\lg \alpha_{Y(H)} \geqslant 10.7 - 3 = 7.7$$

查表(或酸效应曲线)得 $pH \leqslant 8.0$。

因此,准确滴定 Pb^{2+} 而 Ca^{2+} 不干扰的酸度范围是:$pH=3.7\sim 8.0$。

考虑到 Pb^{2+} 的水解

$$[OH] \leqslant \sqrt{\frac{K_{sp}[Pb(OH)_2]}{[Pb^{2+}]}}$$

即 $$[OH] = \sqrt{\frac{10^{-15.7}}{2\times 10^{-2}}} = 10^{-7}$$

$pH \leqslant 7.0$

所以,滴定 Pb^{2+} 适宜的酸度范围是:$pH=3.7\sim 7.0$

【例 6-9】 溶液中含 Ca^{2+}、Mg^{2+},浓度均为 $1.0\times 10^{-2}\,mol/L$,用相同浓度 EDTA 滴定 Ca^{2+} 使溶液 pH 值调到 12,问:若要求 $E_t \leqslant \pm 0.1\%$,Mg^{2+} 对滴定有无干扰?

【解】 $pH=12$ 时,

$$[Mg^{2+}] = \frac{K_{sp,Mg(OH)_2}}{[OH^-]^2} = \frac{1.8\times 10^{-11}}{10^{-4}} = 1.8\times 10^{-7}\,mol/L$$

查 $\lg K_{CaY}=10.69$,$\lg K_{MgY}=8.69$

$$\Delta \lg K + \lg \frac{c_M}{c_N} = 10.69 - 8.69 + \lg \frac{10^{-2}}{1.8\times 10^{-7}} = 6.74 > 6$$

所以 Mg^{2+} 对 Ca^{2+} 的滴定无干扰。

二、使用掩蔽剂

当 $\lg K_{MY} - \lg K_{NY} < 5$ 时,采用控制酸度法分步滴定已不可能,这时可加入掩蔽剂来降低干扰离子的浓度以消除干扰。掩蔽方法按掩蔽反应类型的不同分为配位掩蔽法、氧化还原掩蔽法和沉淀掩蔽法等。

1. 配位掩蔽法(Masking)

配位掩蔽法在化学分析中的应用最广泛,它是通过加入能与干扰离子形成更稳定配合物的配位剂(统称掩蔽剂)掩蔽干扰离子,从而能够更准确地滴定待测离子。例如测定 Al^{3+} 和 Zn^{2+} 共存溶液中的 Zn^{2+} 时,可加入 NH_4F 与干扰离子 Al^{3+} 形成十分稳定的 AlF_6^{3-},因而消除了 Al^{3+} 干扰。又如测定水中 Ca^{2+}、Mg^{2+} 总量(即水的硬度)时,Fe^{3+}、Al^{3+} 的存在干扰测定,在 pH=10 时加入三乙醇胺,可以掩蔽 Fe^{3+} 和 Al^{3+},消除其干扰。

采用配位掩蔽法,在选择掩蔽剂时应注意如下几个问题:

(1)掩蔽剂与干扰离子形成的配合物应远比待测离子与 EDTA 形成的配合物稳定(即 $\lg K'_{NY} \gg \lg K'_{MY}$),而且所形成的配合物应为无色或浅色;

(2)掩蔽剂与待测离子不发生配位反应或形成的配合物稳定性要远小于待测离子与 EDTA 形成的配合物的稳定性。

(3)掩蔽作用与滴定反应的 pH 值条件大致相同。例如,已经知道在 pH=10 时测定 Ca^{2+}、Mg^{2+} 总量,少量 Fe^{3+}、Al^{3+} 的干扰可使用三乙醇胺来掩蔽,但若在 pH=1 时测定 Bi^{3+} 就不能再使用三乙醇胺掩蔽。因为 pH=1 时三乙醇胺不具有掩蔽作用。实际工作中常用的配位掩蔽剂见表 6-9。

表 6-9 部分常用的配位掩蔽剂

掩蔽剂	被掩蔽的金属离子	pH 值
三乙醇胺	Al^{3+}、Fe^{3+}、Sn^{4+}、TiO_2^{2+}	10
氟化物	Al^{3+}、Sn^{4+}、TiO_2^{2+}、Zr^{4+}	>4
乙酰丙酮	Al^{3+}、Fe^{2+}	5～6
邻二氮菲	Cu^{2+}、Co^{2+}、Ni^{2+}、Cd^{2+}、Hg^{2+}	5～6
氯化物	Cu^{2+}、Co^{2+}、Ni^{2+}、Cd^{2+}、Hg^{2+}、Fe^{2+}	10
2,3-二巯基丙醇	Zn^{2+}、Pb^{2+}、Bi^{3+}、Sb^{2+}、Sn^{4+}、Cd^{2+}、Cu^{2+}	
硫脲	Hg^{2+}、Cu^{2+}	
碘化物	Hg^{2+}	

2. 氧化还原掩蔽法

加入一种氧化剂或还原剂,改变干扰离子价态,以消除干扰。例如,锆铁矿中锆的滴定,由于 Zr^{4+} 和 Fe^{3+} 与 EDTA 配合物的稳定常数相差不够大($\Delta\lg K=29.9-25.1=4.8$),$Fe^{3+}$ 干扰 Zr^{4+} 的滴定,此时可加入抗坏血酸或盐酸羟氨使 Fe^{3+} 还原为 Fe^{2+}。由于 $\lg K_{FeY^{2-}}=14.3$,比 $\lg K_{FeY^-}$ 小得多,因而避免了干扰。又如前面提到,pH=1 时测定 Bi^{3+} 不能使用三乙醇胺掩蔽 Fe^{3+},此时同样可采用抗坏血酸或盐酸羟氨使 Fe^{3+} 还原为 Fe^{2+} 消除干扰。其他如滴定 Th^{4+}、In^{3+}、Hg^{2+} 时,也可用同样方法消除 Fe^{3+} 的干扰。

3. 沉淀掩蔽法

沉淀掩蔽法是加入选择性沉淀剂,与干扰离子形成沉淀,从而降低干扰离子的浓度,以消除干扰的一种方法。例如在 Ca^{2+}、Mg^{2+} 共存溶液中,加入 NaOH 使 pH>12,生成 $Mg(OH)_2$ 沉淀,这时 EDTA 就可直接滴定 Ca^{2+} 了。

沉淀掩蔽法要求所生成的沉淀的溶解度要小,沉淀的颜色为无色或浅色,沉淀最好是晶形沉淀，吸附作用小。

由于某些沉淀反应进行得不够完全，有时造成掩蔽效率不太高，加上沉淀的吸附现象，既影响滴定准确度又影响终点观察，因此，沉淀掩蔽法不是一种理想的掩蔽方法，在实际工作中的应用不多。配位滴定中常用的沉淀掩蔽剂见表 6-10。

表 6-10 部分常用的沉淀掩蔽剂

掩蔽剂	被掩蔽离子	被测离子	pH 值	指示剂
氢氧化物	Mg^{2+}	Ca^{2+}	12	钙指示剂
KI	Cu^{2+}	Zn^{2+}	5～6	PAN
氟化物	Ba^{2+}、Sr^{2+}、Ca^{2+}、Mg^{2+}	Zn^{2+}、Cd^{2+}、Mn^{2+}	10	EBT
硫酸盐	Ba^{2+}、Sr^{2+}	Ca^{2+}、Mg^{2+}	10	EBT
铜试剂	Bi^{3+}、Cu^{2+}、Cd^{2+}	Ca^{2+}、Mg^{2+}	10	EBT

三、使用解蔽剂

在金属离子配合物的溶液中加入一种试剂（解蔽剂），将已被 EDTA 或掩蔽剂配位的金属离子释放出来的过程，称为解蔽或破蔽。

例如用配位滴定法测定铜合金中的 Zn^{2+} 和 Pb^{2+}。试液用氨水中和，加 KCN 掩蔽 Cu^{2+}、Zn^{2+}，此时 Pb^{2+} 不能被 KCN 掩蔽，故可在 pH＝10 时，以铬黑 T 为指示剂，用 EDTA 标准溶液滴定 Pb^{2+}。

在滴定 Pb^{2+} 后的溶液中加入甲醛或三氯乙醛破坏[$Zn(CN)_4^{2-}$]，释放出来的 Zn^{2+} 可用 EDTA 继续滴定，$Cu(CN)_3^{2-}$ 比较稳定，用甲醛或三氯乙醛难以解蔽。但要注意甲醛的用量（通常加 5mL 1∶8甲醛溶液），否则，$Cu(CN)_3^{2-}$ 也可能部分被破坏，影响 Zn^{2+} 的测定结果。

在实际分析中，用一种掩蔽的方法常不能得到令人满意的结果，当有多种离子共存时，常应用几种掩蔽剂或沉淀剂，这样才能获得高度的选择性。

例如，测定土壤中的 Ca^{2+}、Mg^{2+} 时，Fe^{3+}、Al^{3+}、Mn^{2+} 及 Cu^{2+} 等重金属离子严重干扰测定。在弱碱性条件下，Fe^{3+}、Al^{3+}、Mn^{2+} 等以氢氧化物沉淀析出，沉淀是棕红色，严重影响滴定终点的观察，故常用盐酸羟胺和三乙醇胺来消除 Fe^{3+}、Al^{3+}、Mn^{2+} 的干扰。

四、预先分离

当利用控制酸度法分步滴定或掩蔽干扰离子都有困难时，只有进行分离。所谓分离，即将被测的离子从其他组分中分离出来。分离的方法很多，将在以后讨论。一般用化学分离法，这里只简要叙述有关配位滴定中必须进行分离的一些情况。

例如，磷矿石中一般含有 Al^{3+}、Fe^{3+}、Ca^{2+}、Mg^{2+}、PO_4^{3-} 及 F^- 等，其中 F^- 的干扰最为严重，它能与 Al^{3+} 生成很稳定的配合物，在酸度小时，又能与 Ca^{2+} 生成 CaF_2 沉淀，因此，在配位滴定中，必须首先加酸、加热使 F^- 或 HF 挥发除去。此外，在其他一些测定中，还必须进行沉淀分离。

应该指出，为了避免被滴定离子的损失，决不允许先分离大量的干扰离子再测定少量的被测成分。其次，还应尽可能选用同时沉淀多种干扰离子的试剂来进行分离，以简化分离步骤。

五、选用其他滴定剂

除 EDTA 外，还有不少种类氨羧配位剂，它们与金属离子形成配位化合物的稳定性各具特点。选用不同的氨羧配位剂作为滴定剂，可以选择性地滴定某些离子。

1. EGTA（乙二醇二乙醚二胺四乙酸）

EGTA 和 EDTA 与 Mg^{2+}、Ca^{2+}、Sr^{2+}、Ba^{2+} 所形成的配合物的 lg*K* 值比较如表 6-11 所示。

表 6-11　EGTA 与 EDTA 比较

lg*K*	Mg^{2+}	Ca^{2+}	Sr^{2+}	Ba^{2+}
M-EGTA	5.2	11.0	8.5	8.4
M-EDTA	8.7	10.7	8.6	7.6

可见，如果在大量 Mg^{2+} 存在的条件下滴定，采用 EDTA 为滴定剂进行滴定，则 Mg^{2+} 的干扰严重；若用 EGTA 为滴定剂滴定，Mg^{2+} 的干扰就很小。因为 Mg^{2+} 与 EGTA 配合物的稳定性差，而 Ca^{2+} 与 EGTA 配合物的稳定性却很好。因此，选用 EGTA 作滴定剂的选择性高于 EDTA。

2. EDTP（乙二胺四丙酸）

EDTP 与金属离子形成的配合物的稳定性普遍地比相应的 EDTA 配合物的差，但 Cu-EDTP 除外，其稳定性仍很好。EDTP 和 EDTA 与 Cu^{2+}、Zn^{2+}、Cd^{2+}、Mn^{2+}、Mg^{2+} 所形成的配合物的 lg*K* 值比较如表 6-12 所示。

表 6-12　EDTP 与 EDTA 比较

lg*K*	Cu^{2+}	Zn^{2+}	Cd^{2+}	Mn^{2+}	Mg^{2+}
M-EDTP	15.4	7.8	6.0	4.7	1.8
M-EDTA	18.8	16.5	16.5	14.0	8.7

因此，在一定的 pH 值下，用 EDTP 滴定 Cu^{2+}，则 Zn^{2+}、Cd^{2+}、Mn^{2+}、Mg^{2+} 不干扰。

第七节　EDTA 标准溶液的配制与标定

乙二胺四乙酸难溶于水，实际工作中，通常用它的二钠盐配制标准溶液。乙二胺四乙酸二钠盐（也简称 EDTA）是白色微晶粉末，易溶于水，经提纯后可作基准物质，直接配制标准溶液，但提纯方法较复杂。配制溶液时，蒸馏水的质量不高也会引入杂质，因此实验室中使用的标准溶液一般采用间接法配制。

如无特殊要求，可依据《化学试剂　标准溶液的制备》（GB/T 601—2016）来操作。

一、EDTA 标准溶液的配制

1. 配制方法

常用的 EDTA 标准溶液的浓度为 0.01～0.05mol/L。称取一定量（按所需浓度和体积计算）EDTA[$Na_2H_2Y \cdot 2H_2O$，$M(Na_2H_2Y \cdot 2H_2O)=372.2g/mol$]，用适量蒸馏水溶解

(必要时可加热),稀释至所需体积,并充分混匀,转移至试剂瓶中待标定。

EDTA 标准溶液的 pH 正常值为 4.8,市售的试剂如果不纯,pH 值常低于 2,有时 $pH<4$。当室温较低时,易析出难溶于水的乙二胺四乙酸,使溶液变混浊,并且溶液的浓度也发生变化。因此配制溶液时,可用 pH 试纸检查,若溶液 pH 值较低,可加几滴 0.1mol/L NaOH 溶液,使溶液的 pH 值在 5~6.5 之间直至变清为止。

2. 蒸馏水的质量

在配位滴定中,使用的蒸馏水质量是否符合要求(符合 GB/T 6682—2008 中分析实验室用水规格)十分重要。若配制溶液的蒸馏水中含有 Al^{3+}、Fe^{3+}、Cu^{2+} 等,会使指示剂封闭,影响终点观察。若蒸馏水中含有 Ca^{2+}、Mg^{2+}、Pb^{2+} 等,在滴定中会消耗一定量的 EDTA,对结果产生影响。因此,在配位滴定中所用蒸馏水一定要进行质量检查。为了保证水的质量,常用二次蒸馏水或去离子水来配制溶液。

3. EDTA 溶液的贮存

配制好的 EDTA 溶液应贮存在聚乙烯塑料瓶或硬质玻璃瓶中。若贮存在软质玻璃瓶中,EDTA 会不断地溶解玻璃中的 Ca^{2+}、Mg^{2+} 等,形成配合物,使其浓度不断降低。

二、EDTA 标准溶液的标定

1. 标定 EDTA 常用的基准试剂

用于标定 EDTA 溶液的基准试剂很多,常用的基准试剂如表 6-13 所示。

表 6-13　标定 EDTA 的常用基准试剂

基准试剂	基准试剂处理	滴定条件		终点颜色变化
		缓冲液(pH)	指示剂	
铜片	稀 HNO_3 溶解,除去氧化膜,用水或无水乙醇充分洗涤,在 105℃烘箱中烘 3min,冷却后称量,以 1∶1 HNO_3 溶解,再以 H_2SO_4 蒸发除去 NO_2	$HAc-Ac^-$ 缓冲溶液(4.3)	PAN	红→黄
铅	稀 HNO_3 溶解,除去氧化膜,用水或无水乙醇充分洗涤,在 105℃烘箱中烘 3min,冷却后称量,以 1∶2 HNO_3 溶解,加热除去 NO_2	$NH_3-NH_4^+$ 缓冲溶液(10)	铬黑 T	红→蓝
		六亚甲基四胺(5~6)	二甲酚橙	红→黄
锌片	用 1∶5HCl 溶解,除去氧化膜,用水或无水乙醇充分洗涤,在 105℃烘箱中烘 3min,冷却后称量,以 1∶1 HCl 溶解	$NH_3-NH_4^+$ 缓冲溶液(10)	铬黑 T	红→蓝
		六亚甲基四胺(5~6)	二甲酚橙	红→黄
$CaCO_3$	在 105℃烘箱中烘 120min,冷却后称量,以 1∶1 HCl 溶解	KOH (12.5~12.9)	甲基百里酚蓝 钙指示剂	蓝→灰 酒红→蓝
MgO	在 1000℃灼烧后,以 1∶1 HCl 溶解	$NH_3-NH_4^+$ 缓冲溶液(10)	铬黑 T K-B	红→蓝

纯金属如 Bi、Cd、Cu、Zn、Mg、Ni、Pb 等,要求纯度在 99.99%以上。金属表面如有一层

氧化膜、应先用酸洗去，再用水或乙醇洗涤，并在105℃烘干数分钟后再称量。金属氧化物或其盐类如：Bi_2O_3、$CaCO_3$、MgO、$MgSO_4 \cdot 7H_2O$、ZnO、$ZnSO_4$ 等试剂，在使用前应预先处理。

实验室中常用金属锌或氧化锌为基准物，由于它们的摩尔质量不大，标定时通常采用"称大样"法，即先准确称取基准物，溶解后定量转移入一定体积的容量瓶中配制，然后再移取一定量溶液标定。

2.标定的条件

为了使测定结果具有较高的准确度，标定的条件与测定的条件应尽可能相同。在可能的情况下，最好选用被测元素的纯金属或化合物为基准物质。这是因为不同的金属离子与EDTA反应完全的程度不同，允许的酸度不同，因而对结果的影响也不同。如 Al^{3+} 与EDTA的反应，在过量EDTA存在下，控制酸度并加热，配位率也只能达到99%左右，因此要准确测定 Al^{3+} 含量，最好采用纯铝或含铝标样标定EDTA溶液，使误差抵消。又如，由实验用水中引入的杂质(如 Ca^{2+}、Pb^{2})在不同条件下有不同影响。在碱性溶液中滴定时，两者均会与EDTA配位；在酸性溶液中则只有 Pb^{2+} 与EDTA配位；在强酸溶液中滴定，则两者均不与EDTA配位。因此，若在相同酸度下标定和测定，这种影响就可以被抵消。

3.标定方法

pH＝4～12时，Zn^{2+} 均能与EDTA定量配位，常采用的方法有：

(1)在pH＝10的 NH_3-NH_4Cl 缓冲溶液中以铬黑T为指示剂，直接标定。

(2)在pH＝5的六亚甲基四胺缓冲溶液中以二甲酚橙为指示剂，直接标定。

第八节　配位滴定方式及其应用

在配位滴定中采用不同的滴定方式，可以扩大配位滴定的应用范围。配位滴定法中常用的滴定方式有以下几种：

一、直接滴定法

直接滴定法是配位滴定中的基本方法。

这种方法是将被测物质处理成溶液后，调节酸度，加入指示剂(有时还需要加入适当的辅助配位剂及掩蔽剂)，直接用EDTA标准溶液进行滴定，然后根据消耗的EDTA标准溶液的体积，计算试样中被测组分的含量。

采用直接滴定法必须符合以下几个条件：

(1)被测组分与EDTA的配位速度快，且满足 $\lg c_M K'_{MY} \geqslant 6$ 的要求。

(2)在选用的滴定条件下必须有变色敏锐的指示剂，且不受共存离子的影响而发生"封闭"作用。

如 Al^{3+} 对许多指示剂产生"封闭"作用，因此不宜用直接滴定法。有些金属离子(如 Sr^{2+}、Ba^{2+} 等)缺乏灵敏的指示剂，所以也不能用直接滴定法。

(3)在选用的滴定条件下，被测组分不发生水解和沉淀反应，必要时可加辅助配位剂来防止这些反应。

在多数情况下，直接滴定法引入的误差较小，操作简便、快速。只要金属离子与EDTA

的配位反应能满足直接滴定的要求，就应尽可能地采用直接滴定法。但有以下任何一种情况，都不宜直接滴定：

(1)待测离子与 EDTA 不形成配合物或形成的配合物不稳定。

(2)待测离子与 EDTA 的配位反应很慢，例如 Al^{3+}、Cr^{3+}、Zr^{4+} 等的配合物虽稳定，但在常温下反应进行得很慢。

(3)没有适当的指示剂，或金属离子对指示剂有严重的封闭或僵化现象。

(4)在滴定条件下，待测金属离子水解或生成沉淀，滴定过程中沉淀不易溶解，也不能用加入辅助配位剂的方法防止这种现象的发生。

实际上大多数金属离子都可采用直接滴定法。例如，测定 Ca^{2+}、Mg^{2+} 可有多种方法，但以直接滴定法最为简便。钙、镁联合测定的方法是：先在 pH＝10 的氨性溶液中，以铬黑 T 为指示剂，用 EDTA 滴定。由于 CaY 比 MgY 稳定，故先滴定的是 Ca^{2+}。但它们与铬黑 T 配位化合物的稳定性则相反($\lg K_{(CaIn)}=5.4$、$\lg K_{(MgIn)}=7.0$)，因此当溶液由紫红色变为蓝色时，表示 Mg^{2+} 已定量滴定。而此时 Ca^{2+} 早已定量反应，故由此测得的是 Ca^{2+}、Mg^{2+} 总量。另取同量试液，加入 NaOH 调节溶液酸度至 pH＞12。此时 Mg^{2+} 以 $Mg(OH)_2$ 沉淀形式被掩蔽，选用钙指示剂为指示剂，用 EDTA 滴定 Ca^{2+}。前后两次测定之差，即为镁含量。

表 6-14 列出部分金属离子常用的 EDTA 直接滴定法示例。

表 6-14　直接滴定法示例

金属离子	pH 值	指示剂	其他主要滴定条件	终点颜色变化
Bi^{3+}	1	二甲酚橙	介质	紫红→黄
Ca^{2+}	12～13	钙指示剂		酒红→蓝
Cd^{2+}、Fe^{2+}、Pb^{2+}、Zn^{2+}	5～6	二甲酚橙	六亚甲基四胺	红紫→黄
Co^{2+}	5～6	二甲酚橙	六亚甲基四胺，加热至 80℃	红紫→黄
Cd^{2+}、Mg^{2+}、Zn^{2+}	9～10	铬黑 T	氨性缓冲液	红→蓝
Cu^{2+}	2.5～10	PAN	加热或加乙醇	红→黄绿
Fe^{3+}	1.5～2.5	磺基水杨酸	加热	红紫→黄
Mn^{2+}	9～10	铬黑 T	氨性缓冲溶液，抗坏血酸或 $NH_2OH \cdot HCl$ 或酒石酸	红→蓝
Ni^{2+}	9～10	紫脲酸胺	加热至 50～60℃	黄绿→紫红
Pb^{2+}	9～10	铬黑 T	氨性缓冲溶液，加酒石酸，并加热至 40～70℃	红蓝
Th^{2+}	1.7～3.5	二甲酚橙	介质	紫红→黄

二、返滴定法

返滴定法是在适当的酸度下，在试液中加入定量且过量的 EDTA 标准溶液，加热(或不加热)使待测离子与 EDTA 配位完全，然后调节溶液的 pH 值，加入指示剂，以适当的金属离子标准溶液作为返滴定剂，滴定过量的 EDTA。

返滴定法适用于如下一些情况：

(1)被测离子与 EDTA 反应缓慢；

(2)被测离子在滴定的 pH 值条件下会发生水解，又找不到合适的辅助配位剂；

(3)被测离子对指示剂有封闭作用，又找不到合适的指示剂。

例如，Al^{3+} 与 EDTA 配位反应速度缓慢，而且对二甲酚橙指示剂有封闭作用；酸度不高时，Al^{3+} 还易发生一系列水解反应，形成多种多核羟基配合物。因此 Al^{3+} 不能直接滴定。用返滴定法测定 Al^{3+} 时，先在试液中加入一定量并过量的 EDTA 标准溶液，调节 pH＝3.5，煮沸以加速 Al^{3+} 与 EDTA 的反应(此时溶液的酸度较高，又有过量 EDTA 存在，Al^{3+} 不会形成羟基配合物)。冷却后，调节 pH 值至 5～6，以保证 Al^{3+} 与 EDTA 定量配位，然后以二甲酚橙为指示剂(此时 Al^{3+} 已形成 AlY，不再封闭指示剂)，用 Zn^{2+} 标准溶液滴定过量的 EDTA。

返滴定法中用作返滴定剂的金属离子 N 与 EDTA 的配合物 NY 应有足够的稳定性，以保证测定的准确度，但 NY 又不能比待测离子 M 与 EDTA 的配合物 MY 更稳定，否则将发生下式反应(略去电荷)，使测定结果偏低。

$$N + MY \rightleftharpoons NY + M$$

上例中 ZnY^{2-} 虽比 AlY^{3-} 稍稳定($\lg K_{ZnY}=16.5$，$\lg K_{AlY}=16.1$)，但因 Al^{3+} 与 EDTA 配位缓慢，一旦形成，解离也慢。因此，在滴定条件下 Zn^{2+} 不会把 AlY 中的 Al^{3+} 置换出来。但是，如果返滴定时温度较高，AlY 活性增大，就有可能发生置换反应，使终点难以确定。

表 6-15 列出了常用作返滴定剂的部分金属离子及其滴定条件。

表 6-15　常用作返滴定剂的金属离子和滴定条件

待测金属离子	pH	返滴定剂	指示剂	终点颜色变化
Al^{3+}，Ni^{2+}	5～6	Zn^{2+}	二甲酚橙	黄→紫红
Al^{3+}	5～6	Cu^{2+}	PAN	黄→蓝紫(或紫红)
Fe^{2+}	9	Zn^{2+}	铬黑 T	蓝→红
Hg^{2+}	10	Mg^{2}，Zn^{2+}	铬黑 T	蓝→红
Sn^{4+}	2	Th^{4+}	二甲酚橙	黄→红

三、置换滴定法

配位滴定中用到的置换滴定有下列两类：

1. 置换出金属离子

例如 Ag^{+} 与 EDTA 的配合物不够稳定($\lg K_{AgY}=7.3$)，不能用 EDTA 直接滴定。若在 Ag^{+} 试液中加入过量的 $Ni(CN)_4^{2-}$，则会发生如下置换反应：

$$2Ag^{+} + Ni(CN)_4^{2-} \longrightarrow 2Ag(CN)_2^{-} + Ni^{2+}$$

此反应的平衡常数 $\lg K_{AgY}=10.9$，反应进行得较完全。在 pH＝10 的氨性溶液中，以紫脲酸铵为指示剂，用 EDTA 滴定置换出 Ni^{2+}，即可求得 Ag^{+} 含量。

要测定银币试样中的 Ag 与 Cu，通常的做法是：先将试样溶于硝酸后，加入氨调节溶液的 pH＝8，以紫脲酸铵为指示剂，用 EDTA 滴定 Cu^{2+}，再用置换滴定法测 Ag^{+}。

紫脲酸铵是配位滴定 Ca^{2+}、Ni^{2+}、Co^{2+} 和 Cu^{2+} 的一个经典指示剂。强氨性溶液滴定 Ni^{2+} 时，溶液由配合物的紫色变为指示剂的黄色，变色敏锐。Cu^{2+} 与指示剂的稳定性差，只能在弱氨性溶液中滴定。

2. 置换出 EDTA

用返滴定法测定可能含有 Cu、Pb、Zn、Fe 等杂质离子的某复杂试样中的 Al^{3+} 时，实际测得的是这些离子的总量。为了得到准确的 Al^{3+} 量，在返滴定至终点后，加入 NH_4F，F^- 与溶液中的 AlY^- 反应，生成更为稳定的 AlF_6^{3-}，置换出与 Al^{3+} 相当量的 EDTA。

$$AlY^- + 6F^- + 2H^+ \longrightarrow AlF_6^{3-} + H_2Y^{2-}$$

置换出的 EDTA，再用 Zn^{2+} 标准溶液滴定，由此可得 Al^{3+} 的准确含量。

锡的测定也常用此法。如测定锡-铅焊料中锡、铅的含量：试样溶解后加入一定量并过量的 EDTA，煮沸，冷却后用六亚甲基四胺调节溶液 pH 值至 5～6，以二甲酚橙作指示剂，用 Pb^{2+} 标准溶液滴定 Sn^{4+} 和 Pb^{2+} 的总量。然后再加入过量的 NH_4F，置换出 SnY 中的 EDTA，再用 Pb^{2+} 标准溶液滴定，即可求得 Sn^{4+} 的含量。

置换滴定法不仅能扩大配位滴定法的应用范围，而且可以提高配位滴定法的选择性。

四、间接滴定法

有些离子和 EDTA 生成的配合物不稳定，如 Na^+、K^+ 等；有些离子和 EDTA 不配位，如 SO_4^{2-}、PO_4^{3-}、CN^-、Cl^- 等。这些离子可采用间接滴定法测定。表 6-16 列出常用的部分离子的间接滴定法以供参考。

表 6-16　常用的间接滴定法

待测离子	主要步骤
K^+	沉淀为 $K_2Na[Co(NO_2)_6]\cdot 6H_2O$，经过滤、洗涤、溶解后测出其中的 Co^{3+}
Na^+	沉淀为 $NaZn(UO_2)_3Ac_9\cdot 9H_2O$
PO_4^{3-}	沉淀为 $MgNH_4PO_4\cdot 6H_2O$，经过滤、洗涤、溶解，测定其中 Mg^{2+}，或测定滤液中过量的 Mg^{2+}
S^{2-}	沉淀为 CuS，测定滤液中过量的 Cu^{2+}
SO_4^{2-}	沉淀为 $BaSO_4$，测定滤液中过量的 Ba^{2+}，用 Mg-Y 铬黑 T 作指示剂
CN^-	加一定量并过量的 Ni^{2+}，使形成 $Ni(CN)_4^{2-}$，测定过量的 Ni^{2+}
Cl^-、Br^-、I^-	沉淀为卤化银，过滤，滤液中过量的 Ag^+ 与 $Ni(CN)_4^{2-}$ 置换，测定置换出的 Ni^{2+}

注意：间接滴定法步骤繁杂，引入误差的机会也较多，因此不是理想的测定方法。

实验 7　EDTA 标准溶液的配制和标定

一、实验目的

1. 掌握 EDTA 标准溶液的配制和标定方法。
2. 熟悉钙指示剂的滴定终点判断。

二、实验原理

EDTA是乙二胺四乙酸的英文缩写，它难溶于水，通常用其二钠盐 EDTA・2Na・$2H_2O$ 配制成标准溶液。

EDTA・2Na・$2H_2O$ 是白色结晶或结晶粉末，室温下其溶解度为 111g/L（约为 0.3mol/L）。配制 EDTA 标准溶液时，一般用分析纯的 EDTA・2Na・$2H_2O$ 先配制成近似浓度的溶液，然后以 $CaCO_3$ 为基准物标定其浓度。滴定是在 pH≈12 的条件下，使用钙指示剂。终点时，溶液由紫红色变成纯蓝色。

计算公式：

$$c_{EDTA} = \frac{V_{Ca^{2+}} \times c_{Ca^{2+}}}{V_{EDTA}}$$

三、仪器与试剂

1. 仪器：酸式滴定管，三角瓶（250mL），试剂瓶（500mL），容量瓶（250mL），移液管（25mL、5mL），量筒（100mL），天平，玻璃棒，烧杯，吸耳球，铁架台，蝴蝶架，胶头滴管，蒸馏水洗瓶，表面皿，电炉。

2. 试剂：$CaCO_3$（AR），EDTA（AR），HCl（1∶1），NaOH（10%），钙指示剂。

四、操作步骤

1. EDTA（0.02mol/L）标准溶液的配制

称取 4g EDTA 置于烧杯中，加水微热溶解后，稀释至 500mL，转入试剂瓶中，摇匀，即得。

2. EDTA（0.02mol/L）标准溶液的标定

$CaCO_3$（0.02 mol/L）标准溶液配制：准确称取 $CaCO_3$ 粉末 0.5～0.6g 于 250mL 烧杯中，用 HCl（1∶1）溶液加热溶解，待冷却后转入 250mL 容量瓶中，用水稀释至刻度，摇匀。

用移液管移取 25mL 上述 Ca^{2+} 标准溶液于三角瓶中，加入 70～80mL 水，加 5mL NaOH（10%）溶液，并加少量钙指示剂，用 EDTA 溶液滴定至溶液由酒红色恰变为纯蓝色，记下消耗的 EDTA 溶液体积，并计算 EDTA 标准溶液的浓度。平行测定三次，取平均值。

五、记录和计算

1. 数据记录

EDTA 标准溶液的标定

项目＼编号		1	2	3	4
m_{CaCO_3} (g)					
c_{CaCO_3} (mol/L)					
EDTA 读数	始读数（mL）				
	终读数（mL）				
	ΔV_{EDTA}（mL）				

续表

项目＼编号	1	2	3	4
c_{EDTA}(mol/L)				
$\bar{c}_{EDTA}$(mol/L)				
极差(%)				

2. 结果计算

实验 8　自来水总硬度的测定

一、实验目的

1. 掌握配位滴定法测定水总硬度的原理和方法。
2. 掌握铬黑 T 指示剂的使用条件。
3. 了解水硬度的表示方法。

二、实验原理

水的硬度主要用 EDTA 滴定法测定，在 pH≈10 的氨性缓冲溶液中，以铬黑 T 为指示剂，滴定至溶液由紫红色变为纯蓝色即为终点。滴定时，Fe^{3+}、Al^{3+} 等干扰离子用三乙醇胺及酒石酸钾钠掩蔽，少量 Cu^{2+}、Pb^{2+}、Zn^{2+} 等可用 KCN、Na_2S 或巯基乙酸等掩蔽。

水的硬度大小是以 Ca、Mg 总量折算成 CaO 的量来衡量，各国采用的硬度单位不同。我国目前常用的表示方法：以度(°)计，即 1L 水中含有 10mg CaO 称为 1°。

硬水和软水尚无明确的界限，硬度不大于 5.6°的水，一般称为软水。生活饮用水要求硬度小于 25°，工业用水则要求为软水，否则易在容器、管道内表面形成水垢，造成危险。

计算公式：

$$c_{CaO} = \frac{c_{EDTA} \times V_{EDTA} \times M_{CaO}}{V_{自来水}} \times 100\text{mg/L} \qquad M_{CaO} = 56\text{g/mol}$$

三、仪器与试剂

1. 仪器：酸式滴定管，三角瓶(250mL)，移液管(5 mL)，量筒(100 mL)，烧杯，吸耳球，铁架台，蝴蝶架，蒸馏水洗瓶。

2. 试剂：EDTA 标准溶液(0.02mol/L)，铬黑 T 指示剂，$NH_3 \cdot H_2O$-NH_4Cl 缓冲溶液(pH=10)，三乙醇胺(1∶2)，钙指示剂。

四、操作步骤

量取自来水样 100mL 于 250mL 三角瓶中，加入三乙醇胺(1∶2)3mL，摇匀后再加入 $NH_3 \cdot H_2O$-NH_4Cl 缓冲溶液 5 mL 及少许铬黑 T 指示剂，摇匀，用 EDTA 标准溶液滴定至溶液由酒红色恰变为纯蓝色，即为终点。根据消耗 EDTA 溶液的体积，计算结果时，把 Ca、

Mg 总量折算成 CaO(以 10mg/L 计),平行测定三次。

五、注意事项

1. 该实验的取样量仅适用于以 CaO 计算硬度不大于 280 mg/L 的水样。若硬度大于 280mg/L,应适当减小取样量。

2. 硬度较大的水样,在加缓冲液后常析出微粒,使终点不稳定,即常出现“返回”现象,难以确定终点。遇到此情况,可在加缓冲液前,在溶液中加入一小块刚果红试纸,滴加稀 HCl 至试纸变蓝色,振摇 2min,然后依法操作。

六、记录和计算

1. 数据记录

项目＼编号		1	2	3	4
样液(mL)		100.00			
EDTA 读数	始读数(mL)				
	终读数(mL)				
	ΔV EDTA(mL)				
c_{CaO}(mol/L)					
$\bar{c}_{CaO}$(mol/L)					
极差(%)					

2. 结果计算

实验 9　硫酸镍试样中镍含量的测定

备注:本实验为广东省“工业分析检验”竞赛化学分析操作试题,包含 EDTA(0.05mol/L)标准滴定溶液的标定和硫酸镍试样中镍含量的测定两个实验。

(一)EDTA(0.05mol/L)标准滴定溶液的标定

1. 操作步骤

称取 1.5g 于(850±50)℃高温炉中灼烧至恒重的工作基准试剂 ZnO(不得用去皮的方法)于 100mL 小烧杯中,用少量水润湿,加入 20mL HCl(20%)溶解后,定量转移至 250mL 容量瓶中,用水稀释至刻度,摇匀。移取 25.00mL 上述溶液于 250mL 锥形瓶中(不得从容量瓶中直接移取溶液),加 75mL 水,用氨水溶液(10%)调至溶液 pH 值至 7~8,加 10mL NH_3-NH_4Cl 缓冲溶液(pH≈10)及 5 滴铬黑 T(5g/L),用待标定的 EDTA 溶液滴定至溶液由紫色变为纯蓝色。

平行测定 4 次,同时做空白试验。

2. 计算 EDTA 标准滴定溶液的浓度 c(EDTA),单位为 mol/L。

注:M(ZnO)=81.39g/mol。

计算公式为：

$$c(\text{EDTA})=\frac{m\times\frac{25.00}{250.0}\times1000}{(V-V_0)\times81.39}$$

(二)硫酸镍试样中镍含量的测定

1.操作步骤

称取硫酸镍液体样品 xg，精确至 0.0001g，加水 70mL，加入 10mL NH_3-NH_4Cl 缓冲溶液(pH≈10)及 0.2g 紫脲酸铵指示剂，摇匀，用 EDTA 标准滴定溶液[c(EDTA)＝0.05mol/L]滴定至溶液呈蓝紫色。平行测定 3 次。

2.计算镍的质量分数 w(Ni)，以 g/kg 表示。

注：M(Ni)＝58.69 g/mol。

计算公式为：

$$\omega(\text{Ni})=\frac{c(\text{EDTA})V\times M(\text{Ni})}{m\times1000}\times1000$$

复习思考题

1.什么叫金属指示剂？金属指示剂的作用原理是什么？它应该具备哪些条件？试举例说明。

2.为什么使用金属指示剂时要有 pH 值的限制？为什么同一种指示剂于不同金属离子滴定时，适宜的 pH 值条件不一定相同？

3.金属离子指示剂为什么会发生封闭现象？如何避免？

4.什么是金属离子指示剂的僵化现象？如何避免？

5.在 EDTA 滴定中，要求金属指示剂与待测金属离子形成配合物的条件稳定常数的 K'_{MIn} 值应：

(1)$K'_{MIn}>K'_{MY}$；　　(2)$K'_{MIn}<K'_{MY}$；

(3)$K'_{MIn}=K'_{MY}$；　　(4)$K'_{MIn}>100K'_{MY}$ 。

6.配位滴定终点所呈现的颜色是：

(1)游离金属指示剂的颜色；

(2)EDTA 与待测金属离子形成配合物的颜色；

(3)金属指示剂与待测金属离子形成配合物的颜色；

(4)上述(1)项与(3)项的混合色。

7.pH＝10.0 的介质下，用铬黑 T 作指示剂测定 Ca^{2+}，为什么要在 EDTA 标准溶液中加入少量的 MgY？

8.EDTA 与金属离子的配合物有何特点？

9.解释下列名词：绝对稳定常数；条件稳定常数；累积稳定常数。

10. 配合物的稳定常数 K_{MY} 与条件稳定常数 K'_{MY} 有何区别和联系？

11. 什么叫酸效应？什么叫酸效应系数？

12. 为什么在配位滴定中必须控制好溶液的酸度？

13. 在 EDTA 滴定中，下列有关酸效应的叙述正确的是：

(1)pH值越大，酸效应系数越大；

(2)酸效应系数越大，配合物的稳定性越好；

(3)酸效应系数越小，配合物的稳定性越好；

(4)酸效应系数越大，滴定曲线的突跃范围越大。

14. 简述ETDA酸效应曲线的作用。

15. 在Bi^{3+}、Pb^{2+}、Al^{3+}和Mg^{2+}混合的溶液中测定Pb^{2+}含量，其他三种离子是否有干扰？

16. 在配位滴定分析中有共存离子存在时，应如何选择滴定的条件？

17. 配位滴定法中测定Ca^{2+}、Mg^{2+}时为什么要加入三乙醇胺？具体操作中是先调节pH值，还是先加入三乙醇胺？为什么？

18. 配位滴定有哪些方式？如何应用这些方式？

19. 用返滴定法测定Al^{3+}含量时，首先在pH值为3.5左右加入过量EDTA，并加热，使Al^{3+}充分反应。试说明选择此pH值的理由。

20. 今欲不经分离用配位滴定法测定下列混合液中各组分的含量，试设计简要方案(包括滴定剂、酸度、指示剂以及滴定方式)。

(1)Zn^{2+}、Mg^{2+}混合液中两者含量的测定；

(2)Fe^{3+}、Cu^{2+}、Ni^{2+}混合液中各含量的测定。

21. 配制和标定EDTA标准溶液时，对所用试剂和水有何要求？

22. 已经标定好的EDTA溶液贮存在普通玻璃试剂瓶中合适吗？

23. 常用于标定EDTA标准溶液的基准物有哪些？若使用纯金属为基准物质，在标定前应如何处理？

24. 为什么标定EDTA标准溶液时，最好选用被测元素的纯金属或化合物为基准物质？

25. 用含有少量Ca^{2+}、Mg^{2+}的蒸馏水配制EDTA溶液，然后于pH=5.5条件下以二甲酚橙为指示剂，用Zn^{2+}标准溶液标定EDTA的浓度，最后在pH=10.0的条件下用上述EDTA溶液滴定试样中的Ni^{2+}，对测定结果有无影响？说明理由。

26. 计算pH=5.0时EDTA的酸效应系数$\alpha_{Y(H)}$。若此时EDTA各种存在形式的总浓度为0.0200mol/L，则$[Y^{4-}]$为多少？

27. pH=5.0时，Zn^{2+}和EDTA配合物的条件稳定常数是多少？假设Zn^{2+}和EDTA的浓度皆为0.01mol/L(不考虑羟基配位等副反应)。pH=5.0时能否用EDTA标准溶液滴定Zn^{2+}？

28. pH=6.0时，Mg^{2+}和EDTA配合物的条件稳定常数是多少？假设Mg^{2+}和EDTA的浓度皆为0.01mol/L(不考虑羟基配位等副反应)。pH=6.0时能否用EDTA标准溶液滴定Mg^{2+}？如不能滴定，求其允许的最小pH值。

29. 试求以EDTA滴定浓度为0.01mol/L Fe^{3+}溶液时允许的pH值范围。

30. 计算用EDTA滴定下列浓度各为0.01mol/L的金属离子时所允许的最低pH值。

(1)Ca^{2+}；(2)Al^{3+}；(3)Cu^{2+}；(4)Hg^{2+}。

31. 在pH=10的NH_3-NH_4Cl缓冲溶液中，游离的NH_3浓度为0.1mol/L，用0.01mol/L EDTA滴定0.01mol/L Zn^{2+}。计算：

(1)$\lg\alpha_{Zn(NH_3)_4^{2+}}$；(2)$\lg K_{ZnY}$；(3)化学计量点时$pZn^{2+}$。

32. 有 Pb^{2+} 存在条件下能否滴定 Bi^{3+}？若可以滴定，请求出滴定 Bi^{3+} 的 pH 值范围。能否继续滴定 Pb^{2+}？若可以滴定，请求出其滴定 pH 值范围。（假设 Bi^{3+} 和 Pb^{2+} 的浓度均为0.01mol/L。）

33. 某一含有 Fe^{3+}、Al^{3+}、Mg^{2+} 的溶液，各离子浓度均为 0.02mol/L。判断能否用同样浓度的 EDTA 准确滴定。若可以滴定，请说明滴定各种离子适宜的 pH 值范围。

34. 用下列基准物质标定 0.02mol/L EDTA 溶液，若使 EDTA 标准溶液的体积消耗在 30mL 左右，分别计算下列基准物的称量范围。

(1)纯锌粒；(2)纯 $CaCO_3$；(3)纯镁粉。

35. 用纯锌粒标定 EDTA 溶液，若称取的纯锌粒为 0.5942g，用 HCl 溶液溶解后转移入 500mL 容量瓶中，稀释至标线。吸取该锌标准溶液 25.00mL，用 EDTA 溶液滴定，消耗 24.05mL，计算 EDTA 溶液的准确浓度。

36. 称取含钙试样 0.2000g，溶解后转入 100mL 容量瓶中，稀释至标线。吸取此溶液 25.00mL，以钙指示剂为指示剂，在 pH=12.0 时用 0.02000mol/L EDTA 标准溶液滴定，消耗 EDTA 19.86mL，求试样中 $CaCO_3$ 的质量分数。

37. 今取水样 50mL，调 pH=10.0，以铬黑 T 为指示剂，用 0.02000mol/L EDTA 标准溶液滴定，消耗 15.00mL；另取水样 50mL，调 pH=12.0，以钙指示剂为指示剂，用 0.02000mol/L EDTA 标准溶液滴定，消耗 10.00mL。计算：

(1)水样中 Ca、Mg 总量（以 mmol/L 表示）。

(2)Ca、Mg 各自含量（以 mg/L 表示）。

38. 测定合金钢中 Ni 的含量。称取 0.500g 试样，处理后制成 250.0mL 试液。准确移取 50.00mL 试液，用丁二酮肟将其中沉淀分离。所得的沉淀溶于热 HCl 中，得到 Ni^{2+} 试液。在所得试液中，加入浓度为 0.05000mol/L 的 EDTA 标准溶液 30.00mL，反应完全后，多余的 EDTA 用 $c(Zn^{2+})=0.02500$ mol/L 标准溶液返滴定，消耗 14.56mL。计算合金钢中试样的质量分数。

39. 称取含氟矿样 0.5000g，溶解后，在弱碱条件下加入 0.1000mol/L Ca^{2+} 标准溶液 50.00mL，Ca^{2+} 将 F^- 沉淀后分离。滤液中过量的 Ca^{2+}，在 pH=10.0 的条件下用 0.05000mol/L EDTA 标准溶液返滴定，消耗 20.00mL。计算试样中氟的质量分数。

40. 称取试样 0.2000g，制成溶液，加入过量的 EDTA 标准溶液，使共存 r Cu^{2+}、Zn^{2+}、Pb^{2+} 的全部生成配合物。剩余的 EDTA 用 0.1000mol/L $Zn(Ac)_2$ 标准溶液滴定至终点（以二甲酚橙为指示剂，不计消耗体积）。然后加入适量 NH_4F，同时置换出 EDTA（此时只有 Sn^{4+} 与 F^- 生成 SnF_6^{2-}），再用 $Zn(Ac)_2$ 标准溶液滴定，用去 22.30mL。求此试样中锡的质量分数。

41. 取干燥的 $Al(OH)_3$ 凝胶 0.3986g，处理后在 250mL 容量瓶中配制成试液。吸取此试液 25.00mL，准确加入 0.05000mol/L EDTA 溶液 25.00mL，反应后过量的 EDTA 用 0.05000mol/L Zn^{2+} 标准溶液返滴定，用去 15.02mL。计算试样中 Al_2O_3 的质量分数。

42. 称取硫酸盐试样 3.000g，溶解后配制成 250.0mL 溶液，吸取此溶液 25.00mL，加入 $c(BaCl_2)=0.05000$mol/L $BaCl_2$ 溶液 25.0mL。加热沉淀后，用 0.02000mol/L EDTA 滴定剩余 Ba^{2+}，消耗 EDTA 溶液 17.15mL。计算硫酸盐试样中 SO_4^{2-} 的质量分数。

43. 分析 Pb、Zn、Mg 合金时，称取合金 0.480g，溶解后用容量瓶准确配制成 100mL 试液。吸取 25.00mL 试液，加 KCN 将 Zn^{2+} 掩蔽。然后用 $c(EDTA)=0.02000mol/L$ 的 EDTA滴定 Pb^{2+} 和 Mg^{2+}，消耗 EDTA 溶液 46.40mL；继续加入二巯基丙醇(DMP)掩蔽 Pb^{2+}，使其置换出等量的 EDTA，再用 $c(Mg^{2+})=0.01000mol/L$ Mg^{2+} 标准溶液滴定置换出的 EDTA，消耗 Mg^{2+} 溶液 22.60mL；最后加入甲醛解蔽 Zn^{2+}，再用上述 EDTA 滴定 Zn^{2+}，又消耗 EDTA 溶液 44.10mL。计算合金中 Pb、Zn、Mg 的质量分数。

44. 称取 Bi、Pb、Cd 合金试样 2.420g，用 HNO_3 溶解后，在 250mL 容量瓶中配制成溶液。移取试液 50.00mL，调 pH=1，以二甲酚橙为指示剂，用 $c(EDTA)=0.02479mol/L$ EDTA 标准溶液滴定，消耗 EDTA 25.67mL。再用六亚甲基四胺缓冲溶液将 pH 值调至 5，再以上述 EDTA 滴定，消耗 EDTA 溶液 24.76mL。再加入邻二氮菲，此时用 $c[Pb(NO_3)_2]=0.02479mol/L$ $Pb(NO_3)_2$ 标准溶液滴定，消耗 6.76mL。计算合金试样中 Bi、Pb、Cd 的质量分数。

第七章 氧化还原滴定法

学习目标

1. 掌握条件电位的计算方法及其影响因素；氧化还原反应进行的程度及用于滴定分析的要求；碘量法、高锰酸钾法、亚硝酸钠法的基本原理、测定条件、指示剂、标准溶液配制与标定；氧化还原滴定结果的计算方法。
2. 熟悉影响氧化还原反应速度的因素、氧化还原滴定曲线及影响电位突跃范围的因素，溴酸钾法和溴量法、重铬酸钾法、铈量法的基本反应及测定条件。
3. 了解滴定前的试样预处理，高碘酸钾法的基本反应及测定条件。

氧化还原滴定法是以氧化还原反应为基础的滴定分析方法。氧化还原滴定法应用广泛，可用来直接测定具有氧化性或还原性的物质，也可以用来间接测定一些能与氧化剂或还原剂发生定量反应的物质。

氧化还原反应是基于电子转移的反应，特点是其反应机理和反应过程都比较复杂。在氧化还原反应中，除了主反应外，还经常伴有各种副反应，且介质对反应也有很大的影响。因此，讨论氧化还原反应时，除了从平衡观点判断反应的可能性外，还应该考虑反应条件及滴定条件对氧化还原反应的影响，因此在氧化还原反应中要根据不同情况选择适当的反应及滴定条件。

第一节 氧化还原平衡

一、氧化还原反应的基本概念

1. 可逆电对和不可逆电对

氧化还原电对通常可分为可逆电对和不可逆电对。

(1)可逆电对：能迅速建立起氧化还原平衡，其实际电势与能斯特公式计算值基本相符。其特点是能在氧化还原反应的任一瞬间迅速建立平衡。例如：Fe^{3+}/Fe^{2+}、I_2/I^-等电对。

(2)不可逆电对：与可逆电对相反，不能在氧化还原反应的任一瞬间建立起氧化还原反应平衡。特点是：①不能建立真正的平衡；②实际电势与理论电势相差较大。例如：MnO_4^-/Mn^{2+}、$Cr_2O_7^{2-}/Cr^{3+}$等电对。

2. 对称电对和不对称电对

(1)对称电对：氧化态和还原态的系数相等，如Fe^{3+}/Fe^{2+}、MnO_4^-/Mn^{2+}等。

(2)不对称电对：氧化态和还原态的系数不相等，如$Cr_2O_7^{2-}/Cr^{3+}$，I_2/I^-等。

3. 氧化还原半反应和氧化态、还原态的表示方法

人们在生活中经常使用Cu-Zn原电池。下面做一个小实验：将金属锌插入硫酸锌溶液中（组成锌半电池），将金属铜插入硫酸铜溶液中（组成铜半电池），外电路用导线将金属锌和金属铜连接起来，用盐桥将硫酸锌溶液和硫酸铜溶液连接起来，盐桥是装满饱和KCl溶液与琼脂凝胶的"U"形玻璃管，这样就得到了一个Cu—Zn原电池，如图7-1所示。

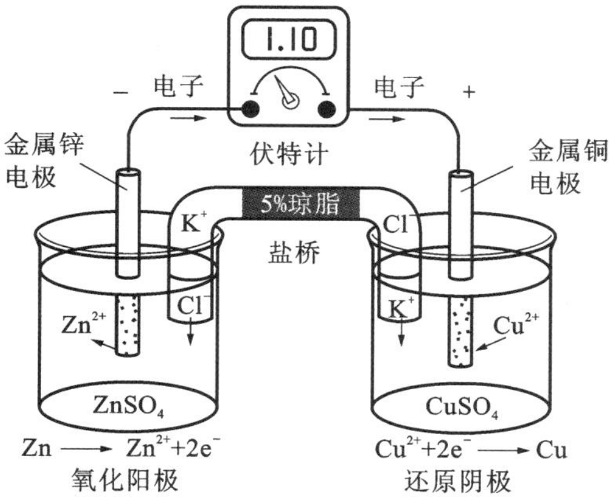

图7-1　Cu—Zn原电池

在这个原电池中，如果用一个灵敏的电流计将两金属片连接起来，就会发现：电流计指针发生了偏转，说明有电流发生；在铜片上有金属铜沉积下去，而锌片被溶解；取出盐桥，电流表指针回至零点；放入盐桥时，电流表指针又发生偏转，说明盐桥使整个装置构成了通路。原电池中为什么会有电流产生呢？原因是金属锌失去电子变成Zn^{2+}进入溶液，发生氧化反应；电子由锌电极出来经由外电路到达铜电极，溶液中的Cu^{2+}得到电子，发生还原反应，析出金属铜。原电池是由氧化还原反应产生电流的装置，它使化学能转变为电能。

原电池中的半反应表述如下：

锌电极：发生氧化反应 $Zn \longrightarrow Zn^{2+} + 2e^-$，留下的电子导致电极电势下降，为负极；

铜电极：发生还原反应 $Cu^{2+} + 2e^- \longrightarrow Cu$，电子结合$Cu^{2+}$导致电极电势上升，为正极。

氧化还原反应总是同时发生。因此，原电池的电极反应为：

$$\overset{\quad 2e^-}{\overline{Zn + Cu^{2+}}} = Zn^{2+} + Cu$$

任何一个氧化还原反应都可以分写成两个半反应：一个是还原反应，表示氧化剂被还原；一个是氧化反应，表示还原剂被氧化。即：还原反应：氧化态＋ne^- ⟶还原态；氧化反应：还原态－ ne^- ⟶氧化态。这两个式子称为氧化还原的半反应式。原电池的两个半反应式各乘以一个适当的系数后再加起来，即得原电池总反应式——氧化还原反应式。

由同一种元素的氧化态物质和其对应的还原态物质所构成的氧化还原电对，常用符号[氧化态]/[还原态]或Ox/Red来表示，如图7-1所示原电池的氧化还原电对可分别写成Cu^{2+}/Cu，Zn^{2+}/Zn。

二、电极电位

(一)标准电极电位

原电池中电流的产生和电极电势有直接的关系。电极电势不同的电极组成原电池时，原电池的电动势 $E \neq 0$，电就会从电极电势高的电极(正极)自动地流向电极电势低的电极(负极)，从而产生电流。电子的运动方向与电流的方向相反。氧化还原电对的电极电位越高，其氧化态得电子的能力越强；氧化还原电对的电极电位越低，其还原态失电子的能力越强。

对于可逆氧化还原电对的电极电势，可由能斯特公式求得。例如 Ox/Red 电对，其电极半反应和能斯特公式为：

$$\mathrm{Ox} + n\mathrm{e}^- \rightleftharpoons \mathrm{Red}$$

$$E_{\mathrm{Ox/Red}} = E^{\ominus}_{\mathrm{Ox/Red}} + \frac{RT}{nF}\ln\frac{a_{\mathrm{Ox}}}{a_{\mathrm{Red}}} \tag{7-1}$$

式中，$E_{\mathrm{Ox/Red}}$表示电对 Ox/Red 的电极电位；$E^{\ominus}_{\mathrm{Ox/Red}}$表示电对 Ox/Red 的标准电极电位；$n$ 表示半反应中的电子转移数；T 表示热力学温度；R 表示摩尔气体常数，$8.314\mathrm{J \cdot mol^{-1} \cdot K^{-1}}$；$F$ 表示法拉第常数，$96500\mathrm{C \cdot mol^{-1}}$；$a_{\mathrm{Ox}}$、$a_{\mathrm{Red}}$分别表示电极反应中在氧化型、还原型一侧各物质活度幂的乘积，离子的活度等于浓度 c 乘以活度系数 γ，即 $a=\gamma c$。

当温度为 298K、压强为标准大气压(100kPa)时，将自然对数转化为常用对数，并代入 R 和 F 等常数值，得

$$E_{\mathrm{Ox/Red}} = E^{\ominus}_{\mathrm{Ox/Red}} + \frac{0.059}{n}\lg\frac{a_{\mathrm{Ox}}}{a_{\mathrm{Red}}} \tag{7-2}$$

从式(7-2)可见，电对的电极电位 $E_{\mathrm{Ox/Red}}$与存在于溶液中的氧化态与还原态的活度有关。当 $a_{\mathrm{Ox}}=a_{\mathrm{Red}}=1\mathrm{mol/L}$ 时，$E_{\mathrm{Ox/Red}}=E^{\ominus}_{\mathrm{Ox/Red}}$，这时电对的电极电位就等于标准电极电位。因此，所谓的标准电极电位，就是指在 298K(大约 25℃)下，氧化还原半反应中各组分都处于标准状态，即离子或分子的活度都等于 1mol/L 或反应活度比率为 1 时(若有气体参加，则该气体分压为 100kPa)，测得的氧化还原电对的平衡电位值。标准电极电位 $E^{\ominus}$ 的大小只与温度有关。纯金属、纯固体的活度为 1mol/L，溶剂的活度为常数，它们的影响已经反映在 $E^{\ominus}$ 里，不必再列入能斯特方程。常见电对的标准电极电位值参见附录 6。

氧化还原反应的方向，总是电位值高的电对的氧化态得到电子被还原，电位值低的电对的还原态失去电子被氧化，即氧化剂氧化电位比它低的还原剂，还原剂还原电位比它高的氧化剂。

以下是几个电对的标准电极电位值：

$$\mathrm{Fe^{3+} + e^- \longrightarrow Fe^{2+}} \qquad E^{\ominus} = 0.771\mathrm{V}$$

$$\mathrm{I_2(固) + 2e^- \longrightarrow 2I^-} \qquad E^{\ominus} = 0.5345\mathrm{V}$$

$$\mathrm{Cu^{2+} + 2e^- \longrightarrow Cu} \qquad E^{\ominus} = 0.337\mathrm{V}$$

$$\mathrm{2H^+ + 2e^- \longrightarrow H_2} \qquad E^{\ominus} = 0.000\mathrm{V}$$

$$\mathrm{Fe^{2+} + 2e^- \longrightarrow Fe} \qquad E^{\ominus} = -0.440\mathrm{V}$$

$$\mathrm{Zn^{2+} + 2e^- \longrightarrow Zn} \qquad E^{\ominus} = -0.763\mathrm{V}$$

在这些电对中，Fe^{3+}/Fe^{2+} 电对的标准电极电位值最高，因此 Fe^{3+} 最容易得到电子；而 Zn^{2+}/Zn 电对的标准电极电位值最低，因此 Zn 最容易失去电子。如图 7-1 所示的原电池

中，当溶液中存在 Cu^{2+}/Cu 和 Zn^{2+}/Zn 时，氧化还原反应的方向是：电位值高的 Cu^{2+}/Cu 的氧化态 Cu^{2+} 得到电子被还原，而电位值低的 Zn^{2+}/Zn 的还原态 Zn 失去电子被氧化。氧化还原的总反应式为：

$$Cu^{2+} + Zn \longrightarrow Cu + Zn^{2+}$$

同理，在实验操作中用电子天平称量固体碘（I_2）时，若不小心洒落了一些碘在天平秤盘（不锈钢）上，结束时忘记清扫，则第二天会看到天平秤盘被腐蚀出一个洞，其氧化还原反应式为：

$$I_2 + Fe \longrightarrow 2I^- + Fe^{2+}$$

（二）条件电极电位

在计算氧化还原电对的电极电位时，一般用浓度代替活度。实际上，只有在稀溶液中，浓度代替活度的计算才是正确的。当浓度增大或有强电解质存在时，这样计算获得的结果与实际表现出的电位值有较大的差别。例如，在标准状态下，溶液中 Fe^{3+} 和 Fe^{2+} 的浓度均为 1.00mol/L 时，忽略离子强度的影响，用浓度代替活度，按能斯特方程式计算，$E_{Fe^{3+}/Fe^{2+}}=0.77V$。但该溶液中若同时含有 1.00mol/L 盐酸或 1.00mol/L 硫酸，氧化还原电对 Fe^{3+}/Fe^{2+} 的实际电位分别为 0.71V 和 0.68V。

首先，电解质溶于水所形成的真实溶液与理想溶液（理想混合物）会存在或多或少的偏差，就如同一个人“在别人家”与“在自己家”的自由程度不同一样，因此需引入“活度系数”来进行校正，才方便解决真实溶液的计算问题。活度系数 γ 乘以浓度 c 等于活度，即 $a=\gamma c$。活度称为“有效浓度”或“校正浓度”。

其中，活度系数 $\gamma=1$ 的状态称为标准态。对于固态、液态物质和溶剂，这一标准态就是它们的纯物质状态，即规定纯物质的活度系数等于 1。

在溶液中，活度系数的大小与溶液的离子强度有关。在稀溶液范围内，影响强电解质离子平均活度系数 γ 的决定因素是其浓度和离子价数，即与离子强度（溶液中每种离子 i 的质量摩尔浓度 c_i，乘以该离子的价数 Z_i 的平方，所得诸项之和的一半，称为离子强度，用 I 表示）有关。γ 通常小于 1，在溶液无限稀时离子间相互作用趋于零，此时活度系数趋于 1，活度等于溶液的实际浓度。

如在 HCl 溶液中，以 Fe^{3+}/Fe^{2+} 体系的电位计算公式为例，用能斯特公式得

$$E_{Fe^{3+}/Fe^{2+}} = E^{\ominus}_{Fe^{3+}/Fe^{2+}} + 0.059\lg\frac{a_{Fe^{3+}}}{a_{Fe^{2+}}} \tag{7-3}$$

因为 $a=\gamma c$，因此式（7-3）转化为

$$E_{Fe^{3+}/Fe^{2+}} = E^{\ominus}_{Fe^{3+}/Fe^{2+}} + 0.059\lg\frac{\gamma_{Fe^{3+}}\cdot[Fe^{3+}]}{\gamma_{Fe^{2+}}\cdot[Fe^{2+}]} \tag{7-4}$$

再者，在 HCl 溶液中，Fe^{3+}、Fe^{2+} 还存在各种副反应，即溶液中除 Fe^{3+}、Fe^{2+} 外，三价铁还有 $Fe(OH)^{2+}$、$FeCl^{2+}$、$FeCl_2^+$、$FeCl_4^-$、$FeCl_6^{3-}$ 等存在形式；二价铁还有 $Fe(OH)^+$、$FeCl^+$、$FeCl_3^-$、$FeCl_4^{2-}$ 等存在形式。若用 $c_{Fe^{3+}}$、$c_{Fe^{2+}}$ 分别表示溶液中 Fe^{3+}、Fe^{2+} 各种存在形式的总浓度，则 Fe^{3+}、Fe^{2+} 的副反应系数分别为：

$$\alpha_{Fe^{3+}} = \frac{c_{Fe^{3+}}}{[Fe^{3+}]},\alpha_{Fe^{2+}} = \frac{c_{Fe^{2+}}}{[Fe^{2+}]}$$

因此，$[Fe^{3+}]=\frac{c_{Fe^{3+}}}{\alpha_{Fe^{3+}}}$，$[Fe^{2+}]=\frac{c_{Fe^{2+}}}{\alpha_{Fe^{2+}}}$，将其代入式（7-4），得

$$E_{Fe^{3+}/Fe^{2+}} = E^{\ominus}_{Fe^{3+}/Fe^{2+}} + 0.059\lg \frac{\gamma_{Fe^{3+}} \cdot \alpha_{Fe^{2+}} \cdot c_{Fe^{3+}}}{\gamma_{Fe^{2+}} \cdot \alpha_{Fe^{3+}} \cdot c_{Fe^{2+}}} \tag{7-5}$$

因为 Fe^{3+}、Fe^{2+} 的总浓度 $c_{Fe^{3+}}$、$c_{Fe^{2+}}$ 是已知的，副反应系数 α 和活度系数 γ 在一定的条件下为一固定值，可以并入常数项中，因此式(7-5)可以改写为

$$E_{Fe^{3+}/Fe^{2+}} = E^{\ominus}_{Fe^{3+}/Fe^{2+}} + 0.059\lg \frac{\gamma_{Fe^{3+}} \cdot \alpha_{Fe^{2+}}}{\gamma_{Fe^{2+}} \cdot \alpha_{Fe^{3+}}} + 0.059\lg \frac{c_{Fe^{3+}}}{c_{Fe^{2+}}} \tag{7-6}$$

令 $E^{\ominus'}_{Fe^{3+}/Fe^{2+}} = E^{\ominus}_{Fe^{3+}/Fe^{2+}} + 0.059\lg \dfrac{\gamma_{Fe^{3+}} \cdot \alpha_{Fe^{2+}}}{\gamma_{Fe^{2+}} \cdot \alpha_{Fe^{3+}}}$

则式(7-6)可以写为

$$E_{Fe^{3+}/Fe^{2+}} = E^{\ominus'}_{Fe^{3+}/Fe^{2+}} + 0.059\lg \frac{c_{Fe^{3+}}}{c_{Fe^{2+}}} \tag{7-7}$$

式中，$E^{\ominus'}_{Fe^{3+}/Fe^{2+}}$ 称为条件电极电位。它表示在一定的介质条件下，氧化态和还原态的总浓度都为 1mol/L 或者二者总浓度比值为 1 时，校正了各种外界因素后的实际电位。条件电极电位反映了离子强度与各种副反应影响的总结果，在一定条件下为一常数。部分氧化还原电对的条件电极电位值参见附录 7。计算中引入条件电极电位(即考虑了离子强度和存在状态等各种因素)，所获得的电极电位能反映反应过程中氧化还原电对的实际氧化能力，用它判断实际氧化还原反应的方向、次序及反应进行程度会更为准确。因此，在处理有关氧化还原反应的计算时，应尽可能采用条件电极电位；当缺乏相同条件下的电极电位数据时，可采用条件相近时的条件电极电位，这样所得的处理结果比较接近实际情况。

(三)影响氧化还原反应方向的因素

通过对氧化还原电对条件电极电位的计算，可以判断氧化还原反应进行的方向。下面就影响氧化还原反应方向的一些因素结合实例进行讨论。

1.浓度的影响

当两个氧化还原电对的条件电极电位相差不大时，有可能通过改变氧化剂或还原剂的浓度来改变氧化还原反应的方向。下面举例说明。

当$[Sn^{2+}]=[Pb^{2+}]=1mol/L$ 和$[Sn^{2+}]=1mol/L$、$[Pb^{2+}]=0.1mol/L$ 时，两电对所组成的原电池的电势分别为 E_1 和 E_2：

$$\begin{aligned} E_1 &= E_{Pb^{2+}/Pb} - E_{Sn^{2+}/Sn} = E^{\ominus'}_{Pb^{2+}/Pb} - E^{\ominus'}_{Sn^{2+}/Sn} \\ &= (-0.126V) - (-0.136V) = 0.010V \\ E_2 &= E_{Pb^{2+}/Pb} - E_{Sn^{2+}/Sn} \\ &= \left(E^{\ominus'}_{Pb^{2+}/Pb} + \frac{0.059}{2}\lg \frac{0.1}{1}\right) - E^{\ominus'}_{Sn^{2+}/Sn} \\ &= (-0.126V - 0.0295V) - (-0.136V) \\ &= -0.0195V \end{aligned}$$

因此，$E_1 = 0.010V > 0$，$E_2 = -0.0195V < 0$

很显然，这两种浓度条件下，氧化还原反应进行的方向相反。

2.溶液酸度的影响

氧化还原反应往往有 H^+ 或 OH^- 参与，因此溶液的酸度自然对氧化还原电极电位有影响。如氧化剂高锰酸盐的电极反应为：

$$MnO_4^- + 8H^+ + 5e^- \longrightarrow Mn^{2+} + 4H_2O$$

其电极电位表达式为：

$$E_{MnO_4^-/Mn^{2+}} = E^{\ominus'}_{MnO_4^-/Mn^{2+}} + \frac{0.059}{5}\lg\frac{[H^+]^8 \cdot [MnO_4^-]}{[Mn^{2+}]}$$

从电极电位表达式可看出，氢离子浓度对电对 MnO_4^-/Mn^{2+} 有明显的影响，从而影响高锰酸根离子的氧化能力。在不同的酸性介质中，MnO_4^- 还原为 Mn^{2+} 时的电极电位可在 1.2～1.5V 之间，因此 MnO_4^- 的氧化能力也不同。例如，用 MnO_4^- 氧化卤素离子，在 pH＝5～6 时，碘化物被高锰酸钾氧化为碘分子，而溴化物和氯化物不起反应；在 pH＝3 时，溴化物被氧化而氯化物不起反应，氯化物需在更高的酸度下才能被高锰酸钾氧化。

例如，水分析中常用的强氧化剂为 $K_2Cr_2O_7$，其反应为：

$$Cr_2O_7^{2-} + 14H^+ + 6e^- \longrightarrow 2Cr^{3+} + 7H_2O$$

其电极电位表达式为：

$$E_{Cr_2O_7^{2-}/Cr^{3+}} = E^{\ominus'}_{Cr_2O_7^{2-}/Cr^{3+}} + \frac{0.059}{6}\lg\frac{[H^+]^{14} \cdot [Cr_2O_7^{2-}]}{[Cr^{3+}]^2}$$

从电极电位表达式可看出，氢离子浓度对电对 $Cr_2O_7^{2-}/Cr^{3+}$ 的影响更大，在不同酸性介质中，重铬酸钾的氧化能力也不同。

3. 形成络合物的影响

在氧化还原反应中，当加入一种可与氧化态或还原态形成稳定络合物的络合剂时，就可能改变电对的电极电位，影响氧化还原反应的方向。例如用碘量法测定水垢中的氧化铜时，先用铜离子将溶液中过量的 I^- 氧化成 I_2，再用硫代硫酸钠滴定碘分子，根据消耗硫代硫酸钠溶液的体积计算铜离子含量。

若溶液中有铁离子，则除了主反应 $2Cu^{2+} + 4I^- \longrightarrow 2CuI + I_2$ 外，还可发生如下反应：

$$2Fe^{3+} + 2I^- \longrightarrow 2Fe^{2+} + I_2$$

溶液中释放出的碘分子因 Fe^{3+} 的存在而增加，从而使滴定消耗硫代硫酸钠溶液的体积增加，使测定结果偏高。如向溶液中加入固体 NaF，Fe^{3+} 与 F^- 络合形成稳定的络合物，从而使 $[Fe^{3+}]$ 减少，$2Fe^{3+} + 2I^- \longrightarrow 2Fe^{2+} + I_2$ 反应不能正向进行，从而可以消除铁离子的干扰。

4. 生成沉淀的影响

在氧化还原反应中，当加入一种可与氧化剂或还原剂形成沉淀的沉淀剂时，会因改变电极电位而改变氧化还原反应的方向。仍以碘量法测定水垢中的氧化铜为例说明这一问题：

$$2Cu^{2+} + 4I^- \longrightarrow 2CuI + I_2$$

在标准状态下，上述反应所组成电池的电动势为 $E = 0.158V - 0.535V = -0.377V < 0$，反应不能向右进行；但由于反应生成 CuI 沉淀（CuI 的 $K_{sp} = 1.27 \times 10^{-12}$），如不考虑离子强度的影响，则 $[Cu^+] = \frac{K_{sp,CuI}}{[I^-]}$，代入能斯特方程得：

$$E_{Cu^{2+}/Cu^+} = E^{\ominus'}_{Cu^{2+}/Cu^+} + 0.059\lg\frac{[Cu^{2+}]}{[Cu^+]}$$

$$= E^{\ominus'}_{Cu^{2+}/Cu^+} + 0.059\lg\frac{[Cu^{2+}][I^-]}{K_{sp,CuI}}$$

当 $[I^-] = 1mol/L$，$[Cu^{2+}] = 1mol/L$ 时，

$$E_{Cu^{2+}/Cu^{+}} = E^{\ominus'}_{Cu^{2+}/Cu^{+}} + 0.059\lg\frac{[Cu^{2+}][I^{-}]}{K_{sp,CuI}}$$
$$= 0.159V + 0.059\lg\frac{1}{1.27\times10^{-12}}$$
$$= 0.159V + 0.059\lg(7.874\times10^{11})$$
$$= 0.159V + 0.059\times(0.8962+11)$$
$$= 0.159V + 0.702V$$
$$= 0.861V$$

因为$[I^{-}]=1mol/L$，因此 $E_{I_2/I^{-}}=E^{\ominus}_{I_2/I^{-}}=0.535V$。

这样，$E_{Cu^{2+}/Cu^{+}}=0.861V>E_{I_2/I^{-}}=0.535V$，所组成的电池电动势大于 0。上述条件下，$Cu^{2+}$ 能氧化 I^{-}，反应向右进行。

由此可见，因为还原态 Cu^{+} 与 I^{-} 反应，生成了溶解度很小的 CuI 沉淀，大大降低了溶液中 Cu^{+} 的浓度，使电对 Cu^{2+}/Cu^{+} 的电极电位由 0.159V 提高到 0.861V，Cu^{2+} 的氧化能力得到大大提高，从而足以改变该反应的方向。

三、氧化还原反应进行的程度

1. 化学平衡常数

在滴定分析中，要求化学反应进行得越彻底越好，反应的完全程度可以用它的平衡常数来判断。氧化还原反应的平衡常数可根据能斯特方程式，从有关电对的标准电极电位或条件电极电位求得。

氧化还原反应的通式为：

$$n_2Ox_1 + n_1Red_2 \rightleftharpoons n_2Red_1 + n_1Ox_2 \tag{7-8}$$

两电对的电极电位为

$$Ox_1 + n_1e^{-} \rightleftharpoons Red_1$$
$$E_1 = E_1^{\ominus} + \frac{0.059}{n_1}\lg\frac{[Ox_1]}{[Red_1]}$$
$$Ox_2 + n_2e^{-} \rightleftharpoons Red_2$$
$$E_2 = E_2^{\ominus} + \frac{0.059}{n_2}\lg\frac{[Ox_2]}{[Red_2]}$$

当反应达到平衡时，两电对的电位相等，此时

$$E_1^{\ominus} + \frac{0.059}{n_1}\lg\frac{[Ox_1]}{[Red_1]} = E_2^{\ominus} + \frac{0.059}{n_2}\lg\frac{[Ox_2]}{[Red_2]}$$

即：

$$E_1^{\ominus} - E_2^{\ominus} = \frac{0.059}{n_1n_2}\lg\left[\left(\frac{[Ox_2]}{[Red_2]}\right)^{n_1}\cdot\left(\frac{[Red_1]}{[Ox_1]}\right)^{n_2}\right] \tag{7-9}$$

反应达到平衡时，有平衡常数

$$K = \frac{[Red_1]^{n_2}\cdot[Ox_2]^{n_1}}{[Ox_1]^{n_2}\cdot[Red_2]^{n_1}} \tag{7-10}$$

将式(7-10)代入式(7-9)，得

$$\lg K = \frac{n_1n_2}{0.059}(E_1^{\ominus} - E_2^{\ominus}) \tag{7-11}$$

若用条件电极电位，求得的是条件平衡常数 K'：

$$\lg K' = \frac{n_1 n_2}{0.059}(E_1^{\ominus'} - E_2^{\ominus'}) \tag{7-12}$$

条件平衡常数 K'更能说明反应实际进行的程度。由式(7-12)可见，两电对的条件电极电位相差越大，氧化还原的条件平衡常数 K'就越大，反应进行得越完全。对于滴定反应来说，反应的完全程度应当在 99.9%以上。

【例 7-1】 对于氧化还原反应

$$n_2 Ox_1 + n_1 Red_2 \rightleftharpoons n_2 Red_1 + n_1 Ox_2$$

当 $n_1 = n_2 = 1$ 时，若达到化学计量点，氧化还原反应的完全程度达到 99.9%以上，问 $\lg K$ 至少应为多少？两电对的电势差值至少为多少？

【解】 要使反应完全程度达到 99.9%以上，必须要求

$$\frac{[Red_1]}{[Ox_1]} \geqslant 10^3，同时\frac{[Ox_2]}{[Red_2]} \geqslant 10^3$$

因此，当 $n_1 = n_2 = 1$ 时，

$$K = \left(\frac{[Red_1]}{[Ox_1]}\right)^{n_2} \cdot \left(\frac{[Ox_2]}{[Red_2]}\right)^{n_1} \geqslant 10^3 \times 10^3 = 10^6$$

即 $\lg K \geqslant 6$。

此时，根据式(7-11)可得，

$$E_1^{\ominus} - E_2^{\ominus} = \frac{0.059}{n_1 n_2}\lg K \geqslant 0.059\text{V} \times 6 = 0.354\text{V}$$

即两电对的电势差值应在 0.354V 以上。

同理可以推得：若氧化还原反应式的系数 $n_1 = 1, n_2 = 2$ 或 $n_1 = 2, n_2 = 1$，则有

$$E_1^{\ominus} - E_2^{\ominus} = \frac{0.059}{n_1 n_2}\lg K \geqslant \frac{0.059\text{V}}{2} \times 9 = 0.266\text{V}$$

若氧化还原反应式的系数 $n_1 = n_2 = 2$，则有

$$E_1^{\ominus} - E_2^{\ominus} = \frac{0.059}{n_1 n_2}\lg K \geqslant \frac{0.059\text{V}}{4} \times 12 = 0.177\text{V}$$

可见，氧化还原反应要能定量地进行，只要满足 $\Delta E \geqslant 0.4\text{V}$ 就可以了，这样的氧化还原反应都能用于滴定分析。

2. 化学计量点的电位

对于式(7-8)的对称型氧化还原反应，当反应达到平衡时，两电对的电位相等，都等于化学计量点时的电位(E_{sp})，即

$$E_1 = E_2 = E_{sp}$$

将 E_1 乘以 n_1，E_2 乘以 n_2，两式相加，整理得到

$$(n_1 + n_2)E_{sp} = n_1 E_1^{\ominus} + n_2 E_2^{\ominus} + 0.059\lg\frac{[Ox_1]_{sp}[Ox_2]_{sp}}{[Red_1]_{sp}[Red_2]_{sp}}$$

从反应式可以看出，在化学计量点时

$$\frac{[Ox_1]_{sp}}{[Red_2]_{sp}} = \frac{n_2}{n_1}，\frac{[Ox_2]_{sp}}{[Red_1]_{sp}} = \frac{n_1}{n_2}$$

因此，

$$\lg\frac{[Ox_1]_{sp}[Ox_2]_{sp}}{[Red_1]_{sp}[Red_2]_{sp}} = \lg\left(\frac{n_2}{n_1} \cdot \frac{n_1}{n_2}\right) = \lg 1 = 0$$

整理后，得化学计量点的电位计算公式为

$$E_{sp} = \frac{n_1 E_1^{\ominus} + n_2 E_2^{\ominus}}{n_1 + n_2} \tag{7-13}$$

若以条件电极电位表示，为

$$E_{sp} = \frac{n_1 E_1^{\theta'} + n_2 E_2^{\theta'}}{n_1 + n_2} \tag{7-14}$$

对于不对称的氧化还原反应，其化学计量点的计算公式较为复杂，可用相似的方法进行推导。

四、氧化还原反应速度及影响因素

不同的氧化还原反应，其反应速度的差别是非常大的，有的反应速度较慢，有的反应虽然从理论上看是可以进行的，但实际上由于反应速度太慢，可以认为它们之间不发生反应。例如水溶液中溶解氧

$$O_2 + 4H^+ + 4e^- \longrightarrow 2H_2O \qquad E = 1.229V$$

标准电位较大，应该很容易氧化一些强还原剂，如

$$Sn^{4+} + 2e^- \longrightarrow Sn^{2+} \qquad E = 0.15V$$

$$TiO^{2+} + 2H^+ + e^- \longrightarrow Ti^{3+} + H_2O \qquad E = 0.1V$$

但实践证明，这些强还原剂在水溶液中却有一定的稳定性，说明它们与水中的溶解氧或空气中的氧之间的氧化还原反应，尽管从热力学上看反应趋势很大，但由于速度慢，以至于感觉不到反应的进行。为保证测定结果的准确性，必须加快反应的速度。因此，有必要了解影响反应速度的外部因素，以便控制条件加快反应的速度，适应滴定分析的要求。

1. 反应物的浓度

一般来说，反应物的浓度越大，反应的速度越快。例如在酸性溶液中，一定量的重铬酸根可与碘化钾反应：

$$Cr_2O_7^{2-} + 6I^- + 14H^+ \longrightarrow 2Cr^{3+} + 3I_2 + 7H_2O$$

增大碘离子浓度或提高酸度都可以使反应速度加快。

2. 温度

通常溶液的温度每增加 10℃，反应速度提高 2～3 倍。例如在酸性溶液中，高锰酸根和草酸根的反应：

$$2MnO_4^- + 5C_2O_4^{2-} + 16H^+ \longrightarrow 2Mn^{2+} + 10CO_2 + 8H_2O$$

在室温下，反应速度缓慢。如果将溶液加热，反应速度便大大加快。所以用 $KMnO_4$ 滴定 $H_2C_2O_4$ 时，通常将溶液加热到 75～85℃。

应该注意，不是所有情况下都可以通过提高温度来加快反应速度。有些物质（如 I_2）的挥发性较大，如将溶液加热，则会引起（I_2）挥发损失。在这种情况下，如要提高反应速度，应采取其他方法。

3. 催化剂

有些反应需要在催化剂存在下才能较快地进行。如上述 $KMnO_4$ 滴定 $H_2C_2O_4$ 时，Mn^{2+} 离子的存在能使反应速度大大加快。对于 Mn^{2+} 的催化作用有不同的解释，但总的来说，一般认为 MnO_4^- 和 $C_2O_4^{2-}$ 之间的反应是分步进行的，其反应机理为：在 $C_2O_4^{2-}$ 存在下，

Mn^{2+}被MnO_4^-氧化而生成Mn^{2+}或MnO_2，它们进一步与草酸根反应生成Mn^{2+}和CO_2。在反应过程中，每一步反应速度都是不同的，有些中间过程速度慢，因而影响整个反应速度。如将$KMnO_4$溶液滴入$H_2C_2O_4$溶液中，最初并不立刻褪色，这说明最初的反应速度慢，随着$KMnO_4$溶液的加入，褪色才逐步加快。从这个实验现象可看出，Mn^{2+}起着催化剂的作用。滴定开始时，$KMnO_4$溶液中Mn^{2+}的含量很少，所以反应速度很慢。随着反应的不断进行，Mn^{2+}不断生成，速度逐步加快，这里的催化剂Mn^{2+}是反应本身生成的。因此，这种催化反应叫自动催化反应。

氧化还原反应中借催化剂以加快反应速度的例子还有不少，如化学需氧量的测定中，以硫酸银作催化剂；用空气氧化$TiCl_3$时，用Cu^{2+}作催化剂等。

第二节　氧化还原滴定的指示剂

根据指示剂指示终点的原理不同，在氧化还原滴定法中常用的指示剂有以下几种。

一、自身指示剂

当标准溶液或被滴定物质本身有颜色时，可用以确定滴定终点。例如在高锰酸钾法中，高锰酸根本身呈紫红色，用它滴定无色或浅色的还原剂时，就不用另加指示剂。因为在滴定中MnO_4^-被还原为Mn^{2+}，而Mn^{2+}几乎是无色的，所以，滴定进行到化学计量点后，只要MnO_4^-稍微过量，就可以使溶液呈粉红色，说明达到滴定终点。

实验证明，在100mL溶液中加入0.02 mol/L $KMnO_4$约0.01mL，$KMnO_4$的浓度约为0.2×10^{-5}mol/L，就可以使溶液呈粉红色。

二、特殊指示剂

有的物质本身不具有氧化还原性，但它能与氧化剂或还原剂作用，产生特殊的颜色，因而可以指示氧化还原滴定的终点。例如，可溶性淀粉与碘溶液反应生成蓝色化合物，当I_2被还原为I^-时，蓝色消失。因此在碘量法中，通常用淀粉溶液作指示剂。

三、氧化还原指示剂

氧化还原指示剂大都是结构复杂的有机化合物，具有氧化还原性，而且，它的氧化态和还原态具有不同的颜色，因而可以指示滴定终点。例如，用$K_2Cr_2O_7$溶液滴定Fe^{2+}，常用二苯胺磺酸钠作指示剂。二苯胺磺酸钠的还原态为无色，氧化态为紫红色，故当滴定至化学计量点附近时，就能使二苯胺磺酸钠由还原态转化为氧化态，溶液呈紫红色，因而可以确定滴定终点。

如果用In(Ox)和In(Red)分别表示指示剂的氧化态和还原态，则：

$$\mathrm{In(Ox)} + ne^- \rightleftharpoons \mathrm{In(Red)}$$

根据能斯特方程，指示剂的电极电位与浓度之间的关系是

$$E = E_{\mathrm{In}}^{\ominus'} + \frac{0.059}{n}\lg\frac{c_{\mathrm{Ox}}}{c_{\mathrm{Red}}}$$

与酸碱滴定相似，对人眼来说，当$\frac{c_{\mathrm{Ox}}}{c_{\mathrm{Red}}}\geqslant10$时，只能觉察到氧化态的颜色；当$\frac{c_{\mathrm{Ox}}}{c_{\mathrm{Red}}}\leqslant\frac{1}{10}$时，

则只能观察到还原态的颜色，即指示剂的变色范围在其条件电极电位 $E^{\ominus'}$ 前后一个电位区间：

$$\left(E_{\text{In}}^{\ominus'}-\frac{0.059}{n}\right)\sim\left(E_{\text{In}}^{\ominus'}+\frac{0.059}{n}\right)$$

由于变色范围的上述表达式中，后一项较小，因此一般可用指示剂的条件电极电位 $E_{\text{In}}^{\ominus'}$ 来估计指示剂的变色范围。所选择的指示剂的原则是：只要指示剂的条件电极电位在滴定的电位突跃范围内即可。

表 7-1 列出了一些常用的氧化还原指示剂的条件电极电位，选择指示剂时，应使指示剂的条件电极电位尽量与滴定反应的化学反应计量点的电位值一致，以减少终点误差。

表 7-1 常用氧化还原指示剂

指示剂名称	$E_{\text{In}}^{\ominus'}$ (V) $[H^+]=1$mol/L	颜色变化		配置方法
		氧化态	还原态	
次甲基蓝	0.36	蓝	无色	0.05%水溶液
二苯胺	0.76	紫	无色	0.1%浓 H_2SO_4 溶液
二苯胺磺酸钠	0.84	紫红	无色	0.2%水溶液
邻苯胺基苯甲酸	0.89	紫红	无色	0.2%水溶液
邻二氮菲-亚铁	1.06	浅蓝	红	每 100mL 溶液中含 1.624g 邻二氮菲和 0.695g $FeSO_4$
硝基邻二氮菲-亚铁	1.25	浅蓝	紫	0.025mol/L $FeSO_4$ 水溶液

第三节 氧化还原滴定的基本原理

一、可逆氧化还原滴定曲线

氧化还原滴定法与其他滴定方法一样，随着标准溶液的不断加入，溶液中氧化剂和还原剂的浓度不断发生变化，相关电对的电极电位值也随之改变，这种变化可用滴定曲线来描述。氧化还原滴定曲线是描述电对电势与滴定分数之间的关系曲线。对于可逆氧化还原体系，可根据能斯特公式由理论计算得出氧化还原滴定曲线。对于不可逆的氧化还原体系，滴定曲线通过实验方法测得，理论计算与实验值相差较大。

不管是由实验测定还是根据能斯特公式计算所得的滴定曲线，在化学计量点附近都有一个电位突跃。现在以可逆氧化还原体系为例，说明氧化还原滴定中溶液电位的变化过程。

比如，在 1mol/L H_2SO_4 介质中，以 0.1000mol/L $Ce(SO_4)_2$ 标准溶液滴定 20.00mL 0.1000mol/L $FeSO_4$溶液。该滴定反应式为：

$$Ce^{4+}+Fe^{2+}\xrightarrow{1\text{mol/L } H_2SO_4}Ce^{3+}+Fe^{3+}$$

两个电对的条件电极电位：$Fe^{3+}+e^-\rightleftharpoons Fe^{2+}$　　$E_{Fe^{3+}/Fe^{2+}}^{\ominus'}=0.68V$

$Ce^{4+}+e^-\rightleftharpoons Ce^{3+}$　　$E_{Ce^{4+}/Ce^{3+}}^{\ominus'}=1.44V$

首先，$n_1=n_2=1$，反应要能定量进行，须有 $\lg K'\geqslant 6$

根据式(7-12)得，

$$\lg K' = \frac{n_1 n_2}{0.059}(E_1^{\ominus'} - E_2^{\ominus'}) = \frac{1}{0.059}(1.44\mathrm{V} - 0.68\mathrm{V}) = 12.88 > 6$$

表明该反应能够定量进行完全，可以用于滴定分析。

1. 化学计量点前

因为每加入一滴 $Ce(SO_4)_2$，加入的 Ce^{4+} 几乎完全被 Fe^{2+} 还原为 Ce^{3+}，到达平衡时 Ce^{4+} 的浓度极小，也不易求得。但如果知道了滴定分数，就可以求得$\frac{c_{Fe^{3+}}}{c_{Fe^{2+}}}$，从而求得溶液的电位值。这里的关键就是在滴定过程的任一时间，只要反应达到了平衡，都有 $E_1 = E_2$。

比如，当滴入 $Ce(SO_4)_2$ 标准溶液 19.98mL，此时已将 99.9%的 Fe^{2+} 氧化成了 Fe^{3+}，此时溶液的电位为

$$\begin{aligned}E &= E_{Fe^{3+}/Fe^{2+}} = E^{\ominus}_{Fe^{3+}/Fe^{2+}} + 0.059\lg\frac{c_{Fe^{3+}}}{c_{Fe^{2+}}} \\ &= 0.68\mathrm{V} + 0.059\lg\frac{0.1000\mathrm{mol/L}\times 19.98\times 10^{-3}\mathrm{L}}{0.1000\mathrm{mol/L}\times(20.00-19.98)\times 10^{-3}\mathrm{L}} \\ &= 0.68\mathrm{V} + 0.059\lg 10^3 \\ &= 0.68\mathrm{V} + 0.059\mathrm{V}\times 3 \\ &= 0.86\mathrm{V}\end{aligned}$$

2. 化学计量点时

本反应是对称的氧化还原反应，因此可用式(7-14)来计算化学计量点时的溶液电位值：

$$E_{sp} = \frac{n_1 E_1^{\ominus'} + n_2 E_2^{\ominus'}}{n_1 + n_2} = \frac{0.68\mathrm{V} + 1.44\mathrm{V}}{1+1} = 1.06\mathrm{V}$$

3. 化学计量点后

此时已经过了化学计量点，反应已经完成了，Fe^{2+} 几乎已经完全被 Ce^{4+} 氧化为 Fe^{3+}，因此 Fe^{2+} 的浓度极小，很难求得。但此时，只要知道 Ce^{4+} 过量的体积即可。

比如，当滴入 $Ce(SO_4)_2$ 标准溶液 20.02mL，此时过量了 0.1%的 Ce^{4+}，溶液的电位为

$$\begin{aligned}E &= E_{Ce^{4+}/Ce^{3+}} = E^{\ominus'}_{Ce^{4+}/Ce^{3+}} + 0.059\mathrm{V}\lg\frac{c_{Ce^{4+}}}{c_{Ce^{3+}}} \\ &= 1.44\mathrm{V} + 0.059\lg\frac{0.1000\mathrm{mol/L}\times(20.02-20.00)\times 10^{-3}\mathrm{L}}{0.1000\mathrm{mol/L}\times 20.00\times 10^{-3}\mathrm{L}} \\ &= 1.44\mathrm{V} + 0.059\mathrm{V}\cdot\lg 10^{-3} \\ &= 1.26\mathrm{V}\end{aligned}$$

4. 滴定曲线

用上述方法逐一计算出滴定过程中的电位值，见表 7-2，并绘制标准曲线，如图 7-2 所示。

从表 7-2 和图 7-2 可知：

(1)滴定分数为 50%处的电位就是电对 Fe^{3+}/Fe^{2+} 的条件电极电位；滴定分数为 200%处的电位就是电对 Ce^{4+}/Ce^{3+} 的条件电极电位。

(2)两电对的条件电极电位相差越大，滴定突跃范围也越大。

表 7-2　在 1mol/L H_2SO_4 介质中，以 0.1000mol/L $Ce(SO_4)_2$ 滴定 20.00mL 0.1000mol/L $FeSO_4$ 溶液的电位变化

滴入 Ce^{4+} 溶液的体积(mL)	滴定分数(%)	电位(V)	
1.00	5.0	0.60	
10.00	50.0	0.68	
12.00	60.0	0.69	
19.80	99.0	0.80	
19.98	99.9	0.86	突跃范围
20.00	100.0	1.06	突跃范围
22.02	100.1	1.26	突跃范围
22.20	101.0	1.32	
30.00	150.0	1.42	
40.00	200.0	1.44	

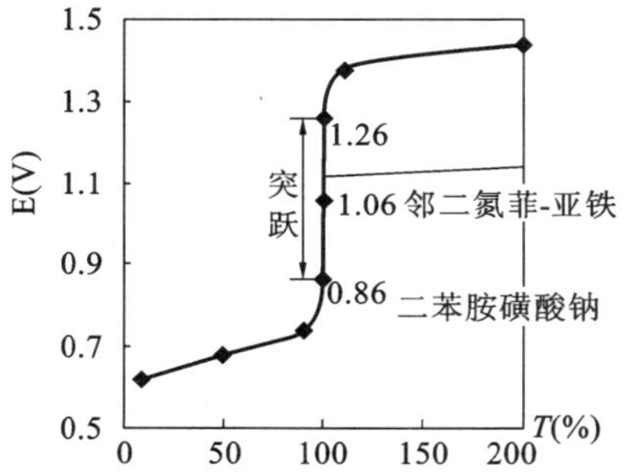

图 7-2　在 1 mol/L H_2SO_4 介质中，以 0.1000mol/L $Ce(SO_4)_2$ 滴定 20.00mL 0.1000mol/L $FeSO_4$ 溶液的氧化还原滴定曲线

(3)Ce^{4+}滴定 Fe^{2+} 的反应，两电对电子转移数都为 1，化学计量点电位(1.06V)正好处于滴定突跃(0.86～1.26V)的中间。由于两电对电子转移数相等，化学计量点前后的曲线基本对称。

(4)对于电子转移数不同的对称氧化还原反应，其滴定突跃范围为：

$$E_2^{\ominus'}+\frac{3\times0.059}{n_2}\rightarrow E_1^{\ominus'}-\frac{3\times0.059}{n_1}(\text{滴定误差小于 }0.1\%)$$

(5)滴定突跃范围仅取决于两电对电子转移数与电位差，与滴定剂或被滴定物的浓度无关；电位差越大，滴定突跃范围越大，越容易寻找合适的指示剂。当 $n_1=n_2$ 时，E_{sp} 正好位于突跃范围的中点，滴定曲线图对称；若 $n_1\neq n_2$，则 E_{sp} 偏向于电子转移数大的一边，滴定曲线图不对称；滴定突跃范围及位置还与介质有关。

二、氧化还原滴定前的预处理

用氧化还原反应分析试样时，被测组分所具有的价态往往不是滴定反应所要求的价态，因此在滴定前必须对样品进行氧化或还原处理。如在测定铁矿总铁量时，将 Fe^{3+} 预先还原

为 Fe^{2+}，然后用氧化剂重铬酸钾滴定。测定锰和铬时，先将试样溶解，如果它们是以 Mn^{2+} 或 Cr^{3+} 形式存在，就很难找到合适的强氧化剂直接滴定。可先用过硫酸铵将它们氧化成高锰酸根离子、重铬酸根离子，再选用合适的还原剂进行滴定。这种测定前的氧化还原步骤称为氧化还原预处理。

滴定前用的预氧化剂或还原剂应符合下列条件：

(1)氧化或还原必须将欲测组分定量地氧化或还原成一定的价态。

(2)过剩的氧化剂或还原剂必须易于完全除去。

(3)氧化或还原反应的选择性要好，以避免试样中其他组分的干扰。

第四节　常用的氧化还原滴定法

根据所用氧化剂或还原剂的不同，可将氧化还原滴定法分为不同类型，有高锰酸钾法、重铬酸钾法、碘量法、溴酸钾法等。

一、高锰酸钾法

(一)高锰酸钾法简介

利用高锰酸钾作为氧化剂的氧化还原滴定法叫高锰酸钾法。高锰酸钾是强氧化剂，应用范围很广。在强酸性溶液中，高锰酸根获得 5 个电子而被还原为二价锰离子。

$$MnO_4^- + 8H^+ + 5e^- \longrightarrow Mn^{2+} + 4H_2O \qquad E^{\ominus} = 1.51V$$

另外，酸的种类不同时，MnO_4^- 还原为 Mn^{2+} 的条件电极电位是不同的。如在 8mol/L H_3PO_4 中，$E^{\ominus'} = 1.27V$；在 4.5～7.5mol/L 的 H_2SO_4 中，$E^{\ominus'} = 1.49 \sim 1.50V$。

在中性或弱碱性溶液中，MnO_4^- 获得了 3 个电子而被还原为 MnO_2。

$$MnO_4^- + 2H_2O + 3e^- \longrightarrow MnO_2 + 4OH^- \qquad E^{\ominus} = 0.588V$$

在强碱性溶液中：

$$MnO_4^- + e^- \longrightarrow MnO_4^{2-} \qquad E^{\ominus} = 0.564V$$

由此可见，高锰酸钾法既可以在酸性条件下使用，也可以在中性、弱碱性或中等碱性条件下使用。从上述的标准电极电位看，在强酸性溶液中，电对的电位值最高，高锰酸钾有更强的氧化能力，因此一般都在强酸性条件下使用。但在碱性条件下，高锰酸钾氧化有机物的速度比在酸性条件下的速度快，所以用高锰酸钾法测定有机物时，宜在碱性条件下。在实际测定过程中，应考虑各种利弊后选择合适的酸度。

利用高锰酸钾法可直接测定许多还原性物质，例如 I^-、Br^-、Fe^{3+}、NO^{2-}、$S_2O_3^{2-}$、SO_3^{2-} 等。有些氧化性物质不能用 $KMnO_4$ 溶液直接测定，可用间接法测定。如测定 Ca^{2+} 时，用 $C_2O_4^{2-}$ 与 Ca^{2+} 作用，生成沉淀，用硫酸溶解沉淀后，再用 $KMnO_4$ 滴定 $C_2O_4^{2-}$，从而间接测得 Ca^{2+} 的含量。

高锰酸钾法的优点是 $KMnO_4$ 氧化能力强，应用广泛；此外，高锰酸钾溶液本身呈深紫色，而被还原后的产物呈肉色或为黑色固体，反应前后自身颜色变化明显，因此不需另加指示剂。高锰酸钾法的主要缺点是 $KMnO_4$ 标准溶液常含有少量杂质，且溶液不稳定，因此不能直接配制标准溶液，须先配制成近似浓度的溶液，再放置一段时间彻底氧化溶液中的有机物等还原性物质后才能稀释使用；由于 $KMnO_4$ 氧化能力强，可以和许多还原性物质发生作用，所以干扰也比较严重。

(二)高锰酸钾法的滴定方式

(1)直接滴定法：还原性物质，如 Fe^{2+}、As^{3+}、Sb^{3+}、H_2O_2、$C_2O_4^{2-}$、NO_2^- 等。

(2)返滴定法：不能直接滴定的氧化性物质，如 MnO_2，在硫酸介质中加入一定量过量的 $Na_2C_2O_4$ 标准溶液，作用完毕后，用 $KMnO_4$ 标准溶液滴定过量的 $C_2O_4^{2-}$。

(3)间接滴定法：非氧化还原性物质，如 Ca^{2+}，首先将其沉淀为 CaC_2O_4，再用稀硫酸将所得沉淀溶解，用 $KMnO_4$ 标准溶液滴定溶液中的 $C_2O_4^{2-}$。

(三)高锰酸钾标准溶液的配制和标定

市售的 $KMnO_4$ 中含有少量的 MnO_2 和其他杂质(如硫酸盐、氯化物及硝酸盐等)。蒸馏水中也含有微量还原性物质，它们可与 $KMnO_4$ 反应而析出 $MnO(OH)_2$(MnO_2 的水合物)，产生的 MnO_2 和 $Mn(OH)_2$ 又能进一步促进 $KMnO_4$ 分解。光照也能促进 $KMnO_4$ 的分解。因此，$KMnO_4$ 标准溶液不能用直接法配制。

标定 $KMnO_4$ 溶液的基准物质有 $Na_2C_2O_4$、$H_2C_2O_4 \cdot 2H_2O$、$(NH_4)_2Fe(SO4)_2 \cdot 6H_2O$(俗称摩尔盐)、$As_2O_3$ 和纯铁丝等。其中 $Na_2C_2O_4$ 不含结晶水，容易提纯，没有吸湿性，是常用的基准物质。

在酸性溶液中，$C_2O_4^{2-}$ 与 MnO_4^- 的反应如下：

$$2MnO_4^- + 5C_2O_4^{2-} + 16H^+ \longrightarrow 2Mn^{2+} + 10CO_2\uparrow + 8H_2O$$

此反应在室温下进行得很慢，必须加热至 75～85℃，以加快反应的进行。但温度也不宜过高，否则容易引起草酸分解：

$$H_2C_2O_4 \longrightarrow H_2O + CO_2\uparrow + CO\uparrow$$

滴定中，即使在加热的情况下，最初几滴 $KMnO_4$ 与 $C_2O_4^{2-}$ 的反应仍然很慢(10min 以上)，当溶液中产生 Mn^{2+} 以后，反应速度才逐渐加快，因为反应产物 Mn^{2+} 对反应有催化作用。这种反应的产物或中间体具有催化功能，使反应经过一段诱导期后速率大大加快的现象叫作自动催化作用。为了避免滴定初期的“不反应”假象，也为了加快早期反应的速度，最好在被滴定剂中事先加入 Mn^{2+} 做催化剂。

在滴定过程中，溶液必须保持一定的酸度，否则容易产生 MnO_2 沉淀，引起误差。调节酸度须用硫酸。因盐酸中的 Cl^- 有还原性，硝酸中的 NO_3^- 又有氧化性，醋酸的酸性太弱，达不到所需要的酸度，所以都不适用。滴定时适宜的酸度约为 $c(H^+)=1mol/L$。

由于 $KMnO_4$ 溶液本身具有特殊的紫红色，滴定时 $KMnO_4$ 溶液稍微过量，即可看到溶液呈微红色，指示终点已到。故 $KMnO_4$ 被称为自身指示剂。

(四)高锰酸钾法测定 H_2O_2 的基本原理

过氧化氢(H_2O_2)俗名双氧水，是无色的液体，熔点为－89℃，沸点为 151.4℃，能与水、乙醇或乙醚以任何比例混合，贮存时会自行分解为水和氧，其稳定性随溶液的稀释而增加。市售的商品 H_2O_2 一般是 30%和 3%水溶液。

高锰酸钾法是以 $KMnO_4$ 为标准滴定溶液进行滴定分析的氧化还原法。在强酸性介质中，$KMnO_4$ 获得 5 个电子被还原成 Mn^{2+}。其基本反应为：

$$MnO_4^- + 8H^+ + 5e^- \longrightarrow Mn^{2+} + 4H_2O$$

H_2O_2 在酸性溶液中是强氧化剂，但遇强氧化剂(如 $KMnO_4$)时又表现出还原性。因此，在酸性溶液中可用 $KMnO_4$ 标准滴定溶液直接滴定 H_2O_2。其反应为：

$$2MnO_4^- + 5H_2O_2 + 6H^+ \longrightarrow 2Mn^{2+} + 8H_2O + 5O_2 \uparrow$$

反应在室温、稀硫酸溶液中进行，开始时反应速度较慢，但随着反应的进行，生成的 Mn^{2+} 可起催化作用（或加入 $MnSO_4$ 催化剂）使反应加快。该反应以 $KMnO_4$ 为自身指示剂。用 $KMnO_4$ 溶液直接滴定至微红色，30s 内不褪色为终点。

（五）高锰酸钾法在水质分析中的应用

自然界的水中存在有机物，这些有机物有些是由于动植物腐烂分解后产生的，有的则来自有机物污染源。有机物的存在促使细菌大量繁殖，直接影响水质。

水中化学耗氧量（简称 COD）的大小是衡量水质污染程度的主要指标之一。由于废水中的还原性物质常常是各种有机物，人们常将 COD 作为水质是否受到有机物污染的重要指标。COD 是指在特定条件下，用一种强氧化剂定量地氧化水中可还原性物质（有机物和无机物）时所消耗氧化剂的数量，以每升多少毫克氧表示（O，mg/L）。以高锰酸钾为氧化剂，测定水中还原性物质时消耗的高锰酸钾的量，以氧的 mg/L 表示，称为高锰酸盐指数（COD_{Mn}）。

清洁地面的水中有机物含量较低，COD 为 3～4mg/L；轻度污染的水源的 COD 可达 4～10mg/L；若水中 COD 大于 10mg/L，则认为水质受到较严重的污染。

按照测定介质不同，高锰酸盐指数的测定方法可分为酸性高锰酸钾法和碱性高锰酸钾法。一般情况下，高锰酸盐指数的测定原理为：在酸性条件下，向被测水样中加定量、过量的高锰酸钾溶液，并在水浴中加热，反应一定时间后，剩余的高锰酸钾，用定量、过量的草酸钠（或草酸）溶液还原，过量的草酸钠（或草酸）再用高锰酸钾溶液回滴，通过计算求出高锰酸盐指数。

但当水样中氯化物的含量高时，会发生如下反应：

$$2KMnO_4 + 16H^+ + 16Cl^- \longrightarrow 2KCl + 2MnCl_2 + 5Cl_2 + 8H_2O$$

因此，水样中氯离子的含量超过 100mg/L 时，应在碱性溶液中测定。

必须指出，高锰酸盐指数不能完全代表水中全部有机物的含量，因为水中的有机物只有部分被氧化，并不是理论上的需氧量。但按照标准方法测定的高锰酸盐指数，在一定程度上仍能反映水中还原性物质的含量；由于天然水中无机还原性物质很少，因此高锰酸盐指数能反映水中有机物的含量。高锰酸盐指数的测定必须严格遵守一定的操作程序，因为反应溶液中试剂的用量、加入试剂的次序、加热时间和温度等，对高锰酸钾氧化有机物的程度均有影响。不同条件下，测得的高锰酸盐指数的结果也不同。所以，高锰酸盐指数是在一定条件下测得的，是一个相对的、条件性的水质指标，它只能得到水中有机物含量的相对概念。但用它比较不同地区和不同时间间隔的水源的水质仍有很大的意义。

二、重铬酸钾法

（一）重铬酸钾法简介

利用重铬酸钾做氧化剂的氧化还原滴定法，称作重铬酸钾法。$Cr_2O_7^{2-}$ 在酸性溶液中与还原剂发生如下反应：

$$Cr_2O_7^{2-} + 14H^+ + 6e^- \longrightarrow 2Cr^{3+} + 7H_2O \qquad E^\ominus = 1.33V$$

可见 $K_2Cr_2O_7$ 的氧化能力比 $KMnO_4$ 弱（在 1mol/L HCL 溶液中，$K_2Cr_2O_7$ 的条件电极电位为 1.00V），但它仍是一个较强的氧化剂，能氧化许多有机物和无机物。重铬酸钾法只能在酸性介质中使用，它的应用范围比高锰酸钾法窄，但具有以下优点：

(1) $K_2Cr_2O_7$ 容易提纯，在 140～150℃干燥后，可以直接称量后配制标准溶液。

(2)溶液非常稳定，只要保存在密封容器中，浓度可长期保持不变。

在重铬酸钾法中，虽然 $Cr_2O_7^{2-}$ 还原后能转化为绿色的 Cr^{3+}，但 $K_2Cr_2O_7$ 的颜色不是很深，所以不能根据它本身颜色的变化来确定滴定终点，而要采用氧化还原指示剂指示终点。

(二)重铬酸钾法在水质分析中的应用——化学耗氧量(COD_{Cr})的测定

前已述及，用高锰酸钾测定水中有机物时，其结果受操作条件的影响很大，且只适用于较为清洁的水样，若用高锰酸钾法测定生活污水和工业废水中的有机物含量，测定结果不能令人满意。而用重铬酸钾法则优于高锰酸钾法。重铬酸钾在以硫酸银作催化剂、加热回流的条件下，能将水中大部分有机物和无机物氧化，因而该法还适合于生活污水和工业废水样品中有机物含量的分析。

重铬酸钾法测定化学耗氧量的原理：在强酸性条件下，向水样中加入一定量重铬酸钾标准溶液、催化剂硫酸银及消除氯离子干扰的硫酸汞，在加热煮沸的情况下，使 $K_2Cr_2O_7$ 与有机物及其他还原性物质作用，大部分有机物主要转化为二氧化碳和水。重铬酸根的反应式为：

$$Cr_2O_7^{2-} + 14H^+ + 6e^- \longrightarrow 2Cr^{3+} + 7H_2O$$

过量的重铬酸钾以试亚铁灵为指示剂，用硫酸亚铁铵标准溶液滴定，反应式为：

$$Cr_2O_7^{2-} + 14H^+ + 6Fe^{2+} \longrightarrow 2Cr^{3+} + 7H_2O + 6Fe^{3+}$$

由所消耗的硫酸亚铁铵标准溶液及水样中加入的 $K_2Cr_2O_7$ 标准溶液的量，可计算出水样中有机物消耗的 $K_2Cr_2O_7$ 的量(换算成相当于氧的 mg/L)。如果需要求出水中有机物的含量，还应求出无机还原性物质的含量，然后把这部分还原性物质的量减去，即可得到有机物的含量。

三、碘量法

(一)碘量法简介

碘量法是利用 I_2 的氧化性和 I^- 的还原性进行滴定分析的氧化还原滴定法，其半反应为：

$$I_2 + 2e^- \longrightarrow 2I^-$$

由于固体 I_2 在水中的溶解度小，故实际应用时，通常将 I_2 溶解在 KI 溶液中，此时 I_2 在溶解液中以 I_3^- 形式存在：$I_2 + I^- \longrightarrow I_3^-$，半反应为：$I_3^- + 2e^- \longrightarrow 3I^-$。

为了方便起见，一般仍将 I_3^- 简写为 I_2。从 I_2/I^- 电对的条件电极电位或标准电极电位看，I_2 是一个较弱的氧化剂，能与较强的还原剂作用。

碘量法又分为直接碘量法和间接碘量法。

1. 直接碘量法

直接碘量法用 I_2 标准溶液直接滴定还原性物质。反应后，I_2 转化为 I^-。由于 I_2 的氧化能力不强，因此能被 I_2 氧化的物质有限。同时溶液中 H^+ 浓度对直接碘量法有较大的影响，例如，在较强的碱性溶液中，H^+ 浓度过低，就不能用 I_2 溶液滴定，因为此时会发生歧化反应：

$$3I_2 + 6OH^- \longrightarrow IO_3^- + 5I^- + 3H_2O$$

这样就会给测定带来误差。在酸性溶液中，只有少数还原能力强，不受 H^+ 浓度影响的物质才能被定量滴定，所以直接碘量法受到一定限制。

2. 间接碘量法

间接碘量法利用 I^- 的还原性测定氧化性物质，即在待测的氧化性物质的溶液中加入过量的 KI，反应后生成与待测氧化性物质的量相当的游离的 I_2，可以间接计算出被测氧化性物质的含量。该方法的基本反应为：

$$2I^- \longrightarrow I_2 + 2e^-$$

$$I_2 + 2S_2O_3^{2-} \longrightarrow S_4O_6^{2-} + 2I^-$$

在使用间接碘量法时，为获得准确的结果，必须注意以下两点：

(1)控制溶液的酸度。I_2 和 $Na_2S_2O_3$ 的反应必须在中性和弱酸性溶液中进行。因为在强碱性溶液中会同时发生下列反应：

$$S_2O_3^{2-} + 4I_2 + 10OH^- \longrightarrow 2SO_4^{2-} + 8I^- + 5H_2O$$

在较强的碱性溶液中 I_2 发生歧化反应：

$$3I_2 + 6OH^- \longrightarrow IO_3^- + 5I^- + 3H_2O$$

在强酸性溶液中 $S_2O_3^{2-}$ 会发生分解：

$$S_2O_3^{2-} + 2H^+ \longrightarrow SO_2 + S + H_2O$$

同时，I^- 在强酸性溶液中易被空气中的氧氧化：

$$4I^- + 4H^+ + O_2 = 2I_2 + 2H_2O$$

因此，用 $Na_2S_2O_3$ 滴定 I_2 之前，应将溶液的酸度调至中性或弱酸性。

(2)防止 I_2 挥发及 I^- 被空气中的氧氧化，以减少测定结果的误差。

防止 I_2 挥发的措施有：加入过量的 KI，一般比理论量大 2～3 倍，使 I_2 生成 I_3^- 以减少挥发；反应温度不能过高；滴定时不能剧烈摇动溶液；避免阳光直接照射，防止 I^- 被空气中的氧氧化；析出 I_2 后溶液不能放置过久，且滴定速度要加快。

碘量法的终点常用淀粉指示剂来指示。在有少量 I^- 存在下，I_2 与淀粉反应形成蓝色吸附络合物，根据蓝色的出现和消失即可指示滴定终点。淀粉溶液应现用现配，若放置太久，则与碘形成的络合物不呈蓝色而呈紫色或红色。这种红紫色吸附络合物使滴定时褪色慢，终点不灵敏。

(二)I_2 和 $Na_2S_2O_3$ 标准溶液的配制和标定

$Na_2S_2O_3 \cdot 5H_2O$ 结晶通常含有 S、Na_2SO_3、Na_2SO_4 等杂质，易风化或潮解，只能用间接法配制。$Na_2S_2O_3$ 的化学稳定性差，能被溶解于水的 O_2、CO_2 和微生物所分解析出硫。故配制时，需用新煮沸(除氧、杀菌)并冷却的蒸馏水。配液后加少量 Na_2CO_3 使溶液呈弱碱性(抑制细菌生长)，置于暗处放置 7～10d 后标定。

标定 $Na_2S_2O_3$ 溶液的基准物质有 $KBrO_3$、KIO_3、$K_2Cr_2O_7$ 等，以 $K_2Cr_2O_7$ 最常用。标定时采用置换滴定法，使 $K_2Cr_2O_7$ 先与过量 KI 作用，再用欲标定浓度的 $Na_2S_2O_3$ 溶液滴定析出的 I_2。

第一步反应为：$Cr_2O_7^{2-} + 6I^- + 14H^+ = 2Cr^{3+} + 3I_2 + 7H_2O$。

在酸度较低时此反应完成较慢，若酸度太强又有使 KI 被空气氧化成 I_2 的危险，因此必须注意酸度的控制并避光放置 10min，此反应才能定量完成。

第二步反应为：$2S_2O_3^{2-} + I_2 = 2I^- + S_4O_6^{2-}$。

第一步反应析出的 I_2 用 $Na_2S_2O_3$ 溶液滴定，以淀粉作指示剂。淀粉溶液在有 I^- 存在时能与 I_2 分子形成蓝色可溶性吸附络合物，使溶液呈蓝色。达到终点时，溶液中的 I_2 全部与 $Na_2S_2O_3$ 作用，则蓝色消失。但开始 I_2 太多，被淀粉吸附得过牢，就不易被完全夺出，并且也难以观察终点，因此必须在滴定至近终点时方可加入淀粉溶液。

$Na_2S_2O_3$ 与 I_2 的反应只能在中性或弱酸性溶液中进行，因为在碱性溶液中会发生副反应。而在强酸性溶液中 $Na_2S_2O_3$ 又易分解。所以进行滴定以前溶液应加以稀释，一为降低酸度，二为使终点时溶液中的 Cr^{3+} 不致颜色太深，影响终点观察。另外 KI 浓度不可过大，否则 I_2 与淀粉所显颜色偏红紫，也不利于观察终点。

用升华法可制得纯碘，纯碘可用作基准物质，故用纯碘可按直接法配制碘标准溶液。但由于碘在室温时的升华压较高(41.3Pa)，称量时易升华而引起损失；另外，碘蒸气对天平零件具有一定的腐蚀作用，故碘标准溶液多用分析纯碘按间接法配制。

I_2 在水中的溶解度很小(25℃为 1.8×10^{-3} mol/L)，而且易挥发，所以通常都是利用 I_2 与 I^- 生成 I_3^- 配离子的反应，将 I_2 溶解在浓的 KI 溶液里，配成有适当过量 KI 存在的 I_2 溶液，由于 I_3^- 配离子的形成，使的溶解度大大提高，挥发性大为降低，而电位却无显著变化。I_2 易溶于浓的 KI 溶液，在稀的 KI 溶液中溶解得很慢，所以配制溶液时，不能过早加水稀释，应使 I_2 在浓的 KI 溶液中溶解完全后，再加水稀释。

空气能氧化 I^-，引起 I_2 浓度的增加：

$$4I^- + O_2 + 4H^+ = 2I_2 + 2H_2O$$

此氧化作用缓慢，但光和热能加速反应，因此，配好的含有 KI 的标准溶液应储存于棕色瓶中，置冷暗处保存。I_2 能缓慢腐蚀橡胶和其他有机物，所以碘溶液应避免与这类物质接触。

用 $Na_2S_2O_3$ 标准溶液标定 I_2 标准溶液的反应为：

$$I_2 + 2S_2O_3^{2-} = 2I^- + S_4O_6^{2-}$$

(三)碘量法测定铜的含量

其依据是在酸性溶液中(pH=3～4)，Cu^{2+} 与过量的 KI 作用，生成 CuI 沉淀和 I_2，析出的 I_2 可以淀粉为指示剂，用 $Na_2S_2O_3$ 标准溶液滴定。有关反应如下：

$$2Cu^{2+} + 4I^- = 2CuI + I_2$$

或

$$2Cu^{2+} + 5I^- = 2CuI + I_3^-$$

$$I_2 + 2S_2O_3^{2-} = 2I^- + S_4O_6^{2-}$$

Cu^{2+} 与 I^- 之间的反应是可逆的，任何引起 Cu^{2+} 浓度减小(如形成络合物等)或引起 CuI 溶解度增大的因素均使反应不完全，加入过量 KI，可使 Cu^{2+} 的还原趋于完全。但是，CuI 沉淀强烈吸附 I_3^-，又会使结果偏低。通常的办法是在近终点时加入硫氰酸盐，将 CuI($K_{sp}=1.1\times10^{-12}$)转化为溶解度更小的 CuSCN 沉淀($K_{sp}=4.8\times10^{-15}$)。在沉淀的转化过程中，吸附的碘被释放出来，从而被 $Na_2S_2O_3$ 溶液滴定，使分析结果的准确度得到提高。即

$$CuI + SCN^- = CuSCN + I^-$$

硫氰酸盐应在接近终点时加入，否则 SCN^- 会还原大量存在的 I_2，致使测定结果偏低。溶液的 pH 值一般应控制在 3.0～4.0 之间。酸度过低，Cu^{2+} 易水解，使反应不完全，结果偏低，而且反应速率慢，终点拖长；酸度过高，则 I^- 被空气中的氧氧化为 I_2(Cu^{2+} 催化此反应)，

使结果偏高。

Fe^{3+} 能氧化 I^-，对测定有干扰，但可加入 NH_4HF_2 掩蔽。NH_4HF_2 是一种很好的缓冲溶液，因 HF 的 $K_a=6.6\times10^{-4}$，故能使溶液的 pH 值保持在 3.0～4.0 之间。

（四）碘量法在水质分析中的应用——溶解氧及生化需氧量的测定

1. 溶解氧的测定

溶解于水中的分子态氧称为溶解氧，即 DO(Dissolved Oxygen)，它是一个重要的水质指标。溶解氧的测定一般采用碘量法及其修正法和膜电极法。清洁水可直接用碘量法测定。当水样有色或含氧化性及还原性物质、藻类、悬浮物时，须采用叠氮化钠修正法或膜电极法测定。

溶解氧的测定原理为：采样时，在水样中加入硫酸锰和碱性碘化钾溶液，生成氢氧化亚锰沉淀，此沉淀极不稳定，迅速和水中的溶解氧生成锰酸锰沉淀，从而使溶解氧固定下来：

$$MnSO_4 + 2NaOH \longrightarrow Mn(OH)_2 + Na_2SO_4$$

$$2Mn(OH)_2 + O_2 \longrightarrow 2H_2MnO_3$$

$$Mn(OH)_2 + H_2MnO_3 \longrightarrow Mn_2O_3 + 2H_2O$$

溶解氧越多，Mn_2O_3 沉淀颜色越深。加入浓硫酸酸化，使已经化合的溶解氧与溶液中加入的 KI 起反应，析出碘的量相当于水样中溶解氧的量。

$$Mn_2O_3 + 3H_2SO_4 + 2KI \longrightarrow 2MnSO_4 + K_2SO_4 + I_2 + 3H_2O$$

取一定量反应完毕（含 I_2）的水样，以淀粉为指示剂，用 $Na_2S_2O_3$ 标准溶液滴定，根据消耗 $Na_2S_2O_3$ 标准溶液的体积可计算出溶解氧的含量。

2. 生化需氧量的测定

生化需氧量(Biochemical Oxygen Demand，BOD)是指水中可被微生物分解的有机物，在有氧的条件下被氧化代谢时所消耗的溶解氧的量。微生物的活动与温度有关，目前规定在 20℃ 培养 5d 作为测定生化需氧量的标准条件，这样测得的生化需氧量称 5 日生化需氧量，用 BOD_5 表示。

生化需氧量是水质评价和水质监测中最重要的控制参数之一。根据其大小及与 COD 的比值等数据，可估计水中污染物的可生化性，对确定适当的处理方法有一定的指导意义。

生化需氧量的测定原理：取原水样或经适当稀释的水样，使其中含有足够的溶解氧。将上述水样分取两瓶，一瓶用来测定当天的溶解氧含量，另一瓶放入 20℃ 培养箱中培养 5d 后再测定其溶解氧含量，两者之差即为 5d 生化需氧量。

四、其他氧化还原滴定法

除了上述几种方法外，还有溴酸钾法、硫酸铈法等。

1. 溴酸钾法

溴酸钾法是以 $KBrO_3$ 为标准溶液的滴定分析法。$KBrO_3$ 是强氧化剂，在酸性溶液中具有很强的氧化能力，其半反应及其标准电极电位为：

$$BrO_3^- + 6e^- + 6H^+ \longrightarrow Br^- + 3H_2O \qquad E^{\ominus'}_{BrO_3^-/Br^-} = 1.44V$$

$KBrO_3$ 容易提纯，在 180℃ 烘干后可以作为基准物质。$KBrO_3$ 在酸性溶液中可以直接滴定一些还原性物质，如 As^{3+}、Sb^{3+}、Sn^{2+} 等。

$$BrO_3^- + 3As^{3+} + 6H^+ \longrightarrow Br^- + 3As^{5+} + 3H_2O$$

以甲基橙为指示剂，当滴定达到化学计量点后，稍微过量的 $KBrO_3$ 与 Br^- 作用生成 Br_2，后者可以氧化指示剂，溶液褪色，指示终点到达。

$KBrO_3$ 主要用于测定有机物。用过量的 $KBrO_3$-KBr 作为标准溶液，在酸性介质中析出 Br_2 与被测有机物反应，剩余的 Br_2 再与 KI 作用析出 I_2，析出的 I_2 用 $Na_2S_2O_4$ 滴定，这是间接溴酸钾法。

$$BrO_3^- + 5Br^- + 6H^+ \longrightarrow 3Br_2 + 3H_2O$$

溴酸钾法测定有机物的反应，实质是用 Br_2 作为标准溶液。Br_2 与苯酚的反应如下：

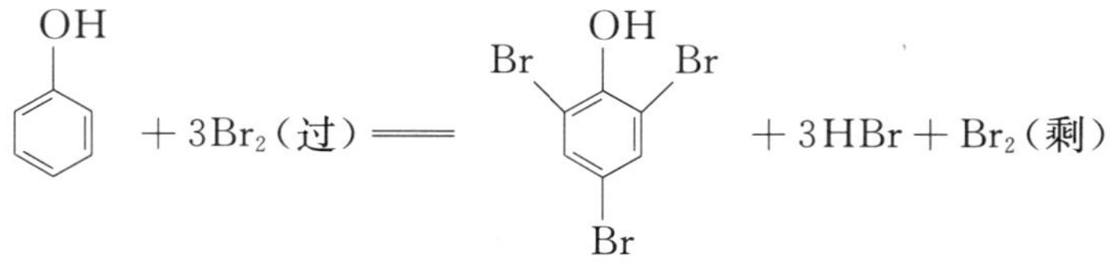

与有机物反应完，过量的 Br_2 可以用碘量法进行标定。

$$3Br_2 + 6I^- \longrightarrow 6Br^- + 3I_2$$

$$2S_2O_3^{2-} + I_2 \longrightarrow 2I^- + S_4O_6^{2-}$$

2. 硫酸铈法

硫酸铈 $Ce(SO_4)_2$ 是强氧化剂，在酸性溶液中，Ce^{4+} 与还原剂反应，其半反应及标准电极电位为：

$$Ce^{4+} + e^- \longrightarrow Ce^{3+} \qquad E^{\ominus}_{Ce^{4+}/Ce^{3+}} = 1.61V$$

硫酸铈在不同的酸性介质中，其条件电极电位变化较大，氧化能力也受到较大影响。此法用于酸性条件下滴定还原性物质，经常用于滴定金属低价化合物，如亚铁盐等。常见的应用如测定葡萄糖酸亚铁片、硫酸亚铁片、硫酸亚铁糖浆等中铁的含量。

硫酸铈法的优点是：①硫酸铈稳定；②选择性高；③反应机理简单，副反应少。常用邻二氮菲-亚铁作为指示剂。

第五节 氧化还原滴定结果的计算

氧化还原滴定结果的计算主要依据氧化还原反应式中的化学计量关系，现举例加以说明。

【例 7-2】 标定 $Na_2S_2O_3$ 标准溶液时，称取 $K_2Cr_2O_7$ 0.1084g，溶于水并加过量 KI 酸化后，析出的 I_2 用 $Na_2S_2O_3$ 标准溶液滴定，消耗 20.10mL，计算 $Na_2S_2O_3$ 标准溶液浓度。

【解】 已知 $M(K_2Cr_2O_7)=294.2g/mol$

滴定反应为：

$$Cr_2O_7^{2-} + 14H^+ + 6I^- \longrightarrow 2Cr^{3+} + 7H_2O + 3I_2$$

$$I_2 + 2S_2O_3^{2-} \longrightarrow S_4O_6^{2-} + 2I^-$$

反应达到化学计量点时：$n(K_2Cr_2O_7):n(Na_2S_2O_3)=1:6$，即 $6n(K_2Cr_2O_7)=n(Na_2S_2O_3)$，那么：

$$\frac{6m_{K_2Cr_2O_7}}{M_{K_2Cr_2O_7}} = c_{Na_2S_2O_3}V_{Na_2S_2O_3}$$

将相应的值代入上述公式，得

$$\frac{6 \times 0.1084\text{g}}{294.2\text{g/mol}} = c_{Na_2S_2O_3} \times 20.10 \times 10^{-3}\text{L}$$

求得 $c_{Na_2S_2O_3} = 0.1100\text{mol/L}$

因此，$Na_2S_2O_3$ 标准溶液的浓度为 0.1100mol/L。

【例 7-3】 标定 $KMnO_4$ 时，25.00mL $KMnO_4$ 溶液和 0.3350g $Na_2C_2O_4$ 完全反应，计算 $KMnO_4$ 溶液的浓度。

【解】 已知 $M(Na_2C_2O_4) = 134.0\text{g/mol}$，氧化还原反应为：

$$2MnO_4^- + 5C_2O_4^{2-} + 16H^+ \xlongequal{\quad} 2Mn^{2+} + 10CO_2 + 8H_2O$$

反应达到化学计量点时：$n(KMnO_4) : n(Na_2C_2O_4) = 2 : 5$，即：$5n(KMnO_4) = 2n(Na_2C_2O_4)$，因此，

$$5c_{KMnO_4}V_{KMnO_4} = \frac{2m_{Na_2C_2O_4}}{M_{Na_2C_2O_4}}$$

将相应的值代入上述公式，得

$$5c_{KMnO_4} \times 25.00 \times 10^{-3}\text{L} = \frac{2 \times 0.3350\text{g}}{134.0\text{g/mol}}$$

求得 $c_{KMnO_4} = 0.0400\text{mol/L}$

因此，$KMnO_4$ 溶液的浓度为 0.0400mol/L。

实验 10　$KMnO_4$ 标准溶液的配制与标定

一、实验目的

1. 掌握 $KMnO_4$ 标准溶液的配制方法和保存条件。
2. 掌握用 $Na_2C_2O_4$ 作基准物质，标定 $KMnO_4$ 标准溶液浓度的原理和操作方法。
3. 了解 Mn^{2+} 对氧化还原反应的催化作用和自身指示剂确定滴定终点的颜色变化。

二、实验原理

市售的 $KMnO_4$ 中含有少量的 MnO_2 和其他杂质，蒸馏水中也含有微量还原性物质，光照也能促进 $KMnO_4$ 分解。因此，$KMnO_4$ 标准溶液不能用直接法配制。

标定 $KMnO_4$ 溶液可用无水 $Na_2C_2O_4$，其不含结晶水，容易提纯，没有吸湿性，是常用的基准物质。

在酸性溶液中，$C_2O_4^{2-}$ 与 MnO_4^- 发生如下反应：

$$2MnO_4^- + 5C_2O_4^{2-} + 16H^+ \xlongequal{\quad} 2Mn^{2+} + 10CO_2\uparrow + 8H_2O$$

用 $KMnO_4$ 作自身指示剂，至滴定终点，微过量的 $KMnO_4$ 使溶液呈微红色。$KMnO_4$ 标准溶液的浓度可用下式计算：

$$c_{KMnO_4} = \frac{2m_{Na_2C_2O_4}}{5M_{Na_2C_2O_4}V_{KMnO_4}}$$

三、实验仪器和试剂

1. 仪器：分析天平、水浴锅、烧杯、量筒、棕色试剂瓶、玻璃漏斗、酸式滴定管。

2. 试剂：$KMnO_4$(AR)固体；3mol/L H_2SO_4 溶液；$Na_2C_2O_4$(AR)：在105～110℃烘干2h，冷却至室温备用。

四、操作步骤

1. 0.02mol/L $KMnO_4$ 标准溶液的配制。

用天平称取 $KMnO_4$ 固体 1.6～1.8g 溶于 500mL 蒸馏水中，加热至沸并保持微沸状态1h。冷却后，将新配制的 $KMnO_4$ 溶液转移至棕色玻璃瓶中于暗处放置7～10d后，用玻璃漏斗过滤，滤液贮存于干净的棕色试剂瓶中备用。

2. $KMnO_4$ 溶液的标定

准确称取 $Na_2C_2O_4$ 0.153～0.167g，置于250mL锥形瓶中，加新煮沸并冷却的蒸馏水100mL使之溶解。加入 H_2SO_4 溶液5mL，摇匀。加热至75～85℃(见冒热气)，趁热用 $KMnO_4$ 标准溶液滴定，刚开始反应较慢，滴入一滴 $KMnO_4$ 标准溶液便摇动，待溶液褪色，再加第二滴 $KMnO_4$(此时生成的 Mn^{2+} 起催化作用)。

随着反应速度的加快，滴定速度也可逐渐加快，但不能过快，尤其是接近等量点时，更要小心滴加，不断摇动或搅拌。滴定至溶液呈现微红色并持续半分钟不褪色即为终点。

五、实验记录

自身指示剂：$KMnO_4$	1st	2nd	3rd
NaC_2O_4(g)			
$KMnO_4$ 始读数(mL)			
$KMnO_4$ 终读数(mL)			
ΔV_{KMnO_4}(mL)			
c_{KMnO_4}(mol/L)			
$\bar{c}_{KMnO_4}$(mol/L)			
极差(%)			

六、注意事项

1. 正确控制滴定过程中的滴定速度，滴定速度要和反应速度相一致，开始慢，逐渐加快(但不能过快，否则就会有 MnO_2 生成，实验失败)，近终点时滴定速度逐渐放慢。

2. 滴定近等量点时，溶液温度应不低于55℃，否则因反应速度慢而影响终点的观察和准确度。

3. 加热时，锥形瓶外面要擦干，以防炸裂。

七、思考题

1. 为何不能直接配制 $KMnO_4$ 标准溶液？

2. 未经煮沸的 $KMnO_4$ 溶液为何要放置一周后才能标定？

3. 标定 $KMnO_4$ 溶液时，为什么第一滴 $KMnO_4$ 颜色褪色很慢，而以后会逐渐加快？

4. $KMnO_4$ 溶液的标定，为什么需在强酸性溶液中，并在加热的情况下进行？酸度过低对滴定有何影响？温度过高又有何影响？

实验 11　过氧化氢含量的测定(高锰酸钾法)

一、实验目的

1. 掌握高锰酸钾溶液的配制和标定方法。
2. 掌握高锰酸钾法测定过氧化氢含量的原理和方法。

二、实验原理

市售的双氧水是含 30% 或 3%的过氧化氢水溶液。H_2O_2 的含量可用高锰酸钾法测定。在酸性介质中 H_2O_2 与 $KMnO_4$ 发生下列反应：

$$2MnO_4^- + 5H_2O_2 + 6H^+ = 2Mn^{2+} + 5O_2\uparrow + 8H_2O$$

该反应能在室温下顺利进行。但开始时滴定的速度不宜太快，应逐滴加入。通常待第一滴 $KMnO_4$ 溶液颜色褪去后，再加入第二滴。当反应到达化学计量点附近时，滴加一滴 $KMnO_4$ 溶液使溶液呈稳定的微红色且半分钟不褪色即为终点。双氧水中 H_2O_2 的含量计算式为：

$$\rho(H_2O_2) = \frac{\frac{5}{2}c(KMnO_4)\cdot V(KMnO_4)\cdot M(H_2O_2)}{25.00\times 10.00}\times 250$$

三、仪器与试剂

1. 仪器：分析天平，50mL 酸式滴定管，10mL、25mL 移液管，250mL 容量瓶，常用玻璃仪器若干。
2. 试剂：$KMnO_4$ 标准溶液(实验 10 已标定)，H_2O_2 商品液(3%)，H_2SO_4(3.0mol/L)。

四、实验内容

1. $KMnO_4$ 标准溶液浓度的标定(见实验 10)。
2. H_2O_2 含量的测定

用 10mL 移液管移取 3% 双氧水于 250mL 容量瓶中，加入去离子水稀释至刻度，摇均匀。再用 25mL 移液管移取稀释液于 250mL 洁净的锥形瓶中，加入 20～30mL 去离子水、15～20mL 3.0 mol/L H_2SO_4 溶液，用 $KMnO_4$ 标准溶液滴定到溶液呈微红色且半分钟不褪色即为终点，记录消耗 $KMnO_4$ 溶液的体积。平行测定三次，极差应小于 0.05mL。根据 $KMnO_4$ 标准溶液浓度和消耗的体积，计算双氧水中 H_2O_2 的含量。

五、实验记录

自身指示剂：$KMnO_4$	1st	2nd	3rd
H_2O_2 原液体积(mL)			
$\bar{c}_{KMnO_4}$ (mol/L)			
$KMnO_4$ 始读数(mL)			
$KMnO_4$ 终读数(mL)			
ΔV_{KMnO_4} (mL)			
$c_{H_2O_2}$ (mol/L)			
$\bar{c}_{H_2O_2}$ (mol/L)			
极差(%)			

六、注意事项

1. 本实验无需加热。

2. 正确控制滴定过程中的滴定速度，滴定速度要和反应速度相一致，开始慢，逐渐加快(但不能过快，否则就会有 MnO_2 生成，实验失败)，接近终点时滴定速度逐渐放慢。

3. 注意 H_2O_2 含量的计算方法。

七、思考题

1. 用 $KMnO_4$ 法测定双氧水中 H_2O_2 的含量时，能否用 HNO_3、HCl 和 HAc 控制酸度？为什么？

2. H_2O_2 含量的测定除用 $KMnO_4$ 法外，还可用碘量法。试写出用碘量法测定的有关方程式及 H_2O_2 含量的计算公式。

实验 12 I_2 和 $Na_2S_2O_3$ 标准溶液的配制和标定

一、实验目的

1. 掌握 I_2 和 $Na_2S_2O_3$ 标准溶液的配制方法。

2. 熟悉置换碘量法的原理。

3. 学习使用碘量瓶。

二、实验原理

1. $Na_2S_2O_3$ 标准溶液的标定

$Na_2S_2O_3 \cdot 5H_2O$ 结晶通常含有 S、Na_2SO_3、Na_2SO_4 等杂质，易风化或潮解，化学稳定性差，能被溶解于水的 O_2、CO_2 和微生物所分解析出硫。因此，配制时需用新煮沸(除氧、杀菌)并冷却的蒸馏水。配液后加少量 Na_2CO_3 使溶液呈弱碱性(抑制细菌生长)，置于暗处放置 7～10d 后标定。

标定 $Na_2S_2O_3$ 溶液，最常用的基准物质为 $K_2Cr_2O_7$。标定时采用置换滴定法，使 $K_2Cr_2O_7$ 先与过量 KI 作用，再用欲标定浓度的 $Na_2S_2O_3$ 溶液滴定析出的 I_2。

第一步反应为：$Cr_2O_7^{2-}+6I^-+14H^+ \xlongequal{} 2Cr^{3+}+3I_2+7H_2O$。

注意酸度的控制并避光放置 10min。

第二步反应为：$2S_2O_3^{2-}+I_2 \xlongequal{} 2I^-+S_4O_6^{2-}$。

以淀粉作指示剂，在滴定至近终点时方可加入。达到终点时，溶液中的 I_2 全部与 $Na_2S_2O_3$ 作用，蓝色消失。$Na_2S_2O_3$ 标准溶液的浓度可用下式计算：

$$c_{Na_2S_2O_3}=\frac{6m_{K_2Cr_2O_7}}{M_{K_2Cr_2O_7}V_{Na_2S_2O_3}}$$

2. 用 $Na_2S_2O_3$ 标准溶液标定 I_2 标准溶液

反应为：

$$I_2+2S_2O_3^{2-} \xlongequal{} 2I^-+S_4O_6^{2-}$$

I_2 标准溶液浓度的计算公式：

$$c_{I_2}=\frac{c_{Na_2S_2O_3}V_{Na_2S_2O_3}}{2V_{I_2}}$$

三、仪器与试剂

1. 仪器：酸式滴定管，带磨口塞的三角瓶（50mL），量筒（100mL），移液管（25mL），天平，玻璃棒，烧杯，吸耳球，铁架台，蝴蝶架，蒸馏水洗瓶，棕色试剂瓶。

2. 试剂：$K_2Cr_2O_7$（AR），$Na_2S_2O_3\cdot 5H_2O$（AR），Na_2CO_3（AR），KI（AR），I_2（AR），HCl 溶液（4mol/L），淀粉指示剂。

四、实验步骤

1. $Na_2S_2O_3$ 标准溶液（0.1mol/L）的配制

称取 Na_2CO_3 0.1g 于烧杯中，加新煮沸并冷却的蒸馏水约 200mL，搅拌使溶解；加入 $Na_2S_2O_3\cdot 5H_2O$ 10.5g，搅拌使完全溶解，用新煮沸后冷却了的蒸馏水稀释至 400mL，摇匀，储于试剂瓶中，静置一周后，过滤备用。

2. $Na_2S_2O_3$ 标准溶液（0.1 mol/L）的标定

用移液管移取 25mL $K_2Cr_2O_7$（0.008mol/L）标准溶液于三角瓶中，加入 HCl 溶液（4mol/L）5mL 和 1g KI，摇匀后放至暗处 5min。待反应完全后，用蒸馏水稀释至 50mL。用 $Na_2S_2O_3$ 标准溶液滴定至黄绿色，加入 2mL 淀粉指示剂，继续滴定至溶液蓝色消失呈浅绿色即为终点，记下消耗的 $Na_2S_2O_3$ 标准溶液体积，平行滴定三次。

3. I_2 标准溶液（0.05mol/L）的配制

取 KI 固体 10.8g 于小烧杯中，加水约 15mL，搅拌使溶解。再取 I_2 固体 3.9g，加入上述 KI 溶液中，搅拌至 I_2 完全溶解后，加盐酸 1 滴，转移至棕色瓶中，用蒸馏水稀释至 300mL，摇匀，用玻璃滤器过滤。

4. I_2 标准溶液（0.05mol/L）的标定

用移液管移取 $Na_2S_2O_3$ 标准溶液（0.1mol/L）25mL 于 250mL 三角瓶中，加入淀粉指示剂 2mL，用碘标准溶液滴定至出现蓝色即为终点，记下消耗的碘溶液体积，并计算碘溶液的浓度。

五、实验记录

1. $Na_2S_2O_3$ 标准溶液的标定

指示剂：淀粉	1st	2nd	3rd
KI(g)			
$K_2Cr_2O_7$(g)			
$Na_2S_2O_3$ 始读数(mL)			
$Na_2S_2O_3$ 终读数(mL)			
$\Delta V_{Na_2S_2O_3}$ (mL)			
$c_{Na_2S_2O_3}$ (mol/L)			
$\bar{c}_{Na_2S_2O_3}$ (mol/L)			
极差(%)			

2. I_2 标准溶液的标定

指示剂：淀粉	1st	2nd	3rd
$Na_2S_2O_3$ 标准溶液(mL)			
I_2 始读数(mL)			
I_2 终读数(mL)			
ΔV_{I_2} (mL)			
c_{I_2} (mol/L)			
$\bar{c}_{I_2}$ (mol/L)			
极差(%)			

六、注意事项

1. 滴定结束后的溶液，放置后会变蓝色。如果不是很快变蓝（经 5min 以上），则是空气氧化所致，不影响结果。如果很快变蓝，说明 $K_2Cr_2O_7$ 和 KI 反应不完全。遇此情况，应重做实验。

2. 滴定开始时要快滴慢摇，以减少 I_2 的挥发；近终点时，要慢滴，用力旋摇，以减少淀粉对 I_2 的吸附。

七、思考题

1. 滴定反应的原理是什么？为何不能直接配制 $Na_2S_2O_3$ 标准溶液？
2. 滴定过程中，pH 值控制在多少？为什么？淀粉指示剂在什么时候加入？

实验 13　硫酸铜中铜含量的测定

一、实验目的

1. 掌握用间接碘量法测定铜含量的原理和方法。
2. 掌握滴定终点的判断。

二、实验原理

铜合金、铜矿及铜盐中铜含量的大小可用间接碘量法来测定。通常将样品处理成含 Cu^{2+} 的溶液，在酸性条件下加入过量的 KI 溶液，则反应析出 I_2：

$$2Cu^{2+} + 4I^- \rightleftharpoons I_2 + 2CuI\downarrow$$

这里 KI 是还原剂、沉淀剂和配合剂（$I_2 + I^- \rightleftharpoons I_3^-$）。生成的 I_2，以淀粉为指示剂，用 $Na_2S_2O_3$ 标准溶液滴定。由于 CuI 沉淀表面易吸附 I_2，会使分析结果偏低。为了减少 CuI 对 I_2 的吸附，可在大部分 I_2 被 $Na_2S_2O_3$ 溶液滴定后，加入 KSCN 溶液，使 CuI 沉淀转化为溶解度更小且不易吸附 I_2 的 CuSCN 沉淀，释放出 I_2：

$$CuI + SCN^- \rightleftharpoons CuSCN + I^-$$

但 KSCN 溶液不能加入太早，否则，在 I_2 含量较大时，SCN^- 离子有可能还原 I_2 而使测定结果偏低。若试样中含有铁杂质，由于 Fe^{3+} 能氧化 I^- 生成 I_2，妨碍铜的测定，因此需加入 NaF 以掩蔽杂质。

本实验测定硫酸铜中的铜含量，以铜的质量分数表示为：

$$w_{Cu} = \frac{c_{Na_2S_2O_3}V_{Na_2S_2O_3} \times \frac{M_{Cu}}{1000}}{m(\text{样品})} \times 100\%$$

三、仪器与试剂

1. 仪器：分析天平，50mL 碱式滴定管，常用玻璃仪器若干。
2. 试剂：$Na_2S_2O_3$ 标准溶液（0.01mol/L）、H_2SO_4（1.0 mol/L）、$CuSO_4$（固体试样）、KSCN（10%）、KI（10%）淀粉溶液（1.0%）。

四、实验内容

1. 样品称量

在分析天平上用减量法准确称取 0.5～0.75g（精确至 0.1mg）$CuSO_4$ 试样三份，分别置于三个 250mL 洁净的锥形瓶中，加入 30mL 去离子水溶解。

2. 铜含量的测定

取上述溶解好的样品一份，加入 3mL 1.0 mol/L H_2SO_4 溶液和 7～8mL 10%KI 溶液，摇均匀后，立即用 0.1mol/L $Na_2S_2O_3$ 标准溶液滴定到浅黄色，再加入 1mL 淀粉溶液，摇均匀，继续用 $Na_2S_2O_3$ 标准溶液缓慢滴定到浅蓝色。然后，加入 5mL 10%KSCN 溶液，摇动 5min，再用 $Na_2S_2O_3$ 标准溶液滴定到蓝色刚好消失，即为终点，记录消耗 $Na_2S_2O_3$ 溶液的体积。按照该方法依次滴定剩余两份试样。根据称得样品的质量、$Na_2S_2O_3$ 标准溶液的浓度和消耗的体积，计算铜盐中的铜含量。

五、实验记录

指示剂：淀粉	1st	2nd	3rd
$CuSO_4$(g)			
$\bar{c}_{Na_2S_2O_3}$(mol/L)			
$Na_2S_2O_3$ 始读数(mL)			
$Na_2S_2O_3$ 终读数(mL)			
$\Delta V_{Na_2S_2O_3}$(mL)			
c_{Cu}(mol/L)			
$\bar{c}_{Cu}$(mol/L)			
极差(%)			

六、注意事项

1. 注意本实验终点的判断，CuSCN 会使溶液呈米黄色悬浮状。

2. 加入 KSCN 溶液，是使 CuI 沉淀转化为溶解度更小且不易吸附 I_2 的 CuSCN 沉淀，注意 KSCN 的加入时间。

3. 滴定开始时要快滴慢摇，以减少 I_2 的挥发，近终点时，要慢滴，用力旋摇，以减少淀粉对 I_2 的吸附。

七、思考题

1. 本实验为什么要加入 KSCN 溶液？如果酸化后立即加入 KSCN 溶液，对测定结果有何影响？

2. 如果要测定铜矿或铜合金中的铜含量，最好用什么基准物来标定 $Na_2S_2O_3$ 溶液？为什么在滴定中要加入 NaF？

3. 已知 $E^{\ominus}(Cu^{2+}/Cu^{+})=0.16V$，$E^{\ominus}(I_2/I^{-})=0.55V$，为什么本实验中 Cu^{2+} 能将 I 氧化为 I_2？

复习思考题

1. 条件电位和标准电位有什么不同？影响电位的外界因素有哪些？

2. 是否平衡常数大的氧化还原反应就能应用于氧化还原中？为什么？

3. 影响氧化还原反应速度的主要因素有哪些？

4. 常用的氧化还原滴定法有哪几类？这些方法的基本反应是什么？

5. 应用于氧化还原滴定法的反应具备什么条件？

6. 化学计量点在滴定曲线上的位置与氧化剂和还原剂的电子转移数有什么关系？

7. 试比较酸碱滴定、配位滴定和氧化还原滴定的滴定曲线，说明它们的共性和特性。

8. 氧化还原滴定中的指示剂分为几类？各自如何指示滴定终点？

9. 氧化还原指示剂的变色原理和选择与酸碱指示剂有何异同？

10. 在进行氧化还原滴定之前，为什么要进行预氧化或预还原的处理？预处理时对所用的预氧化剂或还原剂有哪些要求？

11. 碘量法的主要误差来源有哪些？为什么碘量法不适宜在高酸度或高碱度介质中进行？

12. 在 Cl^-、Br^- 和 I^- 三种离子的混合物溶液中，欲将 I^- 氧化为 I_2，而又不使 Br^- 和 Cl^- 氧化。在常用的氧化剂 $Fe_2(SO_4)_3$ 和 $KMnO_4$ 中应选择哪一种？

13. 计算在 1mol/L HCl 溶液中，当 $[Cl^-]=1.0$mol/L 时，Ag^+/Ag 电对的条件电位。

14. 计算在 1.5mol/L HCl 介质中，当 $c_{Cr^{6+}}=0.10$mol/L，$c_{Cr^{3+}}=0.020$mol/L 时 $Cr_2O_7^{2-}/Cr^{3+}$ 电对的电极电位。

15. 计算 pH=10.0，$[NH_4^+]+[NH_3]=0.20$mol/L 时 Zn^{2+}/Zn 电对的条件电位。若 $C_{Zn^{2+}}=0.020$mol/L，体系的电位是多少？

16. 分别计算 $[H^+]=2.0$mol/L 和 pH=2.00 时 MnO_4^-/Mn^{2+} 电对的条件电位。

17. 用碘量法测定铬铁矿中铬的含量时，试液中共存的 Fe^{3+} 有干扰。此时若溶液的 pH=2.0，Fe^{3+} 的浓度为 0.10mol/L，Fe^{2+} 的浓度为 1.0×10^{-5}mol/L，加入 EDTA 并使其过量的浓度为 0.10mol/L。问此条件下，Fe^{3+} 的干扰能否被消除？

18. 已知在 1mol/L HCl 介质中，Fe^{3+}/Fe^{2+} 电对的 $E^{\ominus}=0.70$V，Sn^{4+}/Sn^{2+} 电对的 $E^{\ominus}=0.14$V。求在此条件下，反应 $2Fe^{3+}+Sn^{2+}=Sn^{4+}+2Fe^{2+}$ 的条件平衡常数。

19. 在 0.5mol/L H_2SO_4 介质中，等体积的 0.60mol/L Fe^{2+} 溶液与 0.20mol/L Ce^{4+} 溶液混合。反应达到平衡后，Ce^{4+} 的浓度为多少？

20. 在 1mol/L $HClO_4$ 介质中，用 0.02000mol/L $KMnO_4$ 滴定 0.10mol/L Fe^{2+}，试计算滴定分数分别为 0.50，1.00，2.00 时体系的电位。已知在此条件下，MnO_4^-/Mn^{2+} 电对的 $E^{\ominus}=1.45$V，Fe^{3+}/Fe^{2+} 电对的 $E^{\ominus}=0.73$V。

21. 在 0.10mol/L HCl 介质中，用 0.2000mol/L Fe^{3+} 滴定 0.10mol/L Sn^{2+}，试计算在化学计量点时的电位及其突跃范围。在此条件下选用什么指示剂？滴定终点与化学计量点是否一致？已知在此条件下，Fe^{3+}/Fe^{2+} 电对的 $E^{\ominus}=0.73$V，Sn^{4+}/Sn^{2+} 电对的 $E^{\ominus}=0.07$V。

22. 用 30.00mL 某 $KMnO_4$ 标准溶液恰能氧化一定的 $KHC_2O_4\cdot H_2O$，同样质量的 $KMnO_4$ 又恰能与 25.20mL 浓度为 0.2012mol/L 的 KOH 溶液反应。计算此 $KMnO_4$ 溶液的浓度。

23. 某 $KMnO_4$ 标准溶液的浓度为 0.02484mol/L 时，求滴定度：(1) $T_{KMnO_4/Fe}$，(2) T_{KMnO_4/Fe_2O_3}，(3) $T_{KMnO_4/FeSO_4\cdot7H_2O}$

25. 用 0.2643g 纯 As_2O_3 标定某 $KMnO_4$ 溶液的浓度。先用 NaOH 溶解 As_2O_3，酸化后再用此 $KMnO_4$ 溶液滴定，用去 40.46mL。计算 $KMnO_4$ 溶液的浓度。

26. 准确称取铁矿石试样 0.5000g，用酸溶解后加入 $SnCl_2$，使 Fe^{3+} 还原为 Fe^{2+}，然后用 24.50mL $KMnO_4$ 标准溶液滴定。已知 1mL $KMnO_4$ 相当于 0.01260g $H_2C_2O_4\cdot2H_2O$。试问：(1)矿样中 Fe 及 Fe_2O_3 的质量分数各为多少？(2)取市售双氧水 3.00mL 稀释定容至 250.0mL，从中取出 20.00mL 试液，需用上述 $KMnO_4$ 溶液 21.18mL 滴定至终点。计算每

100.0mL 市售双氧水所含 H_2O_2 的质量。

27. 准确称取含有 PbO 和 PbO_2 混合物的试样 1.234g，在其酸性溶液中加入20.00mL 0.2500mol/L $H_2C_2O_4$ 溶液，将 PbO_2 还原为 Pb^{2+}。所得溶液用氨水中和，使溶液中所有的 Pb^{2+} 均沉淀为 PbC_2O_4。过滤，滤液酸化后用 0.04000mol/L $KMnO_4$ 标准溶液滴定，用去 10.00mL，然后将所得 PbC_2O_4 沉淀溶于酸后，用 0.04000mol/L $KMnO_4$ 标准溶液滴定，用去 30.00mL。计算试样中 PbO 和 PbO_2 的质量分数。

28. 仅含有惰性杂质的铅丹(Pb_3O_4)试样重 3.500g，加一移液管 Fe^{2+} 标准溶液和足量的稀 H_2SO_4 于此试样中。溶解作用停止以后，过量的 Fe^{2+} 需 3.05mL 0.04000mol/L $KMnO_4$ 溶液滴定。同样一移液管的上述 Fe^{2+} 标准溶液，在酸性介质中用 0.04000mol/L $KMnO_4$ 标准溶液滴定时，需用去 48.05mL。计算铅丹中 Pb_3O_4 的质量分数。

29. 准确称取软锰矿试样 0.5261g，在酸性介质中加入 0.7049g 纯 $Na_2C_2O_4$。待反应完全后，过量的 $Na_2C_2O_4$ 用 0.02160mol/L $KMnO_4$ 标准溶液滴定，用去 30.47mL。计算软锰矿中 MnO_2 的质量分数。

30. 用 $K_2Cr_2O_7$ 标准溶液测定 1.000g 试样中的铁。试问 1.000L $K_2Cr_2O_7$ 标准溶液中应含有多少克 $K_2Cr_2O_7$ 时，才能使滴定管读到的体积(单位：mL)恰好等于试样铁的质量分数(%)?

31. 0.4987g 铬铁矿试样经 Na_2O_2 熔融后，使其中的 Cr^{3+} 氧化为 $Cr_2O_7^{2-}$，然后加入 10mL 3mol/L H_2SO_4 及 50mL 0.1202mol/L 硫酸亚铁溶液处理。过量的 Fe^{2+} 需用15.05mL K_2CrO_7 标准溶液滴定，而标准溶液相当于 0.006023g。试求试样中铬的质量分数。若以 Cr_2O_3 表示时又是多少?

32. 将 0.1963g 分析纯 $K_2Cr_2O_7$ 试剂溶于水，酸化后加入过量 KI，析出的 I_2 需用 33.61mL $Na_2S_2O_3$ 溶液滴定。计算 $Na_2S_2O_3$ 溶液的浓度。

33. 称取含有 Na_2HAsO_3 和 As_2O_5 及惰性物质的试样 0.2500g，溶解后在 $NaHCO_3$ 存在下用 0.05150mol/L I_2 标准溶液滴定，用去 15.80mL。再酸化并加入过量 KI，析出的 I_2 用 0.1300mol/L $Na_2S_2O_3$ 标准溶液滴定，用去 20.70mL。计算试样中 Na_2HAsO_3 的质量分数。

34. 今有不纯的 KI 试样 0.3504g，在 H_2SO_4 溶液中加入纯 K_2CrO_4 0.1940g 与之反应，煮沸，逐出生成的 I_2。放冷后又加入过量 KI，使之与剩余的 K_2CrO_4 作用，析出的 I_2 用 0.1020mol/L $Na_2S_2O_3$ 标准溶液滴定，用去 10.23mL。问试样中 KI 的质量分数是多少?

35. 将 1.025g 二氧化锰矿样溶于浓盐酸中，产生的氯气通入浓 KI 溶液后，将其体积稀释到 250.0mL。然后取此溶液 25.00mL，用 0.1052mol/L $Na_2S_2O_3$ 标准溶液滴定，需要 20.02mL。求软锰矿中 MnO_2 的质量分数。

36. 称取苯酚试样 0.4082g，用 NaOH 溶解后，移入 250.0mL 容量瓶中，加水稀释至刻度，摇匀。吸取 25.00mL，加入溴酸钾标准溶液($KbrO_3$+KBr)25.00mL，然后加入 HCl 及 KI。待析出 I_2 后，再用 0.1084mol/L $Na_2S_2O_3$ 标准溶液滴定，用去 20.04mL。另取 25.00mL溴酸钾标准溶液做空白试验，消耗同浓度的 $Na_2S_2O_3$ 41.60 mL。试计算试样中苯酚的质量分数。

37. 燃烧不纯的 Sb_2S_3 试样 0.1675g，将所得的 SO_2 通入 $FeCl_3$ 溶液中，使 Fe^{3+} 还原为 Fe^{2+}。再在稀酸条件下用 0.01985mol/L $KMnO_4$ 标准溶液滴定 Fe^{2+}，用去 21.20mL。问试样中 Sb_2S_3 的质量分数为多少?

第八章　沉淀滴定法

学习目标

1. 掌握莫尔法、佛尔哈德法、法扬司法三种沉淀滴定法确定理论终点的方法、原理、滴定条件、应用范围及有关计算。
2. 理解分级沉淀及沉淀转化的概念。
3. 了解沉淀滴定法对沉淀反应的要求。

第一节　沉淀滴定法的基本原理

一、沉淀滴定法概述

沉淀滴定法(Precipition Titrimetry)是以沉淀反应为基础的一种滴定分析方法。虽然沉淀反应很多，但是能用于滴定分析的沉淀反应必须符合下列几个条件：

(1)沉淀反应必须迅速，并按一定的化学计量关系进行。

(2)生成的沉淀应具有恒定的组成，而且溶解度必须很小。

(3)有确定化学计量点的简单方法。

(4)沉淀的吸附现象不影响滴定终点的确定。

由于上述条件的限制，能用于沉淀滴定法的反应并不多，目前有实用价值的主要是形成难溶性银盐的反应，例如：

$$Ag^+ + Cl^- \rightleftharpoons AgCl\downarrow \text{(白色)}$$

$$Ag^+ + SCN^- \rightleftharpoons AgSCN\downarrow \text{(白色)}$$

这种利用生成难溶性银盐的反应进行沉淀滴定的方法称为银量法(Argentimetry)。银量法主要用于测定 Cl^-、Br^-、I^-、Ag^+、CN^-、SCN^- 等离子及含卤素的有机化合物。

除银量法外，沉淀滴定法中还有利用其他沉淀反应的方法，例如 $K_4[Fe(CN)_6]$ 与 Zn^{2+}、四苯硼酸钠与 K^+ 形成沉淀的反应。

$$2K_4[Fe(CN)_6] + 3Zn^{2+} = K_2Zn_3[Fe(CN)_6]_2\downarrow + 6K^+$$

$$NaB(C_6H_5)_4 + K^+ = KB(C_6H_5)_4\downarrow + Na^+$$

本章主要讨论银量法。根据滴定方式的不同，银量法可分为直接法和间接法。直接法是用 $AgNO_3$ 标准溶液直接滴定待测组分的方法。间接法是先于待测试液中加入一定量的 $AgNO_3$ 标准溶液，再用 NH_4SCN 标准溶液来滴定剩余的 $AgNO_3$ 溶液的方法。

二、沉淀滴定曲线

沉淀滴定法的滴定过程中，溶液中离子浓度的变化情况与酸碱滴定法相似，可以用滴定曲线表示。

$$Ag^+ + Cl^- \longrightarrow AgCl(s)$$

以 $AgNO_3$ 溶液（0.100mol/L）滴定 20.00mL NaCl 溶液（0.100mol/L）为例：随着 $AgNO_3$ 溶液的滴入，Cl^- 浓度不断变化。

从滴定开始到化学计量点前，Cl^- 浓度由溶液中剩余的 Cl^- 计算。例如，加入 $AgNO_3$ 溶液 18.00mL 时，溶液中氯离子的浓度为：$c(Cl^-)=\frac{0.100\times 2.00}{20.00+18.00}=5.26\times 10^{-3}(mol/L)$

化学计量点时，溶液中银离子浓度与氯离子浓度相同，$c(Ag^+)=c(Cl^-)=\sqrt{K_{sp}^{\ominus}}$。

化学计量点后，溶液中 Ag^+ 过量时，溶液中 Ag^+ 浓度由过量的 $AgNO_3$ 浓度决定，氯离子浓度则由过量的 Ag^+ 和 $K_{sp}^{\ominus}$ 计算。例如当加入 $AgNO_3$ 溶液 20.02mL 时，

$$c(Ag^+)=\frac{0.100\times 0.02}{20.00+20.02}=5.0\times 10^{-5}(mol/L)$$

$$c(Cl^-)=\frac{K_{sp}^{\ominus}}{c(Ag^+)}=3.11\times 10^{-6}(mol/L)$$

滴定过程中离子浓度的变化曲线如图 8-1 所示。

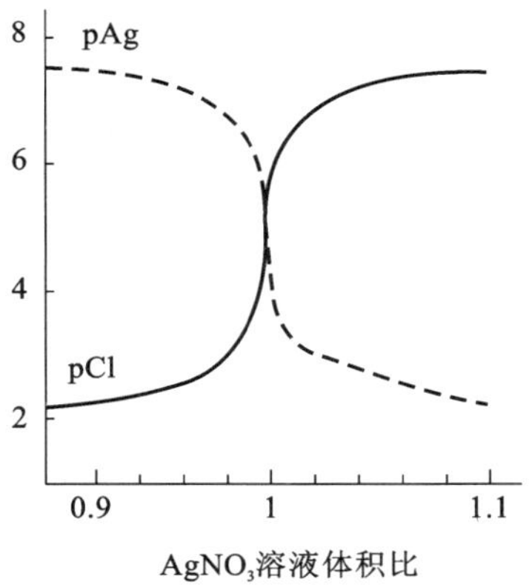

图 8-1　0.1000mol/L $AgNO_3$ 溶液滴定 0.1000mol/L NaCl 溶液滴定曲线

与酸碱滴定相似，滴定开始时溶液中 Cl^- 浓度较大，滴入 Ag^+ 所引起的 Cl^- 浓度改变不大，曲线比较平坦；接近化学计量点时，溶液中 Cl^- 浓度已经很小，再滴入少量的 Ag^+ 即引起 Cl^- 浓度发生很大的变化而形成突跃。

突跃范围的大小取决于溶液的浓度和沉淀的溶度积常数。溶液浓度越大，则突跃范围越大。沉淀的 $K_{sp}^{\ominus}$ 越小，突跃范围越大。例如，相同浓度的 Cl^-、Br^-、I^- 与 Ag^+ 的沉淀滴定，由于 $K_{sp}^{\ominus}(AgI)<K_{sp}^{\ominus}(AgBr)<K_{sp}^{\ominus}(AgI)$，所以其滴定曲线如图 8-2 所示。

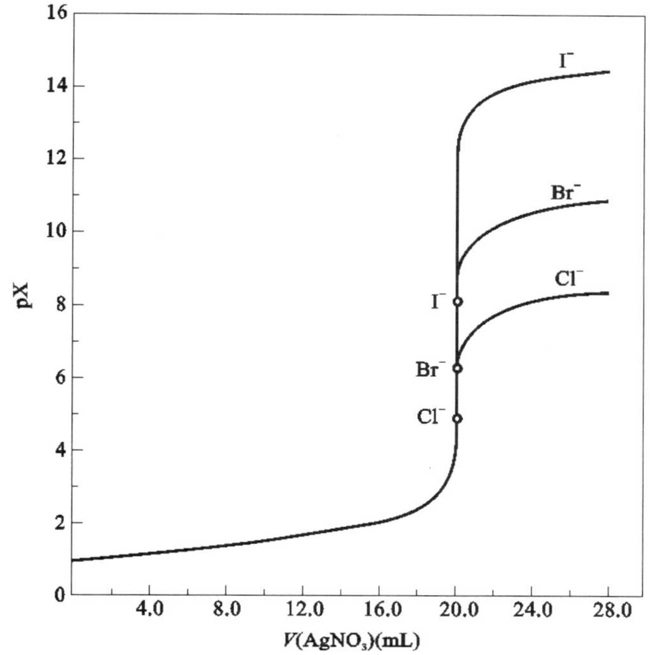

图 8-2　0.1000mol/L $AgNO_3$ 溶液滴定 20.00mL 0.100mol/L Cl^{-1}、Br^{-1}、I^{-1} 的滴定曲线

第二节　银量法的分类

根据确定滴定终点所采用的指示剂不同，银量法分为莫尔法(Mohr method)、佛尔哈德法(Volhard method)和法扬司法(Fajans method)。

一、莫尔法

莫尔法是以 K_2CrO_4 为指示剂，在中性或弱碱性介质中用 $AgNO_3$ 标准溶液测定卤素混合物含量的方法。

(一)指示剂的作用原理

以测定 Cl^- 为例，K_2CrO_4 作指示剂，用 $AgNO_3$ 标准溶液滴定，其反应为：

$$Ag^+ + Cl^- \longrightarrow AgCl\downarrow \quad 白色$$

$$2Ag^+ + CrO_4^{2-} \longrightarrow Ag_2CrO_4\downarrow \quad 砖红色$$

这种方法的依据是多级沉淀原理。由于 AgCl 的溶解度比 Ag_2CrO_4 的溶解度小，因此在用 $AgNO_3$ 标准溶液滴定时，先析出 AgCl 沉淀，当滴定剂 Ag^+ 与 Cl^- 达到化学计量点时，微过量的 Ag^+ 与 CrO_4^{2-} 反应析出砖红色的 Ag_2CrO_4 沉淀，指示滴定终点的到达。

(二)滴定条件

1. 指示剂作用量

用 $AgNO_3$ 标准溶液滴定 Cl^-，指示剂 K_2CrO_4 的用量对于终点指示有较大的影响，CrO_4^{2-} 浓度过高(过低)，Ag_2CrO_4 沉淀的析出就会过早(过迟)，都会产生一定的终点误差。因此要求 Ag_2CrO_4 沉淀应该恰好在滴定反应的化学计量点时出现。化学计量点时

$[Ag^+]$为：

$$[Ag^+]=[Cl^-]=\sqrt{K_{sp,AgCl}}=\sqrt{3.2\times10^{-10}}=1.8\times10^{-5}\text{mol/L}$$

若此时恰有 Ag_2CrO_4 沉淀，则

$$[CrO_4^{2-}]=\frac{K_{sp,Ag_2CrO_4}}{[Ag^+]^2}=5.0\times10^{-12}/(1.8\times10^{-5})^2=1.5\times10^{-2}\text{mol/L}$$

在滴定时，由于 K_2CrO_4 显黄色，当其浓度较高时颜色较深，不易判断砖红色的出现。为了能观察到明显的终点，指示剂的浓度以略低一些为好。实验证明，滴定溶液中 $c(K_2CrO_4)=5\times10^{-3}$mol/L 是确定滴定终点的适宜浓度。

显然，K_2CrO_4 浓度降低后，要使 Ag_2CrO_4 析出沉淀，必须多加些 $AgNO_3$ 标准溶液，这时滴定剂就过量了，终点将在化学计量点后出现，但由于产生的终点误差一般都小于0.1%，不会影响分析结果的准确度。但是如果溶液较稀，如用 0.01000mol/L $AgNO_3$ 标准溶液滴定 0.01000mol/L Cl^- 溶液，滴定误差可达 0.6%，影响分析结果的准确度，应做指示剂空白试验进行校正。

2. 滴定时的酸度

在酸性溶液中，CrO_4^{2-} 有如下反应：

$$2CrO_4^{2-}+2H^+ \rightleftharpoons 2HCrO_4^- \rightleftharpoons Cr_2O_7^{2-}+H_2O$$

因而降低了 CrO_4^{2-} 的浓度，使 Ag_2CrO_4 沉淀出现过迟，甚至不会沉淀。

在强碱性溶液中，会有棕黑色 Ag_2O 沉淀析出：

$$2Ag^+ + 2OH^- \rightleftharpoons Ag_2O\downarrow + H_2O$$

因此，莫尔法只能在中性或弱碱性(pH=6.5～10.5)溶液中进行。若溶液酸性太强，可用 $Na_2B_4O_7\cdot10H_2O$ 或 $NaHCO_3$ 中和；若溶液碱性太强，可用稀 HNO_3 溶液中和；而在有 NH_4^+ 存在时，滴定的 pH 值范围应控制在 6.5～7.2 之间。

(三)应用范围

莫尔法主要用于测定 Cl^-、Br^- 和 Ag^+，如氯化物、溴化物纯度测定以及天然水中氯含量的测定。当试样中 Cl^- 和 Br^- 共存时，测得的结果是它们的总量。若测定 Ag^+，应采用返滴定法，即向 Ag^+ 的试液中加入过量的 NaCl 标准溶液，然后再用 $AgNO_3$ 标准溶液滴定剩余的 Cl^-(若直接滴定，先生成的 Ag_2CrO_4 转化为 AgCl 的速度缓慢，滴定终点难以确定)。莫尔法不宜测定 I^- 和 SCN^-，因为滴定生成的 AgI 和 AgSCN 沉淀表面会强烈吸附 I^- 和 SCN^-，使滴定终点过早出现，造成较大的滴定误差。

莫尔法的选择性较差，凡能与 CrO_4^{2-} 或 Ag^+ 生成沉淀的阳、阴离子均干扰滴定。前者如 Ba^{2+}、Pb^{2+}、Hg^{2+} 等；后者如 SO_3^{2-}、PO_4^{3-}、AsO_4^{3-}、S^{2-}、$C_2O_4^{2-}$ 等。

二、佛尔哈德法

佛尔哈德法是在酸性介质中，以铁铵矾$[NH_4Fe(SO_4)_2\cdot12H_2O]$作指示剂来确定滴定终点的一种银量法。根据滴定方式的不同，佛尔哈德法分为直接滴定法和返滴定法两种。

(一)直接滴定法测定 Ag^+

在含有 Ag^+ 的 HNO_3 介质中，以铁铵矾作指示剂，用 NH_4SCN 标准溶液直接滴定，当滴定到化学计量点时，微过量的 SCN^- 与 Fe^{3+} 结合生成红色的$[FeSCN]^{2+}$即为滴定终点。

其反应是

$$Ag^+ + SCN^- \xlongequal{} AgSCN\downarrow（白色）\quad K_{sp,AgSCN}=2.0\times10^{-12}$$

$$Fe^{3+} + SCN^- \xlongequal{} [FeSCN]^{2+}（红色）\quad K=200$$

由于指示剂中的 Fe^{3+} 在中性或碱性溶液中将形成 $Fe(OH)^{2+}$、$Fe(OH)_2^+$ 等深色配合物，碱度再大，还会产生 $Fe(OH)_3$ 沉淀，因此滴定应在酸性（0.3～1mol/L）溶液中进行。

用 NH_4SCN 溶液滴定 Ag^+ 溶液时，生成的 AgSCN 沉淀能吸附溶液中的 Ag^+，使 Ag^+ 浓度降低，以致红色的出现略早于化学计量点。因此在滴定过程中需剧烈摇动，使被吸附的 Ag^+ 释放出来。

此法的优点在于可用来直接测定 Ag^+，并可在酸性溶液中进行滴定。

（二）返滴定法测定卤素离子

佛尔哈德法测定卤素离子（如 Cl^-、Br^-、I^- 和 SCN）时应采用返滴定法。即在酸性（HNO_3 介质）待测溶液中，先加入已知过量的 $AgNO_3$ 标准溶液，再用铁铵矾作指示剂，用 NH_4SCN 标准溶液返滴定剩余的 Ag^+（HNO_3 介质）。反应如下：

$$\underset{（过量）}{Ag^+} + Cl^- \xlongequal{} AgCl\downarrow（白色）$$

$$\underset{（剩余量）}{Ag^+} + SCN^- \xlongequal{} AgSCN\downarrow（白色）$$

终点指示反应：　$Fe^{3+} + SCN^- \xlongequal{} [FeSCN]^{2+}$（红色）

用佛尔哈德法测定 Cl^-，滴定到临近终点时，经摇动后形成的红色会褪去，这是因为 AgSCN 的溶解度小于 AgCl 的溶解度，加入的 NH_4SCN 将与 AgCl 发生沉淀转化反应

$$AgCl + SCN^- \xlongequal{} AgSCN\downarrow + Cl^-$$

沉淀的转化速率较慢，滴加 NH_4SCN 形成的红色随着溶液的摇动而消失。这种转化作用将继续进行到 Cl^- 与 SCN^- 浓度之间建立一定的平衡关系，才会出现持久的红色，无疑滴定已多消耗了 NH_4SCN 标准滴定溶液。为了避免上述现象的发生，通常采用以下措施：

（1）试液中加入一定过量的 $AgNO_3$ 标准溶液之后，将溶液煮沸，使 AgCl 沉淀凝聚，以减少 AgCl 沉定对 Ag^+ 的吸附。滤去沉淀，并用稀 HNO_3 充分洗涤沉淀，然后用 NH_4SCN 标准滴定溶液返滴定滤液中的过量 Ag^+。

（2）在滴入 NH_4SCN 标准溶液之前，加入有机溶剂硝基苯或邻苯二甲酸二丁酯或 1，2-二氯乙烷。用力摇动后，有机溶剂将 AgCl 沉淀包住，使 AgCl 沉淀与外部溶液隔离，阻止 AgCl 沉淀与 NH_4SCN 发生转化反应。此法方便，但硝基苯有毒。

（3）提高 Fe^{3+} 的浓度以减小终点时 SCN^- 的浓度，从而减小上述误差。实验证明，一般溶液中 $c(Fe^{3+})=0.2mol/L$ 时，终点误差将小于 0.1%。

佛尔哈德法在测定 Br^-、I^- 和 SCN^- 时，滴定终点十分明显，不会发生沉淀转化，因此不必采取上述措施。但是在测定碘化物时，必须加入过量 $AgNO_3$ 溶液之后再加入铁铵矾指示剂，以免 I^- 对 Fe^{3+} 的还原作用而造成误差。强氧化剂和氮的氧化物以及铜盐、汞盐都与 SCN^- 作用，因而干扰测定，必须预先除去。

三、法扬司法

法扬司法是以吸附指示剂（Adsorption Indicator）确定滴定终点的一种银量法。

(一)吸附指示剂的作用原理

吸附指示剂是一类有机染料，它的阴离子在溶液中易被带正电荷的胶状沉淀吸附，吸附后结构改变，从而引起颜色的变化，指示滴定终点的到达。

现以 $AgNO_3$ 标准溶液滴定 Cl^- 为例，说明指示剂荧光黄的作用原理。

荧光黄是一种有机弱酸，用 HFI 表示，在水溶液中可解离为荧光黄阴离子 FI^-，呈黄绿色：

$$HFI \rightleftharpoons FI^- + H^+$$

在化学计量点前，生成的 AgCl 沉淀在过量的 Cl^- 溶液中，AgCl 沉淀吸附 Cl^- 而带负电荷，形成的 $(AgCl)\cdot Cl^-$，不吸附指示剂阴离子 FI^-，溶液呈黄绿色。达到化学计量点时，微过量的 $AgNO_3$ 可使 AgCl 沉淀吸附 Ag^+ 形成 $(AgCl)\cdot Ag^+$ 而带正电荷，吸附荧光黄阴离子 FI^-，结构发生变化而呈现粉红色，使整个溶液由黄绿色变成粉红色，指示滴定终点的到达。

$$\underset{\text{(黄绿色)}}{(AgCl)\cdot Ag^+ + FI^-} \xrightarrow{\text{吸附}} \underset{\text{(粉红色)}}{(AgCl)\cdot Ag\cdot FI}$$

(二)使用吸附指示剂的注意事项

为了使终点变色敏锐，应用吸附指示剂时需要注意以下几点：

(1)保持沉淀呈胶体状态。由于吸附指示剂的颜色变化发生在沉淀微粒表面，因此，应尽可能使卤化银沉淀呈胶体状态，具有较大的表面积。为此，在滴定前应将溶液稀释，并加糊精或淀粉等高分子化合物作为保护剂，以防止卤化银沉淀凝聚。

(2)控制溶液酸度。常用的吸附指示剂大多是有机弱酸，而起指示剂作用的是它们的阴离子。酸度大时，H^+ 与指示剂阴离子结合成不被吸附的指示剂分子，无法指示终点。酸度的大小与指示剂的解离常数有关，解离常数大，酸度可以大些。例如荧光黄的 $pK_a \approx 7$，适用于 $pH=7\sim10$ 的条件下进行滴定。若 $pH<7$，荧光黄主要以 HFI 形式存在，不被吸附。

(3)避免强光照射。卤化银沉淀对光敏感，易分解析出银使沉淀变为灰黑色，影响滴定终点的观察，因此在滴定过程中应避免强光照射。

(4)吸附指示剂的选择。沉淀胶体微粒对指示剂离子的吸附能力应略小于对待测离子的吸附能力，否则指示剂将在化学计量点前变色。但不能太小，否则终点出现过迟。卤化银对卤化物和几种吸附指示剂的吸附能力的次序如下：

$$I^- > SCN^- > Br^- > \text{曙红} > Cl^- > \text{荧光黄}$$

因此，滴定 Cl^- 不能选曙红，而应选荧光黄。表 8-1 中列出了几种常用的吸附指示剂及其应用。

表 8-1　常用吸附指示剂

指示剂	被测离子	滴定剂	滴定条件	终点颜色变化
荧光黄	Cl^-、Br^-、I^-	$AgNO_3$	$pH=7\sim10$	黄绿→粉红
二氯荧光黄	Cl^-、Br^-、I^-	$AgNO_3$	$pH=4\sim10$	黄绿→红
曙红	Br^-、SCN^-、I^-	$AgNO_3$	$pH=2\sim10$	橙黄→红紫
溴酚蓝	生物碱盐类	$AgNO_3$	弱酸性	黄绿→灰紫
甲基紫	Ag^+	NaCl	酸性	黄红→红紫

（三）应用范围

法扬司法可用于测定 Cl^-、Br^-、I^- 和 SCN^- 及生物碱盐类（如盐酸麻黄碱）等。测定 Cl^- 常用荧光黄或二氯荧光黄作指示剂，而测定 Br^-、I^- 和 SCN^- 常用曙红作指示剂。此法终点明显，方法简便，但反应条件要求较严，应注意溶液的酸度、浓度及胶体的保护等。

第三节　银量法的应用

在实际工作中采用哪种银量法应视测定对象而定。

如测定银合金中的银含量时，由于是用 HNO_3 溶解试样，故应采用佛尔哈德法。测定 $BaCl_2$ 中的 Cl^- 含量时，可用佛尔哈德法或法扬司法，但不能用莫尔法，因为会生成 $BaCrO_4$ 沉淀。天然水中 Cl^- 含量测定一般多用莫尔法。

一、银量法常用标准溶液的配制和标定

1. NaCl 标准溶液

NaCl 易提纯，可作为基准物质直接配制标准溶液。

2. $AgNO_3$ 标准溶液

可直接配制，但大多数用基准 NaCl 标定，尽量使标定和测定使用相同方法，以抵消方法的系统误差。

配制 $AgNO_3$ 溶液所用的蒸馏水应不含 Cl^-，并应保存在棕色瓶中。

3. NH_4SCN 标准溶液

用已标定好的 $AgNO_3$ 标准溶液以佛尔哈德法的直接滴定法进行标定。

二、银量法的应用示例

1. 天然水中氯离子含量的测定

天然水中一般含氯离子，其含量范围变化很大，河流和湖泊的水中 Cl^- 含量一般较低，海水、盐湖及某些地下水中则 Cl^- 含量较高。水中氯化物主要以钠、镁、钙盐的形式存在，测定水中 Cl^- 的含量多用莫尔法，若水中还含有亚硫酸根、硫离子及磷酸根等，可采用佛尔哈德法。

2. 有机化合物中卤素离子的测定

有机卤化物必须经过处理，使其转化成卤离子后，方能用银量法测定。

如粮食中溴甲烷残留量的测定：溴甲烷是粮食的熏蒸剂之一，在室温下是一种易挥发的气体，测定时是利用吹气法将粮食中残留的溴甲烷吹出，用乙醇胺吸收，此时溴甲烷与乙醇胺作用分解出溴离子：$HOCH_2CH_2NH_2 + CH_3Br = HOCH_2CH_2NHCH_3 + HBr$。用水稀释后，加硝酸使其呈酸性，再加入一定量的过量的硝酸银，以铁铵矾为指示剂，用 NH_4SCN 标准溶液滴定至终点。

又如有机氯农药六六六（$C_6H_6Cl_6$，学名：六氯环己烷）的测定：测定前将试样与 KOH 乙醇溶液一起加热回流，使有机氯以 Cl^- 形式转入溶液中：$C_6H_6Cl_6 + 3OH^- = C_6H_3Cl_3 + 3Cl^- + 3H_2O$。冷却后，加 HNO_3 调至酸性，用佛尔哈德法测定释出的 Cl^-。

3. 味精中 NaCl 的测定

味精的主要成分是谷氨酸钠，另外还含有一定量的 NaCl。味精的等级与谷氨酸钠和氯化钠的含量有关，一般要求氯化钠含量不超过 20%。测定味精中 NaCl 的含量时，取一定量味精用水溶解，铬酸钾作指示剂，用硝酸银标准溶液滴定至终点。

第四节　滴定分析小结

一、酸碱滴定法

定义：酸碱滴定法是以酸碱反应为基础的化学分析方法。

要求：在进行滴定时，重要的是要了解被测物能否被准确滴定，滴定过程中溶液 pH 值如何变化，以及选择什么指示剂来确定滴定终点，还应学会酸碱滴定的计算。

反应原理：$H^+ + OH^- \longrightarrow H_2O$。

在酸碱反应的过程中，溶液中的有些物质失去质子，且得质子的物质（即碱）得到质子的量与失质子的物质（即酸）失去质子的量应该相等，这就是所谓的质子平衡。根据质子得失数和相关组分的浓度列出质子条件式。列出质子条件式时，需要知道哪些组分得质子，哪些组分失质子。在判断谁得质子时，通常要选择一些酸碱组分作为参考水准。在酸碱反应的一些计算中，通常需要列出相应的质子条件式，然后对条件式中的一些酸碱组分作出相应的变形，即可求出所需要的量。例如用标准溶液滴定 HCl，滴定反应为

$$H^+ + OH^- \rightleftharpoons H_2O$$

其质子条件式为

$$[H^+] = c(HCl) + [OH^-] - c_b \tag{8-1}$$

用滴定常数 $K_t = 1/K_w = 10^{14}$ 表达滴定反应进行的程度，$c(HCl)$ 为滴定过程中盐酸的浓度，c_b 为标准 NaOH 溶液加入到被滴定溶液的瞬时浓度，$c(HCl)$ 和 c_b 随滴定反应的进行而不断变化，用滴定分数 a 衡量滴定反应的进行程度，$a = c(HCl)/c_b$，将 a 和 $[OH^-] = 1/K_t[H]$ 代入式(8-1)，得到强碱滴定强酸的滴定方程

$$K_t[H]^2 + K_t c(HCl)(a-1)[H^+] - 1 = 0 \tag{8-2}$$

如果用强碱滴定一元弱酸，滴定反应为

$$OH^- + HA \rightleftharpoons H_2O + A^-$$

由于产物 A^- 是一变量，它的数学模型与强碱滴定强酸的不同，讨论它的滴定曲线必须重新推导公式，费时、麻烦。如果用林邦的副反应思想，反应式改写为

$$\begin{array}{l} OH^- + H^+ = H_2O \\ \quad\quad\ \ + \\ \quad\quad\ A^- \\ \quad\quad\ \ \| \\ \quad\quad\ HA \end{array} \tag{8-3}$$

设式(8-3)的常数为 K_t'，可知

$$K_t' = K_t/\alpha_{HA} = K_t/[(1+[A^-]/K_a)]$$

这里 $K_t = 1/K_w$。

酸碱滴定还需要掌握物料平衡以及电荷平衡；理解溶液的平衡浓度、分析浓度（总浓度）

及表示，分布分数的定义和计算；掌握一元弱酸（碱）、多元弱酸（碱）、两性物质、缓冲溶液pH值的计算；了解酸碱缓冲溶液的定义、缓冲范围、缓冲指数、缓冲容量等内容；了解酸碱滴定曲线的绘制过程；理解滴定突跃及影响滴定突跃大小的因素及一元弱酸（碱）的准确滴定条件，指示剂的变色原理、理论变色范围、理论变色点和酚酞、甲基橙的实际变色范围和颜色变化情况，指示剂的选择原则。

在计算溶液的pH值过程中，首先应该判断该溶液中含哪些离子，然后判断溶液中的溶质属于哪个类型，最后把那个类型所对应的公式带进去。例如计算0.05mol/L NaAc溶液中的pH值。

溶液中含有NaAc、H_2O、Na^+、Ac^-、H^+、OH^-，因为NaAc是强电解质，且$cK_a \gg K_w$，故水的电离可忽略不计。又因为NaAc是强碱弱酸盐，所以$[OH^-]=(c \cdot K_w/K_a)^{1/2}$，pH＝14－pOH，即可求出pH值。

二、配位滴定法

络合反应：也就是路易斯酸碱反应（金属离子是路易斯酸，可接受路易斯碱所提供的未成键电子对而形成化学键），所以配位滴定法与酸碱滴定法有许多相似之处，但很复杂。

络合反应的应用：络合反应在分析化学中的应用非常广泛，除用作滴定反应外，还常用于显色反应、萃取反应、沉淀反应及掩蔽反应等。

络合剂：也称为螯合剂，能与金属离子形成络合离子的化合物。在电镀溶液中，除少数电镀液，如酸性溶液镀铁、镀镍、镀铬、镀铜没有使用或不必使用络合剂外，其他大多数电镀液，如碱性溶液镀银、镀金、镀铜、镀锌、镀锡、镀铜锡合金等都需要使用络合剂。如氰化物、氢氧化物、柠檬酸盐、焦磷酸盐、硫代硫酸盐、亚硫酸盐等，在电镀生产中作为络合剂得到广泛应用。

络合物：为一类具有特征化学结构的化合物，由中心原子或离子（统称中心原子）和围绕它的称为配位体（简称配体）的分子或离子，完全或部分由配位键结合形成。

中心离子：在络合单元中，金属离子位于络离子的几何中心，称中心离子（有的络合单元中也可以是金属原子），如$[Cu(NH_3)_4]^{2+}$络离子中的Cu^{2+}离子，$[Fe(CN)_6]^{4-}$络离子中的Fe^{2+}离子，$Ni(CO)_4$中的Ni原子等。价键理论认为，中心离子（或原子）与配位体以配位键形成络合单元时，中心离子（或原子）提供空轨道，是电子对的接受体。

配位体：是能提供电子对配位化合物（或络合物）中的中心元素相结合的阴离子或中性分子，如含有孤对电子的卤素元素、氨。含有π键的烯烃、炔烃和芳香烃分子所形成的配位体称为π键配位体，如$(C_5H_5)_2M$型络合物（M代表Fe、Co、Ni、Mn、Al等金属）。天然水体中主要的配位体有无机的和有机的两类，前者有CH^-、CO_3^{2-}、OH^-、SO_4^{2-}和PO_4^{3-}等，后者有腐殖质、氨基酸等。许多废水中也含有可与金属络合的配位体，如含氰废水中，CN^-能与金属形成很稳定的络合物配位体。利用不同的络合配位体可对水体中的金属离子进行测定、分离以及研究其形态和物理、化学特性等。

配位数：直接同中心离子（或原子）配位的原子数目叫中心离子（或原子）的配位数。

稳定常数：稳定常数指络合平衡的平衡常数。通常指络合物的累积稳定常数，用$K_{稳}$表示。例如：对具有相同配位体数目的同类型络合物来说，$K_{稳}$值愈大，络合物愈稳定。配合物的稳定性，可以用生成配合物的平衡常数来表示。$K_{稳}$值越大，表示形成配离子的倾向越大，此配合物越稳定。所以配离子的生成常数又称为稳定常数。

条件稳定常数：在溶液中，金属离子 M 与络合剂 EDTA 反应生成 MY。如果没有副反应发生，当达到平衡时，K_{MY}是衡量此络合反应进行程度的主要标志。如果有副反应发生，将受到 M、Y 及 MY 的副反应的影响。设未参加主反应的 M 总浓度为[M′]，Y 的总浓度为[Y′]，生成的 MY、MHY 和 M(OH)Y 的总浓度为[(MY)′]，当达到平衡时，可以得到以[M′]、[Y′]及[(MY)′]表示的络合物的稳定常数——条件稳定常数 K'_{MY}

$$K'_{MY}=[(MY)']/\{[M'][Y']\}$$

累计稳定常数：为了方便计算，将 $K_1 \cdot K_2 \cdots K_n$ 定义为累计稳定常数。用 K 表示。

酸效应系数：EDTA(Y)是一种广义的碱，当 M 与 Y 进行络合反应时，如有氢离子存在，就会与 Y 结合，形成它的共轭酸。此时，Y 的平衡浓度降低，故使主反应受到影响。这种由于氢离子存在使配位体参加主反应能力降低的现象，称为酸效应。氢离子引起副反应时的副反应系数称为酸效应系数。

副反应系数：根据平衡关系计算副反应的影响，即求参加主反应组分 M 或 Y 的总浓度与平衡浓度[M]或[Y]的比值，得到副反应常数。

要求：理解配位滴定法对络合反应的要求。了解无机络合剂和有机络合剂。掌握 EDTA 与金属离子的络合反应特点。理解络合平衡的相关概念：稳定常数、条件稳定常数、累计稳定常数、酸效应系数和副反应系数；络合反应准确滴定条件；金属指示剂的作用原理、条件及常用金属指示剂；混合离子的分步滴定。了解络合滴定曲线的绘制过程，掌握影响滴定突跃的因素及计量点时各种组分浓度的计算，林邦误差公式，络合滴定的方式。

三、氧化还原滴定法

电极电位：一个包含标准氢电极和所研究的半电池的原电池的电动势。

条件电极电位：在特定条件下，氧化态与还原态的分析浓度都为 1mol/L 时的实际电势。

平衡常数：氧化还原反应进行的程度。

条件平衡常数：当溶液中存在各种副反应的影响时，平衡常数称作条件平衡常数。

条件电极电位与平衡常数的关系式：$\lg K'=(E_1-E_2)p/0.059\text{V}$。式中 K'为条件平衡常数，p 是反应电子转移数 n_1 与 n_2 的最小公倍数，$p=n_2p_1=n_1p_2$。

氧化还原反应速度及其影响因素：除了参加反应的氧化还原电对本身的性质外，还与反应时外界的条件如反应物的浓度、温度、催化剂等有关。

氧化还原滴定的指示剂的种类：①自身指示剂。在氧化还原滴定中，有些标准溶液或被滴定的物质本身有颜色，如果反应后变为无色或浅色物质，那么滴定时就不必另加指示剂。②淀粉指示剂。有的物质本身并不具有氧化还原性，但它能与氧化剂或还原剂产生特殊的颜色，因而可以指示滴定终点。③本身发生氧化还原反应的指示剂。这类指示剂的氧化态和还原态具有不同的颜色，在滴定过程中，指示剂由氧化态变为还原态，或由还原态变为氧化态，颜色发生变化可指示终点。

氧化还原预处理：在氧化还原滴定中，常将待测组分先氧化为高价状态后再用还原剂标准溶液滴定；或先还原为低价状态后再用氧化剂标准溶液滴定。这种滴定前使待测组分转变为适当价态的步骤称为预氧化或预还原。

预处理时所用的氧化剂或还原剂应符合下列要求：①必须将预测组分定量地氧化或还原；②反应速率快；③反应应具有一定的选择性；④过量的氧化剂或还原剂要易于除去。

要求：了解氧化还原滴定法的特点。理解电极电位、条件电极电位、平衡常数、条件平衡常数；电极电位与平衡常数的关系式；氧化还原反应速度及其影响因素；典型氧化还原反应滴定曲线的化学计量点和滴定突跃的电极电位计算；氧化还原滴定的指示剂的种类、作用原理及选择原则；氧化还原预处理。掌握常用的氧化还原滴定方法及其计算。

四、沉淀滴定法

沉淀滴定法是以沉淀反应为基础的一种滴定分析方法。虽然沉淀反应很多，但是能用于滴定分析的沉淀反应必须符合下列几个条件：

(1)沉淀反应必须迅速，并按一定的化学计量关系进行。

(2)生成的沉淀应具有恒定的组成，而且溶解度必须很小。

(3)有确定化学计量点的简单方法。

(4)沉淀的吸附现象不影响滴定终点的确定。

由于上述条件的限制，能用于沉淀滴定法的反应并不多，目前有实用价值的主要是形成难溶性银盐的反应，例如：

$$Ag^+ + Cl^- = AgCl\downarrow \quad (白色)$$

$$Ag^+ + SCN = AgSCN\downarrow (白色)$$

利用生成难溶银盐反应进行沉淀滴定的方法称为银量法。银量法主要用于测定 Cl^-、Br^-、I^-、Ag^+、CN^-、SCN^- 等离子及含卤素的有机化合物。

根据滴定方式的不同，银量法可分为直接法和间接法。直接法是用 $AgNO_3$ 标准溶液直接滴定待测组分的方法。间接法是先于待测试液中加入一定量过量的 $AgNO_3$ 标准溶液，再用 NH_4SCN 标准溶液来滴定剩余的 $AgNO_3$ 溶液的方法。

根据确定滴定终点所采用的指示剂不同，银量法分为莫尔法——K_2CrO_4 指示剂、佛尔哈德法——铁铵矾指示剂和法扬司法——吸附指示剂。

莫尔法：测定 CN、Cl^- 和 Br^-

佛尔哈德法：直接滴定法测 Ag^+，返滴定法测 X^-、SCN^-、PO_4^{3-}、AsO_4^{3-} 等；

法扬司法：测定 Cl^-、Br^-、I^-、SCN^-、Ag^+，一般在弱酸性到弱碱性的溶液中进行。

在实际工作中采用哪种银量法视测定对象而定。

如测定银合金中的银含量，由于是用 HNO_3 溶解试样，故应采用佛尔哈德法；测定 $BaCl_2$ 中的 Cl^- 含量时，可用佛尔哈德法或法扬司法，但不能用莫尔法，因为会生成 $BaCrO_4$ 沉淀；天然水中 Cl^- 含量的测定一般多用莫尔法。

应掌握影响沉淀滴定曲线突跃的有关因素及指示剂选择方法，常用的沉淀滴定法及其计算。

五、四大滴定方法的相同点与不同点

1. 相同点

(1)它们都是以消耗准确计量的标准物质来测定被测物质的含量。这种定量分析方法适于浓度较高的物质，不但准确度高，且方法简便。与仪器分析方法中使用工作曲线进行定量分析不同，工作曲线法更适合低浓度物质的测量，但相对误差较大。

(2)随着滴定剂的加入，被测物质的浓度在计量点附近产生突跃，可以利用这一突跃使指示剂变色指示滴定终点。

(3)滴定分析的终点误差(E_t)的定义都可以表达为

$$E_t = \frac{(cV)T - (cV)X}{(cV)X}$$

滴定终点与化学计量点之差越小，终点误差越小。

(4)由于历史遗留问题，络合平衡使用稳定常数，酸碱、沉淀平衡使用不稳定常数，而氧化还原平衡使用两个半反应的电位差 ΔE 表达，这有可能给应用带来不便。如果四种反应中都是用滴定常数 K_t，就可以使四种滴定方法的数学处理模式趋于一致。

2. 不同点

(1)强酸滴定强碱的反应产物是 H_2O，从滴定开始到滴定结束，$[H_2O]$为一常量，约为55.5mol/L。

(2)配位滴定产物 ML 的浓度在滴定过程中是一变量，滴定开始，[ML]为 0，随着滴定的进行，[ML]接近线性增加，直到化学计量点。

(3)沉淀滴定有异相生成，假定用 M 滴定 L，从滴定开始至两反应物浓度乘积等于浓度积，即$[M][L]=K_{sp}(ML)$这一段，没有沉淀生成。随着滴定的进行，一旦有沉淀形成，它的活度就被指定为 1，并且不再改变。

实验 14　硝酸银标准滴定溶液的配制和标定

一、实验目的

1. 掌握硝酸银标准溶液的配制与标定方法。
2. 熟悉吸附指示剂的变色原理。

二、实验原理

硝酸银标准溶液多用分析纯的硝酸银按间接法配制，然后再用基准物质标定其浓度。标定硝酸银标准溶液一般用 NaCl 为基准物，其反应为：

$$Cl^- + Ag^+ = AgCl\downarrow$$

该滴定多采用吸附指示剂法确定终点。由于颜色的变化发生在 AgCl 沉淀的表面，所以，AgCl 沉淀的表面积越大，到达滴定终点时，颜色的变化越明显。为此，可将基准物质 NaCl 配成较稀的溶液，并加入糊精溶液，防止 AgCl 胶体的凝聚，使其保持胶体状态而具有较大的表面积，终点时的颜色变化就更加明显。

三、仪器与试剂

1. 仪器：酸式滴定管，三角瓶，容量瓶(250mL)，移液管(25mL、10mL)，量筒(100mL)，分析天平、天平，玻璃棒，烧杯，吸耳球，铁架台，蝴蝶架，滴管，蒸馏水瓶，棕色试剂瓶。

2. 试剂：NaCl 基准物质，$AgNO_3$(AR)，糊精溶液(1→50)，荧光黄指示液(0.1%乙醇溶液)。

四、操作步骤

1. $AgNO_3$(0.05mol/L)标准溶液的配制

称取 1.75g $AgNO_3$ 置于烧杯中,加蒸馏水溶解,并稀释至 200mL,移入棕色试剂瓶中,摇匀,避光保存。

2. $AgNO_3$(0.05mol/L)标准溶液的标定

称取在 500～600℃灼烧至恒重的基准物 NaCl 0.12～0.14g,置于 250mL 三角瓶中,加蒸馏水 50mL 使溶解,再加糊精溶液(1→50)5mL 与荧光黄指示液 8 滴,然后用待标定的 $AgNO_3$ 标准溶液滴定至浑浊液由黄绿色变为淡红色,即为终点。记录消耗的 $AgNO_3$ 标准溶液体积,平行测定三次。

五、注意事项

1. 配制 $AgNO_3$ 标准溶液的水应无 Cl^-,否则配成的 $AgNO_3$ 溶液出现白色沉淀,不能使用。

2. 滴定过程中应用力振摇锥形瓶,使被吸附的离子释放出来,以得到准确的终点。

3. 光线可促使 AgCl 分解出金属银而使沉淀颜色变深,影响终点的观察,因此,滴定时应避免强光直射。光照也可加速 $AgNO_3$ 的分解,所以,装 $AgNO_3$ 标准溶液的酸式滴定管和试剂瓶应是棕色的。

4. 实验结束后,应立即用蒸馏水将用过的滴定管等滴定分析仪器冲洗干净,不可用自来水冲洗,以免器壁内挂有 AgCl 而被污染。

六、记录与计算

1. 实验数据

项目 \ 编号		1	2	3
m_{NaCl}(g)				
$AgNO_3$ 读数	始读数(mL)			
	终读数(mL)			
	ΔV_{AgNO_3}(mL)			
c_{AgNO_3}(mol/L)				
$\bar{c}'_{AgNO_3}$(mol/L)				
极差%				

2. 计算公式:

$$c_{AgNO_3}=\frac{m_{NaCl}}{M_{NaCl}\cdot V_{AgNO_3}} \quad M_{NaCl}=58g/mol$$

实验15 氯化物中氯含量的测定

一、实验目的

掌握沉淀滴定法中以 K_2CrO_4 为指示剂测定氯离子的方法原理。

二、实验原理

某些可溶性氯化物中氯含量的测定，常采用莫尔法，即在中性或弱碱性溶液中，以 K_2CrO_4 为指示剂，用 $AgNO_3$ 进行滴定。由于 AgCl 的溶解度小于 Ag_2CrO_4 的溶解度，所以，当 AgCl 定量沉淀后，即生成砖红色的沉淀 Ag_2CrO_4，表示达到终点，反应式为：

$$Cl^- + Ag^+ = AgCl\downarrow \text{（白色）}$$

$$CrO_4^{2-} + 2Ag^+ = Ag_2CrO_4\downarrow \text{（砖红色）}$$

三、仪器与试剂

1. 仪器：50mL 酸式滴定管，250mL 三角瓶，500mL 棕色试剂瓶，250mL 容量瓶，25mL 移液管，10mL 移液管，100mL 量筒，天平，玻璃棒，烧杯，吸耳球，铁架台，蝴蝶架，滴管，蒸馏水瓶。

2. 试剂：$AgNO_3$（0.05mol/L）标准溶液，K_2CrO_4 溶液（0.5%），粗食盐。

四、操作步骤

1. 样品制备

准确称取粗食盐约 1g，置于烧杯中，加水溶解后，转入 250mL 容量瓶中，加水稀释至标线，摇匀。

2. 试样分析

准确移取 25mL 试液于三角瓶中，加 25mL 水及 1mL K_2CrO_4 溶液，在不断摇动下，用 $AgNO_3$（0.05mol/L）标准溶液滴定，至白色沉淀中呈砖红色，即为终点。平行测定三次，计算样品中氯的质量分数。

五、记录与计算

1. 数据记录

项目 \ 编号		1	2	3
m_{NaCl}(g)				
试液(mL)		25.00		
$AgNO_3$ 读数	始读数(mL)			
	终读数(mL)			
	ΔV_{AgNO_3}(mL)			

续表

项目 \ 编号	1	2	3
w_{Cl}(%)			
$\overline{w}_{Cl}$(%)			
极差(%)			

2.计算公式

$$w_{Cl}(\%)=\frac{c_{AgNO_3}\times V_{AgNO_3}\times M_{Cl}}{m_{试样}\times\frac{25}{250}}\times 100\% \qquad M_{Cl}=35g/mol$$

实验16　氯化钡中钡含量的测定

一、实验目的

1.了解测定 $BaCl_2\cdot 2H_2O$ 中钡含量的原理和方法。

2.掌握晶形沉淀的制备、过滤、洗涤、灼烧至恒重等的基本操作技术。

二、实验原理

$BaSO_4$ 重量法既可以用于测定 Ba^{2+} 的含量,也可以用于测定 SO_4^{2-} 的含量。

称取一定量的 $BaCl_2\cdot 2H_2O$,用水溶解,加稀 HCl 溶液酸化,加热至微沸,在不断搅动下,慢慢地加入稀、热的 H_2SO_4 溶液,Ba^{2+} 与 SO_4^{2-} 反应,形成晶形沉淀。沉淀经陈化、过滤、洗涤、烘干、炭化、灰化、灼烧后,以 $BaSO_4$ 形式称量,可求出 $BaCl_2\cdot 2H_2O$ 中钡的含量。

计算公式为:

$$w_{Ba}(\%)=\frac{m_{BaSO_4}\times\frac{M_{Ba}}{M_{BaSO_4}}}{m_{BaCl_2\cdot 2H_2O}}\times 100\%$$

Ba^{2+} 可生成一系列微溶化合物,如 $BaCO_3$、$BaCrO_4$、$BaHPO_4$、$BaSO_4$ 等,其中以 $BaSO_4$ 的溶解度最小,100mL 溶液中,100℃时溶解 0.4mg,25℃时仅溶解 0.25mg。当过量沉淀剂存在时,溶解度大为减小,一般可以忽略不计。

$BaSO_4$ 重量法一般在 0.05mol/L 左右盐酸介质中进行沉淀,是为了防止产生 $BaCO_3$、$BaHPO_4$、$BaHAsO_4$ 沉淀以及防止生成 $Ba(OH)_2$ 共沉淀。同时,适当提高酸度,增加 $BaSO_4$ 在沉淀过程中的溶解度,以降低其相对过饱和度,有利于获得较好的晶形沉淀。

用 $BaSO_4$ 重量法测定 Ba^{2+} 时,一般用稀 H_2SO_4 做沉淀剂,为了使 $BaSO_4$ 沉淀完全,H_2SO_4 必须过量。由于 H_2SO_4 在高温下可挥发除去,故沉淀带下的 H_2SO_4 不致引起误差,因此沉淀剂可过量 50%～100%。如果用 $BaSO_4$ 重量法测定 SO_4^{2-},沉淀剂 $BaCl_2$ 只允许过量 20%～30%,因为 $BaCl_2$ 灼烧时不易挥发除去。

$PbSO_4$、$SrSO_4$ 的溶解度均较小,Pb^{2+}、Sr^{2+} 对钡的测定有干扰。NO^{3-}、ClO^{3-}、Cl^- 等

阴离子和 K^+、Na^+、Ca^{2+}、Fe^{3+} 等阳离子均可以引起共沉淀现象，故应严格掌握沉淀条件，减少共沉淀现象，以获得纯净的 $BaSO_4$ 晶形沉淀。

三、实验仪器和试剂

1. 仪器：电子分析天平、马弗炉、25mL 瓷坩埚(1 个)、玻璃漏斗(1 个)、定量滤纸(慢速)、500mL 试剂瓶(1 个)、量筒(50mL 和 10mL 各一个)、200mL 烧杯。

2. 试剂：固体 $BaCl_2 \cdot 2H_2O$(分析纯)、浓 H_2SO_4(98%)、浓 HCl(12mol/L)。

四、实验步骤

1. 溶液配制

(1) H_2SO_4 溶液 1mol/L、0.1mol/L：量取 5.54mL 浓 H_2SO_4，慢慢加入 80mL 蒸馏水中，再用蒸馏水稀释至 100mL。

取 1mL 1mol/L H_2SO_4 溶液倒入 100mL 蒸馏水中，搅拌均匀。

(2) HCl 溶液 2mol/L：量取 5mL 浓 HCl，用 25mL 蒸馏水稀释，搅拌均匀。

2. 称样及沉淀的制备

准确称取一份 0.4～0.6g $BaCl_2 \cdot 2H_2O$ 试样，置于 250mL 烧杯中，加入约 100mL 水、3mL 2mol/L HCl 溶液，搅拌溶解，加热至近沸。

另取 4mL 1mol/L H_2SO_4 溶液于 100mL 烧杯中，加水 30mL，加热至近沸，趁热将 H_2SO_4 溶液用胶头滴管逐滴加入到热的钡盐溶液中，并用玻璃棒不断搅拌，直至 H_2SO_4 加完为止。待 $BaSO_4$ 沉淀下沉后，于上层清液中加入 1～2 滴 0.1mol/L H_2SO_4 溶液，仔细观察沉淀是否完全。沉淀完全后，盖上表面皿(切勿将玻璃棒拿出杯外)，放置过夜陈化。

3. 沉淀的过滤与洗涤

用慢速或中速滤纸倾泻法过滤。用 0.1mol/L 稀 H_2SO_4 洗涤沉淀 3～4 次，每次约 10mL 。然后将沉淀定量转移到滤纸上，用折叠滤纸时撕下的小片滤纸擦拭杯壁，并将此小片滤纸放于漏斗中，再用 0.1mol/L 稀 H_2SO_4 洗涤 4～6 次，直至洗涤液中不含 Cl^- 为止。

4. 空坩埚的恒重

将洁净的瓷坩埚放在 800℃ 马弗炉中灼烧至恒重(第一次灼烧 40min，第二次后每次只灼烧 20min)。灼烧也可在煤气灯下进行。

5. 沉淀的灼烧和恒重

将折叠的沉淀滤纸包置于已恒重的瓷坩埚中，经烘干、炭化、灰化后，在 800℃ 马弗炉中灼烧至恒重。计算 $BaCl_2 \cdot 2H_2O$ 中钡的含量。

五、数据记录与计算

1. 数据记录

项目	
$BaCl_2 \cdot 2H_2O$ 的质量(g)	
瓷坩埚质量(g)	
$BaSO_4$ 的质量(g)	
$BaCl_2 \cdot 2H_2O$ 中钡的含量(%)	

计算公式

沉淀 $BaSO_4$ 的质量：$m_{BaSO_4}=m_{总}-m_{空}$

$BaCl_2\cdot 2H_2O$ 中钡含量的计算：

$$w_{Ba}(\%)=\frac{M_{Ba}\times\dfrac{m_{BaSO_4}}{M_{BaSO_4}}}{m_{BaSO_4\cdot H_2O}}\times 100\%$$

六、注意事项

1. 在滤纸炭化时，火焰不宜太高，防止着火。如遇滤纸着火，可用坩埚盖盖住，使坩埚内火焰熄灭，同时移去电炉，切不可用嘴吹。温度不宜升高太快，否者滤纸会生成整快的炭，需较长时间才能将其完全灰化。在炭化接近完全后，可加大火焰加热至全部灰化。

2. 滤纸灰化时空气一定要充足，要灰化到基本完全后，才能放入马弗炉(灼烧温度不能超过 950℃，否则可能有部分 $BaSO_4$ 分解，使测量结果降低)，否则 $BaSO_4$ 易被滤纸的炭还原，影响结果的准确度。

3. 实验中加入 HCl 增加了 Cl^- 的浓度，从而减小了 Ba^{2+} 的溶度积，使沉淀更完全，同时防止产生 $BaCO_3$、$BaHPO_4$、$BaHAsO_4$ 沉淀以及防止生成 $Ba(OH)_2$ 共沉淀。在不断搅拌下，逐滴加入沉淀剂，主要是防止局部过浓现象，防止形成大量的晶核，并且在热溶液中进行，可以使沉淀的溶解度增加，降低相对过饱和度，有利于晶核成长为大颗粒晶体，同时也减少杂质的吸附现象。

4. 沉淀要在热溶液中进行，沉淀的溶解度略有增加，这样可以降低溶液的过饱和度，以利于生成粗大的结晶颗粒，同时可以减少沉淀对杂质的吸附；过滤时，温度较高溶解度增加，为了防止沉淀在热溶液中的损失，应当在沉淀作用完毕后，将溶液冷却至室温，然后过滤；陈化可以使小晶体消失，大晶粒不断长大。

5. 洗涤可洗去沉淀表面所吸附的杂质和残留的母液，获得纯净的沉淀。但洗涤又不可避免地要造成部分沉淀的溶解。因此，洗涤沉淀要采用适当的方法以提高洗涤效率，尽可能地减少沉淀的溶解损失。同体积的洗涤液应分多次洗涤，每次用 15～20mL 洗涤液。

6. 倾泻法过滤沉淀是化学分析中最常用的方法。过滤沉淀操作时应使玻璃棒下端靠近滤纸三层的一边，沿着玻璃棒倾入清液，且尽可能不搅动沉淀，使其留在烧杯中。倾注溶液时最满应不超过滤纸边缘 7.5mm 处，否则沉淀会因毛细管作用而向上越过滤纸边缘。暂停过滤时，沿玻璃棒将烧杯嘴向上提，使烧杯放直，以免漏斗嘴上的液滴沿着漏斗外壁流下。然后使烧杯处于立直状态，将玻璃棒放回烧杯中。需要转移沉淀到漏斗滤纸上时，先用少量洗液(约 10mL)倾入烧杯中，把沉淀搅动起来，将混浊液顺着玻璃棒小心倾入滤纸上，这样反复清洗几次，绝大部分沉淀均已移入滤纸上，但杯壁和玻璃棒上可能还附着少量沉淀，不易冲洗下来，此时可用一端附带的玻璃棒，蘸少量洗液擦洗，并用洗瓶压入洗液以把全部沉淀冲至滤纸上。

复习思考题

1. 什么叫沉淀滴定法？沉淀滴定法所用的沉淀反应必须具备哪些条件？

2. 写出莫尔法、佛尔哈德法和法扬司法测定 Cl^- 的主要反应，并指出各种方法选用的指示剂和酸度条件。

3. 用银量法测定下列试样：(1) $BaCl_2$，(2) KCl，(3) NH_4Cl，(4) KSCN，(5) Na_2CO_3 + NaCl，(6) NaBr。各应选用何种方法确定终点？为什么？

4. 在下列情况下，测定结果是偏高、偏低，还是无影响？说明原因。

(1) 在 pH=4 的条件下用莫尔法测定 Cl^-；

(2) 若试液中含有铵盐，在 pH≈10 时，用莫尔法滴定 Cl^-；

(3) 用佛尔哈德法测定 Cl^-，既没有将 AgCl 沉淀滤去或加热促其凝聚，又没有加有机溶剂；

(4) 同(2)的条件下测定 Br^-；

(5) 用佛尔哈德法测定 Cl^- 时，未将沉淀过滤，也未加 1,2-二氯乙烷；

(6) 用佛尔哈德法测定 I^- 时，先加铁铵矾指示剂，然后加入过量 $AgNO_3$ 标准溶液；

(7) 用法扬司法测定 Cl^-，曙红作指示剂；

(8) 用法扬司法测定 I^-，曙红作指示剂。

5. 称取 NaCl 试液 20.00mL，加入 K_2CrO_4 指示剂，用 0.1023mol/L $AgNO_3$ 标准溶液滴定，用去 27.00mL。求每升溶液中含 NaCl 多少克。

6. 称取 NaCl 基准试剂 0.1173g，溶解后加入 30.00mL $AgNO_3$ 标准溶液，过量的 Ag^+ 需要 3.20mL NH_4SCN 标准溶液滴定至终点。已知 20.00mL $AgNO_3$ 标准溶液与21.00mL NH_4SCN 标准溶液能完全作用。计算 $AgNO_3$ 和 NH_4SCN 溶液的浓度。

7. 称取银合金试样 0.3000g，溶解后加入铁铵矾指示剂，用 0.1000mol/L NH_4SCN 标准溶液滴定，用去 23.80mL，计算银的质量分数。

8. 称取可溶性氯化物试样 0.2266g，用水溶解后，加入 0.1121mol/L $AgNO_3$ 标准溶液 30.00mL。过量的 Ag^+ 用 0.1185mol/L NH_4SCN 标准溶液滴定，用去 6.50mL。计算试样中氯的质量分数。

9. 用移液管从食盐液槽中吸取试液25.00mL，采用莫尔法进行测定，滴定用去0.1013 mol/L $AgNO_3$ 标准溶液 25.36mL。往液槽中加入食盐(含 NaCl 96.61%)4.5000 kg，溶解后混合均匀，再吸取 25.00mL 试液，滴定用去 $AgNO_3$ 标准溶液 28.42 mL。如吸取试液对液槽中溶液体积的影响可以忽略不计，计算液槽中食盐溶液的体积。

10. 称取纯 KIO_x 试样 0.5000g，将碘还原成碘化物后，用 0.1000mol/L $AgNO_3$ 标准溶液滴定，用去 23.36mL。计算分子式中的 x。

11. 取 0.1000mol/L NaCl 溶液 30.00mL，加入 0.1000mol//L $AgNO_3$ 溶液 50.00mL，以铁铵矾作指示剂，用 0.1000mol/L NH_4SCN 溶液滴定过量的 Ag^+，在终点时 Fe^{3+} 的浓度为 0.015mol//L。因为没有采取防止 AgCl 转化成 AgSCN 的措施，以滴定至稳定的红色不再消失作为终点。此时 $FeSCN^{2+}$ 的浓度为 6.4×10^{-6} mol/L。计算滴定误差。已知 $FeSCN^{2+}$ 的形成常数 $K=13^8$。

12. 取 0.1000mol/L NaCl 溶液 50.00mL，加入 K_2CrO_4 指示剂，用 0.1000mol/L $AgNO_3$ 标准溶液滴定，在终点时溶液体积为 100.0mL，K_2CrO_4 的浓度 5×10^{-3} mol/L。若生成可察觉的 Ag_2CrO_4 红色沉淀需消耗 Ag^+ 的物质的量为 2.6×10^{-6} mol，计算滴定误差。

第九章 重量分析法

学习目标

1. 掌握沉淀的条件；掌握重量分析法的原理、测定过程及结果计算。
2. 理解沉淀形成的有关理论和知识。

第一节 重量分析法概述

一、重量分析法的分类和特点

重量分析法是用适当的方法先将试样中待测组分与其他组分分离，然后用称量的方法测定该组分的含量。根据分离方法的不同，重量分析法常分为三类。

1. 沉淀法

沉淀法是重量分析法中的主要方法，这种方法是利用试剂与待测组分生成溶解度很小的沉淀，经过滤、洗涤、烘干或灼烧成为组成一定的物质，然后称其质量，再计算待测组分的含量。例如，测定试样中 SO_4^{2-} 的含量时，在试液中加入过量的 $BaCl_2$ 溶液，使 SO_4^{2-} 完全生成难溶的 $BaSO_4$ 沉淀，经过滤、洗涤、烘干、灼烧后，称量 $BaSO_4$ 的质量，再计算试样中的 SO_4^{2-} 的含量。

2. 气化法（又称挥发法）

利用物质的挥发性质，通过加热或其他方法使试样中的待测组分挥发逸出，然后根据试样质量的减少计算该组分的含量；或者用吸收剂吸收逸出的组分，根据吸收剂质量的增加计算该组分的含量。例如，测定氯化钡晶体（$BaCl_2 \cdot 2H_2O$）中结晶水的含量，可将一定质量的氯化钡试样加热，使水分逸出，根据氯化钡试样减轻的质量测出试样中水分的含量。也可以用吸湿剂（高氯酸镁）吸收逸出的水分，根据吸湿剂质量的增加来计算水分的含量。

3. 电解法

利用电解的方法使待测金属离子在电极上还原析出，然后称量，根据电极增加的质量求得金属离子的含量。

重量分析法是经典的化学分析法，它通过直接称量得到分析结果，不需要从容量器皿中引入许多数据，也不需要标准试样或基准物质作比较。对高含量组分的测定，重量分析法比较准确，一般测定的相对误差不大于 0.1%。对高含量的硅、磷、钨、镍、稀土元素等试样的精确分析，至今仍常使用重量分析法。重量分析法的不足之处是操作较烦琐，耗时长，不适于生产中的控制分析；对低含量组分的测定误差较大。

二、沉淀法对沉淀形和称量形的要求

利用沉淀法进行分析时，首先将试样溶解为试液，然后加入适当的沉淀剂使其与被测组分发生沉淀反应，并以“沉淀形”(Precipitation Form)沉淀出来。沉淀经过过滤、洗涤，在适当的温度下烘干或灼烧，转化为“称量形”(Weighing Form)，再进行称量；根据“称量形”的化学式计算被测组分在试样中的含量。“沉淀形”和“称量形”可能相同，也可能不同，例如：

$$\underset{\text{被测组分}}{Ba^{2+}} \xrightarrow{\text{沉淀}} \underset{\text{沉淀形}}{BaSO_4} \xrightarrow{\text{灼烧}} \underset{\text{称量形}}{BaSO_4}$$

$$\underset{\text{被测组分}}{Fe^{3+}} \xrightarrow{\text{沉淀}} \underset{\text{沉淀形}}{Fe(OH)_3} \xrightarrow{\text{灼烧}} \underset{\text{称量形}}{Fe_2O_3}$$

在重量分析法中，为获得准确的分析结果，沉淀形和称量形必须满足以下要求。

1. 对沉淀形的要求

(1)沉淀要完全，沉淀的溶解度要小，要求测定过程中沉淀的溶解损失不应超过分析天平的称量误差。一般要求溶解损失应小于 0.1mg。例如，测定 Ca^{2+} 时，以形成 $CaSO_4$ 和 CaC_2O_4 两种沉淀形式作比较，$CaSO_4$ 的溶解度较大($K_{sp}=2.45\times10^{-5}$)、CaC_2O_4 的溶解度小($K_{sp}=1.78\times10^{-9}$)。显然，用$(NH_4)_2C_2O_4$ 作沉淀剂比用硫酸作沉淀剂沉淀得更完全。

(2)沉淀必须纯净，并易于过滤和洗涤。沉淀纯净是获得准确分析结果的重要因素之一。颗粒较大的晶体沉淀(如 $MgNH_4PO_4\cdot6H_2O$)，其比表面积较小，吸附杂质的机会较少，因此沉淀较纯净，易于过滤和洗涤。颗粒细小的晶形沉淀(如 CaC_2O_4、$BaSO_4$)，由于其比表面积大，吸附杂质多，洗涤次数也相应增多。非晶形沉淀[如 $Al(OH)_3$、$Fe(OH)_3$]体积庞大、疏松，吸附杂质较多，过滤费时且不易洗净。对于这类沉淀，必须选择适当的沉淀条件以满足对沉淀形的要求。

(3)沉淀形应易于转化为称量形。沉淀经烘干、灼烧时，应易于转化为称量形。例如 Al^{3+} 的测定，若沉淀为 8-羟基喹啉铝[$Al(C_9H_6NO)_3$]，在 130℃烘干后即可称量；而沉淀为 $Al(OH)_3$，则必须在 1200℃灼烧才能转变为无吸湿性的 Al_2O_3 后，方可称量。因此，测定 Al^{3+} 时选用前法比后法好。

2. 对称量形的要求

(1)称量形的组成必须与化学式相符，这是定量计算的基本依据。例如测定 PO_4^{3-}，可以形成磷钼酸铵沉淀，但组成不固定，无法利用它作为测定 PO_4^{3-} 的称量形。若采用磷钼酸喹啉法测定 PO_4^{3-}，则可得到组成与化学式相符的称量形。

(2)称量形要有足够的稳定性，不易吸收空气中的 CO_2、H_2O。例如测定 Ca^{2+} 时，若将 Ca^{2+} 沉淀为 $CaC_2O_4\cdot H_2O$，灼烧后得到 CaO，易吸收空气中的 H_2O 和 CO_2，因此，CaO 不宜作为称量形。

(3)称量形的摩尔质量应尽可能大，这样可增大称量形的质量，以减小称量误差。例如在铝的测定中，分别用 Al_2O_3 和 8-羟基喹啉铝[$Al(C_9H_6NO)_3$]两种称量形进行测定，若被测组分 Al 的质量为 0.1000g，则可分别得到 0.1888g Al_2O_3 和 1.7040g $Al(C_9H_6NO)_3$。两种称量形由称量误差所引起的相对误差分别为±1%和±0.1%。显然，以 $Al(C_9H_6NO)_3$ 作为称量形比用 Al_2O_3 作为称量形测定 Al 的准确度高。

三、沉淀剂的选择

根据上述对沉淀形和称量形的要求，选择沉淀剂(Precipitant)时应考虑如下几点：

1. 选用具有较好选择性的沉淀剂

所选的沉淀剂只能和待测组分生成沉淀，而与试液中的其他组分不起作用。例如：丁二酮肟和 H_2S 都可以沉淀 Ni^{2+}，但在测定 Ni^{2+} 时常选用前者，因为在氨水(pH＝10)中，丁二酮肟可与 Ni^{2+} 形成特异性的红色螯合物沉淀，并可用此实验鉴定溶液中 Ni^{2+} 的存在。又如沉淀锆离子时，选用在盐酸溶液中与锆有特效反应的苦杏仁酸作沉淀剂，这时即使有钛、铁、钡、铝、铬等十几种离子存在，也不发生干扰。

2. 选用能与待测离子生成溶解度最小的沉淀的沉淀剂

所选的沉淀剂应能使待测组分沉淀完全。例如：生成难溶的钡的化合物有 $BaCO_3$、$BaCrO_4$、BaC_2O_4 和 $BaSO_4$。根据其溶解度可知，$BaSO_4$ 的溶解度最小。因此以 $BaSO_4$ 的形式沉淀 Ba^{2+} 比生成其他难溶化合物好。

3. 尽可能选用易挥发或经灼烧易除去的沉淀剂

这样沉淀中带有的沉淀剂即便未洗净，也可以借烘干或灼烧而除去。一些铵盐和有机沉淀剂都能满足这项要求。例如：沉淀 Fe^{3+} 时，选用氨水而不用 NaOH 作沉淀剂。

4. 选用溶解度较大的沉淀剂

用此类沉淀剂可以减少沉淀对沉淀剂的吸附作用。例如：利用生成难溶钡化合物沉淀 SO_4^{2-} 时，应选 $BaCl_2$ 作沉淀剂，而不用 $Ba(NO_3)_2$。因为 $Ba(NO_3)_2$ 的溶解度比 $BaCl_2$ 小，$BaSO_4$ 吸附 $Ba(NO_3)_2$ 比吸附 $BaCl_2$ 严重。

四、重量分析结果的计算

1. 重量分析中的换算因数

重量分析中，当最后称量形与被测组分形式一致时，计算其分析结果就比较简单了。例如，测定要求计算 SiO_2 的含量，重量分析最后的称量形也是 SiO_2，其分析结果按下式计算：

$$w_{SiO_2}(\%)=\frac{m_{SiO_2}}{m_s}\times 100\%$$

式中：w_{SiO_2} 为 SiO_2 的质量分数(数值以%表示)；m_{SiO_2} 为 SiO_2 沉淀质量，g；m_s 为试样质量，g。

如果最后称量形与被测组分形式不一致，分析结果就要进行适当的换算。如测定钡时，得到 $BaSO_4$ 沉淀 0.5051g，可按下列方法换算成被测组分钡的质量。

$$\begin{array}{lcl} BaSO_4 & \longrightarrow & Ba \\ 233.4 & & 137.4 \\ 0.5051\text{g} & & m_{Ba} \end{array}$$

$$m_{Ba}=0.5051\times 137.4/233.4=0.2973\text{g}$$

即　$m_{Ba}=m_{BaSO_4}\dfrac{M_{Ba}}{M_{BaSO_4}}$

该公式的推导过程为：称量形 $BaSO_4$ 与被测组分 Ba 的摩尔数相等，即 $n_{BaSO_4}=n_{Ba}$

因此，$m_{Ba}=n_{Ba}M_{Ba}=n_{BaSO_4}M_{Ba}=\dfrac{m_{BaSO_4}}{M_{BaSO_4}}\times M_{Ba}=m_{BaSO_4}\times\dfrac{M_{Ba}}{M_{BaSO_4}}$

式中 m_{BaSO_4} 为称量形 $BaSO_4$ 的质量，g；$\frac{M_{Ba}}{M_{BaSO_4}}$ 是将 $BaSO_4$ 的质量换算成 Ba 的质量的分式，此分式是一个常数，与试样质量无关。这一比值通常称为换算因数或化学因数（即欲测组分的摩尔质量与称量形的摩尔质量之比，常用 F 表示）。将称量形的质量换算成所要测定组分的质量后，即可按前面计算 SiO_2 分析结果的方法进行计算。

求算换算因数时，一定要注意使分子和分母所含被测组分的原子或分子数目相等，所以在待测组分的摩尔质量和称量形摩尔质量之前有时需要乘以适当的系数。比如，称量形为 Fe_2O_3，与被测组分 Fe 之间的换算因数推导如下：

由于二者物质的量之间的换算关系为 $n_{Fe}=n_{\frac{1}{2}Fe_2O_3}=2n_{Fe_2O_3}$

因此，

$$m_{Fe}=n_{Fe}M_{Fe}=2n_{Fe_2O_3}\times M_{Fe}=2\times\frac{m_{Fe_2O_3}}{M_{Fe_2O_3}}\times M_{Fe}=m_{Fe_2O_3}\times\frac{2M_{Fe}}{M_{Fe_2O_3}}$$

已知 Fe 的摩尔质量为 55.845g/mol，Fe_2O_3 的摩尔质量为 159.69g/mol，将此二值代入上述公式，得

$$m_{Fe}=m_{Fe_2O_3}\times\frac{2\times 55.845\text{g/mol}}{159.69\text{g/mol}}=0.6994\times m_{Fe_2O_3}$$

由此求得称量形 Fe_2O_3 与被测组分 Fe 之间的换算因数为 0.6994。

分析化学手册中可查到常见物质的换算因数，表 9-1 列出了几种常见物质的换算因数。

表 9-1　几种常见物质的换算因数

被测组分	沉淀形	称量形	换算因数
Fe	$Fe_2O_3\cdot nH_2O$	Fe_2O	$2M_{Fe}/M_{Fe_2O_3}=0.6994$
Fe_3O_4	$Fe_2O_3\cdot nH_2O$	Fe_2O_3	$2M_{Fe_3O_4}/3M_{Fe_2O_3}=0.9666$
P	$MgNH_4PO_4\cdot 6H_2O$	$Mg_2P_2O_7$	$2M_P/M_{MgP_2O_7}=0.2783$
P_2O_5	$MgNH_4PO_4\cdot 6H_2O$	$Mg_2P_2O_7$	$M_{P_2O_5}/M_{Mg_2P_2O_7}=0.6377$
MgO	$MgNH_4PO_4\cdot 6H_2O$	$Mg_2P_2O_7$	$2M_{MgO}/M_{Mg_2P_2O_7}=0.3621$
S	$BaSO_4$	$BaSO_4$	$M_S/M_{BaSO_4}=0.1374$

2. 结果计算示例

【例 9-1】 用 $BaSO_4$ 重量法测定黄铁矿中硫的含量时，称取试样 0.1819g，最后得到 $BaSO_4$ 沉淀 0.4821g。计算试样中硫的质量分数。

【解】 沉淀形为 $BaSO_4$，称量形也是 $BaSO_4$，但被测组分是 S，所以必须把称量组分利用换算因数换算为被测组分，才能算出被测组分的含量。已知 $BaSO_4$ 的相对分子质量为 233.4；S 的相对原子质量为 32.06。

因为 $w_S=\frac{m_S}{m_s}\times 100\%=\frac{m_{BaSO_4}\frac{M_S}{M_{BaSO_4}}}{m_s}\times 100\%$

所以 $w_S=\frac{0.4821\text{g}\times\frac{32.06\text{g/mol}}{233.4\text{g/mol}}}{0.1819\text{g}}\times 100\%=36.41\%$

即该试样中硫的质量分数为 36.41%。

【例 9-2】 测定磁铁矿（不纯的 Fe_3O_4）中 Fe_3O_4 的含量时，将试样溶解，然后将 Fe^{3+} 沉

淀为 $Fe(OH)_3$，再灼烧为 Fe_2O_3，称得 Fe_2O_3 的质量为 0.1501g，求 Fe_3O_4 的质量。

【解】 $m_{Fe_3O_4}=0.1501g\times\frac{2M_{Fe_3O_4}}{3M_{Fe_2O_3}}=0.1501g\times2\times232/(3\times160)=0.1451g$

【例 9-3】 分析某一化学纯 $AlPO_4$ 的试样，得到 0.1126g $Mg_2P_2O_7$，问可以得到多少 Al_2O_3？

【解】 已知 $M_{Mg_2P_2O_7}=222.6g/mol$，$M_{Al_2O_3}=102.0g/mol$

按题意，以上三种物质的物质的量的关系是

$$\begin{aligned}n_{AlPO_4}&=n_{\frac{1}{2}Mg_2P_2O_7}=n_{\frac{1}{2}Al_2O_3}\\&=2n_{Mg_2P_2O_7}=2n_{Al_2O_3}\end{aligned}$$

即：$\frac{1}{2}n_{AlPO_4}=n_{Mg_2P_2O_7}=n_{Al_2O_3}$

因此

$$m_{Al_2O_3}=m_{Mg_2P_2O_7}\frac{M_{Al_2O_3}}{M_{MgP_2O_7}}$$

将以上数值代入，得 $m_{Al_2O_3}=0.1126g\times\frac{102.0g/mol}{222.6g/mol}=0.05160g$

即该 $AlPO_4$ 试样可得 0.05160g Al_2O_3。

【例 9-4】 铵离子可用 H_2PtCl_6 沉淀为 $(NH_4)_2PtCl_6$，再灼烧为金属 Pt 后称量，反应式如下：

$$(NH_4)_2PtCl_6 = Pt + 2NH_4Cl + 2Cl_2\uparrow$$

若分析得到 0.1032g Pt，求试样中含 NH_3 的质量(g)。

【解】 已知 $M_{NH_3}=17.03g/mol$，$M_{Pt}=195.1g/mol$。

按题意，根据 Pt 的含量，三种含 Pt 物质的物质的量的关系是

$$n_{H_2PtCl_6}=n_{(NH_4)_2PtCl_6}=n_{Pt}$$

根据 N 的含量，三种含 N 物质的物质的量的关系是

$$n_{\frac{1}{2}(NH_4)_2PtCl_6}=n_{NH_4Cl}=n_{NH_3}$$

即：

$$2n_{(NH_4)_2PtCl_6}=2n_{Pt}=n_{NH_3}$$

因此　$m_{NH_3}=n_{NH_3}M_{NH_3}=2n_{Pt}\times M_{NH_3}=2\times\frac{m_{Pt}}{M_{Pt}}\times M_{NH_3}=m_{Pt}\times\frac{2M_{NH_3}}{M_{Pt}}$

$$m_{NH_3}=m_{Pt}\frac{2M_{NH_3}}{M_{Pt}}$$

将以上数值代入，得 $m_{NH_3}=0.1032g\times\frac{2\times17.03g/mol}{195.1g/mol}=0.01802g$

即该试样中含 NH_3 的质量为 0.01802g。

第二节　沉淀的溶解度及其影响因素

一、溶解度与固有溶解度、溶度积与条件溶度积

1. 溶解度与固有溶解度

当水中存在 1∶1 型微溶化合物 MA 时，MA 溶解并达到饱和状态后，有下列平衡关系：

$$MA(固)\rightleftharpoons MA(水)\rightleftharpoons M^{+}+A^{-}$$

在水溶液中，除了 M^{+}、A^{-} 外，还有未解离的分子状态的 MA。例如：AgCl 溶于水中，

$$AgCl(固)\rightleftharpoons AgCl(水)\rightleftharpoons Ag^{+}+Cl^{-}$$

对于有些物质可能是离子化合物($M^{+}A^{-}$)，如 $CaSO_4$ 溶于水中：

$$CaSO_4(固)\rightleftharpoons Ca^{2+}SO_4^{2-}(水)\rightleftharpoons Ca^{2+}+SO_4^{2-}$$

我们把电解质溶液中离子实际发挥作用的浓度称为有效浓度，即为活度(Activity)，通常用 a 表示。根据 MA(固)和 MA(水)之间的溶解平衡可得

$$\frac{a_{MA(水)}}{a_{MA(固)}}=K'(平衡常数)$$

因固体物质的活度等于 1，若用 s^0 表示 K'，则

$$a_{MA(水)}=s^0 \tag{9-1}$$

s^0 称为 MA 固有溶解度，当温度一定时，s^0 为常数。

若溶液中不存在其他副反应，微溶化合物 MA 的溶解度 s 等于固有溶解度和 M^{+}(或 A^{-})浓度之和，即

$$s=s^0+[M^{+}]=s^0+[A^{-}] \tag{9-2}$$

如果 MA(水)几乎完全解离或 $s^0\ll[M^{+}]$(大多数的电解质属此类情况)，则 s^0 可以忽略不计，则

$$s=[M^{+}]=[A^{-}] \tag{9-3}$$

M_mA_n 型微溶化合物的溶解度 s 可按下式计算：

$$s=s^0+\frac{[M^{n+}]}{m}=s^0+\frac{[A^{m-}]}{n} \tag{9-4}$$

或

$$s=\frac{[M^{n+}]}{m}=\frac{[A^{m-}]}{n} \tag{9-5}$$

2. 溶度积与条件溶度积

(1)活度积与溶度积。当微溶化合物 MA 溶解于水中，如果除简单的水合离子外，其他各种形式的化合物均可忽略，则根据 MA 在水溶液中的平衡关系，得到

$$\frac{a_{M^{+}}\cdot a_{A^{-}}}{a_{MA(水)}}=K$$

中性分子的活度视为 1，则根据式(9-1)，有

$$a_{M^{+}}\cdot a_{A^{-}}=K\cdot s^0=K_{sp}^{\ominus} \tag{9-6}$$

$K_{sp}^{\ominus}$ 为离子的活度积常数(简称活度积)。$K_{sp}^{\ominus}$ 仅随温度变化。若引入活度系数 γ，则由式(9-6)可得

$$a_{M^{+}}\cdot a_{A^{-}}=\gamma_{M^{+}}[M^{+}]\cdot\gamma_{A^{-}}[A^{-}]=K_{sp}^{\ominus}$$

即

$$[M^{+}][A^{-}]=\frac{K_{sp}^{\ominus}}{\gamma_{M^{+}}\gamma_{A^{-}}}=K_{sp} \tag{9-7}$$

式中 K_{sp} 为溶度积常数(简称溶度积)，它是微溶化合物饱和溶液中，各种离子浓度的乘积。K_{sp} 的大小不仅与温度有关，而且与溶液的离子强度有关。在重量分析中大多是加入过量沉淀剂，一般离子强度较大，引用溶度积计算比较符合实际。仅在计算水中的溶解度时才

用活度积。

对于 M_mA_n 型微溶化合物，其溶解平衡如下：

$$M_mA_n(\text{固}) \rightleftharpoons mM^{n+} + nA^{m-}$$

因此其溶度积表达式为：

$$K_{sp} = [M^{n+}]^m[A^{m-}]^n \tag{9-8}$$

(2)条件溶度积。在沉淀溶解平衡中，除了主反应外，还可能存在多种副反应。例如对于1∶1型沉淀 MA，除了溶解为 M^+ 和 A^- 这个主反应外，阳离子 M^+ 还可能与溶液中的配位剂 L 形成配合物 ML、ML_2…（略去电荷，下同），也可能与 OH^- 生成各级羟基配合物；阴离子 A^- 还可能与 H^+ 形成 HA、H_2A 等，可表示为：

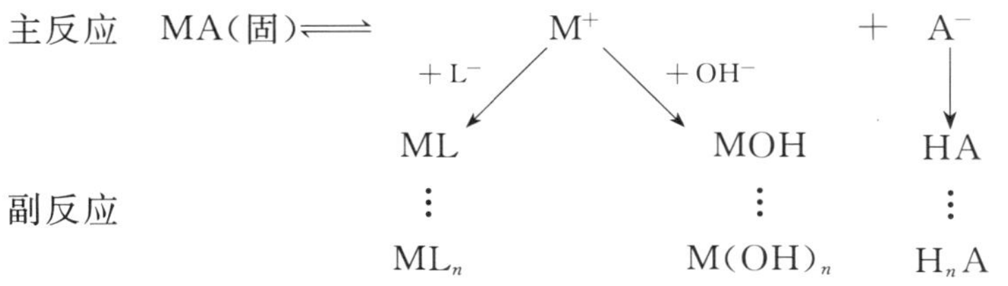

此时，溶液中金属离子总浓度[M′]和沉淀剂总浓度[A′]分别为：

$$[M'] = [M] + [ML] + [ML_2] + \cdots [ML_n] + [M(OH)] + [M(OH)_2] + \cdots [M(OH)_n]$$

$$[A'] = [A] + [HA] + [H_2A] + \cdots + [H_nA]$$

同配位平衡的副反应计算相似，引入相应的副反应系数 $\alpha_M = \frac{[M']}{[M]}$、$\alpha_A = \frac{[A']}{[A]}$，

则

$$K_{sp} = [M][A] = \frac{[M'][A']}{\alpha_M \cdot \alpha_A} = \frac{K'_{sp}}{\alpha_M \cdot \alpha_A}$$

即

$$K'_{sp} = [M'][A'] = K_{sp} \cdot \alpha_M \cdot \alpha_A \tag{9-9}$$

K'_{sp}只有在温度、离子强度、酸度、配位剂浓度等一定时才是常数，即 K'_{sp}只有在反应条件一定时才是常数，故称为条件溶度积常数，简称条件溶度积。因为 $\alpha_M > 1$，$\alpha_A > 1$，所以 $K'_{sp} > K_{sP}$，即副反应的发生使溶度积常数增大。

对于 m∶n 型沉淀 M_mA_n，则：

$$K'_{sp} = K_{sp} \cdot \alpha_M^m \cdot \alpha_A^n \tag{9-10}$$

由于条件溶度积 K'_{sp}的引入，使得在有副反应发生时的溶解度计算大为简化。

二、影响沉淀溶解度的因素

影响沉淀溶解度的因素很多，如同离子效应、盐效应、酸效应、配位效应等。此外，温度、介质、沉淀结构和颗粒大小等对沉淀的溶解度也有影响。现分别进行讨论。

1. 同离子效应

组成沉淀晶体的离子称为构晶离子。当沉淀反应达到平衡后，如果向溶液中加入适当过量的含有某一构晶离子的试剂或溶液，则沉淀的溶解度减小，这种现象称为同离子效应。

例如：25℃时，$BaSO_4$ 在水中的溶解度为

$$s = [Ba^{2+}] = [SO_4^{2-}] = \sqrt{K_{sp}} = \sqrt{6 \times 10^{-10}} = 2.4 \times 10^{-5}\,\text{mol/L}$$

如果使溶液中的$[SO_4^{2-}]$增至 0.10 mol/L，此时 $BaSO_4$ 的溶解度为

$$s=[Ba^{2+}]=K_{sp}/[SO_4^{2-}]=6\times10^{-10}/0.10=6\times10^{-9}\text{mol/L}$$

即 $BaSO_4$ 的溶解度减少至万分之一数量级。

因此，在实际分析中，常加入过量沉淀剂，利用同离子效应，使被测组分沉淀完全。但沉淀剂过量太多，可能引起盐效应、酸效应及配位效应等副反应，反而使沉淀的溶解度增大。一般情况下，沉淀剂过量 50%～100%是合适的，如果沉淀剂是不易挥发的，则以过量 20%～30%为宜。

2. 盐效应

沉淀反应达到平衡时，由于强电解质的存在或加入其他强电解质，使沉淀的溶解度增大，这种现象称为盐效应。例如：AgCl、$BaSO_4$ 在 KNO_3 溶液中的溶解度比在纯水中大，而且溶解度随 KNO_3 浓度的增大而增大。

产生盐效应的原因是离子的活度系数 γ 与溶液中加入的强电解质的浓度有关，当强电解的浓度增大到一定程度时，离子强度增大，因而使离子活度系数 γ 明显减小。因为离子的活度积常数 $K_{sp}^{\ominus}=\gamma_{M^+}[M^+]\cdot\gamma_{A^-}[A^-]$，而在一定温度下 $K_{sp}^{\ominus}$ 为一常数，因而$[M^+][A^-]$必然要增大，致使沉淀的溶解度增大。因此，利用同离子效应降低沉淀的溶解度时，应考虑盐效应的影响，即沉淀剂不能过量太多。

应该指出，如果沉淀本身的溶解度很小，一般来讲，盐效应的影响很小，可以不予考虑。只有当沉淀的溶解度比较大，而且溶液的离子强度很高时，才考虑盐效应的影响。

3. 酸效应

溶液酸度对沉淀溶解度的影响称为酸效应。酸效应的发生主要是由于溶液中 H^+ 浓度的大小对弱酸、多元酸或难溶酸解离平衡的影响。因此，酸效应对于不同类型沉淀的影响情况不一样。若沉淀是强酸盐（如 $BaSO_4$、AgCl 等），其溶解度受酸度的影响不大；但对弱酸盐，如 CaC_2O_4，则酸效应影响就很显著。如 CaC_2O_4 沉淀在溶液中有下列平衡：

$$CaC_2O_4 \rightleftharpoons Ca^{2+}+C_2O_4^{2-}$$

$$C_2O_4^{2-} \underset{+H^+}{\overset{-H^+}{\Updownarrow}} HC_2O_4^-$$

$$HC_2O_4^- \underset{-H^+}{\overset{+H^+}{\rightleftharpoons}} H_2C_2O_4$$

当酸度较高时，沉淀溶解平衡向右移动，从而增加了沉淀溶解度。若已知平衡时溶液的 pH 值，就可以计算酸效应系数，得到条件溶度积，从而计算溶解度。

【例 9-5】 计算沉淀在 pH=5 和 pH=2 溶液中的溶解度。（已知 $H_2C_2O_4$ 的 $K_{a1}=5.9\times10^{-2}$，$K_{a2}=6.4\times10^{-5}$，$K_{sp,CaC_2O_4}=2.0\times10^{-9}$）

【解】 pH=5 时，$H_2C_2O_4$ 的酸效应系数为：

$$\alpha_{C_2O_4(H)}=\frac{[C_2O_4^{2-}]+[HC_2O_4^-]+[H_2C_2O_4]}{[C_2O_4^{2-}]}=1+\frac{[H]}{K_{a2}}+\frac{[H]^2}{K_{a1}K_{a2}}$$

$$=1+\frac{1.0\times10^{-5}}{6.4\times10^{-5}}+\frac{(1.0\times10^{-5})^2}{(5.9\times10^{-2})\times(6.4\times10^{-5})}=1.16$$

根据式(9-9)得

$$K'_{sp,CaC_2O_4}=K_{sp,CaC_2O_4}\cdot\alpha_{C_2O_4(H)}=2.0\times10^{-9}\times1.16$$

因此 $$s=[Ca^{2+}]=[C_2O_4^{2-}]=\sqrt{K'_{sp}}$$

$$=\sqrt{2.0\times10^{-9}\times1.16}=4.8\times10^{-5}\text{mol/L}$$

同理可求出 pH＝2 时 CaC_2O_4 的溶解度为 6.1×10^{-4} mol/L。

由上述计算可知 CaC_2O_4 在 pH＝2 的溶液中的溶解度比在 pH＝5 的溶液中的溶解度约大 12 倍。

为了防止沉淀溶解损失，对于弱酸盐沉淀，如碳酸盐、草酸盐、磷酸盐等，通常应在较低的酸度下进行沉淀。如果沉淀本身是弱酸，如硅酸（$SiO_2\cdot nH_2O$）、钨酸（$WO_3\cdot nH_2O$）等，易溶于碱，则应在强酸性介质中进行沉淀。如果沉淀是强酸盐，如 AgCl 等，在酸性溶液中进行沉淀时，溶液的酸度对沉淀的溶解度影响不大。对于硫酸盐沉淀，例如 $BaSO_4$、$SrSO_4$ 等，由于 H_2SO_4 的 K_{a2}不大，当溶液的酸度太高时，沉淀的溶解度也随之增大。

4. 配位效应

进行沉淀反应时，若溶液中存在能与构晶离子生成可溶性配合物的配位剂，则可使沉淀溶解度增大，这种现象称为配位效应。

配位剂主要来自两方面：一是沉淀剂本身就是配位剂，二是加入的其他试剂。

例如用 Cl^- 沉淀 Ag^+ 时，得到 AgCl 白色沉淀，若向此溶液中加入氨水，则因 NH_3 配位形成$[Ag(NH_3)_2]^+$，使 AgCl 的溶解度增大，甚至全部溶解。如果在沉淀 Ag^+ 时，加入过量的 Cl^-，则 Cl^- 能与 AgCl 沉淀进一步形成 $AgCl_2^-$ 和 $AgCl_3^{2-}$ 等配离子，也使 AgCl 沉淀逐渐溶解。这时 Cl^- 沉淀剂本身就是配位剂。由此可见，在用沉淀剂进行沉淀时，应严格控制沉淀剂的用量，同时注意外加试剂的影响。

配位效应使沉淀的溶解度增大的程度与沉淀的溶度积、配位剂的浓度和形成配合物的稳定常数有关。沉淀的溶度积越大，配位剂的浓度越大，形成的配合物越稳定，沉淀就越容易溶解。

综上所述，在实际工作中应根据具体情况来考虑哪种效应是主要的。对无配位反应的强酸盐沉淀，主要考虑同离子效应和盐效应；对弱酸盐或难溶盐的沉淀，多数情况主要考虑酸效应。当有配位反应且沉淀的溶度积又较大，易形成稳定配合物时，应主要考虑配位效应。

5. 其他影响因素

除上述因素外，温度、其他溶剂的存在、沉淀颗粒大小和结构等，都对沉淀的溶解度有影响。

（1）温度的影响。沉淀的溶解一般是吸热过程，其溶解度随温度的升高而增大。因此，对于一些在热溶液中溶解度较大的沉淀，在过滤洗涤时必须在室温下进行，如 $MgNH_4PO_4$、CaC_2O_4 等。对于一些溶解度小，冷却时又较难过滤和洗涤的沉淀，则采用趁热过滤，并用热的洗涤液进行洗涤，如 $Fe(OH)_3$、$Al(OH)_3$ 等。

（2）溶剂的影响。无机物沉淀大部分是离子型晶体，它们在有机溶剂中的溶解度一般比在纯水中要小。例如 $PbSO_4$ 沉淀在 100mL 水中的溶解度为 1.5×10^{-4}mol/L，而在 100mL 50％的乙醇溶液中的溶解度为 7.6×10^{-6}mol/L。

（3）沉淀颗粒大小和结构的影响。同一种沉淀，在质量相同时，颗粒越小，其总表面积越大，溶解度越大。由于小晶体比大晶体有更多的角、边和表面，处于这些位置的离子受晶体内离子的吸引力小，又受到溶剂分子的作用，容易进入溶液中，因此，小颗粒沉淀的溶解度比大颗粒沉淀的溶解度大。所以，在实际分析中，要尽量创造条件以利于形成大颗粒晶体。

第三节　沉淀的形成和影响沉淀纯度的因素

研究沉淀的类型和沉淀的形成过程，主要是为了选择适宜的沉淀条件，以获得纯净且易于分离和洗涤的沉淀。

一、沉淀的类型

沉淀按其物理性质的不同，可粗略地分为晶形沉淀和无定形沉淀两大类。

1. 晶形沉淀(Crystalline Precipitate)

晶形沉淀是指具有一定形状的晶体，其内部排列规则有序，颗粒直径为 0.1～1μm。这类沉淀的特点是：结构紧密，具有明显的晶面，沉淀所占体积小、沾污少、易沉降、易过滤和洗涤。例如，$MgNH_4PO_4$、$BaSO_4$ 等是典型的晶形沉淀。

2. 无定形沉淀(Amorphous Precipitate)

无定形沉淀是指无晶体结构特征的一类沉淀。如 $Fe_2O_3 \cdot nH_2O$、$P_2O_3 \cdot nH_2O$ 是典型的无定形沉淀。无定形沉淀是由许多聚集在一起的微小颗粒(直径小于 0.02μm)组成的，内部排列杂乱无章、结构疏松、体积庞大、吸附杂质多，不能很好地沉降，无明显的晶面，难以过滤和洗涤。它与晶型沉淀的主要差别在于颗粒大小不同。

介于晶型沉淀与无定形沉淀之间，颗粒直径在 0.02～0.1μm 的沉淀(如 AgCl)称为凝乳状沉淀，其性质也介于两者之间。

在沉淀过程中，究竟生成的沉淀属于哪一种类型，主要取决于沉淀本身的性质和沉淀的条件。

二、沉淀形成过程

沉淀的形成是一个复杂的过程，一般来讲，沉淀的形成要经过晶核形成和晶核长大两个过程，如图 9-1 所示。

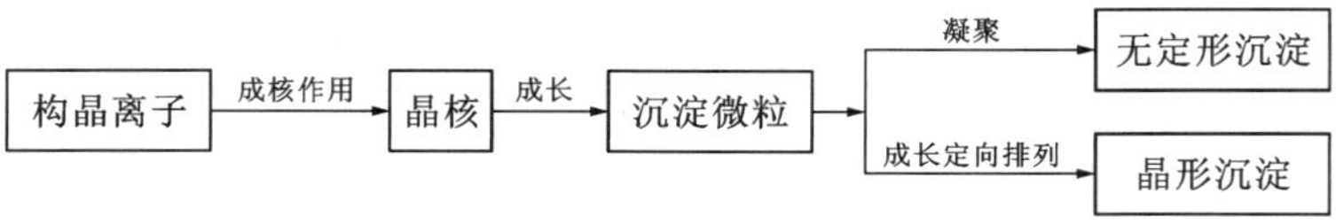

图 9-1　沉淀的形成

1. 晶核的形成

将沉淀剂加入待测组分的试液中，溶液是过饱和状态时，构晶离子由于静电作用而形成微小的晶核。晶核的形成可以分为均相成核和异相成核。

均相成核是指过饱和溶液中构晶离子通过缔合作用，自发地形成晶核的过程。不同的沉淀，组成晶核的离子数目不同。例如：$BaSO_4$ 的晶核由 8 个构晶离子组成，Ag_2CrO_4 的晶核由 6 个构晶离子组成。

异相成核是指在过饱和溶液中，构晶离子在外来固体微粒的诱导下，聚合在固体微粒周围形成晶核的过程。溶液中的“晶核”数目取决于溶液中混入固体微粒的数目。随着构晶离子浓度的增加，晶体将成长得大一些。

当溶液的相对过饱和程度较大时，异相成核与均相成核同时作用，形成的晶核数目多，沉淀颗粒小。

2. 晶形沉淀和无定形沉淀的生成

晶核形成时，溶液中的构晶离子向晶核表面扩散，并沉积在晶核上，晶核逐渐长大，形成沉淀微粒。在沉淀过程中，由构晶离子聚集成晶核的速度称为聚集速度；构晶离子按一定晶格定向排列的速度称为定向速度。如果定向速度大于聚集速度较多，溶液中最初生成的晶核不是很多，有更多的离子以晶核为中心，并在较为充足的时间内依次定向排列长大，形成颗粒较大的晶形沉淀。反之，聚集速度大于定向速度，则很多离子聚集成大量晶核，溶液中没有更多的离子定向排列到晶核上，于是沉淀就迅速聚集成许多微小的颗粒，因而得到无定形沉淀。

定向速度主要取决于沉淀物质的本性，极性较强的物质，如 $BaSO_4$、$MgNH_4PO_4$ 和 CaC_2O_4 等，一般具有较大的定向速度，易形成晶形沉淀。AgCl 的极性较弱，逐步生成凝乳状沉淀。氢氧化物，特别是高价金属离子的氢氧化物，如 $Fe(OH)_3$、$Al(OH)_3$ 等，由于含有大量水分子，阻碍离子的定向排列，一般生成无定形胶状沉淀。

聚集速度不仅与物质的性质有关，同时还由沉淀的条件决定，其中最重要的是溶液中生成沉淀时的相对过饱和度①。聚集速度与溶液的相对过饱和度成正比，溶液相对过饱和度越大，聚集速度越大，晶核生成多，易形成无定形沉淀。反之，溶液相对过饱和度小，聚集速度小，晶核生成少，有利于生成颗粒较大的晶形沉淀。因此，通过控制溶液的相对过饱和度，可以改变形成沉淀颗粒的大小，有可能改变沉淀的类型。

三、影响沉淀纯度(Purity)的因素

在重量分析中，要求获得的沉淀是纯净的。但是，沉淀从溶液中析出时，总会或多或少地夹杂溶液中的其他组分。因此必须了解影响沉淀纯度的各种因素，找出减少杂质混入的方法，以获得符合重量分析要求的沉淀。影响沉淀纯度的主要因素有共沉淀现象和继沉淀现象。

(一) 共沉淀(Coprecipitation)

当沉淀从溶液中析出时，溶液中的某些可溶性组分也同时沉淀下来的现象称为共沉淀。共沉淀是引起沉淀不纯的主要原因，也是重量分析误差的主要来源之一。共沉淀现象主要有以下三类。

1. 表面吸附

由于沉淀表面离子电荷的作用力未达到平衡，因而产生自由静电力场。由于沉淀表面静电引力作用吸引了溶液中带相反电荷的离子，使沉淀微粒带有电荷，形成吸附层。带电荷的微粒又吸引溶液中带相反电荷的离子，构成电中性的分子。因此，沉淀表面吸附了杂质分子。例如：加过量 $BaCl_2$ 到 H_2SO_4 的溶液中，生成 $BaSO_4$ 晶体沉淀。沉淀表面上的 SO_4^{2-} 由于静电引力强烈地吸引溶液中的 Ba^{2+}，形成第一吸附层，使沉淀表面带正电荷。然后它又吸引溶液中带负电荷的离子，如 Cl^-，构成电中性的双电层，如图 9-2 所示。双电层能随颗粒一起下沉，因而使沉淀被污染。

①相对过饱和度 $=(Q-s)/s$。式中 Q 为加入沉淀剂瞬间沉淀的浓度；s 为沉淀的溶解度。

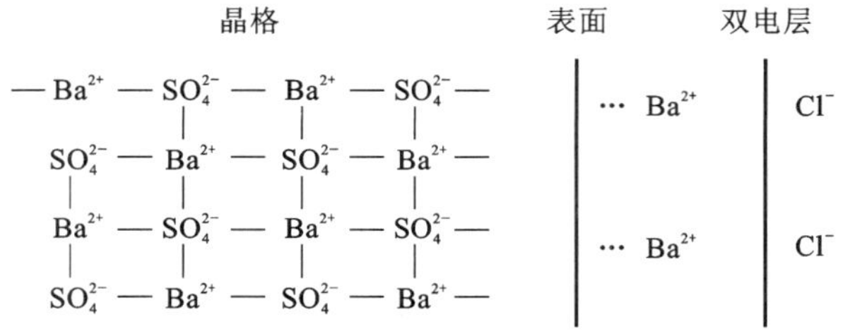

图 9-2　晶体表面吸附示意图

显然,沉淀的总表面积越大,吸附杂质就越多;溶液中杂质离子的浓度越高,价态越高,越易被吸附。由于吸附作用是一个放热反应,所以升高溶液的温度,可减少杂质的吸附。

2. 吸留和包藏

吸留是被吸附的杂质机械地嵌入沉淀中。包藏常指母液机械地包藏在沉淀中。这些现象的发生,是由于沉淀剂加入太快,使沉淀急速生长,沉淀表面吸附的杂质来不及离开就被随后生成的沉淀所覆盖,使杂质离子或母液被吸留或包藏在沉淀内部。这类共沉淀不能用洗涤的方法将杂质除去,可以借改变沉淀条件或重结晶的方法来减免。

3. 混晶

当溶液杂质离子与构晶离子半径相近,晶体结构相同时,杂质离子将进入晶核排列中形成混晶。例如 Pb^{2+} 和 Ba^{2+} 的半径相近,电荷相同,在用 H_2SO_4 沉淀 Ba^{2+} 时,Pb^{2+} 能够取代 $BaSO_4$ 中的 Ba^{2+} 进入晶核,形成 $PbSO_4$ 与 $BaSO_4$ 的混晶共沉淀。又如 AgCl 和 AgBr、$MgNH_4PO_4 \cdot 6H_2O$ 和 $MgNH_4AsO_4$ 等都易形成混晶。为了减免混晶的生成,最好在沉淀前先将杂质分离出去。

(二)继沉淀(Postprecipitation)

在沉淀析出后,当沉淀与母液一起放置时,溶液中的某些杂质离子可能慢慢地沉积到原沉淀上,放置时间越长,杂质析出的量越多,这种现象称为继沉淀。例如:Mg^{2+} 存在时以 $(NH_4)_2C_2O_4$ 沉淀 Ca^{2+},Mg^{2+} 易形成稳定的草酸盐过饱和溶液而不立即析出。如果把形成的 CaC_2O_4 沉淀过滤,则发现沉淀表面上吸附有少量 MgC_2O_4。若将含有 Mg^{2+} 的母液与 CaC_2O_4 沉淀一起放置一段时间,则 MgC_2O_4 沉淀的量将会增多。

由继沉淀引入杂质的量比共沉淀要多,且随沉淀在溶液中放置时间的延长而增多。因此,为防止继沉淀的发生,某些沉淀的陈化时间不宜过长。

四、减少沉淀沾污的方法

为了提高沉淀的纯度,可采用下列措施。

1. 采用适当的分析程序

当试液中含有几种组分时,首先应沉淀低含量组分,再沉淀高含量组分。反之,由于大量沉淀析出,会使部分低含量组分渗入沉淀,产生测定误差。

2. 降低易被吸附杂质离子的浓度

对于易被吸附的杂质离子,可采用适当的掩蔽方法或改变杂质离子价态来降低其浓度。例如:将 SO_4^{2-} 沉淀为 $BaSO_4$ 时,Fe^{3+} 易被吸附,可把 Fe^{3+} 还原为不易被吸附的 Fe^{2+} 或加酒石酸、EDTA 等,使 Fe^{3+} 生成稳定的配离子,以减小沉淀对 Fe^{3+} 的吸附。

3. 选择沉淀条件

沉淀条件包括溶液浓度、温度、试剂的加入次序和速度、陈化与否等。对不同类型的沉淀，应选用不同的沉淀条件，以获得符合重量分析要求的沉淀。

4. 再沉淀

必要时将沉淀过滤、洗涤、溶解后，再进行一次沉淀。再沉淀时，溶液中杂质的量大为降低，共沉淀和继沉淀现象自然减小。

5. 选择适当的洗涤液洗涤沉淀

吸附作用是可逆过程，用适当的洗涤液通过洗涤交换的方法，可洗去沉淀表面吸附的杂质离子。例如：$Fe(OH)_3$ 吸附 Mg^{2+}，用 NH_4NO_3 稀溶液洗涤时，被吸附在表面的 Mg^{2+} 与洗涤液的 NH_4^+ 发生交换，吸附在沉淀表面的 NH_4^+，可在燃烧沉淀时分解除去。

为了提高洗涤沉淀的效率，同体积的洗涤液应尽可能分多次洗涤，通常称为"少量多次"的洗涤原则。

6. 选择合适的沉淀剂

无机沉淀剂的选择性差，易形成胶状沉淀，吸附杂质多，难以过滤和洗涤。有机沉淀剂的选择性好，常能形成结构较好的晶形沉淀，吸附杂质少，易于过滤和洗涤。因此，在可能的情况下，尽量选择有机试剂做沉淀剂。

第四节　沉淀的条件控制和称量形的获得

一、沉淀的条件控制

在重量分析中，为了获得准确的分析结果，要求沉淀完全、纯净、易于过滤和洗涤，并减小沉淀的溶解损失。因此，对于不同类型的沉淀，应当选用不同的沉淀条件。

1. 晶形沉淀

为了形成颗粒较大的晶形沉淀，采取以下沉淀条件：

(1)在适当稀、热溶液中进行沉淀。在稀、热溶液中进行沉淀，可使溶液中相对过饱和度保持在较低状态，以利于生成晶形沉淀。同时也有利于得到纯净的沉淀。对于溶解度较大的沉淀，溶液不能太稀，否则沉淀溶解损失较多，影响结果的准确度。在沉淀完全后，应将溶液冷却后再进行过滤。

(2)快搅慢加。在不断搅拌的同时缓慢滴加沉淀剂，可使沉淀剂迅速扩散，防止局部相对过饱和度过大而产生大量小晶粒。

(3)陈化。陈化是指沉淀完全后，将沉淀连同母液放置一段时间，使小晶粒变为大晶粒，不纯净的沉淀转变为纯净沉淀的过程。因为在同样条件下，小晶粒的溶解度比大晶粒大，在同一溶液中，对大晶粒而言为饱和溶液时，对小晶粒而言则为不饱和溶液，小晶粒就要溶解。这样，溶液中的构晶离子就在大晶粒上沉积，直至达到饱和。这时，溶液对小晶粒来说又为不饱和溶液，小晶粒又要溶解。如此反复进行，小晶粒逐渐消失，大晶粒不断长大。

陈化过程不仅能使晶粒变大，而且能使沉淀变得更纯净。

加热和搅拌可以缩短陈化时间。但是陈化作用对伴随有混晶共沉淀的沉淀，不一定能提高纯度，有时反而会降低纯度。

2. 无定形沉淀

无定形沉淀的特点是结构疏松，比表面大，吸附杂质多，溶解度小，易形成胶体，不易过滤和洗涤。对于这类沉淀，关键问题是创造适宜的沉淀条件来改善沉淀的结构，使之不致形成胶体，并且有较紧密的结构，便于过滤和减小杂质吸附。因此，无定形沉淀的沉淀条件是：

(1)在较浓的溶液中进行沉淀。在浓溶液中进行沉淀，离子水化程度小，结构较紧密，体积较小，容易过滤和洗涤。但在浓溶液中，杂质的浓度也比较高，沉淀吸附杂质的量也较多。因此，在沉淀完毕后，应立即加入热水稀释搅拌，使被吸附的杂质离子转移到溶液中。

(2)在热溶液中及电解质存在下进行沉淀。在热溶液中进行沉淀可防止生成胶体，并减少杂质的吸附。电解质的存在，可促使带电荷的胶体粒子相互凝聚沉降，加快沉降速度，因此，电解质一般选用易挥发的铵盐，如 NH_4NO_3 或 NH_4Cl 等，它们在灼烧时均可挥发除去。有时在溶液中加入与胶体带相反电荷的另一种胶体来代替电解质，可使被测组分沉淀完全。例如测定 SiO_2 时，加入带正电荷的动物胶与带负电荷的硅酸胶体凝聚而沉降下来。

(3)趁热过滤洗涤。趁热过滤，不要陈化，因为沉淀放置后逐渐失去水分，聚集得更为紧密，使吸附的杂质更难洗去。

洗涤无定形沉淀时，一般选用热、稀的电解质溶液作洗涤液，主要是防止沉淀重新变为胶体，难以过滤和洗涤。常用的洗涤液有 NH_4NO_3、NH_4Cl 或氨水。

无定形沉淀吸附杂质较严重，一次沉淀很难保证纯净，必要时进行再沉淀。

3. 均匀沉淀法

为改善沉淀条件，避免因加入沉淀剂所引起的溶液局部相对过饱和的现象发生，采用均匀沉淀法。这种方法是通过某一化学反应，使沉淀剂从溶液中缓慢地、均匀地产生出来，使沉淀在整个溶液中缓慢地、均匀地析出，获得颗粒较大、结构紧密、纯净、易于过滤和洗涤的沉淀。例如：沉淀 Ca^{2+} 时，如果直接加入 $(NH_4)_2C_2O_4$，尽管按晶形沉淀条件进行沉淀，仍得到颗粒细小的 CaC_2O_4 沉淀。若在含有 Ca^{2+} 的溶液中，以 HCl 酸化后加入 $(NH_4)_2C_2O_4$，溶液中主要存在的是 $HC_2O_4^-$ 和 $H_2C_2O_4$，此时，向溶液中加入尿素并加热至 90℃，尿素逐渐水解产生 NH_3。

$$CO(NH_2)_2 + H_2O \rightleftharpoons 2NH_3 + CO_2\uparrow$$

水解产生的 NH_3 均匀地分布在溶液的各个部分，溶液的酸度逐渐降低，$C_2O_4^{2-}$ 浓度渐渐增大，CaC_2O_4 则均匀而缓慢地析出，形成颗粒较大的晶形沉淀。

均匀沉淀法还可以利用有机化合物的水解(如酯类水解)、配合物的分解、氧化还原反应等方式进行，如表 9-2 所示。

表 9-2 某些均匀沉淀法的应用

沉淀剂	加入试剂	反应	被测组分
OH^-	尿素	$CO(NH_2) + H_2O = CO_2\uparrow + 2NH_3$	Al^{3+}、Fe^{3+}、Bl^{3+}
OH^-	六亚甲基四胺	$(CH_2)_6N_4 + 6H_2O = 6HCHO + 4NH_3$	Th^{4+}
PO_4^{3-}	磷酸三甲酯	$(CH_3)_3PO_4 + 3H_2O = 3CH_3OH + H_3PO_4$	Zr^{4+}、Hf^{4+}
S^{2-}	硫代乙酰胺	$CH_3CSNH_2 + H_2O = CH_3CONH_2 + H_2S$	金属离子
SO_4^{2-}	硫酸二甲酯	$(CH_3)_2SO_4 + 2H_2O = 2CH_3OH + SO_4^{2-} + 2H^+$	Ba^{2+}、Sr^{2+}、Pb^{2+}

续表 9-2

沉淀剂	加入试剂	反应	被测组分
$C_2O_4^{2-}$	草酸二甲酯	$(CH_3)_2C_2O_4+2H_2O═2CH_3OH+H_2C_2O_4$	Ca^{2+}、Th^{4+}、稀土
Ba^{2+}	Ba-EDTA	$BaY^{2-}+4H^+═H_4Y+Ba^{2+}$	SO_4^{2-}

二、称量形的获得

沉淀完毕后，还需经过滤、洗涤、烘干或灼烧，最后得到符合要求的称量形。

1. 沉淀的过滤和洗涤

沉淀常用定量滤纸（也称无灰滤纸）或玻璃砂芯坩埚过滤。对于需要灼烧的沉淀，应根据沉淀的性状选用紧密程度不同的滤纸。一般无定形沉淀，如 $Al(OH)_3$、$Fe(OH)_3$ 等，选用疏松的快速滤纸；粗粒的晶形沉淀，如 $MgNH_4PO_4 \cdot 6H_2O$ 等，选用较紧密的中速滤纸；颗粒较小的晶形沉淀，如 $BaSO_4$ 等，选用紧密的慢速滤纸。

对于只需烘干即可作为称量形的沉淀，应选用玻璃砂芯坩埚过滤。

洗涤沉淀是为了洗去沉淀表面吸附的杂质和混杂在沉淀中的母液。洗涤时要尽量减少沉淀的溶解损失和避免形成胶体。因此，需选择合适的洗涤液。选择洗涤液的原则是：对于溶解度很小，又不易形成胶体的沉淀，可用蒸馏水洗涤。对于溶解度较大的晶形沉淀，可用沉淀剂的稀溶液洗涤，但沉淀剂必须在烘干或灼烧时易挥发或易分解除去，例如用 $(NH_4)_2C_2O_4$ 稀溶液洗涤 CaC_2O_4 沉淀。对于溶解度较小而又能形成胶体的沉淀，应用易挥发的电解质稀溶液洗涤，例如用 NH_4NO_3 稀溶液洗涤 $Fe(OH)_3$ 沉淀。

用热洗涤液洗涤，则过滤较快，且能防止形成胶体，但溶解度随温度的升高而增大，较快的沉淀不能用热洗涤液洗涤。

洗涤必须连续进行，一次完成，不能将沉淀放置太久，尤其是一些非晶形沉淀，放置凝聚后不易洗净。

洗涤沉淀时，既要将沉淀洗净，又不能增加沉淀的溶解损失。同体积的洗涤液，采用“少量多次”“尽量沥干”的洗涤原则，用适当少的洗涤液，分多次洗涤，每次加洗涤液前，使前次洗涤液尽量流尽，这样可以提高洗涤效果。

在沉淀的过滤和洗涤操作中，为缩短分析时间和提高洗涤效率，都应采用倾泻法。

2. 沉淀的烘干和灼烧

沉淀的烘干或灼烧是为了除去沉淀中的水分和挥发性物质，并转化为组成固定的称量形。烘干或灼烧的温度和时间随沉淀的性质而定。

灼烧温度一般在 800℃以上，常用瓷坩埚盛放沉淀。若需用氢氟酸处理沉淀，则应用铂坩埚。灼烧沉淀前，应用滤纸包好沉淀，放入已灼烧至质量恒定的瓷坩埚中，先加热烘干、炭化后再进行灼烧。

沉淀经烘干或灼烧至质量恒定后，由其质量即可计算测定结果。

第五节　常用的有机沉淀剂

前面我们重点讨论的是利用无机沉淀剂进行沉淀的情况，总的看来，无机沉淀剂的选择性较差，产生的沉淀溶解度较大，吸附杂质较多。如果生成的是无定形沉淀，不仅吸附杂质多，而且不易过滤和洗涤。因此，近年来对有机沉淀剂的应用越来越广泛。

一、有机沉淀剂的特点

有机沉淀剂较无机沉淀剂具有下列优点：

1.选择性高

有机沉淀剂在一定条件下，一般只与少数离子起沉淀反应。

2.沉淀的溶解度小

由于有机沉淀的疏水性强，所以溶解度较小，有利于沉淀完全。

3.沉淀吸附杂质少

因为沉淀表面不带电荷，所以吸附杂质离子少，易获得纯净的沉淀。

4.沉淀的摩尔质量大

因为有机沉淀剂的相对分子质量大，可以增大沉淀称量形的摩尔质量，有利于提高分析结果的准确度。

5.多数有机沉淀物组成恒定，经烘干后即可称重，简化了重量分析的操作。

但是，有机沉淀剂一般在水中的溶解度较小，有些沉淀的组成不恒定，这些缺点还有待于今后继续研究改进。

二、有机沉淀剂的分类

有机沉淀剂和金属离子通常生成微溶性的螯合物或离子缔合物。因此，有机沉淀剂也可分为生成螯合物的沉淀剂和生成离子缔合物的沉淀剂两类。

1.生成螯合物的沉淀剂

作为沉淀剂的螯合剂，绝大部分是HL型或H_2L型（H_3L型的较少）。能形成螯合物沉淀的有机沉淀剂，它们至少应有下列两种官能团：一种是酸性官能团，如—COOH、—OH、═NOH 、—SH、$—SO_3H$等，这些官能团中的H^+可被金属离子置换；另一种是碱性官能团，如$—NH_2$、—NH═、═N═、═C═O 及═C═S等，这些官能团具有未被共用的电子对，可以与金属离子形成配位键而成为配位化合物。金属离子与有机螯合物沉淀剂反应，通过酸性基团和碱性基团的共同作用，生成微溶性的螯合物，例如8-羟基喹啉与Al^{3+}配位时，酸性基团—OH的氢被Al^{3+}置换，同时Al^{3+}又与碱性基团═N—以配位键相结合，形成五元环结构的微溶性螯合物，生成的8-羟基喹啉铝不带电荷，所以不易吸附其他离子，沉淀比较纯净，而且溶解度很小（$K_{sp}=1.0\times10^{-29}$）。

2.生成离子缔合物的沉淀剂

有些摩尔质量较大的有机试剂，在水溶液中以阳离子和阴离子形式存在，它们与带相反电荷的离子反应后，可能生成微溶性的离子缔合物（或称为正盐沉淀）。

例如。四苯硼酸钠$NaB(C_6H_5)_4$与K^+有下列沉淀反应：$B(C_6H_5)_4^- + K^+ = KB(C_6H_5)_4 \downarrow$。$KB(C_6H_5)_4$的溶解度小，组成恒定，烘干后即可直接称量，所以四苯硼酸钠是测定K^+的较好沉淀剂。

第六节　重量分析法的应用

一、无机沉淀剂的应用示例

前面章节提到的银量法中的沉淀剂主要是无机沉淀剂。此外，在药品、食品分析中重量分析法也是非常重要的基本操作。

（一）$BaSO_4$ 重量法

$BaSO_4$ 重量法，既可以用于测定 Ba^{2+} 的含量，也可以用于测定 SO_4^{2-} 的含量。

称取一定量的 $BaCl_2 \cdot 2H_2O$，用水溶解，加稀 HCl 溶液酸化，加热至微沸，在不断搅动下，慢慢地加入稀、热的 H_2SO_4 溶液，Ba^{2+} 与 SO_4^{2-} 反应，形成晶形沉淀。沉淀经陈化、过滤、洗涤、烘干、炭化、灰化、灼烧后，以 $BaSO_4$ 形式称量，可求出 $BaCl_2 \cdot 2H_2O$ 中钡的含量。

$BaCl_2 \cdot 2H_2O$ 中钡的含量计算：

$$w_{Ba}(\%)=\frac{m_{BaSO_4}\times\frac{M_{Ba}}{M_{BaSO_4}}}{M_{BaCl\cdot 2H_2O}}\times 100\%$$

Ba^{2+} 可生成一系列微溶化合物，如 $BaCO_3$、$BaCrO_4$、$BaHPO_4$、$BaSO_4$ 等，其中以 $BaSO_4$ 的溶解度最小，100mL 溶液中，100℃时溶解 0.4mg，25℃时仅溶解 0.25mg。当过量沉淀剂存在时，溶解度大为减小，一般可以忽略不计。

$BaSO_4$ 重量法一般在 0.05mol/L 左右盐酸介质中进行沉淀，是为了防止产生 $BaCO_3$、$BaHPO_4$、$BaHAsO_4$ 沉淀以及防止生成 $Ba(OH)_2$ 共沉淀。同时，适当提高酸度，增加 $BaSO_4$ 在沉淀过程中的溶解度，以降低其相对过饱和度，有利于获得较好的晶形沉淀。

用 $BaSO_4$ 重量法测定 Ba^{2+} 时，一般用稀 H_2SO_4 做沉淀剂，为了使 $BaSO_4$ 沉淀完全，H_2SO_4 必须过量。由于 H_2SO_4 在高温下可挥发除去，故沉淀带下的 H_2SO_4 不致引起误差，因此沉淀剂可过量 50%～100%。如果用 $BaSO_4$ 重量法测定 SO_4^{2-}，沉淀剂 $BaCl_2$ 只允许过量 20%～30%，因为 $BaCl_2$ 灼烧时不易挥发除去。

$PbSO_4$、$SrSO_4$ 的溶解度均较小，Pb^{2+}、Sr^{2+} 对 Ba^{2+} 的测定有干扰。NO^{3-}、ClO^{3-}、Cl^- 等阴离子和 K^+、Na^+、Ca^{2+}、Fe^{3+} 等阳离子均可以引起共沉淀现象，故应严格掌握沉淀条件，减少共沉淀现象，以获得纯净的 $BaSO_4$ 晶形沉淀。

（二）药物含量测定

以中药芒硝中 Na_2SO_4 的含量测定为例。芒硝的主要成分是 Na_2SO_4，以 $BaCl_2$ 为沉淀剂，$BaSO_4$ 形式称量。

测定步骤：取试样 0.4g，精密称定，加水 200mL 溶解后，加盐酸 1mL，煮沸，不断搅拌，并缓缓加入热 $BaCl_2$ 试液至不再产生沉淀，再适当过量。置水浴上加热 30min，静置 1h，定量滤纸过滤，沉淀用水分次洗涤至洗液不再显氯化物反应，炭化、灼烧至恒重，称量，所得沉淀的质量与 0.6086 相乘，即得芒硝中含 Na_2SO_4 的质量。

（三）食品中很多检测实验

如食品中脂肪的测定、淀粉的测定、亚硝酸盐残留量的测定、灰分的测定和某些物质杂质的测定等，都需要进行重量分析。

二、有机沉淀剂的应用示例

1. 丁二酮肟

丁二酮肟的结构式为 $\begin{array}{l} CH_3—C=NOH \\ \quad | \\ CH_3—C=NOH \end{array}$，白色粉末，微溶于水，通常使用它的乙醇溶液或氢氧化钠溶液。丁二酮肟是选择性较高的生成螯合物的沉淀剂，在金属离子中，只有 Ni^{2+}、Pd^{2+}、Pt^{2+}、Fe^{2+} 能与它生成沉淀。

在氨性溶液中，丁二酮肟与 Ni^{2+} 生成鲜红色的螯合物沉淀，沉淀组成恒定，可烘干后直接称量，常用于重量法测定镍。Fe^{3+}、Al^{3+}、Cr^{3+} 等在氨性溶液中能生成水合氧化物沉淀，干扰测定，可加入柠檬酸或酒石酸进行掩蔽。

2. 8-羟基喹啉

8-羟基喹啉的结构式为 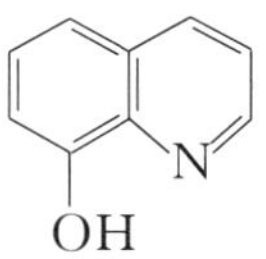

，白色针状晶体，微溶于水，一般使用它的乙醇溶液或丙酮溶液，是生成螯合物的沉淀剂，在弱酸性或碱性溶液中（pH＝3～9），8-羟基喹啉与许多金属离子发生沉淀反应。例如 Al^{3+} 与 8-羟基喹啉反应：

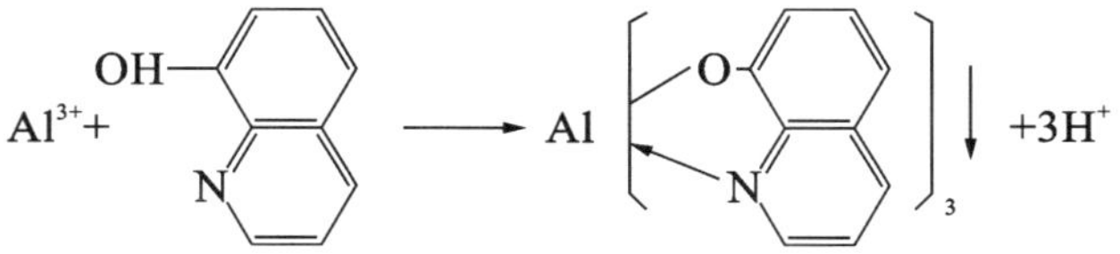

生成的沉淀恒定，可烘干后直接称重。8-羟基喹啉的最大缺点是选择性较差，采用适当的掩蔽剂，可以提高反应的选择性。例如，用 KCN、EDTA 掩蔽 Cu^{2+}、Fe^{3+} 等离子后，可在氨性溶液中沉淀 Al^{3+}，并用于重量法。

目前已经合成了一些选择性较高的 8-羟基喹啉衍生物，如 2-甲基-8-羟基喹啉，在 pH＝5.5 时沉淀 Zn^{2+}，pH＝9 时沉淀 Mg^{2+}，而不与 Al^{3+} 发生沉淀反应。

3. 四苯硼酸钠

四苯硼酸钠为白色粉末状结晶，易溶于水，是生成离子缔合物的沉淀剂。试剂能与 K^+、NH^{4+}、Rb^+、Cs^+、Ag^+ 等生成离子缔合物沉淀。试剂易溶于水，是测 K^+ 的良好沉淀剂。由于一般试样中 Rb^+、Cs^+、Ag^+ 的含量极微，故此试剂常用于 K^+ 的测定。沉淀组成恒定，可烘干后直接称重。

有机沉淀剂的应用实例不胜枚举，可参考有关专著。

复习思考题

1. 重量分析有几种方法？各自的特点是什么？
2. 沉淀形与称量形有何区别？试举例说明。
3. 重量分析中对沉淀形与称量形各有什么要求？
4. 如何选择沉淀剂？

5. 什么叫换算因数？

6. 计算下列换算因数。

(1)从 $BaSO_4$ 的质量计算 S 的质量；

(2)从 $Mg_2P_2O_7$ 的质量计算 MgO 的质量；

(3)从 $PbCrO_4$ 的质量计算 Cr_2O_3 的质量；

(4)从 $(NH_4)_3PO_4 \cdot 12MoO_3$ 的质量计算 $Ca_3(PO_4)_2$ 的质量；

(5)从 $Mg_2P_2O_7$ 的质量计算 $MgSO_4 \cdot 7H_2O$ 的质量。

7. 什么是固有溶解度？与溶解度的关系是什么？

8. 什么是条件溶度积？与溶度积的区别是什么？

9. 影响溶解度的因素有哪些？其中哪些因素可以使溶解度增大？哪些因素又能使溶解度减小？

10. 什么是晶形沉淀和非晶形沉淀？

11. 晶形沉淀的生成与否对重量分析有什么影响？

12. 什么是聚集速度和定向速度？怎样影响生成沉淀的类型？

13. 共沉淀现象是怎样发生的？如何减少共沉淀现象？

14. 共沉淀与继沉淀有什么区别？

15. 什么是相对过饱和度？试利用相对过饱和度的大小来说明如何选择晶形沉淀的条件。

16. 陈化的作用是什么？如何缩短陈化的时间？

17. 什么叫均匀沉淀法？优点是什么？试举例说明。

18. “少量多次”的洗涤方法有什么优点？为什么？

19. 为什么在灼烧沉淀前要将滤纸灰化？

20. 有机沉淀剂与无机沉淀剂相比有什么优点？

21. 螯合剂能作为沉淀剂的条件是什么？

22. 计算下列各组的换算因数。

称量形	被测组分
(1)Al_2O_3	Al
(2)$BaSO_4$	$(NH_4)_2Fe(SO_4)_2 \cdot 6H_2O$
(3)Fe_2O_3	Fe_3O_4
(4)$BaSO_4$	SO_3，S
(5)$PbCrO_4$	Cr_2O_3
(6)$(NH_4)_3PO_4 \cdot 12MoO_3$	$Ca_3(PO_4)_2$，P_2O_5

23. 0.5000g 磷矿试样，经溶解、氧化等化学处理后，其中 PO_4^{3-} 被沉淀为 $MgNH_4PO_4 \cdot 6H_2O$，高温灼烧成 $Mg_2P_2O_7$，其质量为 0.2018g。计算：(1)矿样中 P_2O_5 的百分含量；(2)$MgNH_4PO_4 \cdot 6H_2O$ 沉淀的质量(g)。

24. 计算下列难溶化合物的溶解度。

(1)$PbSO_4$ 在 0.1mol/L HNO_3 中。(H_2SO_4 的 $K_{a2}=1.0\times10^{-2}$，$K_{sp,PbSO_4}=1.6\times10^{-8}$)

(2)$BaSO_4$ 在 pH＝10 的 0.020mol/L EDTA 溶液中。(已知 $K_{sp,BaSO_4}=1.1\times10^{-10}$，$\lg K_{BaY}=7.86$，$\lg\alpha_{Y(H)}=0.45$)

25. 今有 pH＝3.0 的溶液，含有 0.010mol/L EDTA 和 0.010mol/L HF 及 0.010mol/L $CaCl_2$。问：(1)EDTA 对沉淀的配位效应是否可以忽略？(2)能否生成 CaF_2 沉淀？

26. 于 100mL 含有 0.1000g 钡的溶液中加入 50mL 0.010mol/L H_2SO_4 溶液。问溶液中还剩多少克钡？如沉淀用 100mL 纯水或 100mL 0.010mol/L H_2SO_4 洗涤，假设洗涤时达到了溶解平衡，问各损失 $BaSO_4$ 多少毫克？

27. 称取 0.3675g $BaCl_2 \cdot 2H_2O$ 试样，将钡沉淀为 $BaSO_4$，需用 0.5mol/L H_2SO_4 溶液多少毫升？

28. 计算 pH＝2.0 时，CaC_2O_4 的溶解损失量。设溶液总体积为 500mL。（已知 $pK_{sp,CaC_2O_4}=8.75$；$H_2C_2O_4$ 的 $pK_{a1}=1.23$，$pK_{a2}=4.19$；$M_{CaC_2O_4}=128.10$）

29. 称取风干的石膏试样 1.2023g，经烘干后得吸附水分 0.0208g，再经灼烧又得结晶水 0.2424g，计算分析试样换算成干燥物质时的 $CaSO_4 \cdot 2H_2O$ 百分含量。

30. 测定磁铁矿（不纯的 Fe_3O_4）中铁的含量时，称取试样 0.1666g，经溶解、氧化，使 Fe^{3+} 沉淀为 $Fe(OH)_3$，灼烧后得 Fe_2O_3 质量为 0.1370g，计算试样中：(1)铁的质量分数；(2)Fe_3O_4 的质量分数。

31. 分析某铬矿（不纯 Cr_2O_3）中 Cr_2O_3 含量时，把铬转变为 $BaCrO_4$ 沉淀，称取 0.5000g 试样，得 $BaCrO_4$ 质量为 0.2530g，求此矿中 Cr_2O_3 的百分含量。

第十章　定量分析的一般步骤

学习目标

1. 掌握分析试样的制备方法及要求。
2. 了解试样的分解方法及要求。
3. 掌握测定方法选择原则。
4. 掌握实际样品测定方法及相关计算。

定量分析过程的一般步骤如图 10-1 所示。首先，需要采集和制备试样，保证分析试样均匀，具有代表性，符合实际；然后于一定温度下于烘箱内干燥试样，去湿存水，用溶解、熔融、消解、灰化法等制备试液。对某些分析试样，还需分离或掩蔽干扰组分，富集待测组分。接着，需针对试样选用适当的分析方法来确定待测组分含量(常量组分用化学法，微量组分用仪器法)。最后，需处理实验数据，计算与评价实验结果。

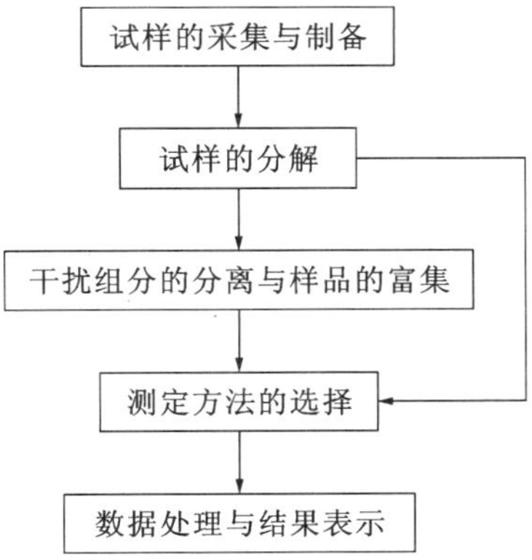

图 10-1　定量分析的一般步骤

第一节　试样的采集与制备

一、试样采集的步骤与基本原则

试样的采集必须保证所取的试样具有代表性，即分析试样的组成能代表整批物料的平均化学组成。如果采样不合理，即使随后的分析程序再认真、细致，测试的手段再先进，也是徒劳的。

1. 试样采集的步骤

试样的采集大致分为三步，如图 10-2 所示。

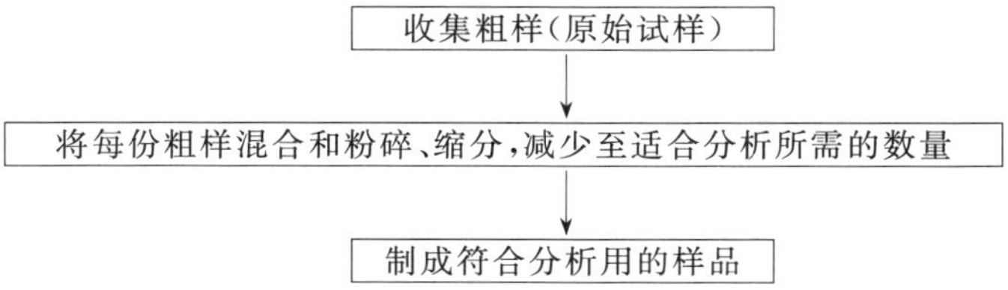

图 10-2　试样采集步骤

2. 试样采集的原则

试样采集应满足以下基本原则：

(1)大批试样(总体)中所有组成部分都有同等的被采集的概率。

(2)根据给定的准确度，采取有次序的和随机的试样采集，使试样采集的费用尽可能低。

(3)将 n 个试样采集单元(如车、船、袋等)的试样彻底混合后，再分成若干份，每份分析一次，这样比分别单独分析几个试样采集单元的办法更为优化。

例如对某试样随机抽取 10 份样品，有三种分析方案(图 10-3)：①分别单独测定这 10 份样品，每份测定 1 次。②将这 10 份样品混合后，取 1/10 的混合物，测定 1 次。③将这 10 份样品混合后，取出其中 3/10 的混合物，再分成 3 份，每份测定一次。

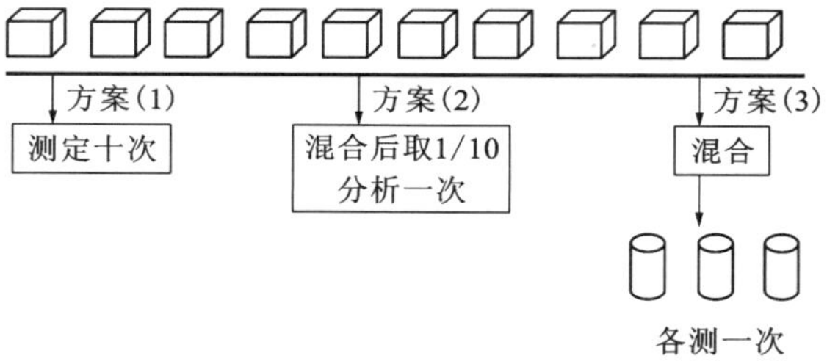

图 10-3　三种分析方案示意图

方案①虽然测定了 10 次，但这 10 份样品可能本身就存在一定的差异。而方案②和③的被测样品都能代表试样整批物料的平均化学组成，且方案③平行测定 3 次，其平均值更能代表样品化学成分的准确含量。因此，方案③得到的结果既能很好地代表整批物料的平均化学组成，结果又准确，此外需测定的样品份数也更少，更为经济。

3. 几个术语

(1)子样：用采样器在采样点上一次取得的一定量的物料。图 10-3 中的方案①从物料中取得了 10 份子样。

(2)子样数目：在一个采集对象中应布采样点的个数。

(3)原始平均试样(总样)：合并所采集子样得到的试样。

(4)分析化验单位(采样单元)：应采取一个原始平均试样的物料总量，或一个总样所代表的物料总量。如一个容器、一节车皮，或物料流中的某一时间段。

(5)实验室样品：送往实验室供检验或测定的样品。图 10-3 中的方案③测定了 3 份实验室样品。

(6)参考样品(备检样品)：与实验室样品同时同样制备的样品，在有争议时可用作参考样品。图 10-3 中的方案③，有 7/10 可留作参考样品。

(7)均匀物料：各部分的特性平均值在该特性的测量误差范围内。均匀物料可在任意部位采样，但采样时应注意避免引起物料的变化。

(8)不均匀物料：各部分的特性平均值不在该特性的测量误差范围内。不均匀物料应在不同部位、不同时间取得子样后合并为一个总样。不均匀物料又分为随机不均匀物料和非随机不均匀物料。

随机不均匀物料：总体物料中任意部分的特性平均值与相邻部分的特性平均值无关。

非随机不均匀物料：物料的特性沿一定方向改变或呈现周期性变化的物料。

二、试样采集的操作方法

采集试样时，应根据每次具体测定的需要，遵循代表性原则随机采样。对不同的分析对象，采集试样的方式也不同。各种试样采集的原则和方法，可参阅相关的国家标准和各行业制定的标准。

对于定量分析来说，实际分析对象种类繁多，形态各异，有固体、液体和气体，试样的性质和均匀程度也各不相同，但按照各个组分在试样中分布的情况来分，试样可分为组成比较均匀的试样和组成不均匀的试样两类。以下讨论试样采集的基本原则。

1.组成比较均匀的试样

这类试样包括气体、液体和某些固体，试样采集单元可以较小，如：

(1)对于大气样品，根据被测组分在空气中存在状态、浓度，以及测定方法的灵敏度，可用直接法或浓缩法采集试样。

(2)对于液体：液体较易取得均匀样品，采样前应先进行预检，检查包装容器是否受损、腐蚀、渗漏，并核对标志；观察容器内试样的颜色、黏度是否正常，表面或底部是否有杂质、分层、沉淀或结块现象，收集充足的信息。

液体试样一般比较均匀，取样单元可以较少。当试样的量较大时，应从不同的位置和深度分别采样，混合均匀后作为分析试样，以保证它的代表性。液体试样采样器多为塑料或玻璃瓶，一般情况下两者均可使用。

管道中流动着的液体，一般通过采样阀进行采样。而对于贮藏罐中的液体，需抽取采样瓶：小容器中的液体，应先晃动，混合均匀后再采样；大容器无法摇匀，则应从上、中、下各个部位按 1∶3∶1分别采样，最后合并为一个试样，或用全液层法采样。

液体试样的化学组成容易发生变化，应立即对其进行测试。应采取适当保存措施，以防止或减少在存放期间试样的变化。

(3)对于较均匀的粉状固体，可以参照液体样品的采集方法。

(4)对于金属制品如板材和线材等，由于经过高温熔炼，组成一般较均匀，可将许多板(线)材对齐横切削一定数量的试样。

2.组成很不均匀的试样

矿石、煤炭、土壤等，其颗粒大小不等，硬度相差大，成分混杂不一，组成不均匀。这样的不均匀试样，应选取不同部位进行采样，以保证所采试样的代表性。

(1)土壤样品：采集深度为 0～15cm 的地表土为试样，按 3 点式(地块出口、入口和中心点)或 5 点式(两条对角线交叉点和对角线的其他 4 个等分点)取样。每点采 1～2kg，经压碎、风干、粉碎、过筛、缩分等步骤，取粒径小于 0.5 mm 的样品作分析试样。

(2)沉积物：用采泥器从表面往下每隔 1m 取一个试样，经压碎、风干、粉碎、过筛、缩分，取直径小于 0.5 mm 的样品作分析试样。

(3)金属试样：经高温熔炼，比较均匀，对于钢片，可任取；对于钢锭和铸铁，钻取几个不同点（深度不同）取样，将钻屑置于冲击钵中捣碎混匀作分析试样。

(4)试样流中采样：用舌形铲，按一定的时间间隔采样，一次横断面采取一个子样。在横截皮带运输机上采样时，采样器必须紧贴皮带，而不能悬空。

(5)运输工具中采样：先布点，再取样，如图 10-9 所示。

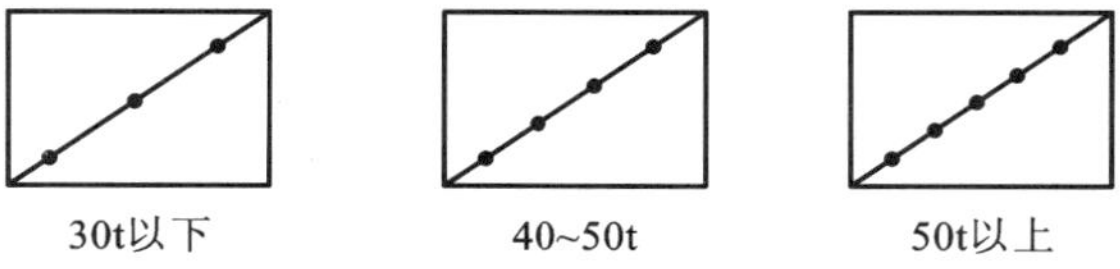

图 10-4　运输工具中采样点的分布

当车皮容量为 30t 以下时，沿斜线方向采用三点采样；当车皮容量为 40t 或 50t 时，采用四点采样；当车皮容量为 50t 以上时，采用五点采样。

(6)试样堆中采样：在试样堆的周围，从地面起每隔 0.5m 左右，用铁铲画一横线，然后每隔 1～2m 划一竖线，间隔选取横竖线的交叉点作为取样点，如图 10-5 所示。

在取样点取样时，用铁铲将表面刮去 0.1m，深入 0.3m 挖取一个子样，每个子样的最小质量不小于 5kg。最后合并所采集的子样。

(7)袋（罐）装试样采样：自袋、罐、桶中采集粉末样时，通常采用取样钻从不同深度采样。取样钻是长 750mm，外径为 18mm，槽口宽 12mm ，下端呈 30°角锥的不锈钢管或铜管，如图 10-6 所示。

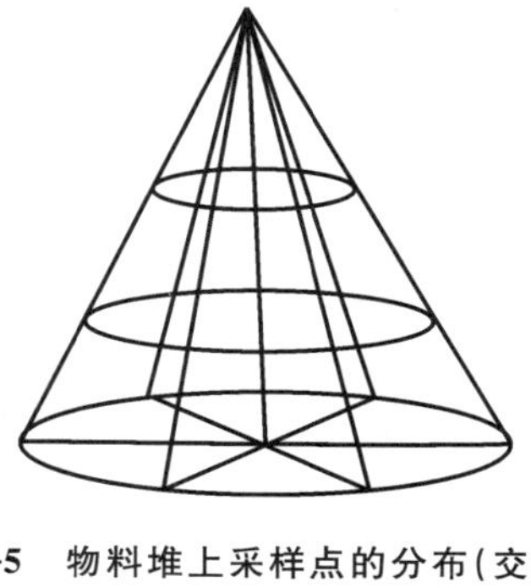

图 10-5　物料堆上采样点的分布（交叉点）

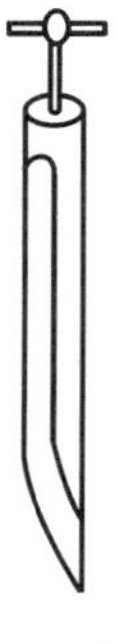

图 10-6　取样钻

取样时，将取样钻由袋（罐、桶）口的一角沿对角线插入袋（罐、桶）内的 1/3～3/4 处，旋转 180°后抽出，刮出钻槽中的试样作为一个子样。

对于袋装试样应取的子样数目，通常规定 50 件以内抽取 5 件；51～100 件，每增 10 件，加取 1 件；101～500 件，每增 50 件，加取 2 件；501～1000 件，每增 100 件，加取 2 件；1001～5000 件，每增 100 件，加取 1 件。

抽样方法：可简单随机抽样、等距抽样、分层抽样、多级抽样等。如等距抽样的方法是：总体中的 N 个单位按照某种次序编号，根据预定抽取的单位数 n，选定抽样间距 k，从第一间距内抽取一个随机数，隔 k 试样采集，组成样本，如图 10-7 所示。等距抽样方法只抽取一次随机数，方便、快速，只是对于有周期性变异的总体，应避免间距与周期重合。

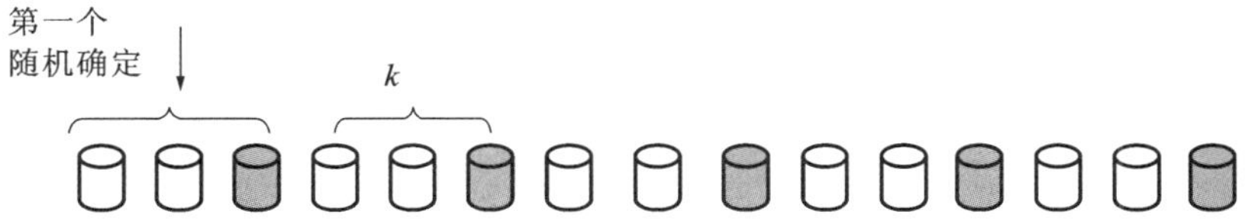

图 10-7　等距抽样示意图

3. 采样记录和样品保存

采样时应记录被采试样的状况和采样操作，如试样的名称、来源、编号、数量、包装情况、存放环境、采样部位、所采样品数量、采样日期、采样人等。

样品采集好后应包装，贴上标签，送至制样室。如不能及时分析，一般只能存放 6 个月，特殊样品另当别论。

采集的子样需混合均匀，形成有代表性的总样。采集的子样份数越多，越能代表整批试样的平均化学组成；但采样量过大，也会给后面样品的制备带来麻烦。因此，需要确定最低采样量。

三、试样采集的数量

1. 数量要求

(1)至少满足三次重复检测的需要；

(2)有需要时必须满足备检样品的需要；

(3)满足样品制备的需要。

采样数量过多，会造成物料、试剂和人力的浪费；而采样数量过少，又不能满足样品的代表性要求。因此，在满足检测需要的前提下，样品数量越少越好。一般根据经验公式计算最低采样量。

2. 最低采样量

最低采样量可遵从切乔特经验公式：

$$Q = Kd^{a}$$

式中　Q——最低采样量，kg。

d——物料中最大颗粒的直径，mm。

K——经验常数，与物料种类、均匀度、易破碎程度有关。一般 K 值在 0.02～1 之间，样品越不均匀，K 值越大。物料均匀时 K 值取 0.1～0.3；物料不太均匀 K 值取 0.4～0.6；物料极不均匀时 K 值取 0.7～1.0。

a＝1.8～2.5，地质部门一般规定为 2，即 $Q=Kd^2$。

根据切乔特经验公式可知，物料中最大颗粒的直径越大，则最低采样量越多；样品越不均匀，最低采样量也越多。

【例 10-1】　采集某矿石样品，若此矿石的最大颗粒直径为 20mm，$K=0.06\text{kg/mm}^2$，问最少应采取多少试样？若将该矿石的最大颗粒破碎至 4mm，则最少应采取多少试样？

【解】　(1)$Q=Kd^{a}=0.06\text{kg/mm}^2\times(20\text{mm})^2=24\text{kg}$

若采样量低于 24kg，样品将失去代表性。

(2)$Q=Kd^{a}=0.06\text{kg/mm}^2\times(4\text{mm})^2=0.96\text{kg}\approx1\text{kg}$

可见，样品的颗粒越大，所需采集的样品量就越大。

四、试样的制备

从实验室样品到分析试样的这一处理过程称为试样的制备。

对于气体或液体，只要充分混合均匀后即可分析。而对于固体样品，采集的原始平均试样的量一般较多且颗粒较粗，必须通过多次破碎、过筛、混匀、缩分等步骤，才能制成少量均匀而具有代表性的分析试样。

1. 破碎

破碎一般分为粗碎(25mm)、中碎(5mm)、细碎(0.15mm)、粉碎(≤0.074mm)四个阶段。用于破碎的工具有锷式破碎机、辊式破碎机、圆盘破碎机、球磨机、钢臼、铁锤、研钵等。

破碎过程的注意事项：①破碎前须先把破碎器械的各部分清扫干净；②碎样时尽量防止粉末飞扬和跳出，整个破碎过程样品损失不得超过总量的5%；③不能弃去任何难破碎的颗粒；④由于挤压、摩擦等作用，温度升高使某些样品发生化学变化，如失去结晶水、低价态变为高价态等，应尽量避免。

2. 过筛

在试样破碎过程中，每次破碎后都要过筛。过筛的样品必须全部通过规定的筛号。少量未能过筛的样品必须重新研磨，使其能过筛，不得损失，否则将影响试样的代表性。一般先用粗筛，随着试样颗粒逐渐减小，筛孔的目数相应增加。标准的网目和孔径大小有关系，见表10-1。

表10-1 筛号(网目)及其规格

筛号(网目)	20	40	60	80	100	120	140	170	200	800
孔宽(μm)	840	420	250	178	150	124	104	89	74	19

注：目数，物理学定义为物料的粒度或粗细度，一般定义是指筛网在1英寸线段内的孔数。目数越大，说明物料粒度越细；目数越小，说明物料粒度越大。

一般来说，易分解的试样需过170目筛，难分解的试样需过200目筛。标准分样筛如图10-8所示。

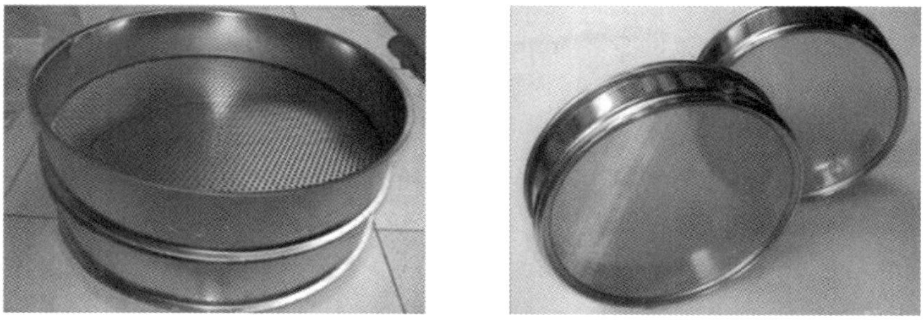

图10-8 标准分样筛

3. 混匀

为保证试样具有代表性，破碎后的试样必须加以混合，使其组成均匀。

混匀的方法分为人工混匀法和机械混匀法两类。人工混匀法有堆锥法、环锥法、掀角法等；机械混匀法有分样器法、机械拌匀法等。

4.缩分

如例 10-1 所示，经过破碎过筛后，物料的最大粒径大为减小，因此测定所需的最低采样量也会大为缩小。这时就需要用缩分步骤来减小样品量，提高工作效率，同时又不影响样品的代表性。

缩分的方法有很多，常用的有分样器法、锥形四分法、正方形挖取法和棋盘法等。

(1)分样器法。分样器为中间有一个四条支柱的长方形槽，槽底交替焊着一些小槽(一般不少于 10 个且须为偶数)，在下面的两侧有承接样槽，如图 10-9 所示。

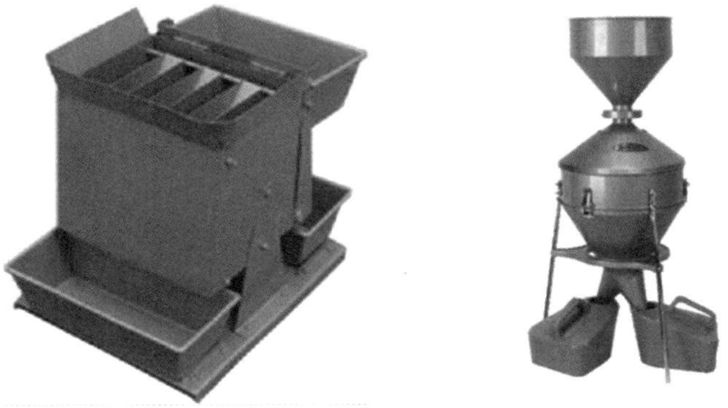

图 10-9　分样器

(2)锥形四分法。将已经破碎的样品充分混匀后堆成圆锥形，用铲子将锥顶压平成截锥体，务必使截锥体厚度均匀；通过截面圆心将锥体分成四等份扇形，如图 10-10 所示。把任意对角的两份(如③④)弃去，保留剩下的两份(如①②)并收集在一起混匀，这样就将试样的量缩减一半。由于样品中不同粒度、不同相对密度的颗粒大体上比较均匀，因此缩分后的试样仍然能代表原样成分。

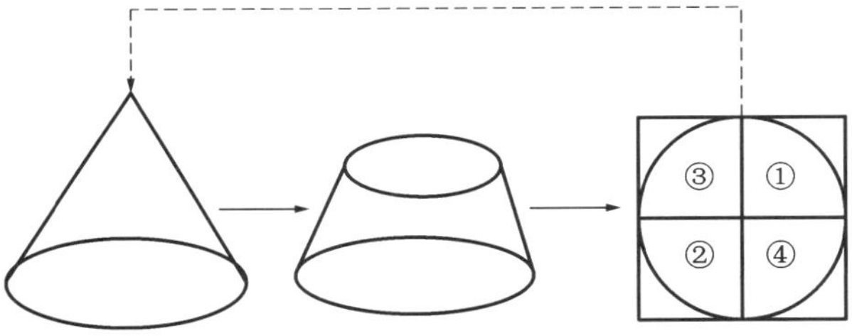

图 10-10　锥形四分法

缩分可以进行多次，直至样品的粒度与保留的试样量之间的关系符合切乔特经验公式。

【例 10-2】　有试样 20kg，粗碎后最大粒度为 6mm 左右，设 $K=0.2\text{kg/mm}^2$，$a=2$，应保留的试样量至少是多少千克？若再破碎至粒度不大于 2mm，则应继续缩分几次？

【解】　①粗碎后最大粒度为 6mm 左右时，

$$Q=Kd^a=0.2\text{kg/mm}^2\times(6\text{mm})^2=7.2\text{kg}$$

而保留的试样量只要大于 7.2kg 即可。因此，由原样缩分一次，即由 $20\text{kg}\xrightarrow{①}10\text{kg}$。

②若再破碎至粒度不大于 2mm，则

$$Q=Kd^a=0.2\text{kg/mm}^2\times(2\text{mm})^2=0.8\text{kg}$$

而保留的试样量只要大于 0.8kg 即可。因此，需继续缩分 3 次，即

$$10\text{kg}\xrightarrow{①}5\text{kg}\xrightarrow{②}2.5\text{kg}\xrightarrow{③}1.25\text{kg}$$

若继续进行第 4 次缩分，则

$$1.25\text{kg}\xrightarrow{④}0.625\text{kg}$$

剩余样品量仅为 0.625kg，已经小于最低样品量 0.8kg 了。因此，只能继续进行 3 次缩分。

若要进一步缩分，必须经研磨并通过更小筛孔的筛子后才行，否则会影响试样的代表性。

(3)正方形挖取法。将混匀的样品铺成正方形的均匀薄层，用直尺或特制的木格架划分成若干个小正方形，如图 10-11 所示。用小铲子将每一定间隔内的小正方形中的样品全部取出，放在一起混合均匀。其余部分弃去或留作副样保管。

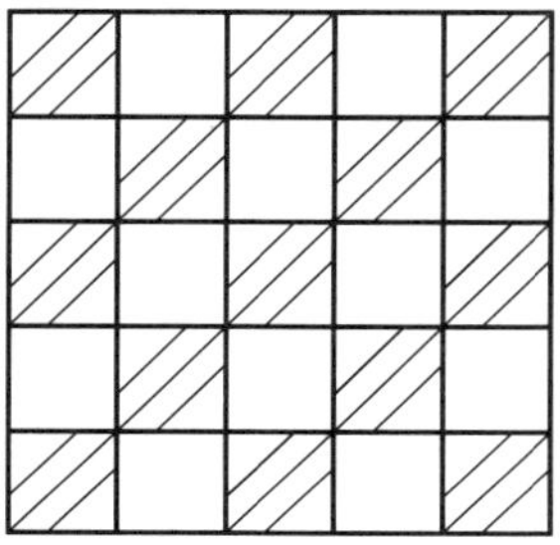

图 10-11　正方形挖取法

经过制备最终得到的分析试样一般为 20～30g(可根据需要或少或多些)，还需要在玛瑙研钵中充分研细，使样品最终全部通过 170 目(0.088mm)或 200 目(0.074mm)筛。制备好的试样放入广口磨砂试剂瓶中贮存，并贴上标签。

五、湿存水的处理

湿存水是试样表面及空隙中吸附的空气中的水分，其含量随样品的粉碎程度和放置时间而改变，因而试样各组分的相对含量也随湿存水的多少而变化。为了便于比较，试样各组分相对含量的高低常用干基表示。干基是不含湿存水的试样的质量。

去除湿存水，可在分析之前将试样烘干，但对于受热易分解的物质，只能采用风干或真空干燥的方法干燥。湿存水的含量可根据烘干前后试样的质量计算。湿存水的含量也是决定原料的质量和价格的指标之一。

【例 10-3】 称取 10.000g 工业用煤试样，于 100～105℃烘 1h 后，称得其质量为 9.460g，此煤样含湿存水多少？如另取一份试样测得含硫量为 1.20%，用干基表示的含硫量多少？

【解】 (1)此煤样含湿存水的含量为

$$\text{湿存水}=\frac{10.000\text{g}-9.460\text{g}}{10.000\text{g}}\times100\%=5.40\%$$

(2)用干基表示的含硫量为

$$含硫量=\frac{1.20}{100.00-5.40}\times 100\%=1.27\%$$

第二节　试样的分解

在一般的分析工作中，除干法分析外，最主要的是先将试样分解，使待测组分定量转入溶液后再进行测定。因此，试样的分解是分析工作的重要步骤之一，也是快速而准确地进行定量分析的基础。

对试样的分解，需满足以下要求：①试样要分解完全；②分解过程中待测组分不应挥发而损失；③溶解过程中不能引入与被测组分相同的物质或干扰物质；④选择的试样分解方法应与组分的测定方法相适应；⑤根据溶剂的性质选择合适的器皿。

若存在多种分解方法，应选择分解速度快、分离测定方便、准确度高、对环境无污染或很少污染的方法。

一、无机试样的分解

(一)溶解法

将试样用适当的溶剂溶解制成溶液的方法称为溶解法，它简单、快速。常用的溶剂有水、酸、碱等。

1. 水溶法

对于可溶性的无机盐，可直接用蒸馏水溶解制成溶液。

2. 酸溶法

多种无机酸及混合酸常用做溶剂。利用酸的酸性、氧化性及配位性，使被测组分转入溶液中。用作溶剂的酸有盐酸、硫酸、硝酸、高氯酸、氢氟酸、磷酸等；此外还可用混酸作为溶剂，常用的混酸有王水、红酸、硝酸＋高氯酸，氢氟酸＋硫酸、氢氟酸＋硝酸等。

(1)盐酸。主要利用盐酸的酸性、还原性和强配位性来分解试样。

除银、铅等少数金属外，盐酸能分解绝大多数的金属形成可溶的氯化物。多数金属的氧化物和碳酸盐也能被盐酸分解。此外，盐酸中的 Cl^- 具有络合性，能与许多金属离子形成稳定的络合物，因此盐酸是一些矿石的良好溶剂。Cl^- 还具有弱的还原性，有利于一些氧化性矿物如软锰矿(MnO_2)和赤铁矿(Fe_2O_3)等的溶解。

(2)硝酸。主要利用硝酸的强酸性和强氧化性来分解试样。

因为硝酸具有氧化性，因此不溶于盐酸的金属可用硝酸进行溶解。除了金和铂族元素难溶于硝酸以外，绝大多数金属都能被硝酸溶解。但能被硝酸钝化的金属(如铝、铁)，以及能与硝酸作用生成不溶性酸的金属(如钨)都不能用硝酸来溶解。硝酸也是硫化物矿样的良好溶剂，只是在溶解过程中会析出单质硫。

用硝酸溶解试样后，溶液中常含有亚硝酸和其他低价氮氧化物，常能破坏某些有机试剂，这时应煮沸溶液或加入某些试剂(如尿素)将它们除去。

(3)硫酸。主要利用硫酸的酸性、氧化性、脱水性、高沸点来分解试样。

浓热的硫酸具有很强的氧化性和脱水能力，能溶解多种合金和矿石，还分解破坏有机物。其沸点高(338℃)、加热溶液至硫酸冒白烟(SO_2)可以除去溶液中的盐酸、硝酸等低沸点酸。

但是，大多数硫酸盐的溶解度比相应的氯化物和硝酸盐小，碱土金属和铅的硫酸盐溶解度更小，不宜使用硫酸溶解上述类似的试样。

(4)磷酸。主要利用磷酸的酸性、配位性来分解试样。

磷酸加热时变成焦磷酸，有很强的络合能力，常用来溶解合金钢和难溶矿物。

单独使用磷酸的缺点是不易掌握，如果温度过高，时间过长，磷酸会脱水并形成难溶的焦磷酸盐沉淀，使实验失败。

因此，磷酸常与硫酸等同时使用，既可提高反应的温度条件，又可以防止焦磷酸盐沉淀析出。在钢铁分析中，常用磷酸来溶解某些合金钢试样。

(5)高氯酸。主要利用高氯酸的强酸性、强氧化性来分解试样。

浓热的高氯酸是一种强的氧化剂，可使各种铁合金(包括不锈钢)溶解，可分解含 Cr 合金及矿石。加热蒸发至冒白烟(303℃)，可除去低沸点酸。

但热浓的高氯酸遇有机物易发生爆炸。因此，应先加浓硝酸氧化有机物等还原剂后再加入高氯酸。

(6)氢氟酸。主要利用氢氟酸的强络合能力来分解试样。

氢氟酸的酸性较弱，但络合能力较强，常与硫酸、硝酸、高氯酸混合使用以分解钨的合金钢、硅酸盐和其他矿石。用氢氟酸分解试样通常应在铂皿、聚四氟乙烯容器中进行。

(7)王水(HNO_3:HCl = 1:3)。王水是混合酸，两种酸能起到取长补短的作用，并能产生新的、更强的溶解能力。

王水可分解贵金属和辰砂、镉、汞、钙等多种硫化矿物，亦可分解铀的天然氧化物、沥青铀矿及许多其他的含稀土元素的衍生物，还可分解某些硅酸盐、矾矿物、彩钼铅矿、钼钙矿、大多数天然硫酸盐类矿物。

(8)其他混酸。磷酸-硝酸混酸：可分解铜和锌的硫化物和氧化物。硫酸-磷酸混酸：可分解许多氧化矿物，如铁矿石和一些对其他无机酸稳定的硅酸盐。高氯酸-硫酸：适于分解铬尖石等很稳定的矿物。高氯酸-盐酸-硫酸：可分解铁矿、镍矿、锰矿石。氢氟酸-硝酸：可分解硅铁、硅酸盐及含钨、铌、钛等试样。

3. 碱溶法

主要溶剂为 NaOH、KOH，常用来分解两性金属铝、锌及合金，以及它们的氧化物或氢氧化物，还有酸性氧化物(如 As_2O_3)等。

使用 NaOH 分解试样时，宜用塑料或银制器皿。

(二)熔融法

熔融法是将试样与酸性或碱性熔剂混合，置于适当容器(坩埚)中，在高温下分解试样，使被测组分转化为易溶于水或酸的产物，再通过浸取进入溶液中。

熔融法的分解能力强，效果好，一般用来分解那些难溶解的试样。但是，熔融时需要加入大量的熔剂(一般为试样的 6～12 倍)，当然溶剂的离子和其中的杂质也随之带入；此外，熔融时坩埚材料的腐蚀也会带入其他组分。

1. 熔剂的选择

熔融法选择熔剂的基本原则是：酸性试样用碱性熔剂，碱性试样用酸性熔剂，两者均可加入氧化剂、还原剂助熔。

碱性熔剂有 NaOH、Na_2CO_3、KOH 等，用于分解大多数酸性矿物。

酸性熔剂有 $KHSO_4$、$K_2S_2O_7$（焦硫酸钾）、硼酐、铵盐等。它们与碱性氧化物反应。

氧化性助熔剂有 Na_2O_2、$LiBO_2$（偏硼酸锂）、硼砂等；还原性助熔剂有氧化铅和含碳物质的混合物、碱金属和硫的混合物、碱金属硫化物和硫的混合物等。

常见熔剂可分解的试样及其所用的坩埚材料如表 10-2 所示。

表 10-2 常用熔剂及其分解的试样

熔剂	试样	坩埚材料
碳酸钠	硅酸盐、黏土、高岭土、碳酸盐、磷酸盐、氟化物等	铂
氢氧化钠	硅酸盐、黏土、耐火材料、黑钨矿	铁、镍、银
过氧化钠	几乎所有矿石（钼矿、铬铁矿、黑钨矿、锆英石等）	锆、镍、墨
铵盐	方铅矿、黄铁矿、硫化矿等	瓷、TFE、铂
$KHSO_4$ 与 $K_2S_2O_7$	铌钽酸盐，Fe、Ti、Al 氧化物矿	瓷、石英、铂
KHF_2 与 NH_4HF_2	锆石、绿柱石、铌钽酸盐	铂、银
偏硼酸锂	岩石、硅酸盐、土壤、陶瓷、钢渣等	石墨、铂

2. 各种熔融法

(1) Na_2CO_3 或 K_2CO_3

碳酸盐通常用来分解矿石试样，如钠长石（$NaAlSi_3O_8$）、重晶石（$BaSO_4$）、铌钽矿、铁矿、锰矿等，熔融温度一般在 900～1000℃，时间为 10～30min。比如，碳酸钠分解钠长石、重晶石的反应如下：

$$NaAlSi_3O_8 + 3Na_2CO_3 \xrightarrow{\triangle} NaAlO_2 + 3Na_2SiO_3 + 3CO_2\uparrow$$

$$BaSO_4 + Na_2CO_3 \xrightarrow{\triangle} BaCO_3 + Na_2SO_4$$

熔剂和试样的比例，如铁矿或锰矿为 1∶1，对硅酸盐约为 5∶1，对一些难熔的物质如硅酸锆、釉和耐火材料等则要(10～20)∶1，通常用铂坩埚。

碳酸盐熔融法也存在一些缺点，如一些元素会挥发失去，汞和铊全部挥发，Se、As、碘在很大程度上失去，而氟、氯、溴则损失较小。

(2) NaOH 或 KOH

氢氧化钠（钾）的熔点较低（328℃），熔融可以在较低的温度下进行，常用于分解铝土矿、硅酸盐（如高岭土、耐火土、灰分、矿渣、玻璃等）等试样，可在铁、镍或银坩埚中进行分解。此外，还可用来分解铅、钒、铌、钽及硼矿物和许多氢化物、磷酸盐以及氟化物。

用 Na_2CO_3 作熔剂时，加入少量 NaOH，可提高其分解能力并降低熔点。分解难溶性物质时，NaOH 与少量 Na_2O_2（或少量 KNO_3）混合，可作为氧化性碱性熔剂。NaOH 与锌粉混合，可以分解锡石：

$$SnO_2 + Zn + 4NaOH \xrightarrow{\triangle} Na_2SnO_2 + Na_2ZnO_2 + 2H_2O\uparrow$$

用 HCl 溶液浸取熔块后，可用碘量法直接滴定 Sn^{2+}。As^{3+}、Sb^{3+} 在熔融时已挥发逸出，不干扰锡的测定。

(3) Na_2O_2

过氧化钠是一种强氧化性、强腐蚀性的碱性熔剂，常用来熔解极难溶的金属和合金、铬矿以及其他难分解的矿物，如钛铁矿、铌钽矿、绿柱石、锆石和电气石等。由于过氧化钠是强氧化剂，能把试样中的大部分元素氧化为高价状态，例如铬铁矿的分解反应为：

$$2FeO \cdot Cr_2O_3 + 7Na_2O_2 \xrightarrow{\triangle} 2NaFeO_2 + 4Na_2CrO_4 + 2Na_2O$$

熔块用水溶解，溶出 Na_2CrO_4，同时 $NaFeO_2$ 水解而生成 $Fe(OH)_3$ 沉淀：

$$NaFeO_2 + 2H_2O \rightleftharpoons NaOH + Fe(OH)_3$$

然后再利用 Na_2CrO_4 和 $Fe(OH)_3$ 沉淀分别测定铬和铁的含量。

但是，过氧化钠对坩埚腐蚀严重，如果将 Na_2O_2 与 Na_2CO_3 混合使用，可以减缓其氧化作用。此外，过氧化钠不纯且不能进一步提纯，容易带入杂质。使用过氧化钠做熔剂时，不宜与有机物混合，以免发生爆炸。

(4) $K_2S_2O_7$ 或 $Na_2S_2O_7$

焦硫酸钾（钠）在 420℃以上分解产生 SO_3，对矿石试样有分解作用：

$$K_2S_2O_7 \xrightarrow{\triangle} K_2SO_4 + SO_3\uparrow$$

若使用 $KHSO_4$，其作用也是一样的，因为它灼烧时也生成 $K_2S_2O_7$。此类熔剂与碱性或中性氧化物混合熔融时，在 300 ℃左右发生复分解反应，生成可溶性硫酸盐。因此，焦硫酸钾（钠）常用作分解多种金属氧化物矿石，如：

$$3K_2S_2O_7 + Al_2O_3 \xrightarrow{\triangle} Al_2(SO_4)_3 + 3K_2SO_4$$

焦硫酸钾（钠）熔融试样时，温度不应太高，持续的时间也不应太长，以防止 SO_3 过多、过早地挥发掉以及硫酸盐分解为难溶性氧化物。假如试样很难分解，最好不时冷却熔融物，并加数滴浓硫酸。

（三）半熔法

半熔法又称烧结法，是在低于熔点的温度下，使试样与熔剂发生反应。与熔融法相比，半熔法的温度较低，加热时间长，但不易腐蚀坩埚，可以避免在试样中带入坩埚材料的成分。半熔法通常在瓷坩埚中进行。

常用的烧结剂有 MgO-Na_2CO_3(2+3)、MgO-Na_2CO_3(2+1)、ZnO-Na_2CO_3(1+2)。其中，MgO、ZnO 的作用在于其熔点高，预防 Na_2CO_3 熔合，使整个混合物保持松散状态，使矿石氧化得更快、更完全，反应产生的气体容易逸出。

半熔法适用于磁铁矿、重晶石、天青石、石膏、黑钨矿等的分解。

二、有机试样的分解

对有机试样中某些元素进行测定，必须将其先分解。在不带入干扰物质的前提下，待测元素要能定量回收，并转变为易于测定的某一价态。

1. 干式灰化法

将试样置于马弗炉中加热燃烧（一般 400～700℃）分解，大气中的氧起氧化剂的作用，燃烧后留下无机残余物。残余物通常用少量浓盐酸或热的浓硝酸浸取，然后定量转移到玻璃容器中。干式灰化法适于分解有机物或生物试样，以便测定其中的金属元素、硫及卤素元素的含量。

干式灰化法的最大优点是不加试剂或只加入少量试剂，从而避免了由外部带入杂质，空白值低，同时方法比较简便，对微量元素分析有很重要的意义。但是少数元素挥发或金属附着在器壁上会造成一定的损失。

2. 湿式消化法

湿式消化法是将试样与硝酸和硫酸混合物一起置于克氏烧瓶内，煮解，硝酸能破坏大部分有机物和被蒸发，最后剩余硫酸冒浓厚的 SO_3 白烟时，在烧瓶内进行回流，溶液变为透明。测定试样中的粗蛋白含量的凯氏定氮法就是湿式消化法的典型应用。

通常用体积比为 3∶1∶1的硝酸、高氯酸和硫酸的混合物进行消化，能收到更好的效果。

湿式消化法的优点是速度快，缺点是因加入试剂而引入杂质。应尽可能使用高纯度的试剂。

第三节 定量分析的后续步骤

一、干扰组分的分离与样品的富集

试样经分解后，除少数情况外，一般还不能直接测定。特别是组成比较复杂的物质，含有多种成分，在测定其中某一组分时，共存的其他成分往往对待测组分的测定有干扰，应设法消除干扰。用加入掩蔽剂的方法来消除干扰的方法简单、易行，但在多数情况下难以找到合适的掩蔽剂，此时就需要对被测组分与干扰组分进行分离。

另外，在分析微量组分（0.01％～1％）或痕量组分（＜0.01％）时，也会出现由于分析方法灵敏度所限，使得测定结果误差太大，甚至难以测定的情况。这时就需要对被测组分进行富集，以保证分析结果的准确性。

目前常用的分离和富集方法有：沉淀分离法、挥发和蒸馏分离法、萃取分离法、离子交换分离法和色谱分离法等。

沉淀分离法是利用沉淀反应使被测离子与干扰离子分离的一种方法。在待测的试液中，加入适当的沉淀剂，使被测组分沉淀下来，或将干扰组分沉淀除去，从而达到富集或分离的目的。沉淀分离法主要有常规沉淀分离法、均相沉淀分离法和共沉淀分离法，应根据情况使用无机沉淀剂或有机沉淀剂。

挥发和蒸馏分离法是利用物质挥发性的差异分离共存组分的一种方法。若被测组分与干扰组分的挥发性悬殊，可直接蒸馏。若被测组分与干扰组分的挥发性相差不够大，可经预先处理，将各组分转化为具有不同挥发性的化合物，然后再进行挥发和蒸馏分离。

萃取是利用物质在两种互不相溶（或微溶）的溶剂中溶解度或分配系数的不同，使溶质物质从一种溶剂内转移到另外一种溶剂中的方法。萃取分离法包括液相-液相萃取法、固相-液相萃取法、气相-液相萃取法等几种，其中应用最广泛的是液相-液相萃取法。在液相-液相萃取中，任何物质在水相和有机相中均有一定的溶解度，但通常在其中某一相中的溶解度较大，而在另一相中的溶解度较小。若被测组分在某一相中的溶解度较大，而干扰组分则在另一相中的溶解度较大，就可以较好地将它们分离开来。

离子交换分离法是通过带电的溶质分子与离子交换剂中可交换的离子进行交换而分离的方法。离子交换分离法属固液分离方法，即利用混合液中的离子与固定相中具有相同电荷的离子进行交换作用，从而将该离子从混合液中分离出来。天然的离子交换剂有黏土、沸石、淀粉、纤维素、蛋白质等，但实际应用中最主要的交换剂是离子交换树脂、离子交换膜等。

色谱分离法是一种分离、分析方法，有时又称为层析技术。它利用被分离的多种物质在互不相溶的两相中分配系数等的微小差异进行分离。当两相作相对移动时，使被测物质在两相之间进行反复多次分配，使原来微小的差异累加产生了很大的效果，形成差速迁移，使各组分在柱内移动的同时逐渐分离，以达到分离、分析及测定一些物理化学常数的目的。色谱法具有分离及分析两种功能，它是分析混合物最有力的手段。

二、测定方法的选择

经过采样、制样和试样的分解及预处理后，便可以用适当的方法对被测组分进行分析了。而依据被测组分的物理、化学性质，可以建立起多种多样的定量分析方法，一个组分往往有数种测定方法，这就需要根据各种不同的分析任务选择不同的测定方法。选择的原则是：

1.根据测定的目的及要求选择

由于分析工作涉及面很广，分析的对象种类繁多，首先应明确测定的目的及要求，主要包括需要测定的组分、准确度及完成测定的时间等。通常来讲，对标准物和成品分析，对测定的准确度要求较高；而对微量成分的分析，对测定的灵敏度要求较高；对中间控制项目分析，则主要要求测定方法快速、简便等。例如工业化生产中测定工业无水硫酸钠产品的主含量时，一般采用差减法，因为差减法的测定速度快，而仲裁时则采用准确度较高的重量法。

2.根据待测组分的含量范围选择

待测组分的含量不同，选择的测定方法也不同。适用于测定常量组分的方法，不一定适用于测定微量组分或低浓度物质；反之，适用于测定微量组分的方法，也不一定适用于常量组分的测定。所以，在选择分析方法时应考虑待测组分的含量范围。

常量组分多采用滴定分析法和重量分析法，它们的相对误差为千分之几。滴定分析法操作简便、快速。重量分析法虽然很准确，但操作费时。因此当两者均可选用时，一般采用滴定分析法。然而滴定分析法的灵敏度不高，对低含量($<1\%$)组分的测定误差较大，有时甚至测不出来。因此，对于微量组分的测定，应当选用灵敏度较高的仪器分析，如分光光度法、原子吸收光谱法、色谱分析法等。这些方法的相对误差一般是百分之几。但用这些方法测定常量组分时，其准确度就达不到滴定分析法和重量分析法那样高。因此，需根据具体情况选择合适的分析方法。

3.根据待测组分的性质选择

一般来说，分析方法的选择都是基于被测组分的性质。例如试样具有酸碱性时，可以首先考虑中和法；试样具有还原性或氧化性时，可以首先考虑氧化还原法；大部分金属离子可与 EDTA 形成稳定的配合物，因此常用配位滴定法测定金属离子。对于碱金属，特别是钠离子等，由于它们的配合物一般都很不稳定，其大部分盐类的溶解度又较大，而且不具有氧化还原性质，但能发射或吸收一定波长的特征谱线，因此火焰光度法及原子吸收光谱法是较好的测定方法。

4.根据共存组分的影响选择

选择分析方法时，必须考虑共存组分对测定的影响。例如测定工业无水硫酸钠产品中的钙、镁时，若选用配位滴定法，由于 Fe^{3+}、Al^{3+}、Zn^{2+}、Pb^{2+} 等都能与 EDTA 配合，会干扰测定；若用原子吸收光谱法，则一般元素如 Fe、Zn、Pb、Al、Co、Ni、Ca、Mg 等均不干扰。

5.根据实验室条件选择

选择测定方法时，还要考虑实验室是否具备所需条件，例如现有仪器的精密度和灵敏度，所需试剂和水的纯度以及实验室的温度、湿度和防尘等实际情况。有些方法虽能在短时间内分析成批试样，很适合于例行分析，但一般实验室不一定具备所需要的仪器，此时也只能选用其他方法。

总之，一个理想的分析方法应该是准确度高、灵敏度高(检出限低)、选择性好、适应于分析的具体要求(如优先准确度或优先快速等)、与现有实验设备和技术条件相适应、操作简便的方法。但在实际工作中，一种测定方法很难同时满足这些条件，即不存在适用于任何试样、任何组分的测定方法。因此，要选择一个适宜的分析方法，就要综合考虑以上各个因素。

三、数据处理与结果表示

数据处理参见本书第三章“定量分析的误差及数据处理”。

定量分析结果可用如下的方法表示：

1.待测组分的化学表示形式

根据待测组分的存在形式或方便使用的需要，可以用不同的方式表示待测物的含量。

(1)以待测组分实际存在形式的含量表示，如 S(单质)、S^{2-}(硫化物)、SO_4^{2-}(硫酸盐)，NH_3、NO_3^-、N_2 等实际存在的形式。

(2)如实际存在形式不清楚，以其氧化物或元素形式的含量表示，如 CaO、SO_3、SiO_2、Fe、Cu 等形式。

(3)金属材料和有机分析，一般以元素的含量表示，如 Fe、Cu、Mn、W、C、H、O 等形式。

(4)以要求测定项目的含量表示，如水分(%)、灰分(%)、酸不溶物(%)、烧失量(%)、挥发分(%)等形式。

2.待测组分含量的表示方法

(1)固体试样：一般以质量分数或百分含量表示。质量分数(w_B)是指物质 B 的质量 m_B 与混合物的质量 m 之比：

$$w_B=\frac{m_B}{m}\times 100\%$$

(2)液体试样：一般以物质的量浓度(mol/L)、质量分数、质量浓度(mg/L、g/L 等)、体积分数、摩尔分数等表示。其中，相对比较容易混淆的表示方法分述如下。

质量分数$(m/m_s)\%$：表示 100g 试液中含被测组分的克数。如 13.2%的 NaCl 溶液，表示 100g NaCl 溶液含 13.2g NaCl。

体积分数$(V/V_s)\%$：表示 100mL 试液中被测组分的体积。如 50%的乙醇溶液，表示 100mL 乙醇溶液含 50mL 乙醇。

质量体积分数$(m/V)\%$：表示 100mL 试液中被测组分所占的克数。如 30% H_2O_2 溶液，表示 100mL 双氧水溶液中含 30g H_2O_2 溶质。

(3)气体试样：气体试样中的常量或微量组分的含量，通常以体积分数或质量浓度(mg/L)等表示。

(4)微量组分：为了方便表示，微量组分常用较小的单位。如测得土壤中含铅 350ppm

或 350μg/g，表示每克土壤含铅 350μg。而废水中含铅 0.05ppm 或 0.05μg/mL，表示 1mL 废水中含铅 0.05μg。

详见第四章“滴定分析法概述”的第二节。

复习思考题

1. 试样的制备过程一般包括几个步骤？

2. 分解试样常用的方法大致可分为哪两类？什么情况下采用熔融法？

3. 简述以下溶（熔）剂对试样分解的作用：HCl，HF，$HClO_4$，H_3PO_4，NaOH，KOH，Na_2CO_3，$K_2S_2O_7$。

4. 选择分析方法应注意哪些事项？

5. 已知铅锌矿的 $K=0.1$，$a=2$。

(1)采取的原始试样的最大颗粒直径为 30mm。问最少应采取多少千克试样才具有代表性？

(2)将原始试样进行破碎并通过直径为 3.36mm 的筛孔，再用四分法进行缩分，最多应缩分几次？

(3)如果要求最后所得分析试样不超过 100g，问试样通过筛孔的直径应为多少毫米？

附　　录

附录 1　常用酸碱溶液的密度和浓度

溶液名称	密度 ρ(g/cm^3)	质量分数(%)	(物质的量)浓度 c(mol/L)
浓硫酸	1.84	95～96	18
稀硫酸	1.18	25	3
稀硫酸	1.06	9	1
浓盐酸	1.19	38	12
稀盐酸	1.10	20	6
稀盐酸	1.03	7	2
浓硝酸	1.40	65	14
稀硝酸	1.20	32	6
稀硝酸	1.07	12	2
稀高氯酸	1.12	19	2
浓氢氟酸	1.3	40	23
氢溴酸	1.38	40	7
氢碘酸	1.70	57	7.5
冰醋酸	1.05	99～100	17.5
稀醋酸	1.04	35	6
稀醋酸	1.02	12	2
浓氢氧化钠	1.36	33	11
稀氢氧化钠	1.09	8	2
浓氨水	0.88	35	18
浓氨水	0.91	25	13.5
稀氨水	0.96	11 6	
稀氨水	0.99	3.5	2

附录2 常用基准物质的干燥条件和应用

基准物质		干燥后的组成	干燥条件(℃)	标定对象
名称	分子式			
碳酸氢钠	$NaHCO_3$	Na_2CO_3	270～300	酸
碳酸钠	$Na_2CO_3 \cdot 10H_2O$	Na_2CO_3	270～300	酸
硼砂	$Na_2B_4O_7 \cdot 10H_2O$	$Na_2B_4O_7 \cdot 10H_2O$	放在装有氯化钠和饱和蔗糖溶液的密闭器皿中	酸
碳酸氢钾	$KHCO_3$	K_2CO_3	270～300	酸
二水合草酸	$H_2C_2O_4 \cdot 2H_2O$	$H_2C_2O_4 \cdot 2H_2O$	室温空气干燥	碱或 $KMnO_4$
邻苯二甲酸氢钾	$KHC_8H_4O_4$	$KHC_8H_4O_4$	110～120	碱
重铬酸钾	$K_2Cr_2O_7$	$K_2Cr_2O_7$	140～150	还原剂
溴酸钾	$KBrO_3$	$KBrO_3$	180	还原剂
碘酸钾	KIO_3	KIO_3	180	还原剂
铜	Cu	Cu	室温干燥器中保存	还原剂
三氧化二砷	As_2O_3	As_2O_3	室温干燥器中保存	氧化剂
草酸钠	$Na_2C_2O_4$	$Na_2C_2O_4$	130	氧化剂
碳酸钙	$CaCO_3$	$CaCO_3$	110	EDTA
锌	Zn	Zn	室温干燥器中保存	EDTA
氧化锌	ZnO	ZnO	900～1000	EDTA
氯化钠	NaCl	NaCl	500～600	$AgNO_3$
氯化钾	KCl	KCl	500～600	$AgNO_3$
硝酸银	$AgNO_3$	$AgNO_3$	220～250	氯化物
氨基磺酸	$HOSO_2NH_2$	$HOSO_2NH_2$	在真空 H_2SO_4 干燥器中保存48h	碱
氟化钠	NaF	NaF	铂坩埚中500～550℃下加热40～50min后，H_2SO_4 干燥器中冷却	硝酸钍、硅

附录 3 常用缓冲溶液的配制方法

1. 甘氨酸-盐酸缓冲液(0.05mol/L)

*X*mL 0.2mol/L **甘氨酸**＋*Y*mL 0.2mol/L HCl,**再加水稀释至** 200mL

pH 值	*X*	*Y*	pH 值	*X*	*Y*
2.0	50	44.0	3.0	50	11.4
2.4	50	32.4	3.2	50	8.2
2.6	50	24.2	3.4	50	6.4
2.8	50	16.8	3.6	50	5.0

甘氨酸相对分子质量＝75.07,0.2 mol/L 甘氨酸溶液含甘氨酸 15.01g/L。

2. 邻苯二甲酸氢钾-盐酸缓冲液(0.05mol/L)

*X*mL 0.2mol/L **邻苯二甲酸氢钾**＋*Y*mL 0.2mol/L HCl,**再加水稀释到** 20mL

pH 值(20℃)	*X*	*Y*	pH 值(20℃)	*X*	*Y*
2.2	5	4.070	3.2	5	1.470
2.4	5	3.960	3.4	5	0.990
2.6	5	3.295	3.6	5	0.597
2.8	5	2.642	3.8	5	0.263
3.0	5	2.022			

邻苯二甲酸氢钾相对分子质量 ＝ 204.23,0.2mol/L 邻苯二甲酸氢钾溶液含邻苯二甲酸氢钾 40.85 克/升

3. 磷酸氢二钠-柠檬酸缓冲液

pH 值	0.2mol/L Na_2HPO_4 (mL)	0.1mol/L 柠檬酸 (mL)	pH 值	0.2mol/L Na_2HPO_4 (mL)	0.1mol/L 柠檬酸 (mL)
2.2	0.40	19.60	5.2	10.72	9.28
2.4	1.24	18.76	5.4	11.15	8.85
2.6	2.18	17.82	5.6	11.60	8.40
2.8	3.17	16.83	5.8	12.09	7.91
3.0	4.11	15.89	6.0	12.63	7.37
3.2	4.94	15.06	6.2	13.22	6.78
3.4	5.70	14.30	6.4	13.85	6.15
3.6	6.44	13.56	6.6	14.55	5.45
3.8	7.10	12.90	6.8	15.45	4.55
4.0	7.71	12.29	7.0	16.47	3.53
4.2	8.28	11.72	7.2	17.39	2.61
4.4	8.82	11.18	7.4	18.17	1.83
4.6	9.35	10.65	7.6	18.73	1.27
4.8	9.86	10.14	7.8	19.15	0.85
5.0	10.30	9.70	8.0	19.45	0.55

Na_2HPO_4 相对分子质量＝14.98,0.2mol/L 溶液含 28.40g/L 溶质。

$Na_2HPO_4 \cdot 2H_2O$ 相对分子量＝178.05,0.2mol/L 溶液含 35.01g/L 溶质。

$C_6H_8O_7 \cdot H_2O$ 相对分子量＝210.14,0.1mol/L 溶液含 21.01g/L 溶质。

4. 柠檬酸-氢氧化钠-盐酸缓冲液

pH 值	钠离子浓度 (mol/L)	柠檬酸(g) $C_6H_8O_7 \cdot H_2O$	氢氧化钠(g) NaOH 97%	盐酸(mL) HCl(浓)	最终体积(L)①
2.2	0.20	210	84	160	10
3.1	0.20	210	83	116	10
3.3	0.20	210	83	106	10
4.3	0.20	210	83	45	10
5.3	0.35	245	144	68	10
5.8	0.45	285	186	105	10
6.5	0.38	266	156	126	10

①使用时可以每升中加入 1g 酚,若最后 pH 值有变化,再用少量 50% 氢氧化钠溶液或浓盐酸调节,冰箱保存。

5. 柠檬酸-柠檬酸钠缓冲液(0.1mol/L)

pH 值	0.1mol/L 柠檬酸 (mL)	0.1mol/L 柠檬酸钠 (mL)	pH 值	0.1mol/L 柠檬酸 (mL)	0.1mol/L 柠檬酸钠 (mL)
3.0	18.6	1.4	5.0	8.2	11.8
3.2	17.2	2.8	5.2	7.3	12.7
3.4	16.0	4.0	5.4	6.4	13.6
3.6	14.9	5.1	5.6	5.5	14.5
3.8	14.0	6.0	5.8	4.7	15.3
4.0	13.1	6.9	6.0	3.8	16.2
4.2	12.3	7.7	6.2	2.8	17.2
4.4	11.4	8.6	6.4	2.0	18.0
4.6	10.3	9.7	6.6	1.4	18.6
4.8	9.2	10.8			

柠檬酸 $C_6H_8O_7 \cdot H_2O$ 相对分子质量 210.14,0.1mol/L 溶液含 21.01g/L 溶质。

柠檬酸钠 $Na_3C_6H_5O_7 \cdot 2H_2O$ 相对分子质量 294.12,0.1mol/L 溶液含 29.41g/L 溶质。

6. 乙酸-乙酸钠缓冲液(0.2mol/L)

pH 值(18℃)	0.2mol/L NaAc (mL)	0.3mol/L HAc (mL)	pH 值(18℃)	0.2 mol/L NaAc (mL)	0.3mol/L HAc (mL)
3.6	0.75	9.25	4.8	5.90	4.10
3.8	1.20	8.80	5.0	7.00	3.00
4.0	1.80	8.20	5.2	7.90	2.10
4.2	2.65	7.35	5.4	8.60	1.40
4.4	3.70	6.30	5.6	9.10	0.90
4.6	4.90	5.10	5.8	9.40	0.60

$NaAc \cdot 3H_2O$ 相对分子质量=136.09,0.2mol/L 溶液含 27.22g/L 溶质。

7. 磷酸盐缓冲液

(1)磷酸氢二钠-磷酸二氢钠缓冲液(0.2mol/L)

pH 值	0.2mol/L Na_2HPO_4(mL)	0.3mol/L NaH_2PO_4(mL)	pH 值	0.2mol/L Na_2HPO_4(mL)	0.3mol/L NaH_2PO_4(mL)
5.8	8.0	92.0	7.0	61.0	39.0
5.9	10.0	90.0	7.1	67.0	33.0
6.0	12.3	87.7	7.2	72.0	28.0
6.1	15.0	85.0	7.3	77.0	23.0
6.2	18.5	81.5	7.4	81.0	19.0
6.3	22.5	77.5	7.5	84.0	16.0
6.4	26.5	73.5	7.6	87.0	13.0
6.5	31.5	68.5	7.7	89.5	10.5
6.6	37.5	62.5	7.8	91.5	8.5
6.7	43.5	56.5	7.9	93.0	7.0
6.8	49.5	51.0	8.0	94.7	5.3
6.9	55.0	45.0			

$Na_2HPO_4 \cdot 2H_2O$ 相对分子质量=178.05,0.2mol/L 溶液含 85.61g/L 溶质。

$Na_2HPO_4 \cdot 12H_2O$ 相对分子质量=358.22,0.2mol/L 溶液含 71.64g/L 溶质。

$NaH_2PO_4 \cdot 2H_2O$ 相对分子质量=156.03,0.2mol/L 溶液含 31.21g/L 溶质。

(2)磷酸氢二钠-磷酸二氢钾缓冲液(1/15 mol/L)

pH 值	1/15mol/L Na_2HPO_4(mL)	1/15mol/L KH_2PO_4(mL)	pH 值	1/15mol/L Na_2HPO_4(mL)	1/15mol/L KH_2PO_4(mL)
4.92	0.10	9.90	7.17	7.00	3.00
5.29	0.50	9.50	7.38	8.00	2.00
5.91	1.00	9.00	7.73	9.00	1.00
6.24	2.00	8.00	8.04	9.50	0.50
6.47	3.00	7.00	8.34	9.75	0.25
6.64	4.00	6.00	8.67	9.90	0.10
6.81	5.00	5.00	8.18	10.00	0
6.98	6.00	4.00			

$Na_2HPO_4 \cdot 2H_2O$ 相对分子质量=178.05,1/15mol/L 溶液含 11.876g/L 溶质。

KH_2PO_4 相对分子质量=136.09,1/15mol/L 溶液含 9.078g/L 溶质。

8. 磷酸二氢钾-氢氧化钠缓冲液(0.05mol/L)

XmL 0.2mol/L KH_2PO_4 + YmL 0.2mol/L NaOH **加水稀释至** 29mL

pH 值(20℃)	X(mL)	Y(mL)	pH 值(20℃)	X(mL)	Y(mL)
5.8	5	0.372	7.0	5	2.963
6.0	5	0.570	7.2	5	3.500
6.2	5	0.860	7.4	5	3.950
6.4	5	1.260	7.6	5	4.280
6.6	5	1.780	7.8	5	4.520
6.8	5	2.365	8.0	5	4.680

9. 巴比妥钠-盐酸缓冲液(18℃)

pH 值	0.04mol/L 巴比妥钠溶液(mL)	0.2mol/L 盐酸(mL)	pH 值	0.04mol/L 巴比妥钠溶液(mL)	0.2mol/L 盐酸(mL)
6.8	100	18.4	8.4	100	5.21
7.0	100	17.8	8.6	100	3.82
7.2	100	16.7	8.8	100	2.52
7.4	100	15.3	9.0	100	1.65
7.6	100	13.4	9.2	100	1.13
7.8	100	11.47	9.4	100	0.70
8.0	100	9.39	9.6	100	0.35
8.2	100	7.21		100	

巴比妥钠盐相对分子质量=206.18,0.04mol/L 巴比妥钠溶液含 8.25g/L 巴比妥钠。

10. Tris-盐酸缓冲液(0.05mol/L,25℃)

50mL 0.1mol/L 三羟甲基氨基甲烷(Tris)溶液与 XmL 0.1mol/L 盐酸混匀后,加水稀释至 100mL。

pH 值	X(mL)	pH 值	X(mL)
7.10	45.7	8.10	26.2
7.20	44.7	8.20	22.9
7.30	43.4	8.30	19.9
7.40	42.0	8.40	17.2
7.50	40.3	8.50	14.7
7.60	38.5	8.60	12.4
7.70	36.6	8.70	10.3
7.80	34.5	8.80	8.5
7.90	32.0	8.90	7.0
8.00	29.2		

三羟甲基氨基甲烷(Tris)

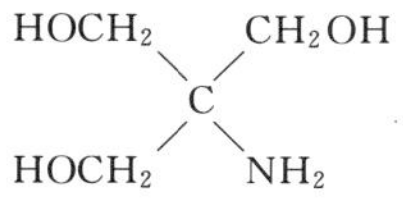

相对分子质量=121.14,0.1mol/L Tris 溶液含 12.114g/L Tris。

Tris 溶液可从空气中吸收二氧化碳,使用时注意将瓶盖严。

11. 硼酸-硼砂缓冲液(0.2mol/L 硼酸根)

pH 值	0.05mol/L 硼砂(mL)	0.2mol/L 硼酸(mL)	pH 值	0.05mol/L 硼砂(mL)	0.2mol/L 硼酸(mL)
7.4	1.0	9.0	8.2	3.5	6.5
7.6	1.5	8.5	8.4	4.5	5.5
7.8	2.0	8.0	8.7	6.0	4.0
8.0	3.0	7.0	9.0	8.0	2.0

硼砂 $Na_2B_4O_7 \cdot H_2O$,相对分子质量=381.43,0.05mol/L 硼砂溶液(=0.2mol/L 硼酸根)含 19.07g/L 硼砂。

硼酸 H_2BO_3,相对分子质量=61.84,0.2mol/L 硼酸溶液含 12.37g/L 硼酸。

硼砂易失去结晶水,必须在带塞的瓶中保存。

12. 甘氨酸-氢氧化钠缓冲液(0.05mol/L)

XmL 0.2mol/L 甘氨酸+YmL 0.2mol/L NaOH 加水稀释至 200mL

pH 值	X	Y	pH 值	X	Y
8.6	50	4.0	9.6	50	22.4
8.8	50	6.0	9.8	50	27.2
9.0	50	8.8	10.0	50	32.0
9.2	50	12.0	10.4	50	38.6
9.4	50	16.8	10.6	50	45.5

甘氨酸相对分子质量=75.07,0.2mol/L NaOH 溶液含 15.01g/L NaOH。

13. 硼砂-氢氧化钠缓冲液(0.05mol/L 硼酸根)

XmL 0.05mol/L 硼砂+YmL 0.2mol/L NaOH 加水稀释至 200mL

pH 值	X	Y	pH 值	X	Y
9.3	50	6.0	9.8	50	34.0
9.4	50	11.0	10.0	50	43.0
9.6	50	23.0	10.1	50	46.0

硼砂 $Na_2B_4O_7 \cdot 10H_2O$,相对分子质量=381.43,0.05mol/L 硼砂溶液含 19.07g/L 硼砂。

14. 碳酸钠-碳酸氢钠缓冲液(0.1mol/L)

Ca^{2+}、Mg^{2+} 存在时不得使用。

pH 值		0.1mol/L Na_2CO_3 (mL)	0.1mol/L $NaHCO_3$ (mL)
20℃	37℃		
9.16	8.77	1	9
9.40	9.12	2	8
9.51	9.40	3	7
9.78	9.50	4	6
9.90	9.72	5	5
10.14	9.90	6	4
10.28	10.08	7	3
10.53	10.28	8	2
10.83	10.57	9	1

$Na_2CO_3 \cdot 10H_2O$ 相对分子质量=286.2,0.1mol/L Na_2CO_3 溶液含 28.62g/L Na_2CO_3。

$NaHCO_3$ 相对分子质量=84.0,0.1mol/L $NaHCO_3$ 溶液含 8.40g/L $NaHCO_3$。

15. "PBS"缓冲液

PH 值	H_2O (mL)	NaCl(g)	Na_2HPO_4(g)	NaH_2PO_4(g)
7.6	1000	8.5	2.2	0.1
7.4	1000	8.5	2.2	0.2
7.2	1000	8.5	2.2	0.3
7.0	1000	8.5	2.2	0.4

附录 4　常用弱酸、弱碱在水中的解离常数

附表 4-1　无机酸在水溶液中的解离常数(25℃)

序号	名称	化学式	K_a	pK_a
1	砷酸	H_3AsO_4	$K_{a1}=6.3\times10^{-3}$	2.2
			$K_{a2}=1.05\times10^{-7}$	6.98
			$K_{a3}=3.2\times10^{-12}$	11.5
2	硼酸	H_3BO_3	$K_{a1}=5.8\times10^{-10}$	9.24
			$K_{a2}=1.8\times10^{-13}$	12.74
			$K_{a3}=1.6\times10^{-14}$	13.8
3	氢氰酸	HCN	$K_a=6.2\times10^{-10}$	9.21
4	碳酸	H_2CO_3	$K_{a1}=4.2\times10^{-7}$	6.38
			$K_{a2}=5.6\times10^{-11}$	10.25
5	次氯酸	HClO	$K_a=3.2\times10^{-8}$	7.5
6	氢氟酸	HF	$K_a=6.61\times10^{-4}$	3.18
7	高碘酸	HIO_4	$K_a=2.8\times10^{-2}$	1.56
8	亚硝酸	HNO_2	$K_a=5.1\times10^{-4}$	3.29
9	磷酸	H_3PO_4	$K_{a1}=7.52\times10^{-3}$	2.12
			$K_{a2}=6.31\times10^{-8}$	7.2
			$K_{a3}=4.4\times10^{-13}$	12.36
10	氢硫酸	H_2S	$K_{a1}=1.3\times10^{-7}$	6.88
			$K_{a2}=7.1\times10^{-15}$	14.15
11	亚硫酸	H_2SO_3	$K_{a1}=1.23\times10^{-2}$	1.91
			$K_{a2}=6.6\times10^{-8}$	7.18
12	硫酸	H_2SO_4	$K_{a1}=1.0\times10^{3}$	−3
			$K_{a2}=1.02\times10^{-2}$	1.99
13	硫代硫酸	$H_2S_2O_3$	$K_{a1}=2.52\times10^{-1}$	0.6
			$K_{a2}=1.9\times10^{-2}$	1.72
14	氢硒酸	H_2Se	$K_{a1}=1.3\times10^{-4}$	3.89
			$K_{a2}=1.0\times10^{-11}$	11

附表 4-2　有机酸在水溶液中的解离常数(25℃)

序号	名称	化学式	K_a	pK_a
1	甲酸	$HCOOH$	$K_a=1.8\times10^{-4}$	3.75
2	乙酸	CH_3COOH	$K_a=1.74\times10^{-5}$	4.76
3	草酸	$(COOH)_2$	$K_{a1}=5.4\times10^{-2}$	1.27
			$K_{a2}=5.4\times10^{-5}$	4.27
4	甘氨酸	$CH_2(NH_2)COOH$	$K_a=1.7\times10^{-10}$	9.78
5	一氯乙酸	$CH_2ClCOOH$	$K_a=1.4\times10^{-3}$	2.86
6	二氯乙酸	$CHCl_2COOH$	$K_a=5.0\times10^{-2}$	1.3
7	三氯乙酸	CCl_3COOH	$K_a=2.0\times10^{-1}$	0.7
8	丙酸	CH_3CH_2COOH	$K_a=1.35\times10^{-5}$	4.87
9	乳酸(丙醇酸)	$CH_3CHOHCOOH$	$K_a=1.4\times10^{-4}$	3.86
10	丙二酸	$HOCOCH_2COOH$	$K_{a1}=1.4\times10^{-3}$	2.85
			$K_{a2}=2.2\times10^{-6}$	5.66
11	甘油酸	$HOCH_2CHOHCOOH$	$K_a=2.29\times10^{-4}$	3.64
12	丙酮酸	$CH_3COCOOH$	$K_a=3.2\times10^{-3}$	2.49
13	正丁酸	$CH_3(CH_2)_2COOH$	$K_a=1.52\times10^{-5}$	4.82
14	异丁酸	$(CH_3)_2CHCOOH$	$K_a=1.41\times10^{-5}$	4.85
15	酒石酸	$HOCOCH(OH)CH(OH)COOH$	$K_{a1}=1.04\times10^{-3}$	2.98
			$K_{a2}=4.55\times10^{-5}$	4.34
16	谷氨酸	$HOCOCH_2CH_2CH(NH_2)COOH$	$K_{a1}=7.4\times10^{-3}$	2.13
			$K_{a2}=4.9\times10^{-5}$	4.31
			$K_{a3}=4.4\times10^{-10}$	9.36
17	柠檬酸	$HOCOCH_2C(OH)(COOH)CH_2COOH$	$K_{a1}=7.4\times10^{-4}$	3.13
			$K_{a2}=1.7\times10^{-5}$	4.76
			$K_{a3}=4.0\times10^{-7}$	6.4
18	苯酚	C_6H_5OH	$K_a=1.1\times10^{-10}$	9.96
19	2,4,6-三硝基苯酚	$2,4,6\text{-}(NO_2)_3C_6H_2OH$	$K_a=5.1\times10^{-1}$	0.29
20	葡萄糖酸	$CH_2OH(CHOH)_4COOH$	$K_a=1.4\times10^{-4}$	3.86
21	苯甲酸	C_6H_5COOH	$K_a=6.3\times10^{-5}$	4.2
22	水杨酸	$C_6H_4(OH)COOH$	$K_{a1}=1.05\times10^{-3}$	2.98
			$K_{a2}=4.17\times10^{-13}$	12.38
23	邻苯二甲酸	$(o)C_6H_4(COOH)_2$	$K_{a1}=1.1\times10^{-3}$	2.96
			$K_{a2}=4.0\times10^{-6}$	5.4

续附表 4-2

序号	名称	化学式	K_a	pK_a
24	乙二胺四乙酸(EDTA)	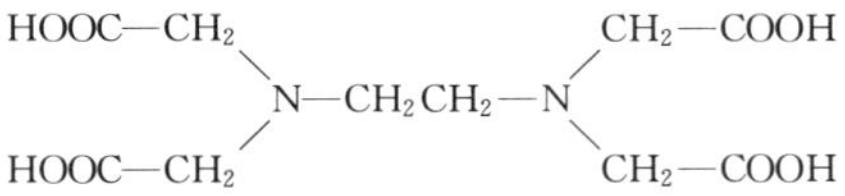	$K_{a1}=1.0\times10^{-2}$	2
			$K_{a2}=2.14\times10^{-3}$	2.67
			$K_{a3}=6.92\times10^{-7}$	6.16
			$K_{a4}=5.5\times10^{-11}$	10.26

表 4-3　无机碱在水溶液中的解离常数(25℃)

序号	名称	化学式	K_b	pK_b
1	氢氧化铝	$Al(OH)_3$	$K_{b3}=1.38\times10^{-9}$	8.86
2	氢氧化银	AgOH	$K_b=1.10\times10^{-4}$	3.96
3	氢氧化钙	$Ca(OH)_2$	$K_{b1}=3.72\times10^{-3}$	2.43
			$K_{b2}=3.98\times10^{-2}$	1.4
4	氨水	$NH_3\cdot H_2O$	$K_b=1.78\times10^{-5}$	4.75
5	氢氧化铅	$Pb(OH)_2$	$K_{b1}=9.55\times10^{-4}$	3.02
			$K_{b2}=3.0\times10^{-8}$	7.52
6	氢氧化锌	$Zn(OH)_2$	$K_b=9.55\times10^{-4}$	3.02

表 4-4　有机碱在水溶液中的解离常数(25℃)

序号	名称	化学式	K_b	pK_b
1	甲胺	CH_3NH_2	$K_b=4.17\times10^{-4}$	3.38
2	尿素(脲)	$CO(NH_2)_2$	$K_b=1.5\times10^{-14}$	13.82
3	乙胺	$CH_3CH_2NH_2$	$K_b=4.27\times10^{-4}$	3.37
4	乙二胺	$H_2N(CH_2)_2NH_2$	$K_{b1}=8.51\times10^{-5}$	4.07
			$K_{b2}=7.08\times10^{-8}$	7.15
5	苯胺	$C_6H_5NH_2$	$K_b=3.98\times10^{-10}$	9.4
6	苄胺	C_7H_9N	$K_b=2.24\times10^{-5}$	4.65
7	对氨基苯酚	$(p)H_2NC_6H_4OH$	$K_{b1}=2.0\times10^{-4}$	3.7
			$K_{b2}=3.2\times10^{-6}$	5.5
8	二苯胺	$(C_6H_5)_2NH$	$K_b=7.94\times10^{-14}$	13.1
9	联苯胺	$H_2NC_6H_4C_6H_4NH_2$	$K_{b1}=5.01\times10^{-10}$	9.3
			$K_{b2}=4.27\times10^{-11}$	10.37

附录5　金属配合物的稳定常数

附表5-1　金属-无机配位体配合物的稳定常数（25℃）

序号	配位体	金属离子	配位体数目 n	$\lg\beta_n$
1.氨配合物	NH_3	Ag^+	1,2	3.24,7.05
		Cd^{2+}	1,2,3,4,5,6	2.65,4.75,6.19,7.12,6.80,5.14
		Co^{2+}	1,2,3,4,5,6	2.11,3.74,4.79,5.55,5.73,5.11
		Cu^{2+}	1,2,3,4,5	4.31,7.98,11.02,13.32,12.86
		Fe^{2+}	1,2	1.4,2.2
		Hg^{2+}	1,2,3,4	8.8,17.5,18.5,19.28
		Mn^{2+}	1,2	0.8,1.3
		Zn^{2+}	1,2,3,4	2.37,4.81,7.31,9.46
2.碘配合物	I^-	Ag^+	1,2,3	6.58,11.74,13.68
		Fe^{3+}	1	1.88
		Hg^{2+}	1,2,3,4	12.87,23.82,27.60,29.83
		Pb^{2+}	1,2,3,4	2.00,3.15,3.92,4.47
3.溴配合物	Br^-	Ag^+	1,2,3,4	4.38,7.33,8.00,8.73
		Cd^{2+}	1,2,3,4	1.75,2.34,3.32,3.70,
		Cu^{2+}	1	0.30
		Hg^{2+}	1,2,3,4	9.05,17.32,19.74,21.00
		Pb^{2+}	1,2,3,4	1.77,2.60,3.00,2.30
		Y^{3+}	1	1.32
4.氯配合物	Cl^-	Ag^+	1,2,4	3.04,5.04,5.30
		Cu^{2+}	1,2	0.1，−0.6
		Fe^{2+}	1	1.17
		Fe^{3+}	2	9.8
		Hg^{2+}	1,2,3,4	6.74,13.22,14.07,15.07
		Zn^{2+}	1,2,3,4	0.43,0.61,0.53,0.20
5.氰配合物	F^-	Al^{3+}	1,2,3,4,5,6	6.11,11.12,15.00,18.00,19.40,19.80
		Ag^+	2,3,4	21.1,21.7,20.6
		Au^+	2	38.3
		Fe^{2+}	6	35.0
		Fe^{3+}	6	42.0
		Hg^{2+}	4	41.4

续附表 5-1

序号	配位体	金属离子	配位体数目 n	$\lg\beta_n$
6. 氰配合物	CN^-	Ag^+	2,3,4	21.1,21.7,20.6
		Au^+	2	38.3
		Fe^{2+}	6	35.0
		Fe^{3+}	6	42.0
		Hg^{2+}	4	41.4
		Zn^{2+}	1,2,3,4	5.3,11.70,16.70,21.60
7. 硫氰酸配合物	SCN^-	Ag^+	1,2,3,4	4.6,7.57,9.08,10.08
		Cu^{2+}	1,2	1.90,3.00
		Fe^{3+}	1,2,3,4,5,6	2.21,3.64,5.00,6.30,6.20,6.10
		Hg^{2+}	1,2,3,4	9.08,16.86,19.70,21.70
		Pb^{2+}	1,2,3	0.78,0.99,1.00
		Zn^{2+}	1,2,3,4	1.33,1.91,2.00,1.60
8. 硫代硫酸配合物	$S_2O_3^{2-}$	Ag^+	1,2	8.82,13.46
		Cd^{2+}	1,2	3.92,6.44
		Cu^+	1,2,3	10.27,12.22,13.84
		Fe^{3+}	1	2.10
		Hg^{2+}	2,3,4	29.44,31.90,33.24
		Pb^{2+}	2,3	5.13,6.35
9. 硫酸配合物	SO_4^{2-}	Ag^+	1	1.3
		Ba^{2+}	1	2.7
		Fe^{3+}	1,2	4.04,5.38
		Hg^{2+}	1,2	1.34,2.40
		Pb^{2+}	1	2.75

附表 5-2 金属-有机配位体配合物的稳定常数(25℃)

序号	配位体	金属离子	配位体数目 n	$\lg\beta_n$
1. EDTA 配合物	乙二胺四乙酸 (EDTA) $[(HOOCCH_2)_2NCH_2]_2$	Ag^+	1	7.32
		Al^{3+}	1	16.11
		Ca^{2+}	1	11.0
		Cu^{2+}	1	18.7
		Fe^{2+}	1	14.83
		Fe^{3+}	1	24.23
		Mg^{2+}	1	8.64
		Zn^{2+}	1	16.4
		Mn^{2+}	1	13.8
		Na^+	1	1.66
		Pb^{2+}	1	18.3
		Zn^{2+}	1	16.4

续附表 5-2

序号	配位体	金属离子	配位体数目 n	$\lg\beta_n$
2. 乙酰丙酮配合物	乙酰丙酮 (Acetyl acetone) $CH_3COCH_2CH_3$	Al^{3+} (30℃)	1,2	8.6,15.5
		Cu^{2+}	1,2	8.27,16.34
		Fe^{2+}	1,2	5.07,8.67
		Fe^{3+}	1,2,3	11.4,22.1,26.7
		Zn^{2+} (30℃)	1,2	4.98,8.81
3. 草酸配合物	草酸 (Oxalic acid) HOOCCOOH	Ag^{+}	1	2.41
		Al^{3+}	1,2,3	7.26,13.0,16.3
		Ba^{2+}	1	2.31
		Ca^{2+}	1	3.0
		Fe^{2+}	1,2,3	2.9,4.52,5.22
		Fe^{3+}	1,2,3	9.4,16.2,20.2
4. 乳酸配合物	乳酸 (Lactic acid) $CH_3CHOHCOOH$	Ba^{2+}	1	0.64
		Ca^{2+}	1	1.42
		Cu^{2+}	1,2	3.02,4.85
		Fe^{3+}	1	7.1
		Mg^{2+}	1	1.37
		Pb^{2+}	1,2	2.40,3.80
		Zn^{2+}	1,2	2.20,3.75
5. 磺基水杨酸配合物	磺基水杨酸 (5-sulfosalicylic acid) $HO_3SC_6H_3(OH)COOH$	Al^{3+} (0.1mol/L)	1,2,3	13.20,22.83,28.89
		Fe^{2+} (0.1mol/L)	1,2	5.9,9.9
		Fe^{3+} (0.1mol/L)	1,2,3	14.64,25.18,32.12
		Mn^{2+} (0.1mol/L)	1,2	5.24,8.24
		Zn^{2+} (0.1mol/L)	1,2	6.05,10.65
6. 酒石酸配合物	酒石酸 (Tartaric acid) $(HOOCCHOH)_2$	Ba^{2+}	2	1.62
		Ca^{2+}	1,2	2.98,9.01
		Cu^{2+}	1,2,3,4	3.2,5.11,4.78,6.51
		Fe^{3+}	1	7.49
		Zn^{2+}	1,2	2.68,8.32

附录 6　常见氧化还原电对的标准电极电位 $E^{\ominus}$

附表 6-1　在酸性溶液中(25℃)

序号	电极反应 氧化型$+ne^- \rightleftharpoons$还原型	$E^{\ominus}$(V)
1	$F_2+2H^++2e^- \rightleftharpoons 2HF$	3.053
2	$O_3+2H^++2e^- \rightleftharpoons O_2+H_2O$	2.076
3	$S_2O_8^{2-}+2e^- \rightleftharpoons 2SO_4^{2-}$	2.010
4	$Ag^{2+}+e^- \rightleftharpoons Ag^+$	1.980
5	$Co^{3+}+e^- \rightleftharpoons Co^{2+}$ (2mol/L H_2SO_4)	1.83
6	$H_2O_2+2H^++2e^- \rightleftharpoons 2H_2O$	1.776
7	$PbO_2+SO_4^{2-}+4H^++2e^- \rightleftharpoons PbSO_4+2H_2O$	1.691 3
8	$HClO_2+2H^++2e^- \rightleftharpoons HClO+H_2O$	1.645
9	$HClO_2+3H^++3e^- \rightleftharpoons \frac{1}{2}Cl_2+2H_2O$	1.628
10	$HClO+H^++e^- \rightleftharpoons \frac{1}{2}Cl_2+H_2O$	1.611
11	$H_5IO_6+H^++2e^- \rightleftharpoons IO_3^-+3H_2O$	1.601
12	$HBrO+H^++e^- \rightleftharpoons \frac{1}{2}Br_2(aq)+H_2O$	1.574
13	$MnO_4^-+8H^++5e^- \rightleftharpoons Mn^{2+}+4H_2O$	1.507
14	$Au^{3+}+3e^- = Au$	1.498
15	$HClO+H^++2e^- \rightleftharpoons Cl^-+H_2O$	1.482
16	$ClO_3^-+6H^++5e^- \rightleftharpoons \frac{1}{2}Cl_2+3H_2O$	1.47
17	$PbO_2+4H^++2e^- \rightleftharpoons Pb^{2+}+2H_2O$	1.455
18	$2HIO+2H^++2e^- \rightleftharpoons I_2+2H_2O$	1.439
19	$BrO_3^-+6H^++6e^- \rightleftharpoons Br^-+3H_2O$	1.423
20	$Au^{3+}+2e^- \rightleftharpoons Au^+$	1.401
21	$ClO_4^-+8H^++7e^- \rightleftharpoons \frac{1}{2}Cl_2+4H_2O$	1.39
22	$Cl_2(g)+2e^- \rightleftharpoons 2Cl^-$	1.35827
23	$Cr_2O_7^{2-}+14H^++6e^- \rightleftharpoons 2Cr^{3+}+7H_2O$	1.232
24	$O_2+4H^++4e^- \rightleftharpoons 2H_2O$	1.229
25	$MnO_2+4H^++2e^- \rightleftharpoons Mn^{2+}+2H_2O$	1.224
26	$ClO_3^-+3H^++2e^- \rightleftharpoons HClO_2+H_2O$	1.214
27	$2IO_3^-+12H^++10e^- \rightleftharpoons I_2+6H_2O$	1.195
28	$ClO_4^-+2H^++2e^- \rightleftharpoons ClO_3^-+H_2O$	1.189

续附表 6-1

序号	电极反应 氧化型 $+ne^- \rightleftharpoons$ 还原型	$E^\ominus$(V)
29	$Br_2(aq)+2e^- = 2Br^-$	1.0873
30	$IO_3^- +6H^+ +6e^- = I^- +3H_2O$	1.085
31	$Br_2(l)+2e^- = 2Br^-$	1.066
32	$VO_2^+ +2H^+ +e^- = VO^{2+} +H_2O$	0.991
33	$HIO+H^+ +2e^- = I^- +H_2O$	0.987
34	$HNO_2 +H^+ +e^- = NO+H_2O$	0.983
35	$NO_3^- +4H^+ +3e^- = NO+2H_2O$	0.957
36	$Pd^{2+} +2e^- = Pd$	0.951
37	$NO_3^- +3H^+ +2e^- = HNO_2 +H_2O$	0.934
38	(石英)$SiO_2 +4H^+ +4e^- = Si+2H_2O$	0.857
39	$Hg^{2+} +2e^- = Hg$	0.851
40	$Ag^+ +e^- = Ag$	0.7996
41	$Hg_2^{2+} +2e^- = 2Hg$	0.7973
42	$Fe^{3+} +e^- = Fe^{2+}$	0.771
43	$O_2 +2H^+ +2e^- = H_2O_2$	0.695
44	$MnO_4^- +e^- = MnO_4^{2-}$	0.558
45	$I_3^- +2e^- = 3I^-$	0.536
46	$I_2 +2e^- = 2I^-$	0.5355
47	$Cu^+ +e^- = Cu$	0.521
48	$Ag_2CO_3 +2e^- = 2Ag+CO_3^{2-}$	0.47
49	$Ag_2C_2O_4 +2e^- = 2Ag+C_2O_4^{2-}$	0.4647
50	$H_2SO_3 +4H^+ +4e^- = S+3H_2O$	0.449
51	$Ag_2CrO_4 +2e^- = 2Ag+CrO_4^{2-}$	0.4470
52	$[Fe(CN)_6]^{3-} +e^- = [Fe(CN)_6]^{4-}$	0.358
53	$Cu^{2+} +2e^- = Cu$	0.3419
54	$VO^{2+} +2H^+ +e^- = V^{3+} +H_2O$	0.337
55	$BiO^+ +2H^+ +3e^- = Bi+H_2O$	0.320
56	$Hg_2Cl_2 +2e^- = 2Hg+2Cl^-$	0.26808
57	$HAsO_2 +3H^+ +3e^- = As+2H_2O$	0.248
58	$As_2O_3 +6H^+ +6e^- = 2As+3H_2O$	0.234
59	$AgCl+e^- = Ag+Cl^-$	0.22233

续附表 6-1

序号	电极反应 氧化型$+ne^-\rightleftharpoons$还原型	$E^\ominus$(V)
60	$SbO^+ + 2H^+ + 3e^- = Sb + H_2O$	0.212
61	$SO_4^{2-} + 4H^+ + 2e^- = H_2SO_3 + H_2O$	0.172
62	$Cu^{2+} + e^- = Cu^+$	0.153
63	$Sn^{4+} + 2e^- = Sn^{2+}$	0.151
64	$S + 2H^+ + 2e^- = H_2S(aq)$	0.142
65	$Hg_2Br_2 + 2e^- = 2Hg + 2Br^-$	0.13923
66	$CuCl + e^- = Cu + Cl^-$	0.124
67	$TiO^{2+} + 2H^+ + e^- = Ti^{3+} + H_2O$	0.099
68	$AgSCN + e^- = Ag + SCN^-$	0.08951
69	$AgBr + e^- = Ag + Br^-$	0.07133
70	$2H^+ + 2e^- = H_2$	0.00000
71	$Ag_2S + 2H^+ + 2e^- = 2Ag + H_2S$	−0.0366
72	$Fe^{3+} + 3e^- = Fe$	−0.037
73	$Hg_2I_2 + 2e^- = 2Hg + 2I^-$	−0.0405
74	$2H_2SO_3 + H^+ + 2e^- = H_2SO_4^- + 2H_2O$	−0.056
75	P(白)$+ 3H^+ + 3e^- = PH_3(g)$	−0.063
76	P(红)$+ 3H^+ + 3e^- = PH_3(g)$	−0.111
77	$Pb^{2+} + 2e^- = Pb$	−0.1262
78	$Sn^{2+} + 2e^- = Sn$	−0.1375
79	$AgI + e^- = Ag + I^-$	−0.15224
80	$CO_2 + 2H^+ + 2e^- = HCOOH$	−0.199
81	$2SO_4^{2-} + 4H^+ + 2e^- = S_2O_6^{2-} + 2H_2O$	−0.22
82	$CdSO_4 + 2e^- = Cd + SO_4^{2-}$	−0.246
83	$Ni^{2+} + 2e^- = Ni$	−0.257
84	$H_3PO_4 + 2H^+ + 2e^- = H_3PO_3 + H_2O$	−0.276
85	$Co^{2+} + 2e^- = Co$	−0.28
86	$Tl^+ + e^- = Tl$	−0.336
87	$In^{3+} + 3e^- = In$	−0.3382
88	$PbSO_4 + 2e^- = Pb + SO_4^{2-}$	−0.3588
89	$PbI_2 + 2e^- = Pb + 2I^-$	−0.365

续表 6-1

序号	电极反应 氧化型$+ne^- \rightleftharpoons$还原型	$E^{\ominus}$(V)
90	$Se+2H^++2e^-$ ══ $H_2Se(aq)$	−0.399
91	$Cd^{2+}+2e^-$ ══ Cd	−0.4030
92	$Cr^{3+}+e^-$ ══ Cr^{2+}	−0.407
93	$In^{3+}+2e^-$ ══ In^+	−0.443
94	$Fe^{2+}+2e^-$ ══ Fe	−0.447
95	$H_3PO_3+3H^++3e^-$ ══ $P+3H_2O$	−0.454
96	$H_3PO_3+2H^++2e^-$ ══ $H_3PO_2+H_2O$	−0.499
97	$TiO_2+4H^++2e^-$ ══ $Ti^{2+}+2H_2O$	−0.502
98	$Sb+3H^++3e^-$ ══ SbH_3	−0.510
99	$Zn^{2+}+2e^-$ ══ Zn	−0.7618
100	$Cr^{2+}+2e^-$ ══ Cr	−0.913
101	$Nb^{3+}+3e^-$ ══ Nb	−1.1
102	$Mn^{2+}+2e^-$ ══ Mn	−1.185
103	$Ba^{2+}+2e^-$ ══ $Ba(Hg)$	−1.570
104	$Al^{3+}+3e^-=Al$	−1.662
105	$H_2(g)+2e^-$ ══ $2H^-$	−2.23
106	$Y^{3+}+3e^-=Y$	−2.37
107	$Mg^{2+}+2e^-$ ══ Mg	−2.372
108	$Ce^{3+}+3e^-$ ══ Ce	−2.483
109	$La^{3+}+3e^-$ ══ La	−2.522
110	Na^++e^- ══ Na	−2.71
111	$Ca^{2+}+2e^-$ ══ Ca	−2.868
112	$Sr^{2+}+2e^-$ ══ Sr	−2.89
113	$Ba^{2+}+2e^-$ ══ Ba	−2.912
114	K^++e^- ══ K	−2.931
115	Rb^++e^- ══ Rb	−2.98
116	Li^++e^- ══ Li	−3.0401
117	$3N_2+6H^++6e^-$ ══ $2NH_3(aq)$	−3.09
118	Sr^++e^- ══ Sr	−4.10

注:附表 6-1 所示的反应,是在酸性介质中进行的。反应中出现的许多物质,只能在酸性介质中存在和生成,而不能在碱性介质中大量存在和生成。

附表 6-2　在碱性溶液中(25℃)

序号	电极反应 氧化型$+ne^- \rightleftharpoons$还原型	$E^{\ominus}$(V)
1	$Cu^{2+}+2CN^-+e^-=[Cu(CN)_2]^-$	1.103
2	$ClO^-+H_2O+2e^-=Cl^-+2OH^-$	0.81
3	$2AgO+H_2O+2e^-=Ag_2O+2OH^-$	0.607
4	$MnO_4^{2-}+2H_2O+2e^-=MnO_2+4OH^-$	0.60
5	$MnO_4^-+2H_2O+3e^-=MnO_2+4OH^-$	0.595
6	$O_2+2H_2O+4e^-=4OH^-$	0.401
7	$ClO_4^-+H_2O+2e^-=ClO_3^-+2OH^-$	0.36
8	$[Fe(CN)_6]^{3-}+e^-=[Fe(CN)_6]^{4-}$	0.358
9	$Ag_2O+H_2O+2e^-=2Ag+2OH^-$	0.342
10	$IO_3^-+3H_2O+6e^-=I^-+6OH^-$	0.26
11	$PbO_2+H_2O+2e^-=PbO+2OH^-$	0.247
12	$Co(OH)_3+e^-=Co(OH)_2+OH^-$	0.17
13	$[Co(NH_3)_6]^{3+}+e^-=[Co(NH_3)_6]^{2+}$	0.108
14	$HgO+H_2O+2e^-=Hg+2OH^-$	0.0977
15	$S_4O_6^{2-}+2e^-=2S_2O_3^{2-}$	0.08
16	$NO_3^-+H_2O+2e^-=NO_2^-+2OH^-$	0.01
17	$AgCN+e^-=Ag+CN^-$	−0.017
18	$2Cu(OH)_2+2e^-=Cu_2O+2OH^-+H_2O$	−0.080
19	$CrO_4^{2-}+4H_2O+3e^-=Cr(OH)_3+5OH^-$	−0.13
20	$O_2+2H_2O+2e^-=H_2O_2+2OH^-$	−0.146
21	$Cu(OH)_2+2e^-=Cu+2OH^-$	−0.222
22	$[Ag(CN)_2]^-+e^-=Ag+2CN^-$	−0.31
23	$Cu_2O+H_2O+2e^-=2Cu+2OH^-$	−0.360
24	$[Cu(CN)_2]^-+e^-=Cu+2CN^-$	−0.429
25	$S+2e^-=S^{2-}$	−0.47627
26	$S+H_2O+2e^-=HS^-+OH^-$	−0.478
27	$Fe(OH)_3+e^-=Fe(OH)_2+OH^-$	−0.56
28	$2SO_3^{2-}+3H_2O+4e^-=S_2O_3^{2-}+6OH^-$	−0.571
29	$PbO+H_2O+2e^-=Pb+2OH^-$	−0.580
30	$AsO_2^-+2H_2O+3e^-=As+4OH^-$	−0.68
31	$Ag_2S+2e^-=2Ag+S^{2-}$	−0.691
32	$2H_2O+2e^-=H_2+2OH^-$	−0.8277
33	$P+3H_2O+3e^-=PH_3(g)+3OH^-$	−0.87
34	$SO_4^{2-}+H_2O+2e^-=SO_3^{2-}+2OH^-$	−0.93
35	$Mn(OH)_2+2e^-=Mn+2OH^-$	−1.56
36	$H_2AlO_3^-+H_2O+3e^-=Al+4OH^-$	−2.33
37	$Mg(OH)_2+2e^-=Mg+2OH^-$	−2.690
38	$Ba(OH)_2+2e^-=Ba+2OH^-$	−2.99
39	$Ca(OH)_2+2e^-=Ca+2OH^-$	−3.02

附录 7　部分氧化还原电对的条件电极电位 $E^{\ominus'}$

电极反应	$E^{\ominus'}$ /V	介质
$Ag^{2+} + e^- = Ag^+$	1.927	4mol/L HNO_3
$Ce^{4+} + e^- = Ce^{3+}$	1.70	1mol/L $HClO_4$
	1.61	1mol/L HNO_3
	1.44	0.5mol/L H_2SO_4
	1.28	1mol/L HCl
$Co^{3+} + e^- = Co^{2+}$	1.800	1mol/L HNO_3
$[Co(en)_3]^{3+} + e^- = [Co(en)_3]^{2+}$ ①	−0.20	0.1mol/L KNO_3 + 0.1mol/L en
$Cr_2O_7^{2-} + 14H^+ + 6e^- = 2Cr^{3+} + 7H_2O$	1.000	1mol/L HCl
	1.030	1mol/L $HClO_4$
	1.050	2mol/L HCl
	1.080	3mol/L HCl
	1.150	4mol/L H_2SO_4
$CrO_4^{2-} + 2H_2O + 3e^- = CrO_2^- + 4OH^-$	−0.120	1mol/L NaOH
$Fe^{3+} + e^- = Fe^{2+}$	0.750	1mol/L $HClO_4$
	0.710	0.2mol/L HNO_3
	0.670	0.5mol/L H_2SO_4
	0.700	1mol/L HCl
	0.460	2mol/L H_3PO_4
$Fe(EDTA)^- + e^- = Fe(EDTA)^{2-}$	00.120	0.1mol/L EDTA(pH = 4～6)
$[Fe(CN)_6]^{3-} + e^- = [Fe(CN)_6]^{4-}$	0.480	0.01mol/L HCl
	0.560	0.1mol/L HCl
	0.710	1mol/L HCl
	0.720	1mol/L $HClO_4$
$I_2(aq) + 2e^- = 2I^-$	0.6276	1mol/L H^+
$MnO_4^- + 8H^+ + 5e^- = Mn^{2+} + 4H_2O$	1.450	1mol/L $HClO_4$
	1.27	8mol/L H_3PO_4
$[SnCl_6]^{2-} + 2e^- = [SnCl_4]^{2-} + 2Cl^-$	0.140	1mol/L HCl
$Sn^{2+} + 2e^- = Sn$	−0.160	1mol/L $HClO_4$
$Sb^{5+} + 2e^- = Sb^{3+}$	0.750	3.5mol/L HCl
$[Sb(OH)_6]^- + 2e^- = SbO_2^- + 2OH^- + 2H_2O$	−0.428	3mol/L NaOH
$SbO_2^- + 2H_2O + 2e^- = Sb + 4OH^-$	−0.675	10mol/L KOH
$Ti^{4+} + e^- = Ti^{3+}$	−0.010	0.2mol/L H_2SO_4
	0.120	2mol/L H_2SO_4
	−0.040	1mol/L HCl
$Pb^{2+} + 2e^- = Pb$	−0.320	1mol/L NaAc
	−0.140	1mol/L $HClO_4$

备注：①en：1,2-乙二胺，$NH_2CH_2CH_2NH_2$。

附录 8　难溶化合物的溶度积常数(18～25℃)

序号	分子式	K_{sp}	pK_{sp}	序号	分子式	K_{sp}	pK_{sp}
1	Ag_3AsO_4	1.0×10^{-22}	22.0	30	$Ba_3(AsO_4)_2$	8.0×10^{-51}	50.1
2	$AgBr$	5.0×10^{-13}	12.3	31	$BaCO_3$	5.1×10^{-9}	8.29
3	$AgBrO_3$	5.50×10^{-5}	4.26	32	BaC_2O_4	1.6×10^{-7}	6.79
4	$AgCl$	1.8×10^{-10}	9.75	33	$BaCrO_4$	1.2×10^{-10}	9.93
5	$AgCN$	1.2×10^{-16}	15.92	34	$Ba_3(PO_4)_2$	3.4×10^{-23}	22.44
6	Ag_2CO_3	8.1×10^{-12}	11.09	35	$BaSO_4$	1.1×10^{-10}	9.96
7	$Ag_2C_2O_4$	3.5×10^{-11}	10.46	36	BaS_2O_3	1.6×10^{-5}	4.79
8	$Ag_2Cr_2O_4$	1.2×10^{-12}	11.92	37	$BaSeO_3$	2.7×10^{-7}	6.57
9	$Ag_2Cr_2O_7$	2.0×10^{-7}	6.70	38	$BaSeO_4$	3.5×10^{-8}	7.46
10	AgI	8.3×10^{-17}	16.08	39	$Be(OH)_2$②	1.6×10^{-22}	21.8
11	$AgIO_3$	3.1×10^{-8}	7.51	40	$BiAsO_4$	4.4×10^{-10}	9.36
12	$AgOH$	2.0×10^{-8}	7.71	41	$Bi_2(C_2O_4)_3$	3.98×10^{-36}	35.4
13	Ag_2MoO_4	2.8×10^{-12}	11.55	42	$Bi(OH)_3$	4.0×10^{-31}	30.4
14	Ag_3PO_4	1.4×10^{-16}	15.84	43	$BiPO_4$	1.26×10^{-23}	22.9
15	Ag_2S	6.3×10^{-50}	49.2	44	$CaCO_3$	2.8×10^{-9}	8.54
16	$AgSCN$	1.0×10^{-12}	12.00	45	$CaC_2O_4\cdot H_2O$	4.0×10^{-9}	8.4
17	Ag_2SO_3	1.5×10^{-14}	13.82	46	CaF_2	2.7×10^{-11}	10.57
18	Ag_2SO_4	1.4×10^{-5}	4.84	47	$CaMoO_4$	4.17×10^{-8}	7.38
19	Ag_2Se	2.0×10^{-64}	63.7	48	$Ca(OH)_2$	5.5×10^{-6}	5.26
20	Ag_2SeO_3	1.0×10^{-15}	15.00	49	$Ca_3(PO_4)_2$	2.0×10^{-29}	28.70
21	Ag_2SeO_4	5.7×10^{-8}	7.25	50	$CaSO_4$	3.16×10^{-7}	5.04
22	$AgVO_3$	5.0×10^{-7}	6.3	51	$CaSiO_3$	2.5×10^{-8}	7.60
23	Ag_2WO_4	5.5×10^{-12}	11.26	52	$CaWO_4$	8.7×10^{-9}	8.06
24	$Al(OH)_3$①	4.57×10^{-33}	32.34	53	$CdCO_3$	5.2×10^{-12}	11.28
25	$AlPO_4$	6.3×10^{-19}	18.24	54	$CdC_2O_4\cdot 3H_2O$	9.1×10^{-8}	7.04
26	Al_2S_3	2.0×10^{-7}	6.7	55	$Cd_3(PO_4)_2$	2.5×10^{-33}	32.6
27	$Au(OH)_3$	5.5×10^{-46}	45.26	56	CdS	8.0×10^{-27}	26.1
28	$AuCl_3$	3.2×10^{-25}	24.5	57	$CdSe$	6.31×10^{-36}	35.2
29	AuI_3	1.0×10^{-46}	46.0	58	$CdSeO_3$	1.3×10^{-9}	8.89

续附录 8

序号	分子式	K_{sp}	pK_{sp}
59	CeF_3	8.0×10^{-16}	15.1
60	$CePO_4$	1.0×10^{-23}	23.0
61	$Co_3(AsO_4)_2$	7.6×10^{-29}	28.12
62	$CoCO_3$	1.4×10^{-13}	12.84
63	CoC_2O_4	6.3×10^{-8}	7.2
64	$Co(OH)_2$（蓝）	6.31×10^{-15}	14.2
	$Co(OH)_2$（粉红，新沉淀）	1.58×10^{-15}	14.8
	$Co(OH)_2$（粉红，陈化）	2.00×10^{-16}	15.7
65	$CoHPO_4$	2.0×10^{-7}	6.7
66	$Co_3(PO_4)_3$	2.0×10^{-35}	34.7
67	$CrAsO_4$	7.7×10^{-21}	20.11
68	$Cr(OH)_3$	6.3×10^{-31}	30.2
69	$CrPO_4\cdot4H_2O$（绿）	2.4×10^{-23}	22.62
	$CrPO_4\cdot4H_2O$（紫）	1.0×10^{-17}	17.0
70	$CuBr$	5.3×10^{-9}	8.28
71	$CuCl$	1.2×10^{-6}	5.92
72	$CuCN$	3.2×10^{-20}	19.49
73	$CuCO_3$	2.34×10^{-10}	9.63
74	CuI	1.1×10^{-12}	11.96
75	$Cu(OH)_2$	4.8×10^{-20}	19.32
76	$Cu_3(PO_4)_2$	1.3×10^{-37}	36.9
77	Cu_2S	2.5×10^{-48}	47.6
78	Cu_2Se	1.58×10^{-61}	60.8
79	CuS	6.3×10^{-36}	35.2
80	$CuSe$	7.94×10^{-49}	48.1
81	$Dy(OH)_3$	1.4×10^{-22}	21.85
82	$Er(OH)_3$	4.1×10^{-24}	23.39

序号	分子式	K_{sp}	pK_{sp}
83	$Eu(OH)_3$	8.9×10^{-24}	23.05
84	$FeAsO_4$	5.7×10^{-21}	20.24
85	$FeCO_3$	3.2×10^{-11}	10.50
86	$Fe(OH)_2$	8.0×10^{-16}	15.1
87	$Fe(OH)_3$	4.0×10^{-38}	37.4
88	$FePO_4$	1.3×10^{-22}	21.89
89	FeS	6.3×10^{-18}	17.2
90	$Ga(OH)_3$	7.0×10^{-36}	35.15
91	$GaPO_4$	1.0×10^{-21}	21.0
92	$Gd(OH)_3$	1.8×10^{-23}	22.74
93	$Hf(OH)_4$	4.0×10^{-26}	25.4
94	Hg_2Br_2	5.6×10^{-23}	22.24
95	Hg_2Cl_2	1.3×10^{-18}	17.88
96	HgC_2O_4	1.0×10^{-7}	7.0
97	Hg_2CO_3	8.9×10^{-17}	16.05
98	$Hg_2(CN)_2$	5.0×10^{-40}	39.3
99	Hg_2CrO_4	2.0×10^{-9}	8.70
100	Hg_2I_2	4.5×10^{-29}	28.35
101	HgI_2	2.82×10^{-29}	28.55
102	$Hg_2(IO_3)_2$	2.0×10^{-14}	13.71
103	$Hg_2(OH)_2$	2.0×10^{-24}	23.7
104	$HgSe$	1.0×10^{-59}	59.0
105	HgS（红）	4.0×10^{-53}	52.4
106	HgS（黑）	1.6×10^{-52}	51.8
107	Hg_2WO_4	1.1×10^{-17}	16.96
108	$Ho(OH)_3$	5.0×10^{-23}	22.30
109	$In(OH)_3$	1.3×10^{-37}	36.9
110	$InPO_4$	2.3×10^{-22}	21.63
111	In_2S_3	5.7×10^{-74}	73.24
112	$La_2(CO_3)_3$	3.98×10^{-34}	33.4
113	$LaPO_4$	3.98×10^{-23}	22.43

续附录 8

序号	分子式	K_{sp}	pK_{sp}	序号	分子式	K_{sp}	pK_{sp}
114	$Lu(OH)_3$	1.9×10^{-24}	23.72	145	$PbSO_4$	1.6×10^{-8}	7.79
115	$Mg_3(AsO_4)_2$	2.1×10^{-20}	19.68	146	PbSe	7.94×10^{-43}	42.1
116	$MgCO_3$	3.5×10^{-8}	7.46	147	$PbSeO_4$	1.4×10^{-7}	6.84
117	$MgCO_3\cdot3H_2O$	2.14×10^{-5}	4.67	148	$Pd(OH)_2$	1.0×10^{-31}	31.0
118	$Mg(OH)_2$	1.8×10^{-11}	10.74	149	$Pd(OH)_4$	6.3×10^{-71}	70.2
119	$Mg_3(PO_4)_2\cdot8H_2O$	6.31×10^{-26}	25.2	150	PdS	2.03×10^{-58}	57.69
120	$Mn_3(AsO_4)_2$	1.9×10^{-29}	28.72	151	$Pm(OH)_3$	1.0×10^{-21}	21.0
121	$MnCO_3$	1.8×10^{-11}	10.74	152	$Pr(OH)_3$	6.8×10^{-22}	21.17
122	$Mn(IO_3)_2$	4.37×10^{-7}	6.36	153	$Pt(OH)_2$	1.0×10^{-35}	35.0
123	$Mn(OH)_4$	1.9×10^{-13}	12.72	154	$Pu(OH)_3$	2.0×10^{-20}	19.7
124	MnS(粉红)	2.5×10^{-10}	9.6	155	$Pu(OH)_4$	1.0×10^{-55}	55.0
125	MnS(绿)	2.5×10^{-13}	12.6	156	$RaSO_4$	4.2×10^{-11}	10.37
126	$Ni_3(AsO_4)_2$	3.1×10^{-26}	25.51	157	$Rh(OH)_3$	1.0×10^{-23}	23.0
127	$NiCO_3$	6.6×10^{-9}	8.18	158	$Ru(OH)_3$	1.0×10^{-36}	36.0
128	NiC_2O_4	4.0×10^{-10}	9.4	159	Sb_2S_3	1.5×10^{-93}	92.8
129	$Ni(OH)_2$(新)	2.0×10^{-15}	14.7	160	ScF_3	4.2×10^{-18}	17.37
130	$Ni_3(PO_4)_2$	5.0×10^{-31}	30.3	161	$Sc(OH)_3$	8.0×10^{-31}	30.1
131	α-NiS	3.2×10^{-19}	18.5	162	$Sm(OH)_3$	8.2×10^{-23}	22.08
132	β-NiS	1.0×10^{-24}	24.0	163	$Sn(OH)_2$	1.4×10^{-28}	27.85
133	γ-NiS	2.0×10^{-26}	25.7	164	$Sn(OH)_4$	1.0×10^{-56}	56.0
134	$Pb_3(AsO_4)_2$	4.0×10^{-36}	35.39	165	SnO_2	3.98×10^{-65}	64.4
135	$PbBr_2$	4.0×10^{-5}	4.41	166	SnS	1.0×10^{-25}	25.0
136	$PbCl_2$	1.6×10^{-5}	4.79	167	SnSe	3.98×10^{-39}	38.4
137	$PbCO_3$	7.4×10^{-14}	13.13	168	$Sr_3(AsO_4)_2$	8.1×10^{-19}	18.09
138	$PbCrO_4$	2.8×10^{-13}	12.55	169	$SrCO_3$	1.1×10^{-10}	9.96
139	PbF_2	2.7×10^{-8}	7.57	170	$SrC_2O_4\cdot H_2O$	1.6×10^{-7}	6.80
140	$PbMoO_4$	1.0×10^{-13}	13.0	171	SrF_2	2.5×10^{-9}	8.61
141	$Pb(OH)_2$	1.2×10^{-15}	14.93	172	$Sr_3(PO_4)_2$	4.0×10^{-28}	27.39
142	$Pb(OH)_4$	3.2×10^{-66}	65.49	173	$SrSO_4$	3.2×10^{-7}	6.49
143	$Pb_3(PO_4)_3$	8.0×10^{-43}	42.10	174	$SrWO_4$	1.7×10^{-10}	9.77
144	PbS	1.0×10^{-28}	28.00	175	$Tb(OH)_3$	2.0×10^{-22}	21.7

续附录 8

序号	分子式	K_{sp}	pK_{sp}	序号	分子式	K_{sp}	pK_{sp}
176	$Te(OH)_4$	3.0×10^{-54}	53.52	188	$UO_2(OH)_2$	1.1×10^{-22}	21.95
177	$Th(C_2O_4)_2$	1.0×10^{-22}	22.0	189	$VO(OH)_2$	5.9×10^{-23}	22.13
178	$Th(IO_3)_4$	2.5×10^{-15}	14.6	190	$Y(OH)_3$	8.0×10^{-23}	22.1
179	$Th(OH)_4$	4.0×10^{-45}	44.4	191	$Yb(OH)_3$	3.0×10^{-24}	23.52
180	$Ti(OH)_3$	1.0×10^{-40}	40.0	192	$Zn_3(AsO_4)_2$	1.3×10^{-28}	27.89
181	TlBr	3.4×10^{-6}	5.47	193	$ZnCO_3$	1.4×10^{-11}	10.84
182	TlCl	1.7×10^{-4}	3.76	194	$Zn(OH)_2$③	2.09×10^{-16}	15.68
183	Tl_2CrO_4	9.77×10^{-13}	12.01	195	$Zn_3(PO_4)_2$	9.0×10^{-33}	32.04
184	TlI	6.5×10^{-8}	7.19	196	α-ZnS	1.6×10^{-24}	23.8
185	TlN_3	2.2×10^{-4}	3.66	197	β-ZnS	2.5×10^{-22}	21.6
186	Tl_2S	5.0×10^{-21}	20.3	198	$ZrO(OH)_2$	6.3×10^{-49}	48.2
187	$TlSeO_3$	2.0×10^{-39}	38.7				

①～③:形态均为无定形。

附录9 国际相对原子质量表

原子序数	元素名称	元素符号	相对原子质量	原子序数	元素名称	元素符号	相对原子质量
1	氢	H	1.00794	29	铜	Cu	63.546
2	氦	He	4.002602	30	锌	Zn	65.409
3	锂	Li	6.941	31	镓	Ga	69.723
4	铍	Be	9.012182	32	锗	Ge	72.64
5	硼	B	10.811	33	砷	As	74.92160
6	碳	C	12.0107	34	硒	Se	78.96
7	氮	N	14.0067	35	溴	Br	79.904
8	氧	O	15.9994	36	氪	Kr	83.798
9	氟	F	18.9984032	37	铷	Rb	85.4678
10	氖	Ne	20.1797	38	锶	Sr	87.62
11	钠	Na	22.98976928	39	钇	Y	88.90585
12	镁	Mg	24.3050	40	锆	Zr	91.224
13	铝	Al	26.9815386	41	铌	Nb	92.90638
14	硅	Si	28.0855	42	钼	Mo	95.94
15	磷	P	30.973762	43	锝	Tc	98.9072
16	硫	S	32.065	44	钌	Ru	101.07
17	氯	Cl	35.453	45	铑	Rh	102.90550
18	氩	Ar	39.948	46	钯	Pd	106.42
19	钾	K	39.0983	47	银	Ag	107.8682
20	钙	Ca	40.078	48	镉	Cd	112.411
21	钪	Sc	44.955912	49	铟	In	114.818
22	钛	Ti	47.867	50	锡	Sn	118.710
23	钒	V	50.9415	51	锑	Sb	121.760
24	铬	Cr	51.9961	52	碲	Te	127.60
25	锰	Mn	54.938045	53	碘	I	126.90447
26	铁	Fe	55.845	54	氙	Xe	131.293
27	钴	Co	58.933195	55	铯	Cs	132.9054519
28	镍	Ni	58.6934	56	钡	Ba	137.327

续附录 9

原子序数	元素名称	元素符号	相对原子质量
57	镧	La	138.90547
58	铈	Ce	140.116
59	镨	Pr	140.90765
60	钕	Nd	144.242
61	钷	Pm	144.9
62	钐	Sm	150.36
63	铕	Eu	151.964
64	钆	Gd	157.25
65	铽	Tb	158.92535
66	镝	Dy	162.500
67	钬	Ho	164.93032
68	铒	Er	167.259
69	铥	Tm	168.93421
70	镱	Yb	173.04
71	镥	Lu	174.9668
72	铪	Hf	178.49
73	钽	Ta	180.94788
74	钨	W	183.84
75	铼	Re	186.207
76	锇	Os	190.23
77	铱	Ir	192.217
78	铂	Pt	195.084
79	金	Au	196.96655
80	汞	Hg	200.59
81	铊	Tl	204.3833
82	铅	Pb	207.2
83	铋	Bi	208.98039
84	钋	Po	[208.9824]
85	砹	At	[209.9871]
86	氡	Rn	[222.0176]
87	钫	Fr	[223.0197]
88	镭	Re	[226.0245]

原子序数	元素名称	元素符号	相对原子质量
89	锕	Ac	[227.0277]
90	钍	Th	232.03806
91	镤	Pa	231.03588
92	铀	U	238.02891
93	镎	Np	[237.0482]
94	钚	Pu	[244.06]
95	镅	Am	[243.0614]
96	锔	Cm	[247.0704]
97	锫	Bk	[247.0703]
98	锎	Cf	[251.0796]
99	锿	Es	[252.0830]
100	镄	Fm	[257.0591]
101	钔	Md	[258.0984]
102	锘	No	[259.1010]
103	铹	Lr	[260.11]
104	𬬻	Rf	[261.1088]
105	𬭊	Db	[262.1141]
106	𬭳	Sg	[263.1219]
107	𬭛	Bh	[264.1201]
108	𬭶	Hs	[265.13]
109	鿏	Mt	[266.13]
110	𫟼	Ds	[269]
111	𬬭	Rg	[272]
112	鿔	Cn	[277]
113		Uut	[284]
114		Fl	[289]
115		Uup	[288]
116		Lv	[292]
117		Uus	[295]
118		Uuo	[293]
119		Uue	[297]
120		Ubn	[298]

附录 10　常用化合物的相对分子质量

化学式	相对分子质量	化学式	相对分子质量
AgBr	187.78	CH_3COONa	82.02
AgCl	143.32	C_6H_5OH	94.11
AgCN	133.89	$(C_9H_7N)_3H_3(PO_4\cdot 12MoO_3)$（磷钼酸喹啉）	2212.73
Ag_2CrO_4	331.73	$COOHCH_2COOH$	104.06
AgI	234.77	$COOHCH_2COONa$	126.04
$AgNO_3$	169.87	CCl_4	153.82
AgSCN	165.95	CO_2	44.01
Al_2O_3	101.96	Cr_2O_3	151.99
$Al_2(SO_4)_3$	342.15	$Cu(C_2H_3O_2)_2\cdot 3Cu(AsO_2)_2$	1013.79
As_2O_3	197.84	CuO	79.54
As_2O_5	229.84	Cu_2O	143.09
$BaCO_3$	197.34	CuSCN	121.62
BaC_2O_4	225.35	$CuSO_4$	159.61
$BaCl_2$	208.24	$CuSO_4\cdot 5H_2O$	249.69
$BaCl_2\cdot 2H_2O$	244.27	$FeCl_3$	162.20
$BaCrO_4$	253.32	$FeCl_3\cdot 6H_2O$	270.29
BaO	153.33	FeO	71.84
$Ba(OH)_2$	171.35	Fe_2O_3	159.69
$BaSO_4$	233.39	Fe_3O_4	231.53
$CaCO_3$	100.09	$FeSO_4\cdot H_2O$	169.92
CaC_2O_4	128.10	$FeSO_4\cdot 7H_2O$	278.02
$CaCl_2$	110.99	$Fe_2(SO_4)_3$	399.88
$CaCl_2\cdot H_2O$	129.00	$FeSO_4\cdot(NH_4)_2SO_4\cdot 6H_2O$	392.15
CaF_2	78.08	H_3BO_3	61.83
$Ca(NO_3)_2$	164.09	HBr	80.91
CaO	56.08	$H_2C_4H_4O_6$（酒石酸）	150.09
$Ca(OH)_2$	74.09	HCN	27.03
$CaSO_4$	136.14	H_2CO_3	62.02

续附录 10

化学式	相对分子质量	化学式	相对分子质量
$Ca_3(PO_4)_2$	310.18	$H_2C_2O_4$	90.03
$Ce(SO_4)2$	332.24	$H_2C_2O_4 \cdot 2H_2O$	126.07
$Ce(SO_4)_2 \cdot 2(NH_4)_2SO_4 \cdot 2H_2O$	632.54	HCOOH	46.03
CH_3COOH	60.04	HCl	36.46
CH_3OH	32.04	$HClO_4$	100.46
CH_3COCH_3	58.07	HF	20.01
C_6H_5COOH	122.11	HI	127.91
C_6H_5COONa	144.09	HNO_2	47.01
$C_6H_4COOHCOOK$(苯二甲酸氢钾)	204.20	HNO_3	63.01
H_2O	18.02	Na_2CO_3	105.99
H_2O_2	34.02	$Na_2C_2O_4$	134.00
H_3PO_4	98.00	NaCl	58.44
H_2S	34.08	NaF	41.99
H_2SO_3	82.08	$NaHCO_3$	84.01
H_2SO_4	98.08	NaH_2PO_4	119.98
$HgCl_2$	271.50	Na_2HPO_4	141.96
Hg_2Cl_2	472.09	$Na_2H_2Y \cdot 2H_2O$	372.24
$KAl(SO_4)_2 \cdot 12H_2O$	474.39	NaI	149.89
$KB(C_6H_5)_4$	358.32	$NaNO_2$	69.00
KBr	119.01	Na_2O	61.98
KSCN	97.18	NaOH	40.01
$KBrO_3$	167.01	Na_3PO_4	163.94
KCN	65.12	Na_2S	78.05
K_2CO_3	138.21	$Na_2S \cdot 9H_2O$	240.18
KCl	74.56	Na_2SO_3	126.04
$KClO_3$	122.55	Na_2SO_4	142.04
$KClO_4$	138.55	$Na_2SO_4 \cdot 10H_2O$	322.20
K_2CrO_4	194.20	$Na_2S_2O_3$	158.11
$K_2Cr_2O_7$	294.19	$Na_2S_2O_3 \cdot 5H_2O$	248.19
$KHC_2O_4 \cdot H_2C_2O_4 \cdot 2H_2O$	254.19	Na_2SiF_6	188.06
$KHC_2O_4 \cdot H_2O$	146.14	$NH_2OH \cdot HCl$	69.49

续附录 10

化学式	相对分子质量	化学式	相对分子质量
KI	166.01	NH_3	17.03
KIO_3	214.00	NH_4Cl	53.49
$KIO_3 \cdot HIO_3$	389.92	$(NH_4)_2C_2O_4 \cdot H_2O$	142.11
$KMnO_4$	158.04	$NH_3 \cdot H_2O$	35.05
KNO_2	85.10	$NH_4Fe(SO_4)_2 \cdot 12H_2O$	480.18
K_2O	94.20	$(NH_4)2HPO_4$	132.05
KOH	56.11	$(NH_4)_3PO_4 \cdot 12MoO_3$	1876.53
K_2SO_4	174.26	NH_4SCN	76.12
$MgCO_3$	84.31	$(NH_4)_2SO_4$	132.14
$MgCl_2$	95.21	$NiC_8H_{14}O_4N_4$（丁二酮肟镍）	288.91
$MgNH_4PO_4$	137.33	P_2O_5	141.95
MgO	40.31	$PbCrO_4$	323.18
$Mg_2P_2O_7$	222.60	PbO	223.19
MnO	70.94	PbO_2	239.19
MnO_2	86.94	Pb_3O_4	685.57
$Na_2B_4O_7$	201.22	$PbSO_4$	303.26
$Na_2B_4O_7 \cdot 10H_2O$	381.37	SO_2	64.06
$NaBiO_3$	279.97	SO_3	80.06
NaBr	102.90	Sb_2O_3	291.52
NaCN	49.01	Sb_2S_3	339.72
SiF_4	104.08	WO_3	231.84
SiO_2	60.08	$ZnCl_2$	136.30
$SnCO_3$	178.72	ZnO	81.39
$SnCl_2$	189.62	$Zn_2P_2O_7$	304.72
SnO_2	150.71	$ZnSO_4$	161.45
TiO_2	79.87		

附录 11 常用对数表

N	0	1	2	3	4	5	6	7	8	9	表尾差								
											1	2	3	4	5	6	7	8	9
1.0	0000	0043	0086	0128	0170	0212	0253	0294	0334	0374	4	8	12	17	21	25	29	33	37
1.1	0414	0453	0492	0531	0569	0607	0645	0682	0719	0755	4	8	11	15	19	23	26	30	34
1.2	0792	0828	0864	0899	0934	0969	1004	1038	1072	1106	3	7	10	14	17	21	24	28	31
1.3	1139	1173	1206	1239	1271	1303	1335	1367	1399	1430	3	6	10	13	16	19	22	26	29
1.4	1461	1492	1523	1553	1584	1614	1644	1673	1703	1732	3	6	9	12	15	18	21	24	27
1.5	1761	1790	1818	1847	1875	1903	1931	1959	1987	2014	3	6	8	11	14	17	20	22	25
1.6	2041	2068	2095	2122	2148	2175	2201	2227	2253	2279	3	5	8	11	13	16	18	21	24
1.7	2304	2330	2355	2380	2405	2430	2455	2480	2504	2529	2	5	7	10	12	15	17	20	22
1.8	2553	2577	2601	2625	2648	2672	2695	2718	2742	2765	2	5	7	9	12	14	16	19	21
1.9	2788	2810	2833	2856	2878	2900	2923	2945	2967	2989	2	4	7	9	11	13	16	18	20
2.0	3010	3032	3054	3075	3096	3118	3139	3160	3181	3201	2	4	6	8	11	13	15	17	19
2.1	3222	3243	3263	3284	3304	3324	3345	3365	3385	3404	2	4	6	8	10	12	14	16	18
2.2	3424	3444	3464	3483	3502	3522	3541	3560	3579	3598	2	4	6	8	10	12	13	15	17
2.3	3617	3636	3655	3674	3692	3711	3729	3747	3766	3784	2	4	6	7	9	11	13	15	17
2.4	3802	3820	3838	3856	3874	3892	3909	3927	3945	3962	2	4	5	7	9	11	12	14	16
2.5	3979	3997	4014	4031	4048	4065	4082	4099	4116	4133	2	3	5	7	9	10	12	14	15
2.6	4150	4166	4183	4200	4216	4232	4249	4265	4281	4298	2	3	5	7	8	10	11	13	15
N	0	1	2	3	4	5	6	7	8	9	1	2	3	4	5	6	7	8	9

续附录 11

N	0	1	2	3	4	5	6	7	8	9	表尾差								
											1	2	3	4	5	6	7	8	9
2.7	4314	4330	4346	4362	4378	4393	4409	4425	4440	4456	2	3	5	6	8	9	11	13	14
2.8	4472	4487	4502	4518	4533	4548	4564	4579	4594	4609	2	3	5	6	8	9	11	12	14
2.9	4624	4639	4654	4669	4683	4698	4713	4728	4742	4757	1	3	4	6	7	9	10	12	13
3.0	4771	4786	4800	4814	4829	4843	4857	4871	4886	4900	1	3	4	6	7	9	10	11	13
3.1	4914	4928	4942	4955	4969	4983	4997	5011	5024	5038	1	3	4	6	7	8	10	11	12
3.2	5051	5065	5079	5092	5105	5119	5132	5145	5159	5172	1	3	4	5	7	8	9	11	12
3.3	5185	5198	5211	5224	5237	5250	5263	5276	5289	5302	1	3	4	5	6	8	9	10	12
3.4	5315	5328	5340	5353	5366	5378	5391	5403	5416	5428	1	3	4	5	6	8	9	10	11
3.5	5441	5453	5465	5478	5490	5502	5514	5527	5539	5551	1	2	4	5	6	7	9	10	11
3.6	5563	5575	5587	5599	5611	5623	5635	5647	5658	5670	1	2	4	5	6	7	8	10	11
3.7	5682	5694	5705	5717	5729	5740	5752	5763	5775	5786	1	2	3	5	6	7	8	9	10
3.8	5798	5809	5821	5832	5843	5855	5866	5877	5888	5899	1	2	3	5	6	7	8	9	10
3.9	5911	5922	5933	5944	5955	5966	5977	5988	5999	6010	1	2	3	4	5	7	8	9	10
4.0	6021	6031	6042	6053	6064	6075	6085	6096	6107	6117	1	2	3	4	5	6	7	9	10
4.1	6128	6138	6149	6160	6170	6180	6191	6201	6212	6222	1	2	3	4	5	6	7	8	9
4.2	6232	6243	6253	6263	6274	6284	6294	6304	6314	6325	1	2	3	4	5	6	7	8	9
4.3	6335	6345	6355	6365	6375	6385	6395	6405	6415	6425	1	2	3	4	5	6	7	8	9
4.4	6435	6444	6454	6464	6474	6484	6493	6503	6513	6522	1	2	3	4	5	6	7	8	9
4.5	6532	6542	6551	6561	6571	6580	6590	6599	6609	6618	1	2	3	4	5	6	7	8	9
4.6	6628	6637	6646	6656	6665	6675	6684	6693	6702	6712	1	2	3	4	5	6	7	7	8
N	0	1	2	3	4	5	6	7	8	9	1	2	3	4	5	6	7	8	9

续附录 11

N	0	1	2	3	4	5	6	7	8	9	表尾差								
											1	2	3	4	5	6	7	8	9
4.7	6721	6730	6739	6749	6758	6767	6776	6785	6794	6803	1	2	3	4	5	5	6	7	8
4.8	6812	6821	6830	6839	6848	6857	6866	6875	6884	6893	1	2	3	4	4	5	6	7	8
4.9	6902	6911	6920	6928	6937	6946	6955	6964	6972	6981	1	2	3	4	4	5	6	7	8
5.0	6990	6998	7007	7016	7024	7033	7042	7050	7059	7067	1	2	3	3	4	5	6	7	8
5.1	7076	7084	7093	7101	7110	7118	7126	7135	7143	7152	1	2	3	3	4	5	6	7	8
5.2	7160	7168	7177	7185	7193	7202	7210	7218	7226	7235	1	2	2	3	4	5	6	7	7
5.3	7243	7251	7259	7267	7275	7284	7292	7300	7308	7316	1	2	2	3	4	5	6	6	7
5.4	7324	7332	7340	7348	7356	7364	7372	7380	7388	7396	1	2	2	3	4	5	6	6	7
5.5	7404	7412	7419	7427	7435	7443	7451	7459	7466	7474	1	2	2	3	4	5	5	6	7
5.6	7482	7490	7497	7505	7513	7520	7528	7536	7543	7551	1	2	2	3	4	5	5	6	7
5.7	7559	7566	7574	7582	7589	7597	7604	7612	7619	7627	1	2	2	3	4	5	5	6	7
5.8	7634	7642	7649	7657	7664	7672	7679	7686	7694	7701	1	1	2	3	4	4	5	6	7
5.9	7709	7716	7723	7731	7738	7745	7752	7760	7767	7774	1	1	2	3	4	4	5	6	7
6.0	7782	7789	7796	7803	7810	7818	7825	7832	7839	7846	1	1	2	3	4	4	5	6	6
6.1	7853	7860	7868	7875	7882	7889	7896	7903	7910	7917	1	1	2	3	4	4	5	6	6
6.2	7924	7931	7938	7945	7952	7959	7966	7973	7980	7987	1	1	2	3	3	4	5	6	6
6.3	7993	8000	8007	8014	8021	8028	8035	8041	8048	8055	1	1	2	3	3	4	5	5	6
6.4	8062	8069	8075	8082	8089	8096	8102	8109	8116	8122	1	1	2	3	3	4	5	5	6
6.5	8129	8136	8142	8149	8156	8162	8169	8176	8182	8189	1	1	2	3	3	4	5	5	6
6.6	8195	8202	8209	8215	8222	8228	8235	8241	8248	8254	1	1	2	3	3	4	5	5	6
N	0	1	2	3	4	5	6	7	8	9	1	2	3	4	5	6	7	8	9

续附录 11

N	0	1	2	3	4	5	6	7	8	9	表尾差								
											1	2	3	4	5	6	7	8	9
6.7	8261	8267	8274	8280	8287	8293	8299	8306	8312	8319	1	1	2	3	3	4	5	5	6
6.8	8325	8331	8338	8344	8351	8357	8363	8370	8376	8382	1	1	2	3	3	4	4	5	6
6.9	8388	8395	8401	8407	8414	8420	8426	8432	8439	8445	1	1	2	2	3	4	4	5	6
7.0	8451	8457	8463	8470	8476	8482	8488	8494	8500	8506	1	1	2	2	3	4	4	5	6
7.1	8513	8519	8525	8531	8537	8543	8549	8555	8561	8567	1	1	2	2	3	4	4	5	5
7.2	8573	8579	8585	8591	8597	8603	8609	8615	8621	8627	1	1	2	2	3	4	4	5	5
7.3	8633	8639	8645	8651	8657	8663	8669	8675	8681	8686	1	1	2	2	3	4	4	5	5
7.4	8692	8698	8704	8710	8716	8722	8727	8733	8739	8745	1	1	2	2	3	3	4	5	5
7.5	8751	8756	8762	8768	8774	8779	8785	8791	8797	8802	1	1	2	2	3	3	4	5	5
7.6	8808	8814	8820	8825	8831	8837	8842	8848	8854	8859	1	1	2	2	3	3	4	5	5
7.7	8865	8871	8876	8882	8887	8893	8899	8904	8910	8915	1	1	2	2	3	3	4	4	5
7.8	8921	8927	8932	8938	8943	8949	8954	8960	8965	8971	1	1	2	2	3	3	4	4	5
7.9	8976	8982	8987	8993	8998	9004	9009	9015	9020	9025	1	1	2	2	3	3	4	4	5
8.0	9031	9036	9042	9047	9053	9058	9063	9069	9074	9079	1	1	2	2	3	3	4	4	5
8.1	9085	9090	9096	9101	9106	9112	9117	9122	9128	9133	1	1	2	2	3	3	4	4	5
8.2	9138	9143	9149	9154	9159	9165	9170	9175	9180	9186	1	1	2	2	3	3	4	4	5
8.3	9191	9196	9201	9206	9212	9217	9222	9227	9232	9238	1	1	2	2	3	3	4	4	5
8.4	9243	9248	9253	9258	9263	9269	9274	9279	9284	9289	1	1	2	2	3	3	4	4	5
8.5	9294	9299	9304	9309	9315	9320	9325	9330	9335	9340	1	1	2	2	3	3	4	4	5
8.6	9345	9350	9355	9360	9365	9370	9375	9380	9385	9390	1	1	2	2	3	3	4	4	5
N	0	1	2	3	4	5	6	7	8	9	1	2	3	4	5	6	7	8	9

续附录 11

N	0	1	2	3	4	5	6	7	8	9	表尾差								
											1	2	3	4	5	6	7	8	9
8.7	9395	9400	9405	9410	9415	9420	9425	9430	9435	9440	0	1	1	2	2	3	3	4	4
8.8	9445	9450	9455	9460	9465	9469	9474	9479	9484	9489	0	1	1	2	2	3	3	4	4
8.9	9494	9499	9504	9509	9513	9518	9523	9528	9533	9538	0	1	1	2	2	3	3	4	4
9.0	9542	9547	9552	9557	9562	9566	9571	9576	9581	9586	0	1	1	2	2	3	3	4	4
9.1	9590	9595	9600	9605	9609	9614	9619	9624	9628	9633	0	1	1	2	2	3	3	4	4
9.2	9638	9643	9647	9652	9657	9661	9666	9671	9675	9680	0	1	1	2	2	3	3	4	4
9.3	9685	9689	9694	9699	9703	9708	9713	9717	9722	9727	0	1	1	2	2	3	3	4	4
9.4	9731	9736	9741	9745	9750	9754	9759	9763	9768	9773	0	1	1	2	2	3	3	4	4
9.5	9777	9782	9786	9791	9795	9800	9805	9809	9814	9818	0	1	1	2	2	3	3	4	4
9.6	9823	9827	9832	9836	9841	9845	9850	9854	9859	9863	0	1	1	2	2	3	3	4	4
9.7	9868	9872	9877	9881	9886	9890	9894	9899	9903	9908	0	1	1	2	2	3	3	4	4
9.8	9912	9917	9921	9926	9930	9934	9939	9943	9948	9952	0	1	1	2	2	3	3	4	4
9.9	9956	9961	9965	9969	9974	9978	9983	9987	9991	9996	0	1	1	2	2	3	3	3	4
N	0	1	2	3	4	5	6	7	8	9	1	2	3	4	5	6	7	8	9

使用说明：

1.整数部分是一位非零数字。

lg2.573：在第 1 列找 2.5，再横行找“7”为 4099，修正值“3”为 5。所以 lg2.573=0.4104。

2.整数部分不是一位非零数字的。用科学记数法表示 $N\times10^n$。

$\lg25730=\lg(2.573\times10^4)=\lg2.573+4=4.4104$。

$\lg0.002573=\lg[2.573\times10^{-3}]=\lg2.573+(-3)=-2.5896$。

3.查反对数时：正小数部分查表，整数部分决定小数点的位置。

6.4104：由 0.4104 查出 0.4104=lg2.573。则 $6.4104=\lg2.573+6=\lg(2.573\times10^6)=\lg2573000$。

负的对数转化为负整数+正纯小数。再同样查。

附录 12　反对数表

m	0	1	2	3	4	5	6	7	8	9	表尾差								
											1	2	3	4	5	6	7	8	9
.00	1000	1002	1005	1007	1009	1012	1014	1016	1019	1021	0	0	1	1	1	1	2	2	2
.01	1023	1026	1028	1030	1033	1035	1038	1040	1042	1045	0	0	1	1	1	1	2	2	2
.02	1047	1050	1052	1054	1057	1059	1062	1064	1067	1069	0	0	1	1	1	1	2	2	2
.03	1072	1074	1076	1079	1081	1084	1086	1089	1091	1094	0	0	1	1	1	1	2	2	2
.04	1096	1099	1102	1104	1107	1109	1112	1114	1117	1119	0	1	1	1	1	2	2	2	2
.05	1122	1125	1127	1130	1132	1135	1138	1140	1143	1146	0	1	1	1	1	2	2	2	2
.06	1148	1151	1153	1156	1159	1161	1164	1167	1169	1172	0	1	1	1	1	2	2	2	2
.07	1175	1178	1180	1183	1186	1189	1191	1194	1197	1199	0	1	1	1	1	2	2	2	2
.08	1202	1205	1208	1211	1213	1216	1219	1222	1225	1227	0	1	1	1	1	2	2	2	3
.09	1230	1233	1236	1239	1242	1245	1247	1250	1253	1256	0	1	1	1	1	2	2	2	3
.10	1259	1262	1265	1268	1271	1274	1276	1279	1282	1285	0	1	1	1	1	2	2	2	3
.11	1288	1291	1294	1297	1300	1303	1306	1309	1312	1315	0	1	1	1	2	2	2	2	3
.12	1318	1321	1324	1327	1330	1334	1337	1340	1343	1346	0	1	1	1	2	2	2	2	3
.13	1349	1352	1355	1358	1361	1365	1368	1371	1374	1377	0	1	1	1	2	2	2	3	3
.14	1380	1384	1387	1390	1393	1396	1400	1403	1406	1409	0	1	1	1	2	2	2	3	3
.15	1413	1416	1419	1422	1426	1429	1432	1435	1439	1442	0	1	1	1	2	2	2	3	3
.16	1445	1449	1452	1455	1459	1462	1466	1469	1472	1476	0	1	1	1	2	2	2	3	3
m	0	1	2	3	4	5	6	7	8	9	1	2	3	4	5	6	7	8	9

续附录12

m	0	1	2	3	4	5	6	7	8	9	表尾差 1	2	3	4	5	6	7	8	9
.17	1479	1483	1486	1489	1493	1496	1500	1503	1507	1510	0	1	1	1	2	2	2	3	3
.18	1514	1517	1521	1524	1528	1531	1535	1538	1542	1545	0	1	1	1	2	2	2	3	3
.19	1549	1552	1556	1560	1563	1567	1570	1574	1578	1581	0	1	1	1	2	2	3	3	3
.20	1585	1589	1592	1596	1600	1603	1607	1611	1614	1618	0	1	1	1	2	2	3	3	3
.21	1622	1626	1629	1633	1637	1641	1644	1648	1652	1656	0	1	1	2	2	2	3	3	3
.22	1660	1663	1667	1671	1675	1679	1683	1687	1690	1694	0	1	1	2	2	2	3	3	3
.23	1698	1702	1706	1710	1714	1718	1722	1726	1730	1734	0	1	1	2	2	2	3	3	4
.24	1738	1742	1746	1750	1754	1758	1762	1766	1770	1774	0	1	1	2	2	2	3	3	4
.25	1778	1782	1786	1791	1795	1799	1803	1807	1811	1816	0	1	1	2	2	2	3	3	4
.26	1820	1824	1828	1832	1837	1841	1845	1849	1854	1858	0	1	1	2	2	3	3	3	4
.27	1862	1866	1871	1875	1879	1884	1888	1892	1897	1901	0	1	1	2	2	3	3	3	4
.28	1905	1910	1914	1919	1923	1928	1932	1936	1941	1945	0	1	1	2	2	3	3	4	4
.29	1950	1954	1959	1963	1968	1972	1977	1982	1986	1991	0	1	1	2	2	3	3	4	4
.30	1995	2000	2004	2009	2014	2018	2023	2028	2032	2037	0	1	1	2	2	3	3	4	4
.31	2042	2046	2051	2056	2061	2065	2070	2075	2080	2084	0	1	1	2	2	3	3	4	4
.32	2089	2094	2099	2104	2109	2113	2118	2123	2128	2133	0	1	1	2	2	3	3	4	4
.33	2138	2143	2148	2153	2158	2163	2168	2173	2178	2183	0	1	1	2	2	3	3	4	4
.34	2188	2193	2198	2203	2208	2213	2218	2223	2228	2234	1	1	2	2	3	3	4	4	5
.35	2239	2244	2249	2254	2259	2265	2270	2275	2280	2286	1	1	2	2	3	3	4	4	5
m	0	1	2	3	4	5	6	7	8	9	1	2	3	4	5	6	7	8	9

续附录 12

m	0	1	2	3	4	5	6	7	8	9	表尾差 1	2	3	4	5	6	7	8	9
.36	2291	2296	2301	2307	2312	2317	2323	2328	2333	2339	1	1	2	2	3	3	4	4	5
.37	2344	2350	2355	2360	2366	2371	2377	2382	2388	2393	1	1	2	2	3	3	4	4	5
.38	2399	2404	2410	2415	2421	2427	2432	2438	2443	2449	1	1	2	2	3	3	4	4	5
.39	2455	2460	2466	2472	2477	2483	2489	2495	2500	2506	1	1	2	2	3	3	4	5	5
.40	2512	2518	2523	2529	2535	2541	2547	2553	2559	2564	1	1	2	2	3	4	4	5	5
.41	2570	2576	2582	2588	2594	2600	2606	2612	2618	2624	1	1	2	2	3	4	4	5	5
.42	2630	2636	2642	2649	2655	2661	2667	2673	2679	2685	1	1	2	2	3	4	4	5	6
.43	2692	2698	2704	2710	2716	2723	2729	2735	2742	2748	1	1	2	3	3	4	4	5	6
.44	2754	2761	2767	2773	2780	2786	2793	2799	2805	2812	1	1	2	3	3	4	4	5	6
.45	2818	2825	2831	2838	2844	2851	2858	2864	2871	2877	1	1	2	3	3	4	5	5	6
.46	2884	2891	2897	2904	2911	2917	2924	2931	2938	2944	1	1	2	3	3	4	5	5	6
.47	2951	2958	2965	2972	2979	2985	2992	2999	3006	3013	1	1	2	3	3	4	5	5	6
.48	3020	3027	3034	3041	3048	3055	3062	3069	3076	3083	1	1	2	3	4	4	5	6	6
.49	3090	3097	3105	3112	3119	3126	3133	3141	3148	3155	1	1	2	3	4	4	5	6	6
.50	3162	3170	3177	3184	3192	3199	3206	3214	3221	3228	1	1	2	3	4	4	5	6	7
.51	3236	3243	3251	3258	3266	3273	3281	3289	3296	3304	1	2	2	3	4	5	5	6	7
.52	3311	3319	3327	3334	3342	3350	3357	3365	3373	3381	1	2	2	3	4	5	5	6	7
.53	3388	3396	3404	3412	3420	3428	3436	3443	3451	3459	1	2	2	3	4	5	6	6	7
.54	3467	3475	3483	3491	3499	3508	3516	3524	3532	3540	1	2	2	3	4	5	6	6	7
m	0	1	2	3	4	5	6	7	8	9	1	2	3	4	5	6	7	8	9

续附录 12

m	0	1	2	3	4	5	6	7	8	9	表尾差								
											1	2	3	4	5	6	7	8	9
.55	3548	3556	3565	3573	3581	3589	3597	3606	3614	3622	1	2	2	3	4	5	6	7	7
.56	3631	3639	3648	3656	3664	3673	3681	3690	3698	3707	1	2	3	3	4	5	6	7	8
.57	3715	3724	3733	3741	3750	3758	3767	3776	3784	3793	1	2	3	3	4	5	6	7	8
.58	3802	3811	3819	3828	3837	3846	3855	3864	3873	3882	1	2	3	4	4	5	6	7	8
.59	3890	3899	3908	3917	3926	3936	3945	3954	3963	3972	1	2	3	4	5	5	6	7	8
.60	3981	3990	3999	4009	4018	4027	4036	4046	4055	4064	1	2	3	4	5	6	6	7	8
.61	4074	4083	4093	4102	4111	4121	4130	4140	4150	4159	1	2	3	4	5	6	7	8	9
.62	4169	4178	4188	4198	4207	4217	4227	4236	4246	4256	1	2	3	4	5	6	7	8	9
.63	4266	4276	4285	4295	4305	4315	4325	4335	4345	4355	1	2	3	4	5	6	7	8	9
.64	4365	4375	4385	4395	4406	4416	4426	4436	4446	4457	1	2	3	4	5	6	7	8	9
.65	4467	4477	4487	4498	4508	4519	4529	4539	4550	4560	1	2	3	4	5	6	7	8	9
.66	4571	4581	4592	4603	4613	4624	4634	4645	4656	4667	1	2	3	4	5	6	7	9	10
.67	4677	4688	4699	4710	4721	4732	4742	4753	4764	4775	1	2	3	4	5	7	8	9	10
.68	4786	4797	4808	4819	4831	4842	4853	4864	4875	4887	1	2	3	4	6	7	8	9	10
.69	4898	4909	4920	4932	4943	4955	4966	4977	4989	5000	1	2	3	5	6	7	8	9	10
.70	5012	5023	5035	5047	5058	5070	5082	5093	5105	5117	1	2	4	5	6	7	8	9	11
.71	5129	5140	5152	5164	5176	5188	5200	5212	5224	5236	1	2	4	5	6	7	8	10	11
.72	5248	5260	5272	5284	5297	5309	5321	5333	5346	5358	1	2	4	5	6	7	9	10	11
.73	5370	5383	5395	5408	5420	5433	5445	5458	5470	5483	1	3	4	5	6	8	9	10	11
m	0	1	2	3	4	5	6	7	8	9	1	2	3	4	5	6	7	8	9

续附录 12

m	0	1	2	3	4	5	6	7	8	9	表尾差								
											1	2	3	4	5	6	7	8	9
.74	5495	5508	5521	5534	5546	5559	5572	5585	5598	5610	1	3	4	5	6	8	9	10	12
.75	5623	5636	5649	5662	5675	5689	5702	5715	5728	5741	1	3	4	5	7	8	9	10	12
.76	5754	5768	5781	5794	5808	5821	5834	5848	5861	5875	1	3	4	5	7	8	9	11	12
.77	5888	5902	5916	5929	5943	5957	5970	5984	5998	6012	1	3	4	5	7	8	10	11	12
.78	6026	6039	6053	6067	6081	6095	6109	6124	6138	6152	1	3	4	6	7	8	10	11	13
.79	6166	6180	6194	6209	6223	6237	6252	6266	6281	6295	1	3	4	6	7	9	10	11	13
.80	6310	6324	6339	6353	6368	6383	6397	6412	6427	6442	1	3	4	6	7	9	10	12	13
.81	6457	6471	6486	6501	6516	6531	6546	6561	6577	6592	2	3	5	6	8	9	11	12	14
.82	6607	6622	6637	6653	6668	6683	6699	6714	6730	6745	2	3	5	6	8	9	11	12	14
.83	6761	6776	6792	6808	6823	6839	6855	6871	6887	6902	2	3	5	6	8	9	11	13	14
.84	6918	6934	6950	6966	6982	6998	7015	7031	7047	7063	2	3	5	6	8	10	11	13	15
.85	7079	7096	7112	7129	7145	7161	7178	7194	7211	7228	2	3	5	7	8	10	12	13	15
.86	7244	7261	7278	7295	7311	7328	7345	7362	7379	7396	2	3	5	7	8	10	12	13	15
.87	7413	7430	7447	7464	7482	7499	7516	7534	7551	7568	2	3	5	7	9	10	12	14	16
.88	7586	7603	7621	7638	7656	7674	7691	7709	7727	7745	2	4	5	7	9	11	12	14	16
.89	7762	7780	7798	7816	7834	7852	7870	7889	7907	7925	2	4	5	7	9	11	13	14	16
.90	7943	7962	7980	7998	8017	8035	8054	8072	8091	8110	2	4	6	7	9	11	13	15	17
.91	8128	8147	8166	8185	8204	8222	8241	8260	8279	8299	2	4	6	8	9	11	13	15	17
.92	8318	8337	8356	8375	8395	8414	8433	8453	8472	8492	2	4	6	8	10	12	14	15	17
m	0	1	2	3	4	5	6	7	8	9	1	2	3	4	5	6	7	8	9

续附录 12

m	0	1	2	3	4	5	6	7	8	9	表尾差								
											1	2	3	4	5	6	7	8	9
.93	8511	8531	8551	8570	8590	8610	8630	8650	8670	8690	2	4	6	8	10	12	14	16	18
.94	8710	8730	8750	8770	8790	8810	8831	8851	8872	8892	2	4	6	8	10	12	14	16	18
.95	8913	8933	8954	8974	8995	9016	9036	9057	9078	9099	2	4	6	8	10	12	15	17	19
.96	9120	9141	9162	9183	9204	9226	9247	9268	9290	9311	2	4	6	8	11	13	15	17	19
.97	9333	9354	9376	9397	9419	9441	9462	9484	9506	9528	2	4	7	9	11	13	15	17	20
.98	9550	9572	9594	9616	9638	9661	9683	9705	9727	9750	2	4	7	9	11	13	16	18	20
.99	9772	9795	9817	9840	9863	9886	9908	9931	9954	9977	2	5	7	9	11	14	16	18	20
m	0	1	2	3	4	5	6	7	8	9	1	2	3	4	5	6	7	8	9

使用说明：

1. 首数是 0 的对数，它的真数 N 应当大于或等于 1，而小于 10，即 $1\leqslant N\leqslant 10$。

因此，只要从表里查出尾数对应的四位数字，在第一位数字后面加上小数点。

例：已知 $\lg N=0.2846$，求 N。

解：从表里 m 所在的纵列里找到“.28”，横着向右查到顶上标有 4 的一行，得“1923”。再向右查到表尾差顶上标有 6 的一列得“3”，“1923＋3＝1926”。

因此，$N=1.926$。

2. 首数 $n\neq 0$ 的对数，它的真值 N 等于对数尾数（首数是 0）的真数乘以 10^n。

例：已知 $\lg N=2.7635$，求 N。

解：由对数的尾数 0.7635，查表得真数是 5.801。

所以，$N=5.801\times 10^2=580.1$。

参考文献

[1] 符明醇，王霞. 分析化学. 2版. 北京：化学工业出版社，2015.

[2] 任健敏，韦寿莲，刘梦琴，任乃林. 分析化学. 北京：化学工业出版社，2014.

[3] 高职高专化学编写组. 分析化学. 3版. 北京：高等教育出版社，2008.

[4] 武汉大学. 分析化学(上册). 6版. 北京：高等教育出版社，2016.

[5] 王炳强. 全国职业院校技能竞赛"工业分析检验"赛项指导书. 北京：化学工业出版社，2015.

[6] 钟彤. 分析化学. 2版. 大连：大连理工大学出版社，2010.

[7] 武汉大学. 分析化学实验(上册). 5版. 北京：高等教育出版社，2011.

[8] David S Hage, James D Carr. 分析化学和定量分析(英文版). 北京：机械工业出版社，2012.

[9] 黄一石，乔子荣. 定量化学分析. 2版. 北京：化学工业出版社，2009.

[10] 胡伟光，张文英. 定量化学分析实验. 2版. 北京：化学工业出版社，2009.

[11] 夏德强. 样品采集与处理技术. 北京：化学工业出版社，2016.

[12] 华中师范大学等六校. 分析化学(上册). 4版. 北京：高等教育出版社，2011.

[13] 华中师范大学等五校. 分析化学实验. 4版. 北京：高等教育出版社，2015.

[14] 苗凤琴，于世林. 分析化学实验. 3版. 北京：化学工业出版社，2010.

[15] 陈爱兵. 定量分析中测定方法的选择. 大众标准化，2013，09：66-67.

[16] 中华人民共和国国家质量监督检验检疫总局，中国国家标准化管理委员会. GB/T 601—2016 化学试剂 标准滴定溶液的制备. 2016-10-13.

[17] 国家质量技术监督局. 极限与配合 标准公差等级和孔、轴极限偏差表：GB/T 1800.4—1999. 1999-09-03.

[18] 张虹. 加标回收率的测定和结果判断. 石油与天然气化工，2000，29(1)：50-52.

[19] 廖戎，孙波. 活度系数有关问题的研究. 成都理工学院学报，1995，22(3)：100-104.

[20] 赵殊. 氧化还原滴定中化学计量点电位的计算通式. 曲靖师专学报，1994，13(1)：47-50.

[21] 李自林，郑筱梅. 化学计量点电位的计算. 重庆师范学院学报(自然科学版)，1988，5(3)：57-62.

[22] 凌天才. 关于化学计量点电位计算公式的讨论. 重庆师范学院学报(自然科学版)，1991，8(2)：88-92.

[23] 中华人民共和国国家质量监督检验检疫总局，中国国家标准化管理委员会. 工作抽样方法：GB/T 21664—2008. 2008-04-23.

[24] 胥朝禔，杨兵. 分析化学. 3版. 北京：化学工业出版社，2008.

[25] 柴逸峰，邸欣. 分析化学. 8版. 北京：人民卫生出版社，2016.

[26] 国家级精品课程资源——分析化学. http://course.jingpinke.com/search? keyword=分析化学 &queryTemplate=status:"published"%20AND%20title_Search="分析化学"

[27] 分析化学（武汉大学第五版）课件. https://wenku.baidu.com/view/cbc72f8e84868762caaed5c0.html? from=search.